“十二五”职业教育国家规划教材
经全国职业教育教材审定委员会审定

电厂锅炉设备

主　编　曾旭华　郝　杰
副主编　操高城　徐大广　欧阳建友
编　写　王　飞
主　审　王金枝　唐　斌

中国电力出版社
CHINA ELECTRIC POWER PRESS

内 容 提 要

本书依据火力发电厂锅炉检修和运行工作对知识和能力的需求来选择和组织教学内容，按照知识的相关性和统一性原则优化课程内容，将突出知识的应用性、实践性作为重中之重，注重对学生知识应用能力的培养，使学生理解理论、学会应用，真正突出高职的办学宗旨与特色。本书重点介绍了锅炉设备检修和锅炉设备运行，注重强调工作任务和岗位能力与知识的联系。全书紧密围绕锅炉检修和运行工作所需的知识和技能，将电厂锅炉设备分解为锅炉认知、检修工器具的使用、锅炉“锅”本体检修、锅炉“炉”本体检修、锅炉辅助设备检修、锅炉运行、锅炉检修管理和锅炉运行管理 8 个相对独立的项目，每个项目由若干个学习任务组成，充分体现了工作过程的完整性。每个学习任务主要由教学目标、任务描述、任务准备、相关知识、任务实施等部分组成。

本书可作为高职高专电力技术类电厂热能动力装置、火力发电厂集控运行等专业教材，也可供火力发电厂锅炉检修、运行人员的岗前培训及有关专业技术人员参考使用。

图书在版编目（CIP）数据

电厂锅炉设备/曾旭华主编. —北京：中国电力出版社，2015.5
“十二五”职业教育国家规划教材
ISBN 978-7-5123-7077-7

Ⅰ.①电…　Ⅱ.①曾…　Ⅲ.①火电厂-锅炉-高等职业教育-教材　Ⅳ.①TM621.2

中国版本图书馆 CIP 数据核字（2015）第 035332 号

中国电力出版社出版、发行
（北京市东城区北京站西街 19 号　100005　http://www.cepp.sgcc.com.cn）
三河市航远印刷有限公司印刷
各地新华书店经售
*
2015 年 5 月第一版　2015 年 5 月北京第一次印刷
787 毫米×1092 毫米　16 开本　20.25 印张　492 千字
定价 **41.00** 元

前　言

本书按照“以职业能力为本位，以电厂锅炉设备检修与运行工作过程为主线，以项目课程为主体构建模块化的专业课程体系”总体设计要求，将典型工作任务转化为学习领域课程；参照火力发电厂锅炉检修与运行工作岗位任职要求，融合行业标准、职业资格标准，整合岗位所需的知识、技能、态度，确定课程内容，并按照知识的相关性和统一性原则优化课程内容。以锅炉检修技能实训场和火力发电厂仿真实训室为学习、工作平台，以工作任务为载体开展学习项目设计，根据完整思维及职业特征分解学习领域，设计检修工具的使用、检修量具的使用、起重机具的使用、汽包和水冷壁检修、过热器和再热器检修、省煤器检修、燃烧设备检修、空气预热器检修、磨煤机检修、给煤机检修、锅炉启动、锅炉运行调整、锅炉停运、锅炉典型事故处理、设备管理认知、锅炉设备点检管理、锅炉设备定修管理、运行人员角色认知、锅炉异常运行分析、“两票三制”的执行共20个学习任务。每个学习任务按指导行动的思维过程所具有的六大环节——“资讯、计划、决策、实施、检查、评估”进行编写，并以此为根据指导学生的学习活动，将学习过程依照职业的工作过程展开，实现学习过程的完整性，从而为学生将来从事电厂锅炉检修与运行工作的职业活动，实现工作过程的完整性打下坚实的基础。本书注意但不强求知识的体系与结构完整，知识内容的采编仅体现在为完成学习工作任务所必需的知识信息准备以及在分析工作问题中的具体应用。

本书项目1、项目6由保定职业技术学院郝杰编写，项目2、项目4的任务1、项目7由长沙电力职业技术学院曾旭华编写，项目3的任务1、任务2由山西电力职业技术学院操高城编写，项目3的任务3、项目4的任务2、项目5由长沙电力职业技术学院欧阳建友编写，项目8由四川电力职业技术学院徐大广、大唐株洲电厂王飞编写。本书由曾旭华、郝杰主编，曾旭华负责全书的统稿工作。

国网技术学院王金枝教授和大唐耒阳电厂总工程师唐斌对本教材进行了审阅，并提出了许多宝贵意见。同时，本书在编写过程中，参考了有关兄弟院校和企业的诸多文献、资料，在此表示衷心的感谢。

限于编者水平，书中不足之处在所难免，恳请读者批评指正。

编　者

2015年05月

目 录

项目1

锅 炉 认 知

【项目描述】

主要培养学生认识和理解电厂锅炉的工作原理，熟悉锅炉设备结构，掌握锅炉的典型布置形式，熟悉锅炉汽水和风烟系统及工作流程，分析锅炉的热平衡和各项热损失，会计算锅炉热效率。

【教学目标】

（1）能正确陈述电厂锅炉的工作原理；

（2）能识读锅炉设备结构图；

（3）能正确陈述电厂锅炉结构特征，了解锅炉受压元件用钢；

（4）能说明汽水系统和风烟系统工作流程；

（5）能分析各项热损失对锅炉效率的影响；

（6）能根据反平衡法计算锅炉热效率。

【教学环境】

锅炉设备模型室、多媒体课件、锅炉教学视频、锅炉系统图及设备结构图。

一、电厂锅炉的工作过程、构成及系统

（一）电厂锅炉的工作过程

电能是实现工业、农业、交通运输和国防现代化的主要动力，是国民经济发展的基础，是社会文明进步的标志。发电厂是生产电能的工厂，根据生产电能的能源不同，主要有火力发电厂、水力发电厂和核能发电厂。此外，还有少量的风能、太阳能和潮汐能发电厂等。而火力发电厂是目前世界大多数国家包括我国在内的电能生产的主力。

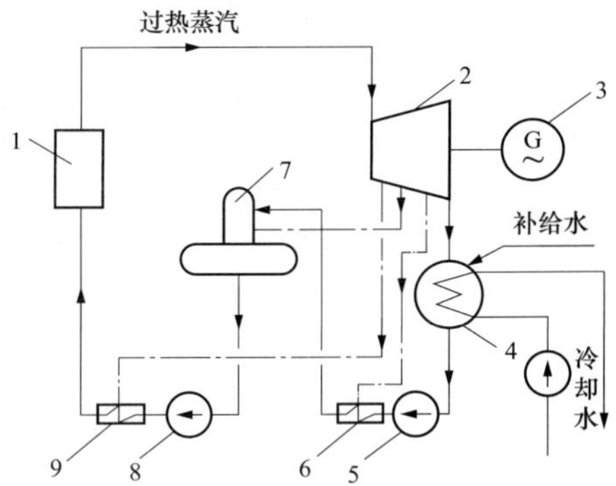

图1-1　火力发电生产过程

1—锅炉；2—汽轮机；3—发电机；4—凝汽器；5—凝结水泵；6—低压加热器；7—除氧器；8—给水泵；9—高压加热器

火力发电是利用煤、石油或天然气等燃料的化学能来生产电能的，其生产过程如图1-1所示。燃料送入锅炉中燃烧，放出热量将给水加热蒸发并形成饱和蒸汽，饱和蒸汽进一步加热后成为具有一定温度和压力的过热蒸汽，过热蒸汽通过蒸汽管道进入汽轮机膨胀做功，高速汽流推动汽轮机转子并带动发电机的转子一起旋转发电。蒸汽在汽轮机中做完功以后排入凝汽器，并在凝汽器中被循环水泵提供的冷却水冷却成为凝结水；凝结水连同补给水经凝结水泵升压后打入低压加热器；利用汽轮机的抽汽将其加热后送入除氧器中加热并除氧；除氧水由

给水泵升压，经高压加热器进一步加热提高温度后送回锅炉。

火力发电厂的生产过程就是不断重复上述循环的过程。汽水系统中的蒸汽和水总会有一些损失，所以需要不断向系统补充经过化学处理的软化水，补充水通常是送入凝汽器或除氧器中。

由此可以看出，在火力发电厂的生产过程中存在着三种形式的能量转换：在锅炉中燃料的化学能转变为热能；在汽轮机中热能转变为机械能；在发电机中机械能转变为电能。锅炉、汽轮机和发电机称为火力发电厂的三大主机。

锅炉是火力发电厂三大主机中最基本的能量转换设备，其作用是利用燃料在炉内燃烧释放的热能加热给水，产生规定参数（温度、压力）和品质的蒸汽，送往汽轮机做功。根据我国的燃料政策，锅炉的燃料主要是煤。将煤磨制成煤粉，然后送入锅炉炉膛中燃烧，这种锅炉便是煤粉炉。

（二）电厂锅炉的构成及系统

1. 电厂锅炉的构成

图 1-2 所示为煤粉炉及其辅助系统，可以说明锅炉的主要构成和工作过程。

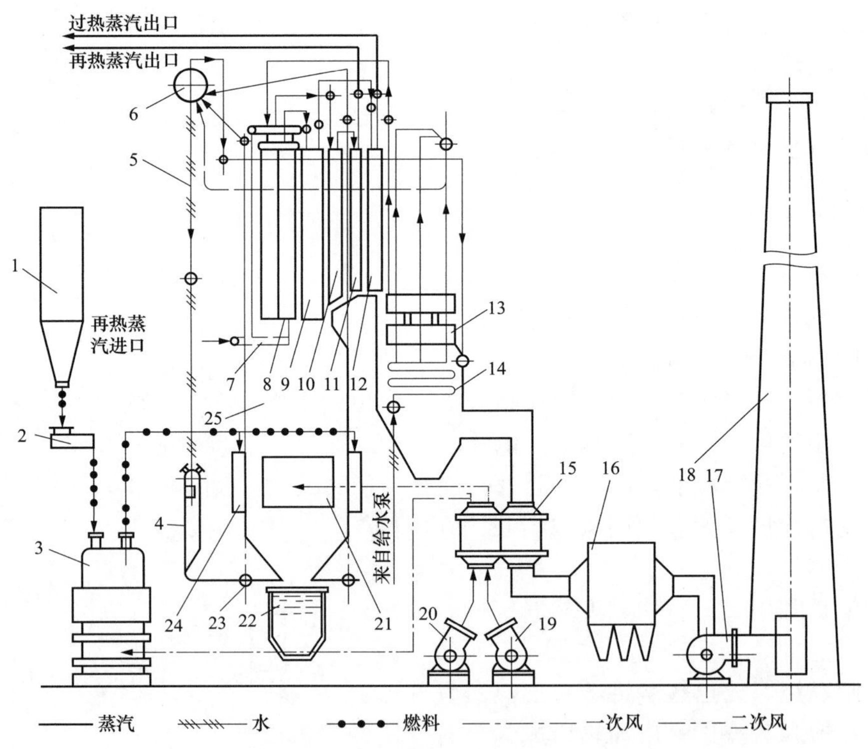

图 1-2 煤粉炉及其辅助系统示意图

1—原煤斗；2—给煤机；3—磨煤机；4—循环泵；5—下降管；6—汽包；7—墙式再热器；8—分隔屏；9—后屏；10—屏式再热器；11—高温再热器；12—高温过热器；13—低温过热器；14—省煤器；15—空气预热器；16—电除尘器；17—引风机；18—烟囱；19—二次风机；20——次风机；21—大风箱；22—除渣装置；23—下联箱；24—燃烧器；25—炉膛

电厂锅炉设备是由锅炉本体、辅助系统和附属设备以及锅炉附件等构成。锅炉本体主要包括“锅”和“炉”。此外，锅炉本体还包括用来构成封闭的炉膛和烟道的炉墙以及用来支撑和悬吊汽包、受热面、炉墙等设备的构架。

锅炉机组的辅助系统和附属设备较多。辅助系统包括燃料供应系统、煤粉制备系统、给水系统、通风系统、除尘除灰系统、烟气脱硫脱硝系统、水处理系统、测量及控制系统等。各个辅助系统都配有相应的附属设备和仪器仪表。

为了保证锅炉生产过程的正常进行，还必须设置若干锅炉附件，锅炉附件包括安全阀、水位计、吹灰器、热工仪表等。

2. 电厂锅炉系统

(1) 燃烧系统。运输到火力发电厂的原煤，经过初步破碎和除铁、除木屑后，送到原煤斗，从原煤斗靠自重落下的煤，经过给煤机送入磨煤机中磨制成合格的煤粉，同时外界冷空气经一次风机升压后送入锅炉的空气预热器，冷空气在空气预热器内被烟气加热后直接进入磨煤机，用于对原煤加热、干燥，以便磨制，同时热空气本身也是输送煤粉的介质，它将磨好的煤粉输送到燃烧器进入炉膛，这股携带煤粉的热空气称为一次风。

外界冷空气经二次风机（送风机）升压后送入锅炉的空气预热器，冷空气在空气预热器内被烟气加热后，通过燃烧器二次风喷口直接进入炉膛，在炉膛内与已着火的煤粉气流混合，并参与燃烧反应，同时还起扰动和强化燃烧的作用，这股热空气称为二次风。

煤粉和空气进入炉膛后，在炉膛内悬浮燃烧放出热量，燃烧火焰中心具有1500℃或更高的温度。炉膛周围布置着大量水冷壁管，上部布置着顶棚过热器、屏式过热器等受热面。高温火焰和烟气在炉膛内向上流动时，主要以辐射换热方式将热量传递给水冷壁和过热器管内的水和汽，烟气的温度也不断地降低。

高温烟气离开炉膛进入水平烟道和垂直烟道，依次冲刷高温再热器、高温过热器、低温过热器、省煤器、空气预热器等受热面。烟气在流过这些受热面时主要以对流换热的方式放出热量，因此这些受热面称为对流受热面。过热器和再热器布置在烟气温度较高的区域，称为高温受热面。省煤器和空气预热器布置在烟气温度较低的尾部烟道内，称为低温受热面或尾部受热面。

烟气流经一系列对流受热面时，因不断放出热量而逐渐冷却下来，离开空气预热器的烟气称为锅炉排烟，温度已相当低，通常为110～160℃。由于煤中灰分不参与燃烧过程，烟气在炉膛向上流动时，其中较大的灰粒会因自重从气流中分离出来，沉降至炉膛底部的冷灰斗中，形成固态渣，最后由除渣装置排出，大量的细小灰粒则随烟气流动。为了防止环境污染，锅炉排烟首先要经过除尘器，将烟气中大部分灰粒捕捉下来，最后比较清洁的烟气由引风机通过烟囱排至大气。

以上与燃料燃烧有关的煤、风、烟气系统称为锅炉的燃烧系统。锅炉的“炉”泛指燃烧系统，其主要任务是使燃料在炉内良好燃烧并放出热量。燃烧系统由燃烧设备（炉膛、燃烧器和点火装置）、空气预热器、通风设备（风机）及烟、风管道等组成，锅炉燃烧系统流程如图1-3所示。

(2) 汽水系统。锅炉给水首先进入省煤器，在省煤器中自下而上流动，被从上而下流动的烟气加热。受热后送至汽包，进入由汽包、下降管、联箱、水冷壁构成的自然循环蒸发回路中。汽包中的水沿下降管至下联箱，再进入水冷壁内，因吸收炉内火焰和烟气的辐射热，进一步加热升温成饱和水，并使部分水变成饱和蒸汽，此时水冷壁管中的工质是汽水混合物。汽水混合物向上又流入汽包，在汽包内通过汽水分离装置进行汽和水的分离，分离出来

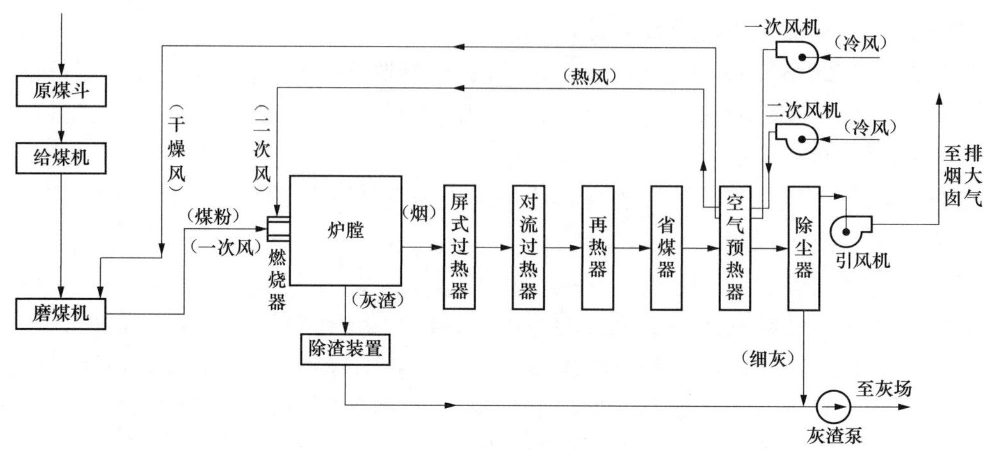

图 1-3　锅炉燃烧系统流程

的水留在汽包下部，连同不断进入汽包的给水一起又下降，随后在水冷壁吸热而又上升，周而复始，形成自然循环，这种锅炉就是自然循环锅炉。汽包中分离出来的饱和蒸汽从汽包顶部引出，进入各级过热器加热达到规定温度后经主蒸汽管道送往汽轮机高压缸做功。

为了提高机组的循环热效率和安全性，锅炉压力在 13.7MPa 以上时大多数采用再热循环，这样锅炉汽水系统中还有再热器。过热蒸汽在汽轮机高压缸膨胀做功后，又被送回锅炉再热器中。再热器的任务是将在汽轮机高压缸膨胀做功、温度和压力都降低的排汽进一步加热升温，然后送往汽轮机中、低压缸继续膨胀做功。

以上与汽水系统有关的受热面和管道系统称为锅炉的汽水系统，其流程如图 1-4 所示。它的主要任务是有效吸收燃料燃烧放出的热量，将水加热成过热蒸汽。对自然循环锅炉，锅炉汽水系统主要由省煤器、汽包、下降管、水冷壁、过热器、再热器、联箱及连接管道等组成。

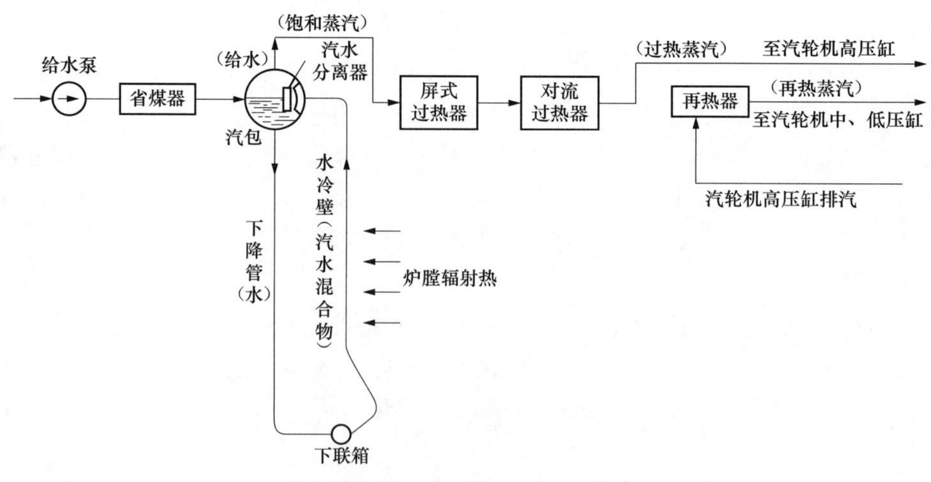

图 1-4　锅炉汽水系统流程

电厂锅炉对给水和蒸汽的品质都有较高的要求。当给水含有杂质时，在锅炉内炉水的杂质浓度会随炉水的不断汽化而升高。这些杂质会在锅炉的受热面上结成水垢，使传热恶化，严重时会使受热面管子过热烧坏。这些杂质也会溶解在蒸汽中。携带杂质的蒸汽进入汽轮机做功时，杂质也会沉积在汽轮机的通流部分，影响汽轮机的出力、效率和运行的安全性。因此，进入锅炉的给水必须预先处理，运行时还要严格监视水和蒸汽的品质。

二、电厂锅炉主要特性参数

（一）锅炉容量与参数

锅炉容量即锅炉蒸发量，它是反映锅炉生产能力大小的基本特性数据，常用符号 D 表示，单位为 t/h。在大型锅炉中，锅炉容量又分为额定蒸发量（BECR 或 BRL）和最大连续蒸发量（BMCR）。习惯上，电厂锅炉容量也用与之配套的汽轮发电机组的电功率来表示，如 300、600、1000MW 等。

蒸汽锅炉的 BECR 是指在额定蒸汽参数、额定给水温度、使用设计燃料并保证热效率时所规定的蒸汽量。蒸汽锅炉的 BMCR 是指在额定蒸汽参数、额定给水温度、使用设计燃料，长期连续运行时所能达到的最大蒸汽量，一般 BMCR＝(1.03～1.2)BECR。

锅炉蒸汽参数是说明锅炉蒸汽规范的特性数据，一般指锅炉过热器出口处的蒸汽温度和蒸汽压力（表压力），分别用符号 p、t 表示，单位分别为 MPa、℃。锅炉设计时所规定的蒸汽压力和温度称为额定蒸汽压力和额定蒸汽温度。对于具有再热器的锅炉，蒸汽参数还应包括再热蒸汽压力、再热蒸汽温度和再热蒸汽流量。

额定蒸汽压力是指蒸汽锅炉在规定的给水压力和负荷范围内，长期连续运行时应予保证的蒸汽压力。额定蒸汽温度是指蒸汽锅炉在规定的负荷范围、额定蒸汽压力和额定给水温度下长期连续运行所必须保证的出口蒸汽温度。

20 世纪 80 年代以后，我国的火力发电机组以引进技术国产化为主，建设了一批亚临界与超临界参数大容量发电机组。各种技术类型的 300、500、600、800、1000MW 级亚临界与超临界参数的锅炉机组相继投入运行。我国电站锅炉、亚临界压力自然循环及控制循环锅炉、超临界压力直流锅炉及低循环倍率锅炉蒸汽参数及容量系列见表 1-1～表 1-3。

表 1-1 我国电站锅炉的蒸汽参数及容量

蒸汽压力（MPa）	过热/再热蒸汽温度（℃）	给水温度（℃）	BMCR（t/h）	汽轮发电机功率（MW）
13.8	555/555	220～250	420、670	125、200
16.8～18.3	540/540	250～280	1025～2008	300、600
17.5	540/540	255	1025～1650	300、500
25.4	566/566	286	1900	600
25.0	545/545	267～277	1650～2650	500、800
26.25	600/600	290～298	2953	1000

表 1-2 亚临界压力自然循环及控制循环锅炉蒸汽参数及容量

机组功率（MW）	300	300	300	600	600
循环方式	自然循环	控制循环	自然循环	自然循环	控制循环
过热蒸汽流量（t/h）	1025	1025	1025	2026.8	2008
再热蒸汽流量（t/h）	860	834.8	823.8	1704.2	1634
过热蒸汽压力（MPa）	18.2	18.3	18.3	18.19	18.22
再热蒸汽压力（MPa）	4.00/3.79	3.83/3.62	3.82/3.66	4.176/4.3	3.49/3.31
过热蒸汽温度（℃）	540	541	540	540.6	540.6
再热蒸汽温度（℃）	330/540	322/541	316/540	313.0/540.6	313.3/540.6

续表

机组功率（MW）	300	300	300	600	600
给水温度（℃）	276	281	278	276	278.33
燃煤量（t/h）	136.61	139.89	122.6	264.4	269.9
燃烧方式	四角燃烧	四角燃烧	对冲燃烧	对冲燃烧	四角燃烧

表 1-3　超临界压力直流锅炉及低循环倍率锅炉蒸汽参数及容量

机组功率（MW）	500	600	800	1000
过热蒸汽流量（t/h）	1650	1900	2650	2953
再热蒸汽流量（t/h）	1481	1613	2151.5	2446
过热蒸汽压力（MPa）	25.0	25.4	25.0	21.56
再热蒸汽压力（MPa）	4.15/3.9	4.77/4.57	3.86/3.62	6.14/5.94
过热蒸汽温度（℃）	545	541	545	605
再热蒸汽温度（℃）	295/545	338/566	283/545	377/603
给水温度（℃）	270	286	277	298
燃煤量（t/h）	208	—	336.5	—
燃烧方式	对冲燃烧	四角燃烧	对冲燃烧	四角燃烧
水冷壁形式	垂直管屏	螺旋管圈	垂直管屏	垂直管屏

（二）锅炉的分类和型号

1. 锅炉分类

锅炉的分类方法很多，主要有以下几种：

(1) 按锅炉容量分类。按锅炉容量的大小，锅炉有大、中、小型之分，但它们之间没有固定、明确的分界。随着我国电力工业的发展，电厂锅炉容量不断增大，大、中、小型锅炉的分界容量便不断演变，从当前情况来看，发电功率大于或等于300MW机组配置的锅炉为大型锅炉。

(2) 按锅炉的蒸汽压力分类。按锅炉出口蒸汽压力（表压力），可将锅炉分为低压锅炉（$p \leqslant 2.45$MPa）、中压锅炉（$p=2.94 \sim 4.92$MPa）、高压锅炉（$p=7.84 \sim 10.8$MPa）、超高压锅炉（$p=11.8 \sim 14.7$MPa）、亚临界压力锅炉（$p=15.7 \sim 19.6$MPa）、超临界压力锅炉（$p \geqslant 22.1$MPa）。

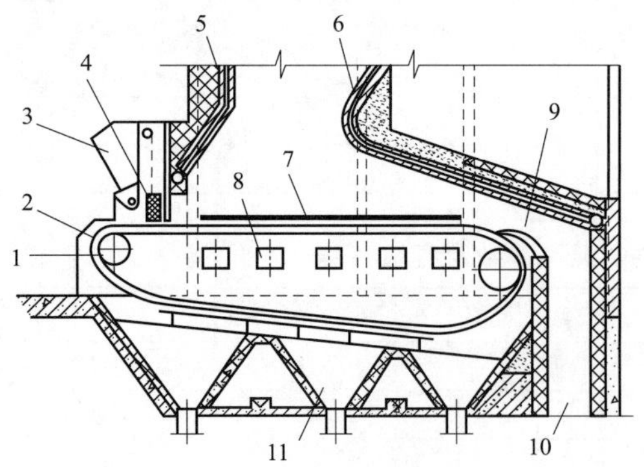

图 1-5　链条炉结构图

1—主动链轮；2—链条炉排；3—煤斗；4—煤闸门；5—前拱；6—后拱；7—防焦门；8—分区送风仓；9—老鹰铁；10—落渣口；11—灰斗

发电功率不小于600MW的锅炉一般采用亚临界压力或超临界压力锅炉。

(3) 按炉内燃烧方式分类。按炉内燃烧方式可分为火床炉、室燃炉、旋风炉、流化床炉。

固体燃料以一定厚度分布在炉排上进行燃烧的锅炉称为火床炉，它有链条炉、推动炉排炉、双层炉排炉等多种形式，其中链条炉是结构较完善、热效率和机械化程度较高的火床炉，其结构如图1-5所示。链条炉只用于1～65t/h的小容量、低参数工业锅炉中。

室燃炉中燃料以粉状、雾状或气态随同空气喷入炉膛中进行燃烧，其气体动力学特点是：粉状、雾状或气态的燃料颗粒随同空气、烟气流做连续的运动，燃料颗粒悬浮在空气和烟气流中，连续流过炉膛空间，并在悬浮状态下着火、燃烧，直至燃尽。所以火室燃烧方式也称为悬浮燃烧方式。煤粉炉、燃油锅炉和燃气锅炉都属于室燃炉。特别是煤粉炉，它是现代大、中型电厂锅炉的主要形式，其结构见图 1-2。

在旋风炉中，燃料和空气在高温的旋风筒内高速旋转，细小的燃料颗粒在旋风筒内悬浮燃烧，而较粗的燃料颗粒被甩向筒壁液态渣膜上进行燃烧，旋风炉结构如图 1-6 所示。由于旋风炉的负荷调节范围较小，而且不能快速启动和停炉，炉温也较高，NO_x 的排放量较煤粉炉大，在我国电厂中很少使用。

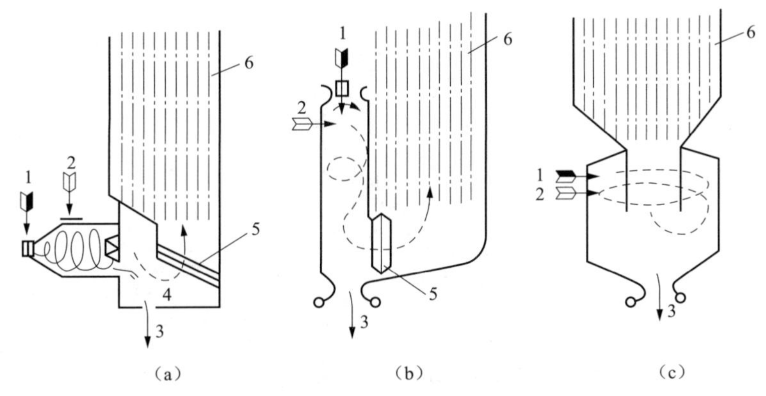

图 1-6 旋风炉结构图

(a) 卧式旋风炉；(b) BTH 立式旋风炉；(c) KSG 立式旋风炉

1—燃料；2—二次风；3—液态渣；4—燃尽室；5—捕渣管束；6—冷却室

循环流化床燃煤锅炉基于循环流态化组织煤的燃烧过程，以携带燃料的大量高温固体颗粒物料的循环燃烧为重要特征，固体颗粒充满整个炉膛，处于悬浮并强烈掺混的燃烧状态，如图 1-7 所示。经过预热的一次风（流化风）经过风室由底部穿过布风板送入炉膛，炉膛内

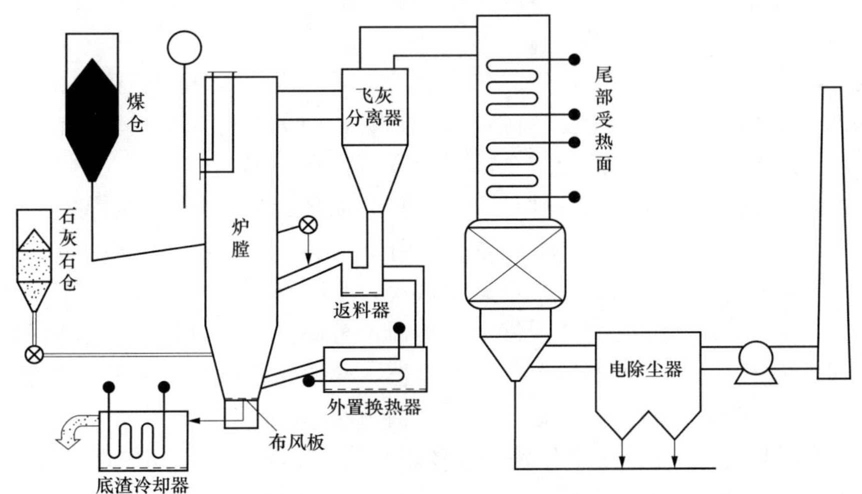

图 1-7 循环流化床锅炉结构图

固体处于快速流化状态，燃料在充满整个炉膛的惰性床料中燃烧。较细小的颗粒被气流夹带飞出炉膛，并由飞灰分离器收集，通过分离器下的回料管与飞灰回送器（返料器）返回炉膛循环燃烧；燃料在燃烧系统内完成燃烧和高温烟气向工质的部分热量传递过程。烟气和未被分离器捕集的细颗粒排入尾部烟道，继续与受热面进行对流换热，最后排出锅炉。

（4）按锅炉蒸发受热面内工质的流动方式分类。按工质在蒸发受热面内流动方式，可以将锅炉分成自然循环锅炉、控制循环锅炉、直流锅炉、复合循环锅炉，如图 1-8 所示。

蒸发受热面内的工质，依靠下降管中的水和上升管中的汽水混合物之间的密度差所产生的压力差进行循环的锅炉，称为自然循环锅炉，它是亚临界压力及以下锅炉的主要形式。

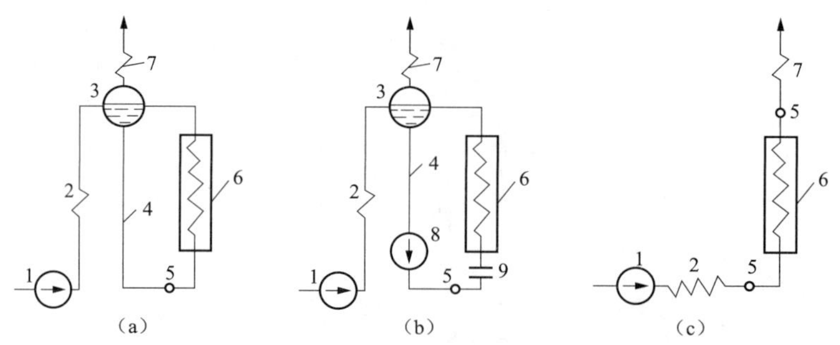

图 1-8 蒸发受热面内工质流动方式

(a) 自然循环锅炉；(b) 控制循环锅炉；(c) 直流锅炉

1—给水泵；2—省煤器；3—汽包；4—下降管；5—下联箱；6—水冷壁；7—过热器；8—炉水循环泵；9—节流圈

控制循环锅炉又称强制循环锅炉，其蒸发受热面内的工质除了依靠下降管中的水和上升管中的汽水混合物之间的密度差所产生的压力差以外，还要依靠炉水循环泵的压头进行循环，见图 1-8（b），它是亚临界压力锅炉的主要形式。

在直流锅炉中，给水靠给水泵的压头，一次通过锅炉各受热面产生蒸汽，如图 1-8（c）所示。直流锅炉的特点是没有汽包，整台锅炉由许多管子并联，然后用联箱连接串联组成。在给水泵压头的作用下，工质依顺序依次通过加热、蒸发和过热受热面。直流锅炉既可用于临界压力以下，又可设计为超临界压力。

随着超临界压力锅炉的发展以及炉膛热强度的提高，由直流锅炉和控制循环锅炉联合发展起来的一种新的锅炉形式，称为复合循环直流锅炉，简称复合循环锅炉。它是依靠炉水循环泵的压头将蒸发受热面出口的部分或全部工质进行再循环的锅炉。

现用的复合循环锅炉有两种：一种是全负荷复合循环锅炉，另一种是部分负荷复合循环锅炉，如图 1-9 所示。全负荷复合循环锅炉一般用于亚临界压力，其在整个负荷范围内水冷壁均有再循环流量通过。这种锅炉的特点是无汽包，水冷壁中的工质流动采用强制循环。从炉膛蒸发受热面出来的汽水混合物进入汽水分离器，分离出来的蒸汽送至过热器，而分离出来的水经再循环泵加压后送入省煤器出口的混合器，与给水混合后进入蒸发受热面。蒸发受热面中的流量大于蒸发量，但其循环倍率较低，在额定负荷下只有 1.2～2，故全负荷复合循环锅炉又称低循环倍率锅炉。部分负荷复合循环锅炉则多用于超临界大容量锅炉。在 60％～70％额定负荷以下的部分负荷范围内，水冷壁中通过再循环流量；负荷达到 60％～70％额定负荷以上时，进入纯直流运行状态。

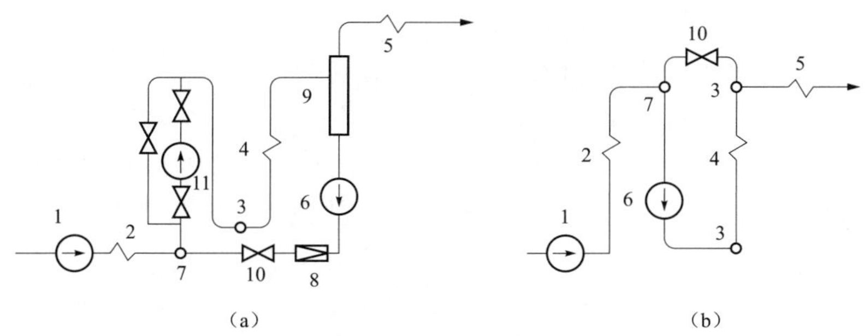

图 1-9 复合循环系统

(a) 全负荷复合循环锅炉；(b) 部分负荷复合循环锅炉

1—给水泵；2—省煤器；3—分配器；4—蒸发受热面；5—过热器；6—炉水循环泵；7—混合器；8—止回阀；9—汽水分离器；10—调节阀；11—循环泵

(5) 按锅炉排渣的相态分类。按锅炉排渣的相态，可以分为固态排渣和液态排渣锅炉两种。固态排渣锅炉是指从锅炉炉膛排出的炉渣呈固态，而液态排渣锅炉是指从炉膛排出的炉渣呈液态。煤粉炉常采用固态排渣方式。

(6) 按锅炉燃烧室内的压力分类。按燃烧室内的压力大小，锅炉可以分为负压燃烧锅炉和压力燃烧锅炉两种。负压燃烧锅炉是指炉膛出口烟气静压小于大气压力的锅炉，而压力燃烧锅炉则是指炉膛出口烟气静压大于大气压力的锅炉。如果炉膛压力很小，仅为 1.96～4.90kPa，称为微正压燃烧锅炉。

2. 锅炉型号

锅炉型号是指锅炉产品的容量、参数、性能和规格，常用一组规定的符号和数字来表示。我国电厂锅炉型号一般用四组字码表示，其表达形式如下

△-×/×-×/×-△×

第一组字母是制造厂家，HG 表示哈尔滨锅炉厂有限责任公司（简称哈尔滨锅炉厂），SG 表示上海锅炉厂有限公司（简称上海锅炉厂），DG 表示东方电气集团东方锅炉股份有限公司（简称东方锅炉厂）；第二组数字分子是锅炉容量，分母数字为锅炉额定过热蒸汽压力；第三组数字分子分母分别表示额定过热蒸汽温度和额定再热蒸汽温度；最后一组中，符号表示燃料代号，而数字表示锅炉设计序号。煤、油、气的燃料代号分别是 M、Y、Q，其他燃料代号是 T。

例如，HG-2080/17.5-541/541-YM9 型表示哈尔滨锅炉厂制造，额定容量为 2080t/h，额定过热蒸汽压力为 17.5MPa，额定过热蒸汽温度为 541℃，额定再热蒸汽温度为 541℃，设计燃料为烟煤，设计序号为 9。

3. 锅炉技术派系

20 世纪，美国、日本和一些欧洲国家已经形成了各具特色的三个技术派系，即承袭美国 B&W 公司特色、承袭原美国 CE 公司特色和承袭美国 FW 公司特色的三大派系。

B&W 派系的主要特点是：亚临界压力下的锅炉采用自然循环锅炉，锅炉汽包内采用旋风分离器；采用前墙、后墙或者对冲布置的旋流式燃烧器；过热蒸汽温度和再热蒸汽温度多采用烟道挡板或烟气再循环调温；对于超临界压力的锅炉采用欧洲本生式直流锅炉和通用压力锅炉。

CE 派系的主要特点是：蒸汽压力在 13.7MPa 以下的采用自然循环，亚临界压力采用控

制循环汽包锅炉，汽包内采用轴流式汽水分离器；采用四角布置切向燃烧摆动直流燃烧器；过热蒸汽温度采用喷水调节，再热蒸汽温度采用摆动式燃烧器加微量喷水调节；超临界压力采用苏尔寿直流锅炉和复合循环锅炉。

FW 派系的主要特点是：亚临界压力下采用自然循环，汽包内部常用水平式分离器；采用前、后墙或对冲布置旋流式燃烧器；广泛采用辐射过热器，甚至炉膛内布置全高的墙式过热器或双面曝光的过热器隔墙，用烟气挡板调温；超临界压力采用 FW—容克式直流锅炉。

另外，德国因为自身的煤炭资源较丰富，煤种以褐煤居多，所以德国的锅炉技术发展相对较独立，对于 100MW 以上机组均采用本生式直流锅炉，而且都考虑变压运行。

苏联的锅炉技术发展道路也很具特色，没有亚临界参数，超高压及以下均为自然循环锅炉，从 300MW 起均为超临界压力直流锅炉，且以拉姆辛锅炉为主。

三、锅炉常用金属材料

1. 蒸汽管道、联箱

蒸汽管道和联箱的金属材料应具有足够高的蠕变强度、持久强度、持久塑性和抗氧化性能。通常以 1×10^5h 或 2×10^5h 的高温持久强度作为强度设计的主要依据，再用蠕变极限进行校核。一般要求钢材在工作温度下的持久强度平均值不低于 50～70MPa；对于低合金耐热钢，在整个运行期内累积的相对蠕变变形量不应超过 2%；持久强度和蠕变极限的分散范围不超过±20%；持久塑性的延伸率不小于 3%～5%。

2. 过热器管和再热器管

过热器和再热器的管材具有足够高的蠕变强度、持久强度和持久塑性，并在高温、长期运行过程中，具有相对稳定的组织和性能。在整个使用期内，合金钢管的外径蠕变变形量不应大于 2.5%，碳素钢管不应大于 3.5%。材料应属 1 级完全抗氧化性材料，工作温度下的氧化速度应小于 0.1mm/年。此外，过热器和再热器的管材应具有良好的冷、热加工工艺性能和焊接性能。

3. 水冷壁管和省煤器管

水冷壁和省煤器的管材应具有一定的室温强度和高温强度，使管壁厚度不致过厚，从而传热效果良好，并有利于加工；为防止因脉动疲劳或热疲劳损伤而导致过早损坏，管材应具有良好的抗热疲劳性能；管材还应具有良好的抗腐蚀性能和耐磨损性能；此外，水冷壁和省煤器管材应有良好的工艺性能，尤其是焊接性能良好。

4. 汽包

汽包钢材的屈服强度、抗拉强度是决定钢材许用应力的依据。对于低、中压锅炉汽包，通常采用屈服强度等级为 250～350MPa 的钢种；而对于高压、超高压及亚临界参数锅炉汽包，通常采用屈服强度为 400MPa 或更高强度级别的钢种。对于启停频繁、特别是承担调峰任务的锅炉，为防止产生低循环疲劳损伤，应选用屈强比不是太高（σ_s/σ_b 约为 0.7）、缺口敏感性低、抗疲劳性能良好的钢种。

5. 锅炉受热面固定件及吹灰器

锅炉受热面固定件用金属材料，应具有较高的抗氧化性，并具有一定的热强性能和较好的耐蚀性、工艺性能。吹灰器用金属材料应具有高的抗氧化性能、良好的抗腐蚀性能和较高的高温强度。

电厂锅炉常用金属材料的型号、特性见表 1-4。

表 1-4　　锅炉常用金属材料的型号、特性

钢　号	技术标准	适用范围		
		用途	工作压力（MPa）	壁温（℃）
20	GB 3087—2008	受热面管子、联箱、蒸汽管道	≤5.88	≤450 ≤425
20	YB 529—1970		不限	≤480 ≤430
15CrMo	YB 529—1970			≤550 ≤520
12Cr1MoV	YB 529—1970			≤580 ≤570
12Cr2MoWVB（钢研 102）	YB 529—1970	受热面管子		≤600
12Cr3MoVSiTiB（JI11）	YB 529—1970			≤600

四、锅炉的安全和经济指标

火力发电厂的能量转换过程是连续进行的，因而锅炉运行中一旦发生故障，必将影响到整个电能生产过程的正常进行。在火力发电厂事故中，大约有 60%～70%的事故是锅炉事故，所以必须重视锅炉运行的安全。电厂锅炉容量大，耗用一次能源多，其运行调节好坏对节约燃料、降低发电成本影响很大。

由于电能一般不能储存，发电厂的发电量要随外界负荷的改变而变化，因此发电厂锅炉所生产的蒸汽也必须根据外界负荷的需要进行调节，以保证及时输送相应数量和规定质量的蒸汽给汽轮发电机组，满足用户的用电需要，即要求锅炉有较好的调节性能。

（一）锅炉运行的经济性指标

1. 锅炉热效率

锅炉热效率是说明锅炉运行经济性的特性数据。它是指锅炉单位时间内的有效利用热量与输入热量的百分比，常用符号 η 表示，即

$$\eta = \frac{\text{有效利用热量}}{\text{输入热量}} \times 100\% \tag{1-1}$$

现在电厂大型锅炉热效率都在 90%以上。

2. 锅炉净效率

锅炉热效率只反映了燃烧和传热过程的完善程度，但从火力发电厂锅炉的作用看，只有供出的蒸汽和热量才是锅炉的有效产品，自用蒸汽及排污水吸收热量并不向外供出，而是自身消耗或损失。而且要使锅炉正常运行，生产蒸汽除耗用燃料外，还要消耗一定数量的电力，使其所有的辅助系统和附属设备正常运行。因此，锅炉运行的经济性指标，除锅炉热效率外，还有锅炉净效率。

锅炉净效率 η_{net} 是指扣除了锅炉运行时的自用能耗（热能和电能）后的锅炉效率，可用式（1-2）计算，即

$$\eta_{net} = \frac{Q_1 - Q_q - Q_p}{Q_r} \times 100\% \tag{1-2}$$

式中　Q_q——锅炉机组自身所耗的热量，kJ/kg；

Q_p——锅炉机组自身电耗对应的热量，kJ/kg；

Q_r——锅炉机组输入热量。

3. 钢材使用率

锅炉的投资也可说明锅炉经济性，而锅炉本身的投资在很大程度上取决于制造锅炉时的钢材使用率。钢材使用率是指锅炉产生 1t/h 蒸汽所用钢材的吨数。锅炉容量越小，则钢材的使用率越大。电厂各种锅炉用的钢材使用率在 2.5～5t/(t/h) 范围内。直流锅炉所用钢材为同容量、同参数自然循环锅炉的 70%左右。

(二) 锅炉运行的安全性指标

锅炉运行的安全性指标，不能进行直接测量，而用下列间接指标来衡量。

1. 锅炉连续运行小时数

锅炉连续运行小时数是指锅炉两次被迫停炉进行检修之间的运行小时数。

2. 锅炉可用率

锅炉的可用率是指在统计期间，锅炉总运行小时数及总备用小时数之和，与该统计期间总小时数的百分比，即

$$\text{可用率} = \frac{\text{总运行小时数} + \text{总备用小时数}}{\text{统计期间总小时数}} \times 100\% \tag{1-3}$$

3. 锅炉事故率

锅炉事故率是指在统计期间，锅炉总事故停炉小时数与总运行小时数和总事故停炉小时数之和的百分比，即

$$\text{事故率} = \frac{\text{总事故停炉小时数}}{\text{总运行小时数} + \text{总事故停炉小时数}} \times 100\% \tag{1-4}$$

锅炉可用率和事故率的统计期间，可用一个适当长的周期来计算。我国大型电厂锅炉在正常运行情况下，一般两年安排一次大修和若干次小修。因此，在统计时，可以一年或两年作为一个统计期间。目前，我国大、中型电厂锅炉的连续运行小时数在 5000h 以上，事故率约为 10%，平均可用率约为 90%。我国大型火力发电机组的平均可用率仍较低，如发电功率为 300～600MW 锅炉机组的可用率为 75%～80%。

五、锅炉的整体布置与典型结构

(一) 锅炉整体布置

国外采用的比较典型的大、中型锅炉典型布置方案如图 1-10 所示。其中以 Π 形和塔形布置方案采用最多，下面介绍几种主要布置形式的一些特点。

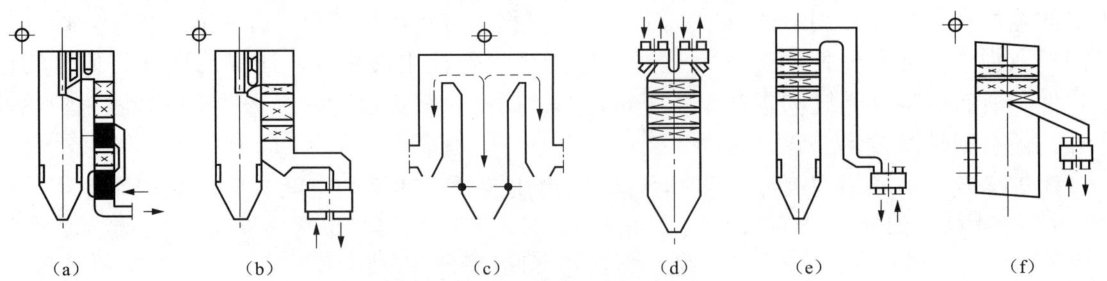

图 1-10 大、中型锅炉典型布置方案

(a) Π 形；(b) Γ 形；(c) T 形；(d) 塔形；(e) 半塔形；(f) 箱形

1. Π 形布置

Π 形布置是国内外电厂锅炉采用最广泛的布置形式，如图 1-10 (a) 所示。Π 形布置锅

炉由炉膛、水平烟道和垂直对流烟道三部分组成。

Π形布置的锅炉结构和厂房都较低，便于锅炉的安装与检修。锅炉排烟口在下部，送风机、引风机和除尘器等设备均可在地面布置，烟囱建立在地面上，减轻了厂房和锅炉构架的荷重。烟气在垂直烟道中向下流动，有烟气自行吹灰作用，并有利于吹灰器清除积灰。垂直对流竖井烟道中的受热面易于布置成逆流传热方式，即烟气向下流动，被加热工质自下而上流动，加强了对流传热。水平烟道中受热面可以采用比较简便的悬吊方式，且受热面膨胀系统合理。

但Π形布置占地面积较大，烟气从炉膛转弯进入水平烟道和垂直烟道时要改变流动方向，从而造成烟气速度和烟气温度以及飞灰浓度分布的不均匀性，使受热面因热负荷不均匀而影响传热，并且将加剧受热面的局部磨损，另外转向室的空间也无法充分利用。

2. Γ形布置

Γ形布置与Π形布置相似，只是取消了水平过渡烟道，如图1-10（b）所示。这种布置方案减小了锅炉占地面积，缩短了锅炉钢架的纵向长度，节省了钢材，但锅炉尾部受热面检修不方便。

3. T形布置

T形布置如图1-10（c）所示，该布置是将尾部烟道对称地一分为二，主要目的是解决Π形布置大容量锅炉尾部受热面布置困难的问题，也可使炉膛出口烟窗高度降低，改善过渡烟道流动工况，减少了烟气沿高度的热偏差。但是，炉膛和尾部烟道在截面和高度上需要协调配合，两侧烟气流量容易出现不均匀，锅炉占地面积更大，管道连接系统复杂，金属耗量增加，一般只有在燃用劣质煤的超大容量锅炉才考虑采用。

4. 塔形布置

如图1-10（d）所示，塔形布置的对流烟道在炉膛上方连成一个塔形整体，对流受热面全部布置在炉膛上方的对流烟道内。

塔形布置占地面积小，锅炉外表面积也小。烟气垂直向上流动，不改变流动方向，对流受热面受烟气冲刷较均匀，烟气中飞灰浓度较均匀，减轻了局部磨损。烟道中受热面全部水平布置，易于疏水。风、烟、煤粉管道及燃烧器布置简单、紧凑。炉膛和烟道都具有自身通风作用，烟气流动阻力有所降低。但是，塔形布置的空气预热器、送风机、引风机、除尘器等都布置于炉顶，不但加重了炉膛构架和厂房的负载，而且给锅炉的安装检修增大了难度。此外，塔形布置的锅炉很高，过热器、再热器以及省煤器都在高位布置，使汽、水管道较长。

为了减轻转动机械和笨重设备装在锅炉顶部而给锅炉构架和厂房增加的载荷，将空气预热器布置在较低位置，送风机和引风机、除尘器、烟囱等布置在地面，再用烟道连通塔体上部的省煤器和低温空气预热器，这种布置称为半塔形锅炉，如图1-10（e）所示。半塔形锅炉中烟气从炉膛出口垂直向上，依次流过过热器、再热器、省煤器后，转弯在烟道内垂直向下流过低位布置的空气预热器，再流过布置在地面的除尘器等，经引风机送往烟囱，最后排入大气。

5. 箱形布置

箱形布置的烟道位于炉膛上面，烟道从中间分隔前、后两个烟道，如图1-10（f）所示。炉膛出口的烟气先垂直向上流过前烟道，再经过180°转弯进入后烟道垂直向下流动。箱形布置的优点是结构紧凑、占地面积小、锅炉构架简单、密封性能好。但箱形布置悬吊复杂，结构要求高，烟气流速高且转弯后局部磨损严重，因此不适宜煤粉炉，主要用于燃油和燃气锅炉。

（二）典型锅炉结构

1. 亚临界压力自然循环锅炉

图 1-11 所示为 SG-1025/18.1-541/541-M 型亚临界压力自然循环锅炉结构，采用四角切

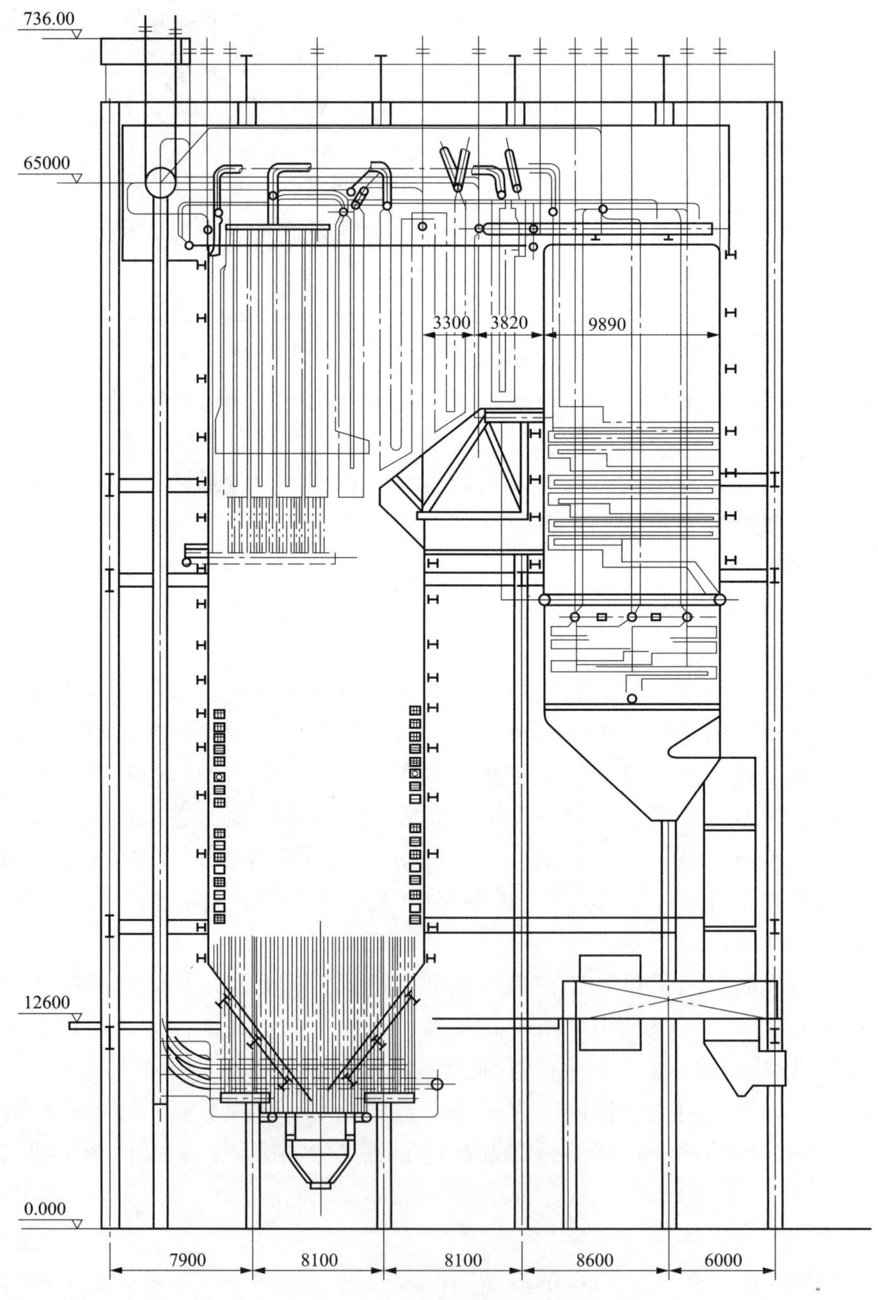

图 1-11 SG-1025/18.1-541/541-M 型亚临界压力自然循环锅炉结构图（单位：mm）

圆燃烧、自然循环、摆动式燃烧器调温方式。炉膛的宽、深、高分别为 13.335、12.829、54.300m，燃用西山贫煤和洗中煤的混煤。在炉膛四角布置四只摆动式直流燃烧器，燃烧器设置 6 层一次风喷口，4 层油喷口，6 层二次风喷口，气流射出喷口后，在炉膛中央形成直径为 700mm 和直径为 1000mm 的两个切圆。

炉膛由 $\phi51\times5.59$ 的管子组成膜式水冷壁，水冷壁管由内螺纹管和光管组成，管子节距为 76.2mm。662 根管子分为 24 个管组，前、后墙和两侧墙各布置 6 组，与 6 根大直径下降管连接，形成 6 个独立的循环回路。

锅炉的顶棚、水平烟道的两侧墙、尾部竖井烟道都由过热器管包覆。

在炉膛上部的前墙和部分两侧墙水冷壁的向火面上紧贴壁式再热器，尺寸为 $\phi51\times5.59$，前墙布置 239 根，两侧墙各布置 122 根，节距为 50.8mm，炉膛切角处不布置。

炉膛上部空间悬吊着前屏过热器和后屏过热器，前屏过热器采用 $\phi51\times5.59$ 的管子，大节距布置，相邻两片屏的间距为 2743.2mm，管子纵向节距为 61mm，沿炉宽布置 4 片，为了减小热偏差，每片屏分 4 个小屏，14 管圈并绕。后屏过热器管径为 $\phi54\times8.5$、$\phi60\times8.5$，横向节距为 685.8mm，纵向节距为 64mm，13 管圈并绕，沿炉宽布置 19 片。

折焰角上部的水平烟道中布置中温再热器，管径为 $\phi60\times4$，横向节距为 457.2mm，纵向节距为 70mm，14 管圈并绕，沿炉宽布置 29 片。

高温再热器布置在中温再热器之后的水平烟道中，管径为 $\phi54\times8$，横向节距为 228.6mm，纵向节距为 120mm，共 64 片，7 管圈并绕。

高温过热器位于水平烟道的末端，共 84 片，管径为 $\phi54\times8.5$，横向节距为 171.45mm，纵向节距为 102mm，6 管圈并绕。

锅炉尾部竖井烟道中布置低温过热器，沿炉宽布置 112 排，由三个水平管组和一个垂直管组组成，采用 $\phi51\times7$ 的管子，横向节距为 130mm，纵向节距为 114mm，5 管圈并绕。

省煤器布置在低温过热器之后，管子规格为 $\phi51\times7$，横向排数为 92 排，顺列布置，横向节距为 128mm，纵向节距为 102mm，3 管圈并绕。

锅炉配置两台三分仓空气预热器，转子直径为 10320mm。

过热蒸汽温度的调节采用三级喷水减温。第一级布置在低温过热器和前屏过热器的连接管道上，第二级布置在前屏出口联箱和后屏进口联箱的左右连接管道上，第三级布置在后屏出口联箱和高温过热器左右连接管道上。一级喷水用于粗调，当高压加热器切除时，喷水量剧增，此时应增大一级减温水量，防止前屏和后屏以及高温过热器超温；三级喷水作为微调并调节过热蒸汽温度的左右偏差；二级喷水作为备用。

2. 亚临界压力控制循环锅炉

图 1-12 所示为 SG-2008/17.5-M901 型亚临界压力控制循环锅炉结构，采用控制循环、中间一次再热、单炉膛Ⅱ形露天布置、全钢架悬吊结构、固态排渣。锅炉的本体采用Ⅱ形布置方式，炉膛上部布置有墙式辐射再热器、顶棚过热器、分隔屏过热器、后屏过热器，水平烟道中依次布置了屏式再热器、高温对流再热器、高温对流过热器、立式低温对流过热器，在垂直烟道中依次布置了水平低温对流过热器、省煤器和回转式空气预热器。

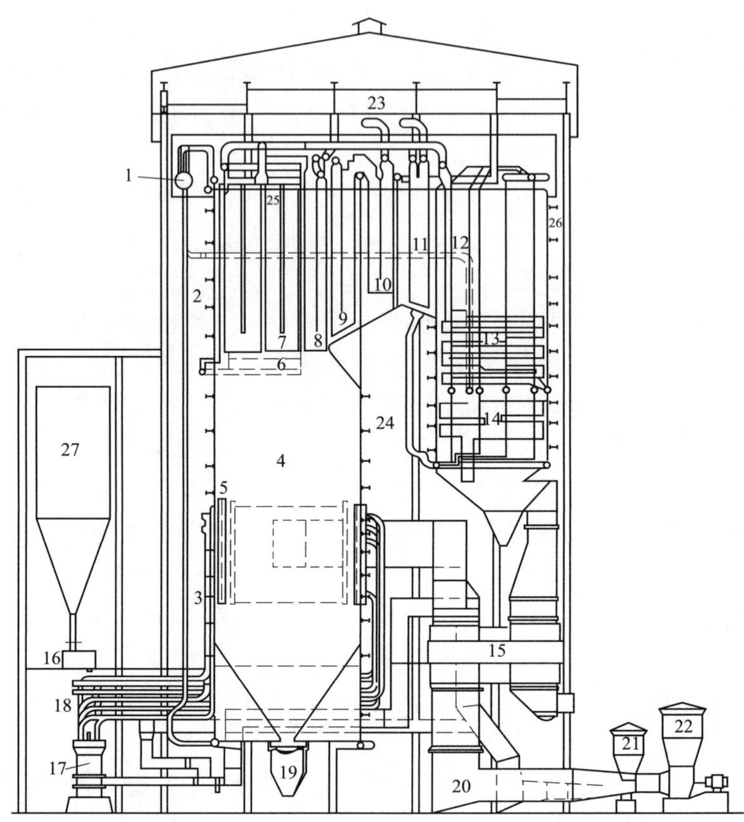

图 1-12 SG-2008/17.5-M901 型亚临界压力控制循环锅炉结构图

1—汽包；2—下降管；3—循环泵；4—水冷壁；5—燃烧器；6—墙式辐射再热器；7—分隔屏过热器；8—后屏过热器；9—屏式再热器；10—高温对流再热器；11 —高温对流过热器；12—立式低温对流过热器；13—水平低温对流过热器；14—省煤器；15—回转式空气预热器；16—给煤机；17—磨煤机；18——次风煤粉管道；19—除渣装置；20—风道；21——次风机；22—送风机；23—大板梁；24— 水冷壁刚性梁；25—顶棚过热器；26—包覆墙过热器；27—原煤仓

3. 超超临界压力直流锅炉

图 1-13 所示为 SG-3091/27.46-605/603-M541 型超超临界压力螺旋管圈直流锅炉结构，锅炉采用一次再热、单炉膛单切圆燃烧、平衡通风、露天布置、固态排渣、多悬吊结构塔形布置。

锅炉炉膛宽度为 24.18mm，深度为 24.18mm，水冷壁下联箱标高为 4.2mm，上端面标高为 127.78mm。

锅炉炉前沿宽度方向垂直布置 6 只汽水分离器，汽水分离器外径为 0.61m，壁厚为 0.08m，每个分离器筒身上方布置 1 根内径为 0.24m 和 4 根外径为 0.2191m 的管接头，其进、出口分别与汽水分离器和一级过热器相连。当机组启动，锅炉负荷小于最低直流负荷 30%BMCR 时，蒸发受热面出口的介质经分离器前的分配器后进入分离器进行汽水分离，蒸汽通过分离器上部管接头进入两个分配器后进入一级过热器，而不饱和水则通过每个分离器筒身下方 1 根内径为 0.24m 的连接管进入下方 1 只疏水箱中，疏水箱直径为 0.6m，壁厚为 0.08m，疏水箱设有水位控制。疏水箱下方有 1 根外径为 0.57m 的疏水管引至一个连接件，通过连接件一路疏水至炉水再循环系统，另一路接至大气扩容器中。

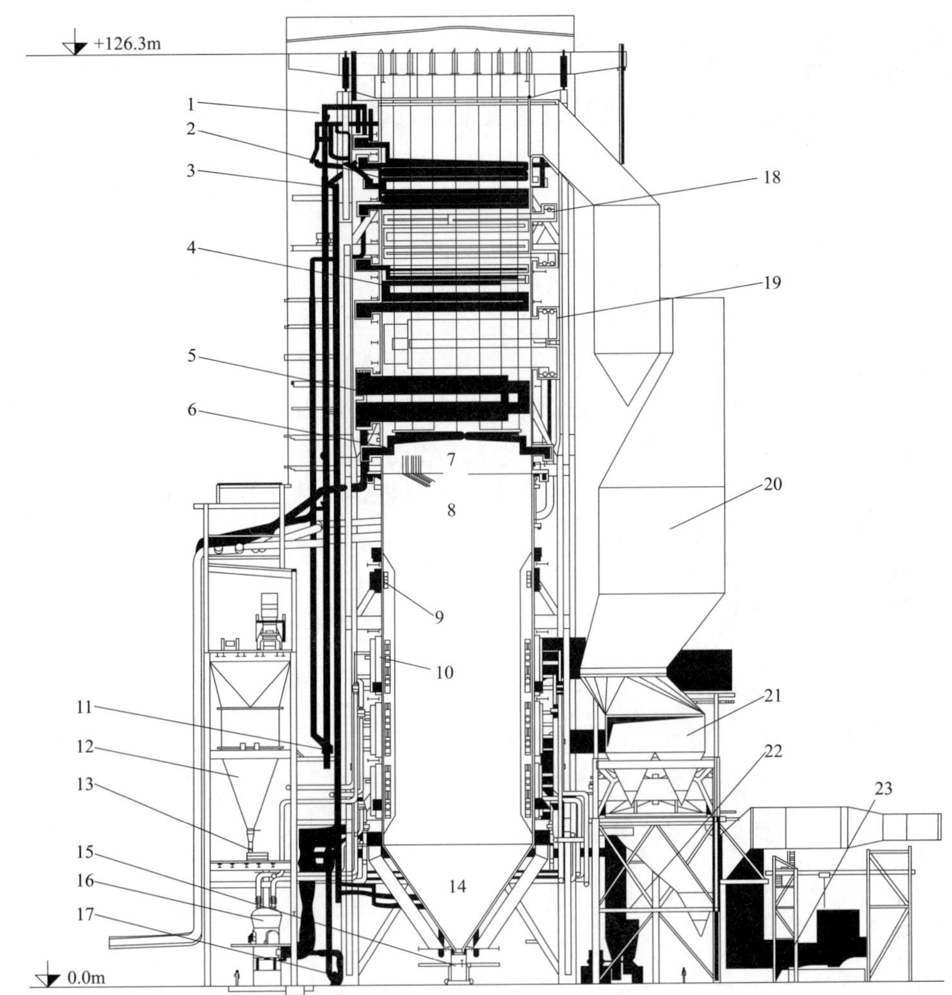

图 1-13 SG-3091/27.46-605/603-M541 型超超临界压力螺旋管圈直流锅炉图

1—汽水分离器；2—省煤器；3—汽水分离器疏水箱；4—二级过热器；5—三级过热器；6——级过热器；7—垂直水冷壁；8—螺旋水冷壁；9—燃尽风；10—燃烧器；11—炉水循环泵；12—原煤斗；13—给煤机；14—冷灰斗；15—捞渣机；16—磨煤机；17—磨煤机密封风机；18——级再热器；19—二级再热器；20—脱硝装置；21—空气预热器；22——次风机；23—送风机

炉膛由膜式水冷壁组成，水冷壁采用螺旋管加垂直管的布置方式。从炉膛冷灰斗进口到标高 72.98m 处炉膛四周采用螺旋水冷壁，管子规格为 ϕ38.1，节距为 53mm。在螺旋水冷壁上方为垂直水冷壁，螺旋水冷壁与垂直水冷壁采用中间联箱连接过渡，垂直水冷壁分两部分，首先选用管子规格为 ϕ38.1，节距为 60mm，在标高 88.88m 处，两根垂直管合并成一根垂直管，管子规格为 ϕ44.5，节距为 120mm。

炉膛上部依次布置有一级过热器、三级过热器、二级再热器、二级过热器、一级再热器和省煤器。

锅炉燃烧系统按照中速磨煤机正压直吹系统设计，配备 6 台磨煤机，每台磨煤机引出 4 根煤粉管道到炉膛四角，炉外安装煤粉分配装置，每根管道分配成两根管道分别与两个一次风喷嘴相连，共计 48 个直流式燃烧器分 12 层布置于炉膛下部四角，每两个煤粉喷嘴为一层，在炉膛中呈四角切圆方式燃烧。紧挨顶层燃烧器设置有紧凑燃尽风（CCOFA），在燃烧器组上部设置有分离式燃尽风（SOFA），每个角 6 个喷嘴，采用分级燃烧技术，减少 NO_x 的排放。在每层燃烧器的两个喷嘴之间设置有油枪，燃用 0 号柴油，设计容量为 25％BMCR，在启动阶段和低负荷稳燃时使用。

锅炉设置有膨胀中心及零位保证系统，炉墙为轻型结构带梯形金属外护板，屋顶为轻型金属屋顶。

过热器采用三级布置，在每两级过热器之间设置喷水减温，主蒸汽温度主要靠煤水比和减温水控制。再热器两级布置，再热蒸汽温度主要采用燃烧器摆角调节，在再热器入口和两级再热器布置危急减温水。

在省煤器出口设置脱硝装置，脱硝采用选择性催化还原（SCR）脱硝技术，反应剂采用液氨气化后的氨气，反应后生成对大气无害的氮气和水汽。

尾部烟道下方设置两台三分仓回转容克式空气预热器，两台空气预热器转向相反，转子直径为 16.421m，空气预热器采用两段设计，没有中间段，低温段采用抗腐蚀大波纹搪瓷板，可防止脱硝生成 NH_4HSO_4。

锅炉排渣系统采用机械出渣方式，底渣直接进入捞渣机水封内，水封可以冷却、裂化底渣，同时保证炉膛负压。

六、锅炉的热平衡及各项热损失

热平衡对锅炉的设计和运行都很重要，通过热平衡试验、计算及分析研究，可以确定锅炉的有效利用热量、锅炉效率及燃料消耗量，因而可以鉴定锅炉设计质量和运行水平，并由此分析出造成热损失的原因，寻求提高锅炉经济性的途径。

（一）锅炉热平衡概念

燃料在锅炉中燃烧放出大量的热，其中绝大部分被锅炉受热面内的工质吸收，这是被有效利用的热量。但在锅炉运行中，燃料实际上不可能完全燃烧，其可燃成分未燃烧造成的热量损失称为锅炉不完全燃烧热损失；此外，燃料燃烧放出的热量也不可能完全得到有效利用，有的热量被排烟、灰渣带走或透过炉墙散失到周围环境中。这些损失的热量，称为锅炉热损失，它的大小决定了锅炉的热效率。

从能量平衡的观点来看，在稳定工况下，输入锅炉的热量应与输出锅炉的热量相平衡，锅炉的这种热量收、支平衡关系，称为锅炉热平衡。输入锅炉的热量是指伴随燃料送入锅炉的热量，输出锅炉的热量可以分成两部分，一部分是有效利用热量，另一部分就是各项热损失。

锅炉热平衡是按 1 kg 固体或液体燃料（对气体燃料则是标准状态下 $1m^3$）为基础进行计算的。在稳定工况下，锅炉热平衡方程式可写为

$$Q_r = Q_1 + Q_2 + Q_3 + Q_4 + Q_5 + Q_6 \quad kJ/kg \tag{1-5}$$

式中 Q_r——锅炉的输入热量，kJ/kg；

Q_1——锅炉的有效利用热量，kJ/kg；

Q_2——排烟热损失的热量，kJ/kg；

Q_3——气体不完全燃烧热损失的热量，kJ/kg；

Q_4——固体不完全燃烧热损失的热量，kJ/kg；

Q_5——散热损失的热量，kJ/kg；

Q_6——灰渣物理热损失的热量，kJ/kg。

将式（1-5）两边都除以 Q_r，并乘以 100%，则可建立以百分数表示的热平衡方程式，即

$$100\% = (q_1 + q_2 + q_3 + q_4 + q_5 + q_6) \times 100\% \tag{1-6}$$

$$q_1 = \frac{Q_1}{Q_r} \times 100\%$$

$$q_2 = \frac{Q_2}{Q_r} \times 100\%$$

$$q_3 = \frac{Q_3}{Q_r} \times 100\%$$

$$q_4 = \frac{Q_4}{Q_r} \times 100\%$$

$$q_5 = \frac{Q_5}{Q_r} \times 100\%$$

$$q_6 = \frac{Q_6}{Q_r} \times 100\%$$

式中　q_1——锅炉有效利用热量占输入热量的百分数；

q_2——排烟热损失的热量占输入热量的百分数；

q_3——气体不完全燃烧热损失的热量占输入热量的百分数；

q_4——固体不完全燃烧热损失的热量占输入热量的百分数；

q_5——散热损失的热量占输入热量的百分数；

q_6——灰渣物理热损失的热量占输入热量的百分数。

1kg 燃料输入炉内的热量、锅炉有效利用热量和各项损失热量之间的平衡关系如图 1-14 所示，图中热空气带入炉内的热量来自锅炉自身，是循环热量，所以在热平衡中不予考虑。

（二）锅炉热效率的计算

锅炉热效率可以通过两种方法得出：

一种方法是测定输入热量 Q_r 和有效利用热量 Q_1 计算锅炉热效率，称为正平衡求效率法，即

$$\eta = q_1 = \frac{Q_1}{Q_r} \times 100\% \tag{1-7}$$

另一种方法是测定锅炉的各项热损失 q_2、q_3、q_4、q_5、q_6 计算锅炉热效率，称为反平衡求效率法，即

$$\eta = q_1 = 100\% - (q_2 + q_3 + q_4 + q_5 + q_6) \tag{1-8}$$

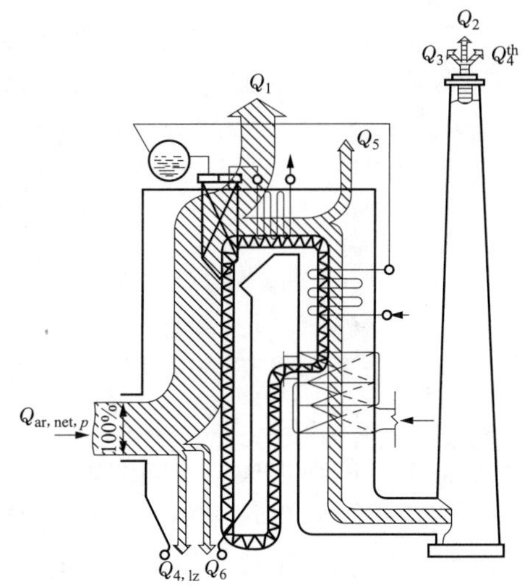

图 1-14　锅炉热平衡示意图

目前电厂锅炉常用反平衡法求效率。一是因为大容量高效率锅炉机组燃料消耗量的测量相当困难，以及在有效利用热量的测定上常会引入较大的误差，反而不如利用反平衡法求效率更为方便和准确；二是因为正平衡法只求出锅炉的热效率，而未求锅炉的各项热损失，因此不利于对各项损失进行分析和提出改进锅炉

效率的途径；三是因为正平衡法要求比较长时间保持锅炉稳定工况，这在实际工作中是比较困难的。

（三）锅炉的输入热量及有效利用热量

用正平衡法求锅炉热效率是基于锅炉有效利用热量占输入热量的百分数，只要知道输入热量 Q_r 和有效利用热量 Q_1 就可求得锅炉热效率。

1. 锅炉输入热量

对应于1kg固体或液体燃料输入锅炉的热量 Q_r，包括燃料收到基低位发热量、燃料的物理显热、外来热源加热空气时带入的热量以及雾化燃油所用蒸汽带入热量，即

$$Q_r = Q_{ar,net,p} + Q_{rx} + Q_{wl} + Q_{wh} \quad \text{kJ/kg} \tag{1-9}$$

式中 $Q_{ar,net,p}$——燃料的收到基低位发热量，kJ/kg；

Q_{rx}——燃料的物理显热，kJ/kg；

Q_{wl}——外来热源加热空气时带入的热量，kJ/kg；

Q_{wh}——雾化燃油所用蒸汽带入的热量，kJ/kg。

2. 锅炉有效利用热量

锅炉有效利用热量是指水和蒸汽流过受热面时吸收的热量，包括过热蒸汽的吸热量、再热蒸汽的吸热量、自用蒸汽的吸热量以及排污水的吸热量。锅炉的有效利用热量 Q_1 可用式（1-10）计算

$$Q_1 = \frac{1}{B}[D_{gq}(h''_{gq} - h_{gs}) + D_{zq}(h''_{zq} - h'_{zq}) + D_{zy}(h_{zy} - h_{gs}) + D_{pw}(h_{pw} - h_{gs})] \quad \text{kJ/kg} \tag{1-10}$$

式中 D_{gq}、D_{zq}、D_{zy}、D_{pw}——过热蒸汽流量、再热蒸汽流量、锅炉自用蒸汽量、排污水流量，kg/h；

h''_{gq}——过热器出口蒸汽的焓，kJ/kg；

h_{gs}——锅炉给水的焓，kJ/kg；

h''_{zq}、h'_{zq}——再热器出口、入口蒸汽焓，kJ/kg；

h_{zy}——锅炉自用蒸汽的焓，等于汽包压力下饱和蒸汽的焓，kJ/kg；

h_{pw}——排污水的焓，等于汽包压力下饱和水的焓，kJ/kg；

B——每小时的燃料消耗量，kg/h。

当锅炉排污量不超过蒸发量的2%时，排污水热量可略去不计。

（四）锅炉各项热损失

1. 固体不完全燃烧热损失

固体不完全燃烧热损失是指飞灰、炉渣、漏煤中的碳和中速磨煤机排出的石子煤，未能燃烧而造成的热损失。不同的燃烧方式，此项损失包含的内容不同。

对应于1kg固体燃料，固体不完全燃烧热损失的热量由飞灰损失、炉渣损失、漏煤损失、石子煤损失组成。飞灰损失是由未燃尽碳粒随烟气排出炉外引起的损失；炉渣损失是由炉渣中未燃烧或未燃尽的碳粒引起的；漏煤损失是部分燃料经炉排落入灰坑引起的损失，它只存在于层燃炉中，对于煤粉炉漏煤损失等于0；石子煤损失是中速磨煤机工作过程中排出的石子煤未在炉膛燃烧引起的损失。

以运行中的锅炉为例，固体不完全燃烧热损失的热量是根据运行中测定锅炉每小时的炉

渣量、炉渣中碳的含量百分数、飞灰量、飞灰中碳的含量百分数、漏煤量、漏煤中碳的含量百分数、石子煤量、石子煤发热量来计算的。

固体不完全燃烧热损失是电站锅炉热损失中的一个主要项目，通常仅次于排烟热损失。影响此项损失的因素有燃料的种类和性质、煤粉细度、燃烧方式、燃烧设备和炉膛结构、锅炉负荷、炉内空气动力工况以及运行操作情况等。

煤中灰分和水分越少，挥发分越多，煤粉越细，燃烧和燃尽就越容易，则 q_4 越小。不同燃烧方式的 q_4 数值差别很大，层燃炉、沸腾炉这项损失较大，煤粉炉次之，旋风炉中燃料与空气的相对速度大，燃烧强烈，炉温高，q_4 比前两者均小。炉膛容积小或高度不够以及燃烧器的结构性能不好或布置不合适，都会减少煤粉在炉内停留的时间并降低风粉混合的质量，使 q_4 增大。锅炉负荷过高，会使煤粉停留时间过短而来不及烧透，而锅炉负荷过低，又会使炉温降低，燃烧反应减慢，都将使 q_4 增加。炉内空气动力工况不良，火焰不能很好充满炉膛，将使 q_4 增加。此外，过量空气系数控制不当，一、二次风调整不合适，都会使 q_4 增加。

为了减少煤粉炉的 q_4 损失，除了合理地设计锅炉结构外，在运行中还应做好燃烧调整工作。

2. 气体不完全燃烧热损失

气体不完全燃烧热损失是指排烟中含有未燃尽的 CO、H_2、CH_4 等可燃气体所造成的热损失。

对于运行中的锅炉，其气体不完全燃烧损失的热量 q_3 应等于烟气中所有可燃气体的发热量之和，对于煤粉炉，q_3 一般不超过 0.5%。正常燃烧时 q_3 值很小，在进行锅炉设计时，q_3 值可按燃料种类和燃烧方式选取：煤粉炉 $q_3=0$；燃油燃气炉 $q_3=0.5\%$；高炉煤气炉 $q_3=1.5\%$。

影响气体不完全燃烧热损失的主要因素是燃料的挥发分、炉内过量空气系数、炉膛温度、炉膛结构以及炉内空气动力工况等。

一般燃用挥发分较多的燃料，炉内可燃气体增多，易出现气体不完全燃烧。尤其是燃用挥发分较高的燃料，而炉膛温度低，燃料与空气混合不良，必将使燃烧反应减弱和可燃气体得不到充足氧气，从而使 q_3 大大增加。当炉内空气动力工况不良，火焰不能很好充满炉膛时，也会使 q_3 增大。过量空气系数过小，氧气供应不足，会使 q_3 增大。过量空气系数过大，又会使炉温降低。若炉温低于 800～900℃，则 CO 不易着火燃烧，q_3 也会增大。炉膛结构和燃烧器布置不合理，使烟气在炉膛内停留时间过短，使部分可燃气体未燃尽就离开炉膛，导致 q_3 增大。此外当锅炉在低负荷下运行时，会使炉温降低，燃烧不稳定，也会使 q_3 增加。

3. 排烟热损失

排烟热损失是指离开锅炉机组最后受热面的烟气温度高于外界空气温度所造成的热损失。

在室燃炉的各项热损失中，排烟热损失是最大的一项，为 4%～8%。影响排烟热损失的主要因素是排烟容积和排烟温度，排烟容积越大，排烟温度越高，则排烟热损失越大。一般排烟温度每升高 15～20℃，q_2 约增加 1%。

降低排烟温度，可以减小排烟热损失，但同时会使传热的平均温差减小，必须增加较多数量的尾部受热面，因而增大了锅炉的金属消耗量和引风机的电耗。另外，排烟温度的降低，还受到尾部受热面酸性腐蚀的限制。当燃料中的水分和硫分含量较高时，排烟温度也应保持得高一些，以减轻受热面的低温腐蚀。大型电厂锅炉的排烟温度为120～160℃。

排烟容积的大小取决于炉内过量空气系数及锅炉漏风量。过量空气系数越大，漏风量越大，则排烟容积越大。一般说来，随炉膛出口过量空气系数 α_1''增加，q_2 升高，而 q_3、q_4 降低。对应于 q_2、q_3、q_4 之和为最小的 α_1''称为最佳过量空气系数。最佳 α_1''值与燃料种类、燃烧方式以及燃烧设备的结构完善程度等因素有关，可通过燃烧调整试验确定，即找出不同炉膛出口过量空气系数的 q_2、q_3、q_4 值，用图 1-15 所示的方法确定。最佳 α_1''值大致范围：对于固态排渣煤粉炉，当燃用无烟煤、贫煤及劣质烟煤时为 1.20～1.25，当燃用烟煤、褐煤时为 1.15～1.20；对于燃油炉为 1.05～1.10。

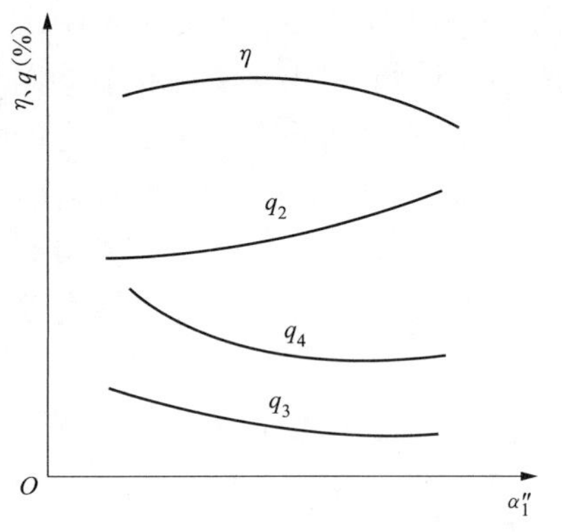

图 1-15 最佳过量空气系数的确定

炉膛及烟道各处漏风都将使排烟的过量空气系数增大，只能增加 q_2 和引风机电耗，并且漏入烟道的冷空气使漏风处的烟气温度降低，从而使漏风处以后各受热面的传热量减小，可能导致排烟温度升高。漏风点越靠近炉膛，影响也就越大。

另外，锅炉运行中，受热面结渣、积灰和结垢都会使传热减弱，促使排烟烟温度升高，q_2 增大。所以运行中应及时吹灰清渣，并注意监视给水、炉水和蒸汽品质，以保持受热面内外清洁，降低排烟温度，提高锅炉效率。

4. 散热损失

散热损失是指锅炉在运行中，由于汽包、联箱、汽水管道、炉墙等的温度均高于外界空气温度而散失到空气中的热量。

由于散热损失通过试验来测定是非常困难的，因此通常是根据大量的经验数据绘制出锅炉额定蒸发量 D_e 与散热损失 q_5 的关系曲线，见图 1-16。已知锅炉额定蒸发量，即可查出该额定蒸发量下的散热损失 q_5 的数值。当锅炉额定蒸发量大于 900t/h 时，q_5 按 0.2%计算。

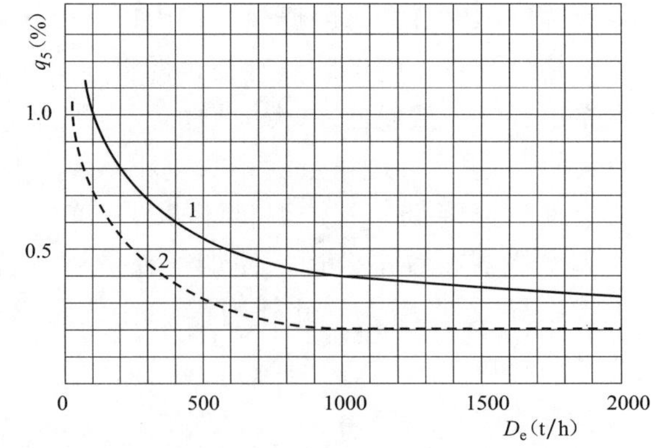

图 1-16 额定蒸发量 D_e 与散热损失 q_5 的关系曲线

1—有尾部受热面的锅炉；2—无尾部受热面的锅炉

影响散热损失的主要因素有锅炉额定蒸发量、锅炉实际蒸发量、外表面积、水冷壁和炉墙结构、管道保温以及周围环境情况等。

随着锅炉容量的增加，燃料消耗量大致成正比地增加，而锅炉的外表面积和炉膛温度却增加得慢些，这样对应于单位燃料消耗量的锅炉外表面积是减少的，散热损失 q_5 就减少。

当运行中锅炉负荷发生变化时，因为锅炉外表面积不变，同时散热表面的温度变化不大，所以锅炉散热量的绝对值变化很小。因此负荷越小，相对的散热损失越大，即 q_5 与锅炉负荷近似成反比关系。

若水冷壁和炉墙等结构严密紧凑，炉墙及管道的保温良好，外界空气温度高且流动缓慢，则散热损失小。

5. 灰渣物理热损失

灰渣物理热损失是指高温炉渣排出炉外所造成的热量损失。

影响灰渣物理热损失的因素有燃料灰分、炉渣份额以及炉渣温度。煤粉炉的炉渣份额大小和炉渣温度高低主要与排渣方式有关，液态排渣煤粉炉的排渣量较大，炉渣温度高，q_6 必须考虑；而对于固态排渣煤粉炉，排渣量较小，炉渣温度低，只有 $A_{ar} \geqslant \frac{Q_{ar,net,p}}{419}\%$时，才考虑此项损失；对于燃油和燃气炉，$q_6=0$。

（五）锅炉燃料消耗量

1. 实际燃料消耗量

实际燃料消耗量是指每小时实际耗用的燃料量，一般简称为燃料消耗量，用符号 B 表示，单位为 kg/h（或 m^3/h，标准状态下）。锅炉设计时，通常在计算锅炉输入热量 Q_r、锅炉每小时有效利用热量 Q 及用反平衡法求出锅炉热效率 η 的基础上，用式（1-11）求出燃料消耗量 B：

$$\begin{aligned} B &= \frac{Q}{\eta Q_r} \times 100 \\ &= \frac{100}{\eta Q_r}[D_{gq}(h''_{gq}-h_{gs})+D_{zq}(h''_{zq}-h'_{zq})+D_{zy}(h_{zy}-h_{gs})+D_{pw}(h_{pw}-h_{gs})] \quad \text{kg/h} \end{aligned} \tag{1-11}$$

2. 计算燃料消耗量

计算燃料消耗量是指考虑到固体不完全燃烧热损失 q_4 的存在，在炉内实际参与燃烧反应的燃料消耗量，用符号 B_j 表示，即

$$B_j = B\left(1-\frac{q_4}{100}\right) \quad \text{kg/h} \tag{1-12}$$

在进行燃料输送系统和制粉系统计算时要用燃料消耗量 B 来计算，在计算空气需要量及烟气容积等时则需要用计算燃料消耗量 B_j 来计算。

（六）煤耗率

1. 原煤煤耗率

原煤煤耗率是指发电厂或机组生产 1kW·h 的电能所消耗的原煤量，用符号 b 表示，即

$$b = \frac{B} {N} \quad \text{kg/(kW·h)} \tag{1-13}$$

式中 N——发电厂或机组每小时生产的电能，kW·h/h。

2. 标准煤耗率

标准煤耗率是指发电厂或机组生产 1kW·h 的电能所消耗的标准煤量，用符号 b_b 表示，即

$$b_b = \frac{B_b}{N} \quad \text{kg/(kW·h)} \tag{1-14}$$

式中 B_b——每小时所消耗的标准煤量，kg/h。

由式（1-13）和式（1-14）可得

$$b_{\mathrm{b}} = b\frac{B_{\mathrm{b}}}{B} = \frac{bQ_{\mathrm{ar,net}}}{29\ 310} \tag{1-15}$$

标准煤耗率是全厂或整台发电机组的经济指标，它与锅炉、汽轮机、发电机等设备及其系统的运行经济性有关。蒸汽压力越高，机组容量越大，发电煤耗率越低。如高压电厂的发电煤耗率为350～400g标准煤每千瓦时，超高压电厂的发电煤耗率约在350g标准煤每千瓦时以下，亚临界压力电厂的发电煤耗率约为320g标准煤每千瓦时，超临界压力电厂的发电煤耗率甚至低于300g标准煤每千瓦时。

项目2

检修工器具的使用

【项目描述】

主要培养学生了解热力设备检修中常用量具、工具、起重机具的原理及使用范围，正确掌握常用量具、起重机具的使用方法和安全知识，了解常用量具、起重机具的维护保养知识。

【教学目标】

（1）能说明塞尺、千分尺、百分表、水平仪、测速仪、测振仪等量具的结构和工作原理；

（2）能说明手电钻、电锤与冲击电钻、角向砂轮机、电动弯管机、电动坡口机、喷灯、刮刀等检修工具的结构和工作原理；

（3）能说明千斤顶、链条葫芦、滑车和滑车组、卷扬机等起重机具的结构和工作原理；

（4）能正确使用和保养线锤、塞尺、千分尺、百分表、水平仪、测速仪、测振仪等量具；

（5）能正确使用和保养手电钻、电锤与冲击电钻、角向砂轮机、电动弯管机、电动坡口机、喷灯、刮刀等工具；

（6）能正确使用和保养千斤顶、链条葫芦、滑车和滑车组、卷扬机等起重机具。

【教学环境】

锅炉检修实训场、多媒体课件及量具、工具和起重机具教学视频。

任务1 检修工具的使用

【教学目标】

能力目标：

（1）能用手电钻进行钻孔；

（2）能用电锤进行地面开孔和清除铁锈、水垢等；

（3）能用角向磨光机进行金属表面的磨削和打磨焊接坡口；

（4）能用电动弯管机进行管子的冷弯；

（5）能用喷灯获得高温火焰，对设备进行加热；

（6）能用刮刀对工件表面进行刮削。

态度目标：

（1）能主动学习，在完成任务过程中发现问题、分析问题和解决问题；

（2）能与小组成员协商、交流配合完成本次学习任务，养成分工合作的团队意识；

（3）严格遵守安全规范，爱岗敬业、勤奋工作。

【任务描述】

班级学生自由组合为若干个检修学习小组，各检修学习小组自行选出作业组长，并明确各小组成员的角色。在钳工实训场，各检修学习小组按照 DL/T 748—2001《火力发电厂锅炉机组检修导则》和 GB 26164.1—2010《电业安全工作规程　第 1 部分：热力和机械》的要求，进行工件的制作。

【任务准备】

工作任务	检修工具的使用		学时	6	成绩	
姓名		学号		班级		日期	

课前预习相关知识部分，独立回答下列问题：
（1）叙述使用手电钻和电锤的方法及注意事项。
（2）叙述使用角向磨光机的方法及注意事项。
（3）叙述如何用电动弯管机弯制 ϕ15～ϕ32 的钢管。
（4）说明喷灯的用途及结构。
（5）说明刮刀的分类及用途

【相关知识】

在热力设备检修中常用的工具有手电钻、电锤与冲击电钻、角向磨光机、电动弯管机、喷灯、刮刀等。

一、手电钻

1. 规格及结构

手电钻是以交流电源或直流电池为动力的电动工具，分为手提式和手枪式两种，常在施工现场用来钻孔或研磨阀门、胀管。它主要由钻夹头、减速机构、风扇、转子、定子、整流子、手柄、开关等组成，具有便于携带、操作方便等特点，如图 2-1 所示。手电钻钻孔规格主要有 6、10、13、19、23mm 等，手枪式手电钻钻孔直径一般不超过 6mm。

2. 使用方法

（1）使用前认真检查电源线和插头是否完好，接通电源后先空转 0.5～1min，检查传动部分是否灵活，有无异常杂声，螺钉等有无松动，换向器火花是否正常。

（2）根据需要选择钻头放入钻夹头中间并夹紧。

（3）钻孔时不宜用力过猛，转速异常降低时应放松压力，以免电动机过载造成损坏。

（4）在孔洞即将打穿时，施加的轴向压力应适当减小，防止在钻穿时钻头卡死或损坏。

3. 注意事项

（1）钻孔前，必须检查电源接地情况、开关是否完好、机壳是否完整，有缺陷的不能使用。

（2）电源电压必须符合要求，进口电钻有 110V 的必须进行变压后方可使用。

（3）要刃磨好钻头，打薄板时钻头要刃磨成薄板钻。

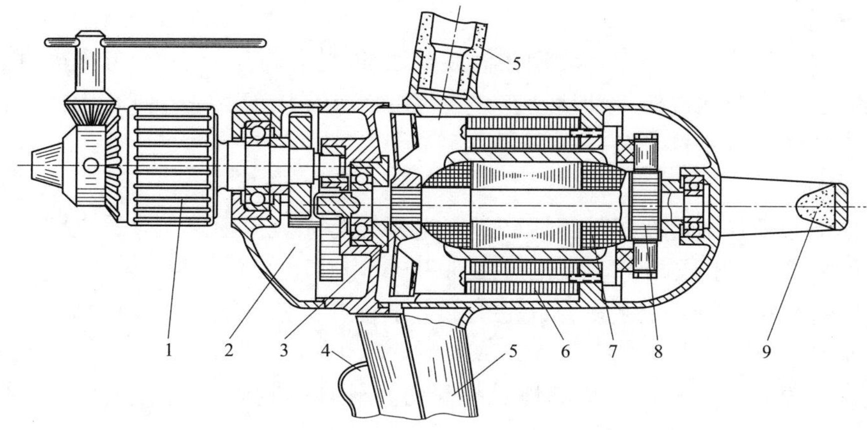

图 2-1 手电钻结构图

1—钻夹头；2—减速机构；3—风扇；4—开关；5—手柄；6—定子；7—转子；8—整流子；9—顶把

(4) 钻大孔时要注意双手紧握电钻，快要钻穿时，特别注意电钻的反扭力，防止发生事故。

(5) 移动电钻时要用手带动电缆线，不要拖动电线，更不允许用电缆线拖拽电钻。

(6) 工作结束后，切断电源，卸下钻头，把电钻外壳上的铁屑与灰尘擦干净，不用时要在钻夹上抹上少许黄油。

二、电锤

1. 规格及结构

电锤用于清除铁锈、水垢及锅炉打焦、地面与墙面开孔等作业，也可以在钢板上打孔、胀管用。电锤主要由钻头、钻套、把手、钻轴、冲击块、调节环、机壳、风扇、开关等组成，具有效率高、孔径大、钻进深度长等特点，如图 2-2 所示。电锤规格主要有 16、18、20、22、26mm 五种。

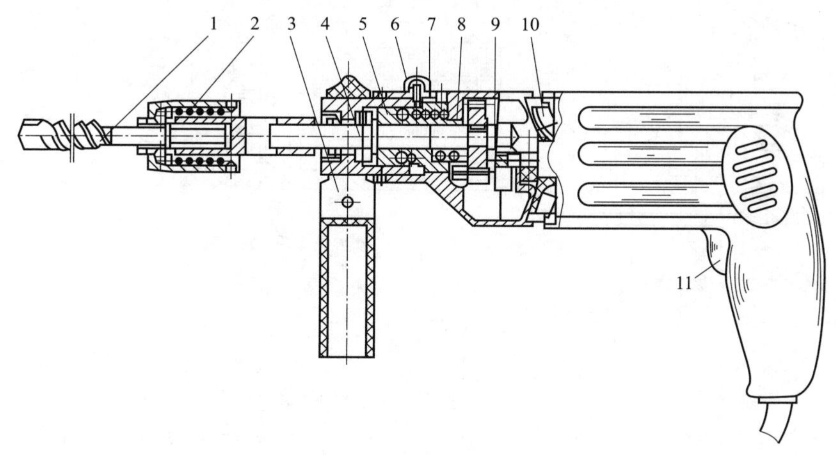

图 2-2 电锤结构图

1—硬质合金钻头；2—钻套；3—把手；4—钻轴；5—冲击块；6—调节环；7—固定冲击块；8—机壳；9—主轴；10—风扇；11—开关

2. 工作原理

电锤工作原理是传动机构在带动钻头做旋转运动的同时，还有一个方向垂直于钻头的往复锤击运动。它是由曲柄机构带动活塞在一个汽缸内往复压缩空气，汽缸内空气压力周期变化带动汽缸中的锤头往复打击钻杆的顶部。

3. 注意事项

(1) 操作前必须仔细检查机体绝缘防护、电源线有无破损现象，查看电源是否与电动工具上的常规额定220V电压相符，以免错接到380V电源上。

(2) 电锤必须按材料要求装入允许范围的合金钢冲击钻头或打孔通用钻头。严禁使用超越范围的钻头。

(3) 电锤电线要保护好，严禁满地乱拖，防止轧坏、割破，更不允许把电线拖到油水中，防止油水腐蚀电线。

(4) 使用当中发现冲击钻漏电、振动异常、高热或者有异声时，应立即停止工作，找电工及时检查修理。

(5) 电锤更换钻头时，应用专用扳手及钻头锁紧钥匙，杜绝使用非专用工具敲打冲击钻。

(6) 使用电锤时切记不可用力过猛或出现歪斜操作，事前务必装紧合适的钻头并调节好冲击钻深度尺，垂直、平衡操作时要徐徐、均匀地用力。

三、角向磨光机

1. 规格及结构

角向磨光机主要用于金属表面的磨削、清除飞边毛刺、修磨焊缝及除锈、抛光、打磨焊接坡口等作业，也可用来切割小尺寸的钢材。它主要由砂轮片、大/小伞齿轮、风扇、转子、整流子、炭刷等组成，具有轻巧有力、操作简便、附有调节开关、安全可靠等特点，如图2-3所示。角向磨光机有多种规格，主要有100、125、150、230mm等。

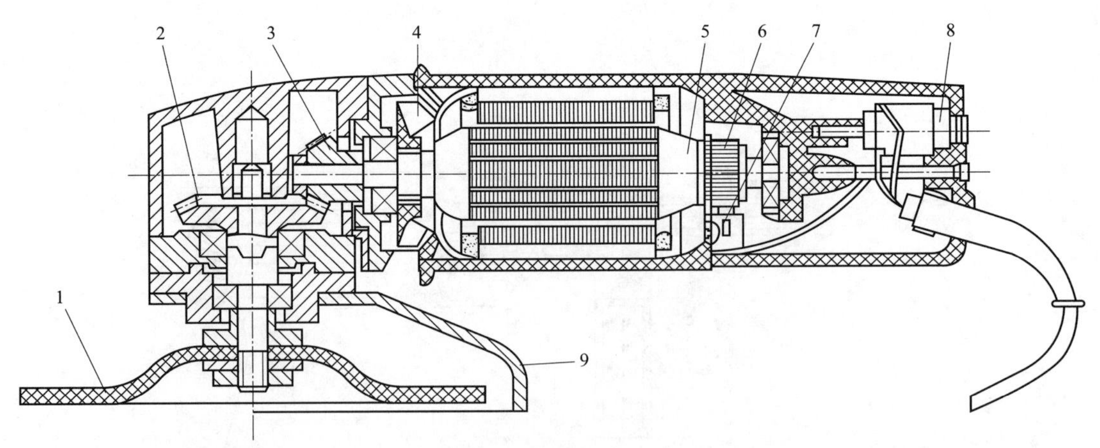

图2-3 角向磨光机结构图

1—砂轮片；2—大伞齿轮；3—小伞齿轮；4—风扇；5—转子；6—整流子；7—炭刷；8—开关；9—安全罩

2. 使用方法

(1) 装上砂轮后，让角向磨光机空转1min以确认安全，然后检查传动部分是否灵活有异声、换向火花是否正常。

（2）在使用角向磨光机时，砂轮应倾斜15°～30°，见图2-4（a），并按图2-4（b）所示的方向移动，以使磨削的平面无明显的磨痕，且电动机也不易超载。

（3）当用来切割小工件时，应按图2-4（c）所示的方法进行。

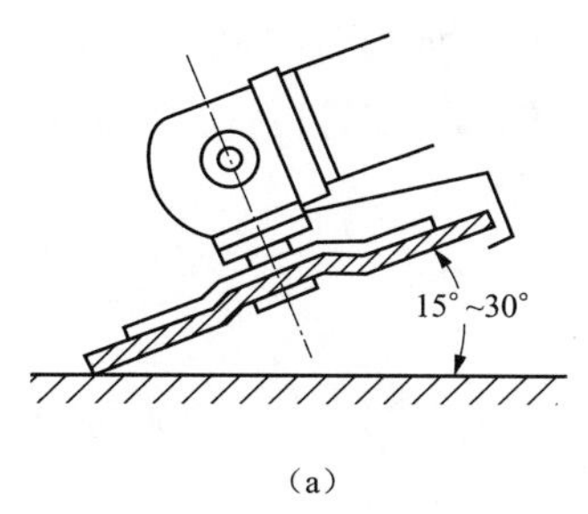

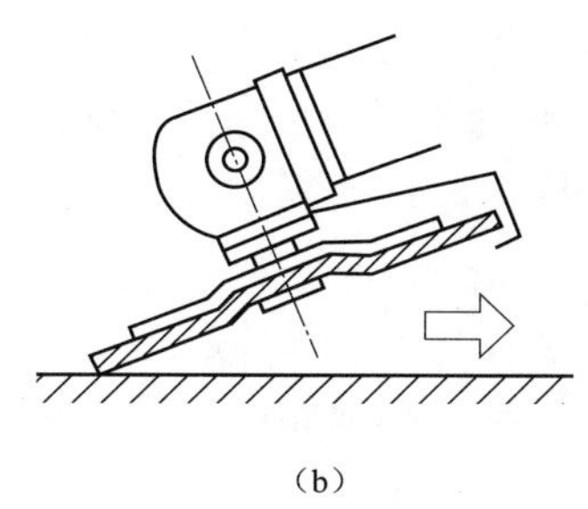

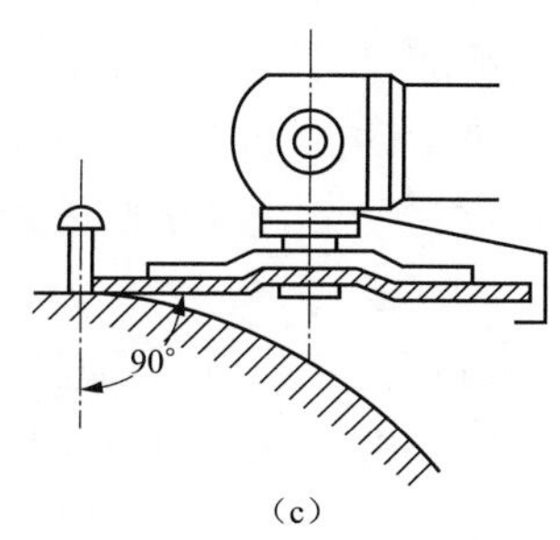

图2-4　角向磨光机的使用方法

3. 注意事项

（1）使用前应进行外观检查，损坏或缺少安全防护罩的禁止使用。

（2）线路电压不得超过工具铭牌上所规定电压的10%。

（3）砂轮要安装稳固，螺帽不得过紧。

（4）作业中，手指不得触摸砂轮片。

（5）电刷磨损到不能使用时，须及时调换，否则会使电刷与换向器接触不良，引起环火，烧坏换向器，严重时会烧坏电枢。

（6）角向磨光机的通风必须保持清洁畅通，并防止铁屑等杂物入内。

四、电动弯管机

1. 规格及结构

电动弯管机是在管子不加热的情况下对管子进行冷弯的专用设备。它主要由电动油泵、高压油管、快速接头、工作油缸、柱塞、弯管部件组成，具有使用安全、操作方便、价格合理、装卸快速等特点，如图2-5所示。目前使用的电动弯管机主要是蜗轮蜗杆驱动的弯管

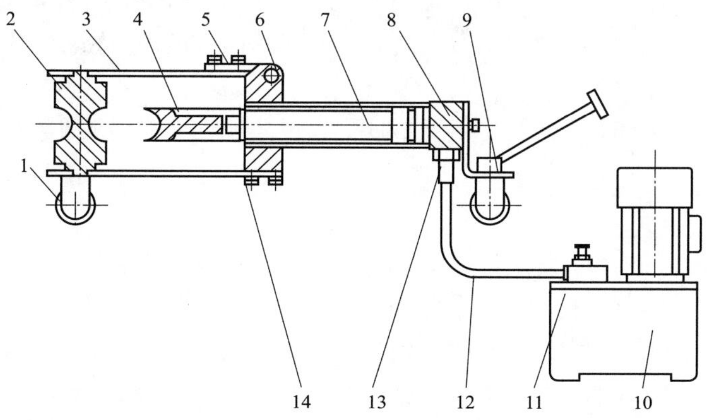

图2-5　电动弯管机结构图

1—车轮；2—辊轴；3—上花板；4—模头；5—连杆板；6—方挡块；7—柱塞；8—工作油缸；9—支架；10—电动油泵；11—放油螺钉；12—高压油管；13—快速接头；14—下花板

机，可以弯制 $\phi15$～$\phi32$ 的钢管。加芯棒的弯管机可以弯制 $\phi32$～$\phi85$ 的钢管。

2. 使用方法

（1）先将工作油缸旋入方挡块的内螺纹，使油缸后端装在支架上的车轮向下。

（2）根据所弯管子的外径选择模头，套在柱塞上，将两支辊轴所对应槽向着模头，然后放入相应尺寸的花板孔中，再将上花板盖上，将所弯管子插入槽中，再将高压油管端部的快速接头活动部分向后拉并套在工作油缸的接头上，将电动油泵上的放油螺钉旋紧，即可弯管。弯管完毕，放松放油螺钉，柱塞即自动复位。

3. 注意事项

（1）在有载荷时切忌将快速接头卸下。

（2）电动弯管机具是以油为介质，必须做好油及本机具的清洁保养工作，以免淤塞或漏油，影响使用效果。

五、喷灯

1. 规格及结构

喷灯是一种加热工具，将燃油汽化后与空气喷出点燃，产生高温火焰。喷灯适用于小型设备（如轴承、联轴器等）的拆卸及套装前的加热。喷灯的结构如图 2-6 所示，主要由喷焰管、预热盘、喷嘴、气筒等组成。常用喷灯有两种，一种为煤油喷灯，另一种为汽油喷灯。常用规格有 0.5、1、1.5、2、2.5、3、3.5L 等几种。

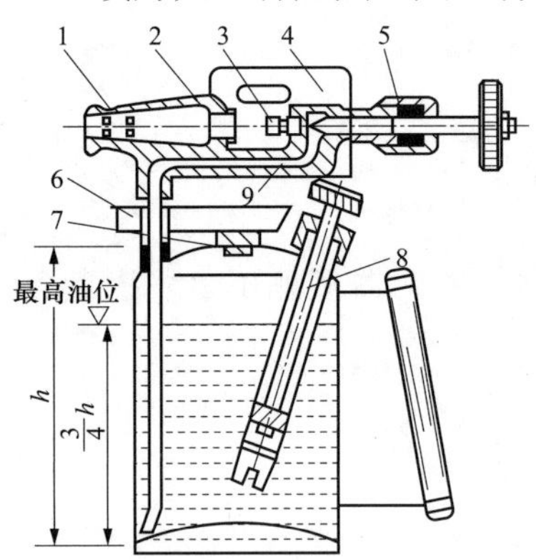

图 2-6 喷灯结构图

1—喷焰管；2—混合管（空气与燃气）；3—喷嘴；4—挡风罩；5—调节阀；6—预热盘；7—加油螺帽；8—气筒；9—汽化管

2. 使用方法

（1）加油：从加油孔将燃油注入油桶，油量只能加到油桶高度的 3/4，余下的油桶空间储存压缩空气。

（2）预热：将一小团浸泡了燃油的棉纱放入预热盘中，然后点燃，加热汽化管。

（3）发火：待预热盘中的油棉纱快燃尽时，用气筒打几下气，将桶中燃油压入已灼热的汽化管，再拧开调节阀，燃油汽化气经喷嘴喷入喷焰管，与空气混合后燃烧，成为火焰。火焰必须由黄红色逐渐变成蓝色时，方可将气打足投入使用。

（4）熄火：熄灭喷灯时，应先关闭调节阀，使火焰熄灭；待冷却数分钟后再旋松加油螺帽，放出桶内空气。

3. 注意事项

（1）使用喷灯时，不允许汽油与煤油混合使用。

（2）用煤油的喷灯不允许用汽油作燃油。

（3）使用时注意防火，加完油或放完气后，应将加油螺帽拧紧。

（4）点喷灯时，喷口的正前方要求宽敞，更不能对着人或易燃物。

六、刮刀

1. 规格及结构

刮削是利用不同形式的刮刀，在工件表面刮去一层很薄的金属，使其能获得很高的形位精度和尺寸精度的一种加工方法。刮削出的花纹可增加工件表面的美观。刮刀具有切削量小、切削力小、产生热量小、加工方便等优点。

刮刀是刮削的主要工具，用于修刮电厂主、辅机的轴瓦、机械的平面等。刮刀的头部具有足够高的硬度，刃口必须锋利，一般采用碳素工具钢 T10A、T12A 或弹性较好的 GCr15 滚动轴承钢锻制而成。刮削硬工件时，也可焊上硬质合金。根据用途，刮刀可分为平面刮刀和曲面刮刀两类。

（1）平面刮刀。平面刮刀又分为普通平面刮刀和弯头刮刀两种。普通平面刮刀如图 2-7（a）所示，其结构为平面直头，有两面刀刃，一般用于粗刮。普通平面刮刀的另一种刀头头部略为凸起，如图 2-7（b）所示，用于细刮或精刮及刮花。在中、轻力度刮削时，可采用刀身较短的平面刮刀。对于刮削余量较多或面积较大的粗刮，可使用刀身较长的平面刮刀，这有利于利用腿力和臂力推动刮刀进行刮削。

弯头刮刀如图 2-7（c）所示。弯头刮刀的特点是刀头薄、一面有刃、弹性好，不像普通平面刮刀那样硬，一般用于中、轻力度的刮削；缺点是使用不够灵活。

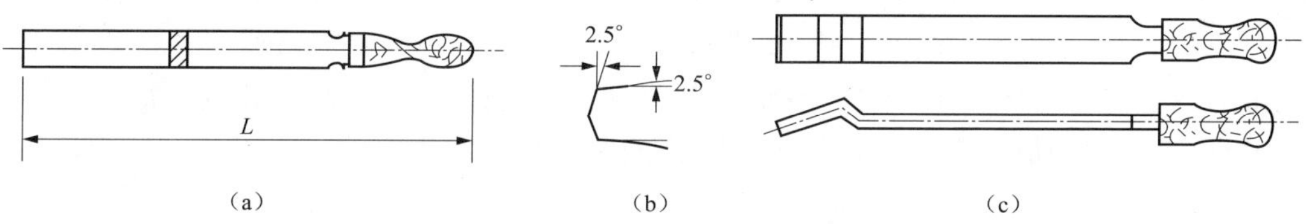

图 2-7 平面刮刀示意图

（a）普通平面刮刀；（b）凸头刮刀；（c）弯头刮刀

（2）曲面刮刀。曲面刮刀用于刮削曲面，常用的有三角刮刀、匙形刮刀和圆头刮刀，如图 2-8 所示。前两种刮刀的特点是有较长的弧形和刃口，最适合刮削内曲面，如滑动轴承的轴瓦和轴套等。

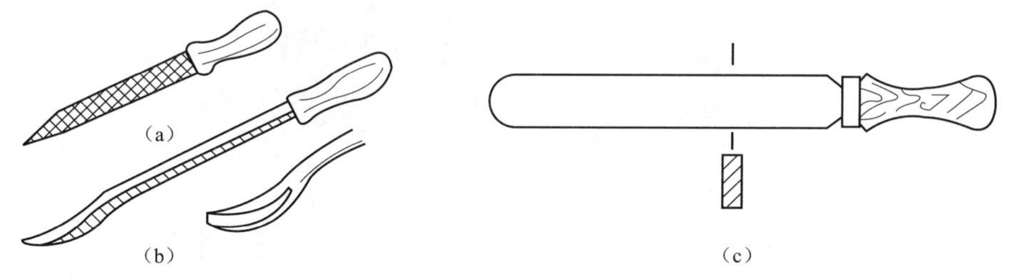

图 2-8 曲面刮刀示意图

（a）三角刮刀；（b）匙形刮刀；（c）圆头刮刀

2. *刮刀的刃磨*

为了保持刮刀的锋利，在使用过程中，刮刀要经常进行刃磨，刃磨方法有粗磨和细磨两种，下面以平面刮刀为例介绍。

（1）在砂轮上的粗磨。将淬硬的刮刀顶端放在砂轮机的搁架上，双手一前一后握持刮刀，前手距刀口尽量近些，一般为 30～50mm。刮刀前端触在砂轮的外缘上，使刀身与砂轮的接触垂直，顶面与刮刀两面呈 90°角。当磨圆弧口时，应以后手为轴心，前手左右移动。

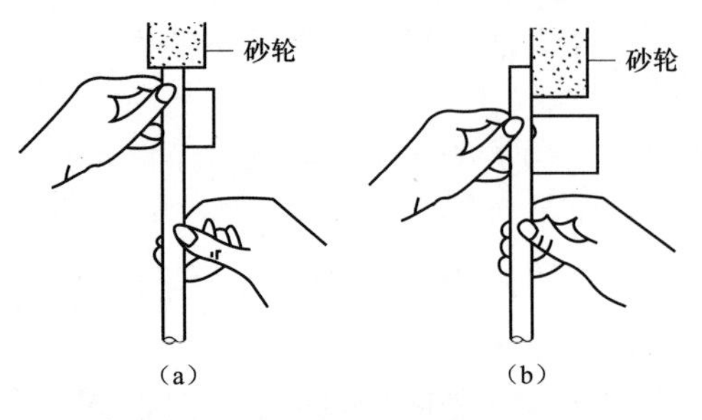

图 2-9　平面刮刀的粗磨

（a）端部的磨法；（b）平面的磨法

当磨平口时，后手应随前手同时移动，如图 2-9（a）所示。当刮刀端面磨平后，再将刮刀的平面和侧面沿着砂轮端面前后移动磨平，如图 2-9（b）所示，要求各对面平行，平面与侧面垂直。刃磨时，应充分用水冷却，以防止刮刀发热而退火变软。

（2）在油石上的细磨。刮刀的刀口经过砂轮刃磨后，刀刃上留有细微的凹痕或毛刺，而且也不够锋利，必须经过油石进一步刃磨后才能使用。

图 2-10（a）所示为磨平面，左手握刀身前端，右手握刀柄，使刀身平贴在油石上，按图 2-10（b）中箭头方向来回移动，直到平面光洁、无砂轮磨痕为止。图 2-10（c）所示为磨顶端平面，双手分上下握持刮刀，下手距油石应近些，以下手为主，上手协同动作，在油石上来回移动，刃磨时应根据刃口的不同角度，使刀身中心与油石平面垂直（刃口为 90°）或略向后倾（刃口大于 90°）。上手只扶着刀身使它与油石保持一定角度，并不用力。刃磨速度要慢，用力要轻，刮刀在油石上移动的距离要适当，一般在 75mm 左右，否则上手的动作很难与下手配合。图 2-10（d）所示为初学磨顶端的另一种方法，将刮刀上部靠住肩，两手握刀身，向后拉动磨刃口，向前时将刮刀提起。

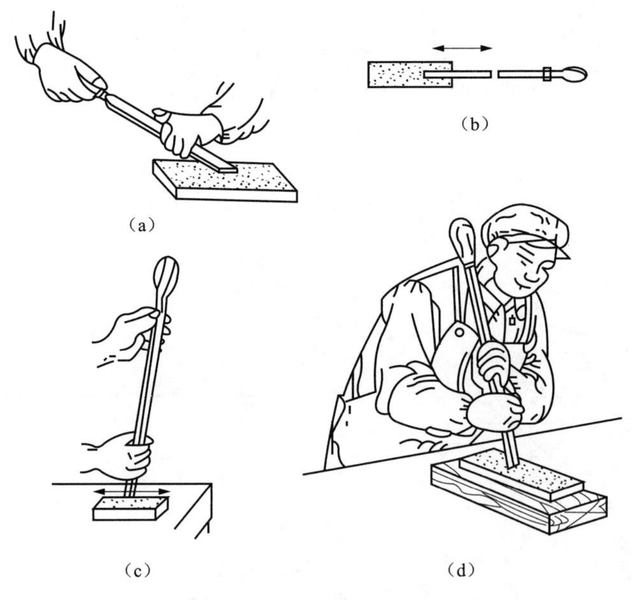

图 2-10　平面刮刀的细磨

（a）平面正确的磨法；（b）平面错误的磨法；（c）、（d）端部的磨法

3. 注意事项

（1）此类工具属于社会管制刀具，必须严格管理、保管，以防被他人用于不正当的地方。

（2）刮刀应装有牢固、光滑的手柄。因为在刮削时用力较大，如果柄部脱落或断裂，都会给人造成伤害；特别是在用挺刮法时，刮刀尾部应装配光滑的、接触面较大的把柄，以防伤害作业者的腹部或身体的其他部位。

（3）被刮削的工件一定要稳固、牢靠，高度位置适宜人员的操作，在刮削时，不允许被刮削的工件有移动、滑动的现象。

（4）刮刀在不使用时，应放在不易坠落的部位，以防掉落时伤人及损坏刮刀；不要将刮刀同其他手工具放在一个工具袋中，应单独妥善保管。

（5）刮刀使用后，应及时清理，保证刀具清洁并随时涂上油脂以防止生锈，并归类放在保护套中。

【任务实施】

<table>
<tr><td>工作任务</td><td colspan="2">检修工具的使用</td><td>学时</td><td>6</td><td>成绩</td><td></td></tr>
<tr><td>姓名</td><td></td><td>学号</td><td></td><td>班级</td><td></td><td>日期</td></tr>
</table>

1. 计划

（1）岗位划分。

岗位／组别	作业组长	组员	组员	组员	组员	组员	组员	组员

（2）制定任务工单。

<table>
<tr><td colspan="2">人员要求</td><td>作业名称</td><td>工作负责人签字</td></tr>
<tr><td>专责工</td><td>人</td><td rowspan="6">作业 1：正确操作手电钻、电锤和喷灯。
作业 2：制作一个 $\phi 20\times 4$ 的冷弯弯头。
作业 3：刮削 100mm×100mm×25mm 的平板。
作业 4：制作一个 $\phi 60\times 7$、20G 管子的坡口</td><td></td></tr>
<tr><td>检修工</td><td>人</td><td></td></tr>
<tr><td>其他</td><td>人</td><td>工作成员签字</td></tr>
<tr><td></td><td>人</td><td></td></tr>
<tr><td></td><td>人</td><td></td></tr>
<tr><td></td><td>人</td><td></td></tr>
<tr><td colspan="4">操作前准备
• 资料准备。
• 熟悉检修工具结构。
• 掌握检修工具使用方法和使用注意事项</td></tr>
<tr><td colspan="4">工具准备</td></tr>
<tr><td colspan="4">安全措施</td></tr>
<tr><td colspan="4">操作步骤</td></tr>
<tr><td colspan="4">质量标准</td></tr>
</table>

续表

2. 决策

根据锅炉检修作业指导书和 GB 26164.1—2010 核对各组任务工单。

3. 实施

(1) 填写任务工单。

(2) 在模拟电厂锅炉检修场景下，各检修学习小组进行热力设备检修工具的应用。

4. 检查及评价

考评项目		自我评估 20%	组长评估 20%	教师评估 60%	小计 100%
素质考评 20	劳动纪律 5				
	积极主动 5				
	协作精神 5				
	贡献大小 5				
总结分析 20					
工单考评 60					
总分					

任务2 检修量具的使用

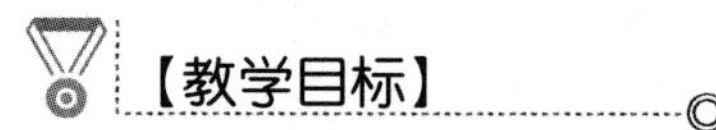

【教学目标】

能力目标：

(1) 能用塞尺测量泵的轴瓦间隙、阀门结合面的间隙；

(2) 能用千分尺测量泵轴直径；测量省煤器、过热器、水冷壁的外径和内径；

(3) 能用百分表测量泵轴的弯曲度和不圆度，找泵与阀门的中心；

(4) 能用水平仪测量泵底座的水平；

(5) 能用测速仪测量泵运行时的转速；

(6) 能用测振仪测量泵运行时的振动。

态度目标：

(1) 能主动学习，在完成任务过程中发现问题、分析问题和解决问题；

(2) 能与小组成员协商、交流配合完成本次学习任务，养成分工合作的团队意识；

(3) 严格遵守安全规范，爱岗敬业、勤奋工作。

【任务描述】

班级学生自由组合为若干个检修学习小组，各检修学习小组自行选出作业组长，并明确各小组成员的角色。在模拟电厂锅炉检修场景下，各检修学习小组要根据量具使用说明书和任务要求，正确选择量具，对检修场的热力设备进行测量。

【任务准备】

<table>
<tr><td>工作任务</td><td colspan="3">检修量具的使用</td><td>学时</td><td>6</td><td>成绩</td><td></td></tr>
<tr><td>姓名</td><td></td><td>学号</td><td></td><td>班级</td><td></td><td>日期</td><td></td></tr>
<tr><td colspan="8">课前预习相关知识部分，独立回答下列问题：
（1）量具为什么要定期到国家认可的检验部门进行校验？
（2）叙述使用塞尺的方法及注意事项。
（3）叙述千分尺的读数原理和读数方法。
（4）说明百分表指针的旋转方向与被测点位置的关系。
（5）说明使用百分表时的注意事项。
（6）说明框式水平仪的用途及结构。
（7）叙述水平仪气泡偏移格数的两种读法。
（8）用水平仪测量物体的水平度时，为何要将水平仪在被测面上原始调头再测一次水平值，取两次测量的平均值为该被测面的水平度？
（9）叙述光学式测速仪的使用方法</td></tr>
</table>

【相关知识】

一、塞尺

1. 规格及结构

塞尺又称测微片或厚薄规，如图 2-11 所示，由一组具有不同厚度级差的薄钢片组成，具有两个平行的测量平面，用于检验两个结合面之间的间隙大小。塞尺一般用不锈钢制造，其长度有 50、100、200mm，最薄的为 0.02mm，最厚的为 3mm。自 0.02～0.1mm，各钢片厚度级差为 0.01mm；自 0.1～1mm，各钢片的厚度级差一般为 0.05mm；自 1mm 以上，钢片的厚度级差为 1mm。

2. 工作原理

塞尺横截面为直角三角形，在斜边上有刻度，利用锐角正弦直接将短边的长度表示在斜边上，这样就可以直接读出缝的大小。在检验被测尺寸是否合格时，可以用通止法判断，也可由检验者根据塞尺与被测表面配合的松紧程度来判断。

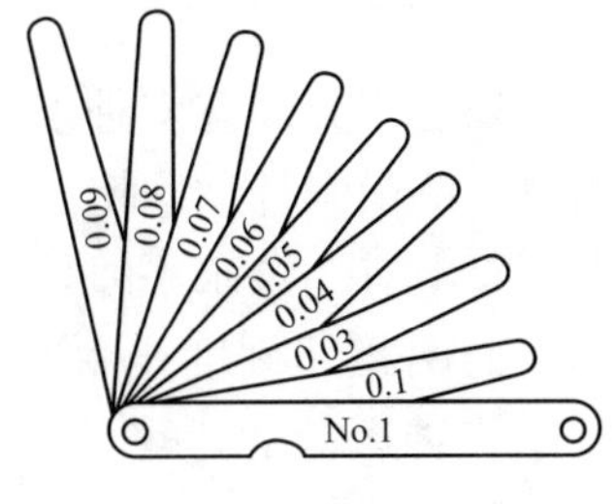

图 2-11 塞尺

塞尺使用前必须先清除塞尺和工件上的污垢与灰尘。使用时可选用适当厚度的一片或数片塞尺片重叠插入间隙，一般不要超过三片，以稍感拖滞为宜。测量时动作要轻，不允许硬插，也不允许测量温度较高的零件。

3. 使用方法

（1）用干净的布将塞尺测量表面擦拭干净，不能在塞尺沾有油污或金属屑末的情况下进行测量，否则将影响测量结果的准确性。

（2）将塞尺插入被测间隙中，来回拉动塞尺，感到稍有阻力，说明该间隙值接近塞尺上所标出的数值；如果拉动时阻力过大或过小，则说明该间隙值小于或大于塞尺上所标出的数值。

（3）进行间隙的测量和调整时，先选择符合间隙规定的塞尺插入被测间隙中，然后一边调整，一边拉动塞尺，直至感觉稍有阻力时拧紧锁紧螺母，此时塞尺所标出的数值即为被测间隙值。

4. 注意事项

（1）不允许在测量过程中剧烈弯折塞尺，或用较大的力硬将塞尺插入被检测间隙，否则将损坏塞尺的测量表面或零件表面的精度。

（2）使用完后，应将塞尺擦拭干净，并涂上一薄层工业凡士林，然后将塞尺折回夹框内，以防锈蚀、弯曲、变形而损坏。

（3）存放时，不能将塞尺放在重物下，以免损坏塞尺。

二、千分尺

千分尺的精度可以达到 0.01mm，是一种常用的精密测量仪器。千分尺分为外径千分尺、内径千分尺、杠杆千分尺以及内测千分尺、螺纹千分尺、深度千分尺、公法线千分尺、V 形测砧千分尺、三爪内径千分尺等。这些千分尺的工作原理和读数方法基本相同，使用与保养方法也有许多共同之处。常用的千分尺是根据螺旋副工作原理制成的外径千分尺、内径千分尺和深度千分尺三种。

（一）外径千分尺

1. 规格及结构

外径千分尺常简称千分尺，它是比游标卡尺更精密的长度测量仪器，主要参数见表 2-1。

表 2-1　外径千分尺的主要参数

分度值（mm）	测量范围（mm）	精度等级	适用测量公差等级
0.01	0～25、25～50、50～75、75～100、100～125、125～150、150～200、200～225、225～250、250～275、275～300、300～400、400～500、500～600、600～700、700～800、800～900、900～1000	0	IT7～IT6
		1	IT9～IT7
		2	IT10～IT9

外径千分尺有多种形式，其中常见的一种如图 2-12 所示，其结构主要由固定的尺架、测砧、测微螺杆、固定套管、微分筒（又称可动刻度筒）、测力装置、锁紧装置等组成。固定套管上有一条水平线，这条线上、下各有一列间距为 1mm 的刻度线，上面的刻度线恰好在下面两相邻刻度线中间。微分筒上的刻度线是将圆周分为 50 等分的水平线。外径千分尺是旋转运动的，可以测量工件的各种外形尺寸，如长度、厚度、外径、凸肩厚板厚或壁厚等。

2. 工作原理

根据螺旋运动原理，当微分筒旋转一周时，测微螺杆前进或后退一个螺距——0.5mm。这样，在微分筒旋转一个分度后，它转过了 1/50 周，这时螺杆沿轴线移动了 1/50×0.5mm=0.01mm，因此，使用外径千分尺可以准确读出 0.01mm 的数值。

3. 零位较准

使用外径千分尺时先要检查其零位是否校准，因此先松开锁紧装置，清除油污，特别是测砧与测微螺杆间接触面要清洗干净。检查微分筒的端面是否与固定套管上的零刻度线重合，若不重合应先旋转旋钮，直至螺杆要接近测砧时，旋转测力装置，当螺杆刚好与测砧接触时会听到喀喀声，这时停止转动。如果两条零线仍不重合（两零线重合的标志是：微分筒的端面与固定刻度的零线重合，且可动刻度的零线与固定刻度的水平横线重合），可将固定

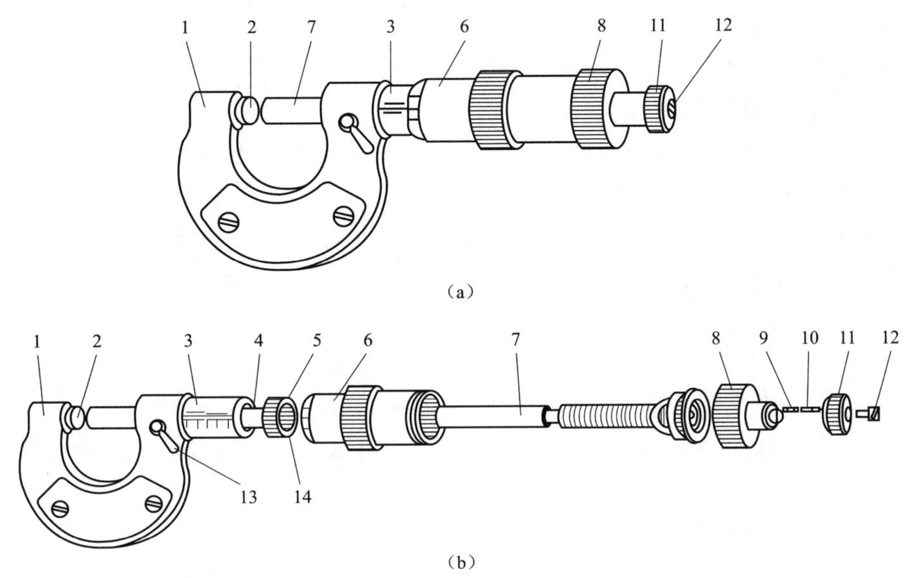

图 2-12 外径千分尺的结构图

(a) 外形；(b) 结构

1—尺架；2—测砧；3—固定套管；4—轴套；5—衬套；6—微分筒；7—测微螺杆；8—罩壳；9—弹簧；10—棘爪销；11—棘轮盘；12—螺钉；13—手柄；14—螺母

套管上的小螺丝松动，用专用扳手调节套管的位置，使两零线对齐，再将小螺丝拧紧。不同厂家生产的外径千分尺的调零方法不一样，这里仅是其中一种调零的方法。

检查外径千分尺零位是否校准时，要使螺杆和测砧接触，偶尔会出现向后旋转测力装置两者不分离的情形。这时可用左手手心用力顶住尺架上测砧的左侧，右手手心顶住测力装置，再用手指沿逆时针方向旋转旋钮，可以使螺杆和测砧分开。

4. 刻度读取方法

（1）数显千分尺。测量值：直接读出所显示的数据。

（2）刻度显示千分尺。测量值：主轴刻度＋副轴刻度。如图 2-13 所示，说明如下：

1）首先读出副轴边缘在主轴上的刻度。在图 2-13 中，由于其边缘在主轴上处于 6 和 6.5 之间，所以主轴刻度是 6mm。

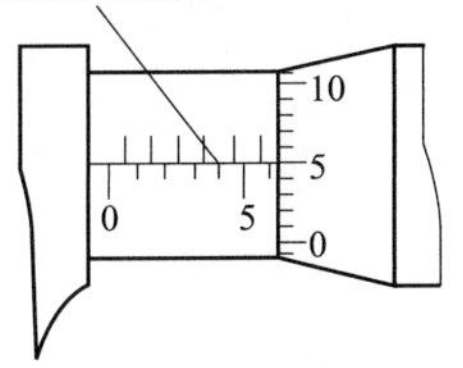

图 2-13 外径千分尺读数方法

2）读取和主轴刻度基线重合的副轴刻度。在图 2-13 中，主轴刻度基线对齐到副轴上的 5，因此副轴刻度是 5。

3）由 2）中得到的数据乘上主轴 1 个刻度的单位。在图 2-13 中，由于主轴 1 个刻度单位是 0.01mm，因此 0.01mm×5＝0.05mm。

4）将 1）和 3）的结果相加，就得到最终测量值。在图 2-13 中，其测量值是 6mm＋0.05mm＝6.05mm。

5. 使用方法

（1）千分尺的保持方法。

1）根据情况，为了测量方便，允许用一只手保持进行测量。

2）在测量时对被测件施加的压力是由棘轮来控制，旋转副轴进行加压和棘轮来加压是相关的，因此要充分利用此关系。

（2）测量顺序。

1）用一只手轻轻拿起被测件。

2）旋转副轴，扩大基准面和锭子间的间距，然后将被测件夹进去。

3）旋转副轴，使测量面和被测件轻轻接触。

4）旋转棘轮，当棘轮旋转 2、3 次时，所显示的数据就是测量值（金属硬物等测量适用）；反向缓慢旋转副轴，当被测件在测量面间可移动时，所显示的数据就是测量值（塑料件等测量适用）。

6. 注意事项

（1）测量前要检查零点读数，并对测量数据做零点修正。

（2）检查零点读数和测量长度时，切忌直接转动测微螺杆和微分筒，而应轻轻转动棘轮旋柄。

（3）必须正确地将被测件的测量处夹在基准面和锭子内。

（4）在使用后，避免基准面和锭子紧密接触，而是要留出间隙（为 0.5～1mm）并紧锁。

（5）如果要长时间保管时，必须用清洁布或纱布来擦净成为腐蚀源的切削油、汗、灰尘等后，涂敷低黏度的高级矿物油或防锈剂。

（二）内径千分尺

内径千分尺为杆式结构，微分头如图 2-14（a）所示，其读数方法与外径千分尺相同。内径千分尺主要用于测量精度为 0.01mm 的零件孔径及两表面所限定的距离，为适应不同孔径尺寸的测量，可以接上接长杆，如图 2-14（b）所示。连接时，只需将保护帽旋去，将

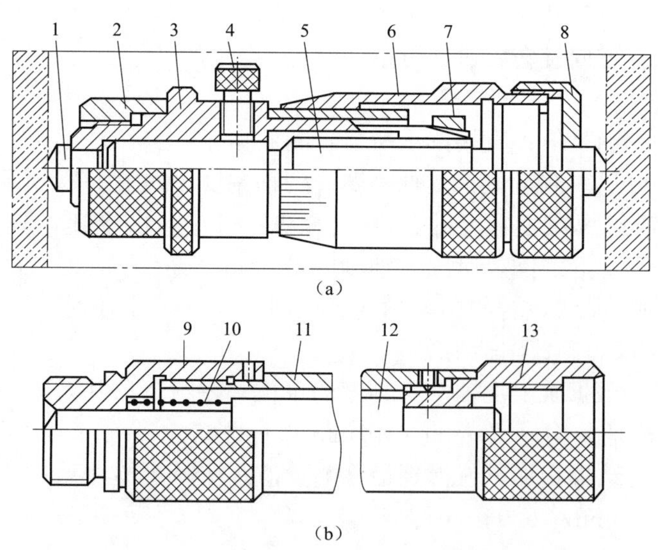

图 2-14 内径千分尺结构图

（a）微分头；（b）接长杆

1—固定测头；2—保护帽；3—固定套筒；4—锁紧装置；5—固定螺纹套筒；6—微分筒；7—调节螺母；8—微调装置；9—连接螺丝；10—弹簧；11—固定套筒；12—量杆；13—连接螺母

接长杆的右端（具有内螺纹）旋在千分尺的左端即可。接长杆可以一个接一个地连接起来，测量范围最大可达到5000mm。内径千分尺与接长杆是成套供应的。

目前，国产内径千分尺的测量范围（mm）由50mm起始分段，有50～250、50～600…1000～5000mm等，分度值为0.01mm。

内径千分尺上没有测力装置，测量压力大小完全靠手中的感觉。测量时，将它调整到所测量的尺寸后（见图2-15），轻轻放入孔内试测其接触的松紧程度是否合适。一端不动，另一端做左、右、前、后摆动。左、右摆动时，必须细心地放在被测孔的直径方向，以点接触，即测量孔径的最大尺寸处（最大读数处），要防止放在如图2-16所示的错误位置。前、后摆动应在测量孔径的最小尺寸处（最小读数处）。按照这两个要求与孔壁轻轻接触，才能读出直径的正确数值。测量时，用力将内径千分尺压过孔径是错误的。这样做不但使测量面过早磨损，且由于细长的测量杆弯曲变形后，既损伤量具精度，又使测量结果不准确。

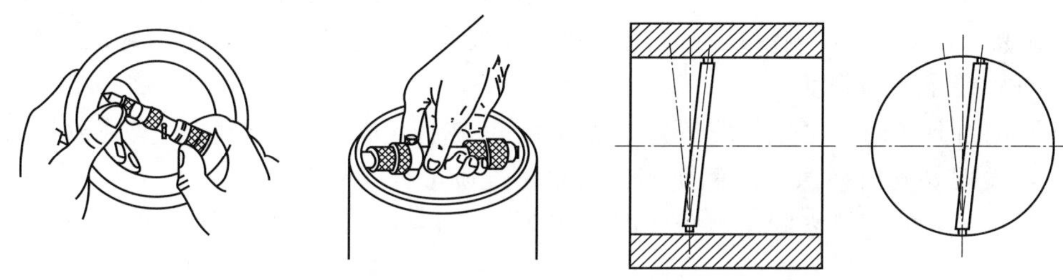

图2-15 内径千分尺的使用

三、百分表

1. 规格及结构

百分表是美国的B.C.艾姆斯于1890年制成的。百分表的圆表盘上印制有100个等分刻度，即每一分度值相当于量杆移动0.01mm，测量范围为0～3、0～5、0～10mm。在热力设备检修中，百分表常用于测量设备端面的瓢偏、圆周晃动度及平面位移。

百分表的结构如图2-17所示，主要由表体部分、传动系统、读数装置三个部件组成。

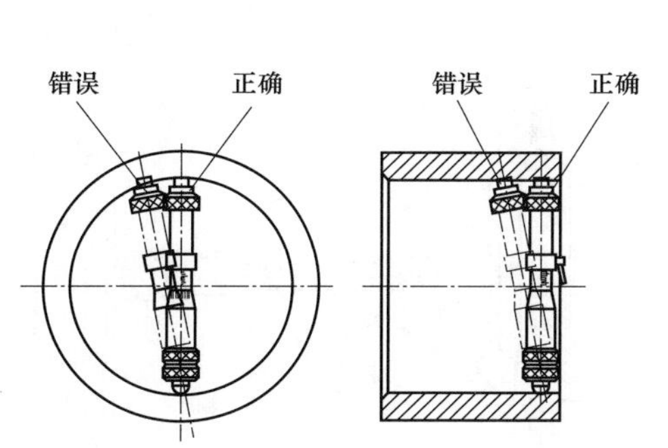

图2-16 内径千分尺的错误位置

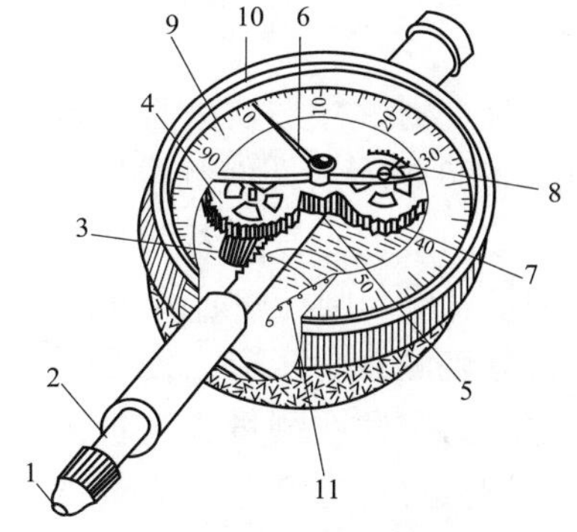

图2-17 百分表结构图

1—测量头；2—测量杆；3、4、5、7—齿轮；6—主指针；8—小指针；9—表盘；10—表圈；11—弹簧

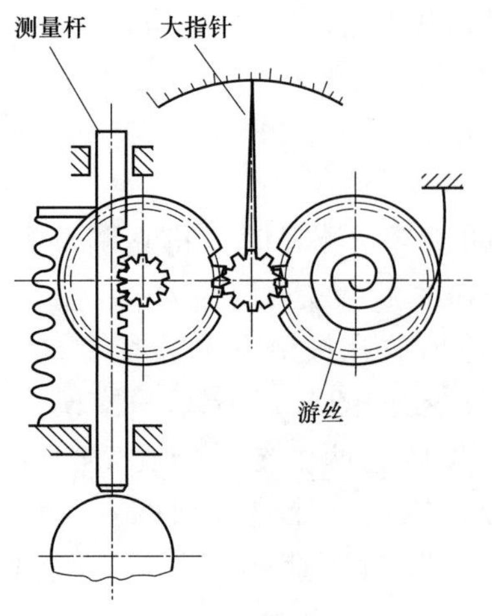

图 2-18 百分表的工作原理

2. 工作原理

百分表的刻线原理是将被测尺寸引起的测杆微小直线移动，经过齿轮传动放大，变为指针在刻度盘上的转动，从而读出被测尺寸的大小。

百分表的工作原理如图 2-18 所示。当测量杆向上或向下移动 1mm 时，通过齿轮传动系统带动大指针转一圈，同时小指针转一格。大指针每转一格读数值为 0.01mm，小指针每转一格读数为 1mm。小指针处的刻度范围为百分表的测量范围。测量的大小指针读数之和即为测量尺寸的变动量。刻度盘可以转动，供测量时大指针对零用。

3. 使用方法

（1）使用前，应检查测量杆活动的灵活性。即用手轻轻推动测量杆 2、3 次时，测量杆在套筒内的移动要灵活，没有任何卡阻现象，且每次放松后指针能回复到原来的刻度位置。

（2）使用百分表时，必须将它固定在专用的表架上（如固定在万能表架或磁性表座上）见图 2-19，表架要安放平稳，以免使测量结果不准确或摔坏百分表。

用夹持百分表的套筒来固定百分表时，夹紧力不要过大，以免因套筒变形而使测量杆活动不灵活。

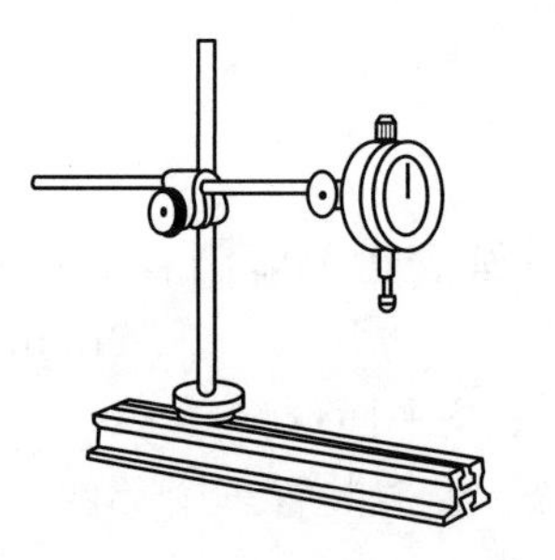

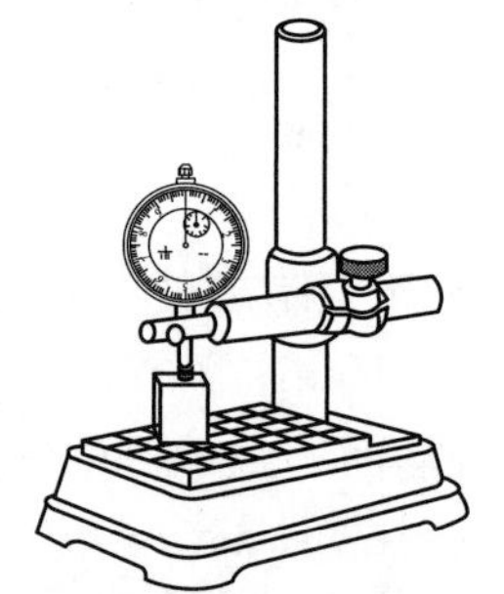

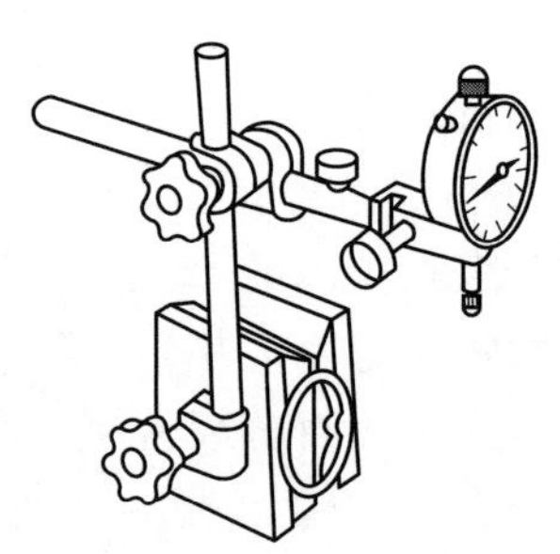

图 2-19 安装在专用表架上的百分表

（3）测量时，测量杆必须垂直于被测量表面，如图 2-20 所示。即使测量杆的轴线与被测量尺寸的方向一致，若测量圆柱形工件时，测量杆应与圆柱中心线垂直。

（4）用百分表测量时，应当使测量杆有一定的初始测力。即在测量头与被测件表面接触时，测量杆应有 0.3～1mm 的压缩量（千分表可小一点，有 0.1mm 即可），使指针转过半圈左右，然后转动表圈，使表盘的零位刻线对准指针。轻轻地

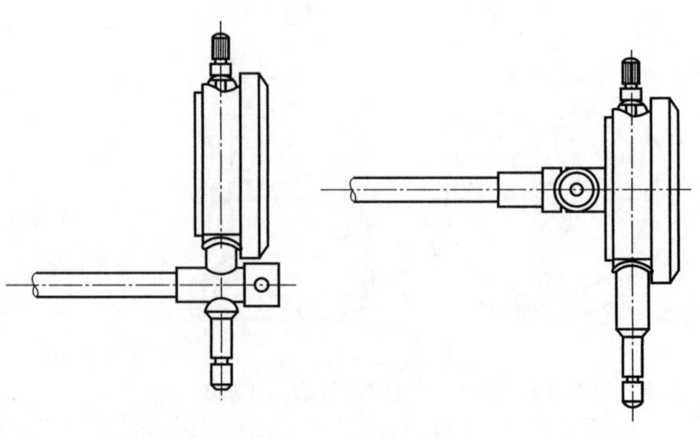

图 2-20 测量杆垂直于被测量表面

拉动手提测量杆的圆头，拉起和放松几次，检查指针所指的零位有无改变，在指针的零位稳定后再开始测量。

4. 注意事项

（1）使用前，应检查测量杆活动的灵活性。

（2）使用时，必须将百分表固定在可靠的夹持架上。切不可夹在不稳固的地方，否则容易造成测量结果不准确或摔坏百分表。

（3）测量时，不要使测量杆的行程超过它的测量范围，不能用测头突然撞到工件上，不能用百分表测量表面粗糙度或有显著凹凸不平的工作面。

（4）百分表应避免受潮，用过后应涂上防锈油，仔细地安放在表盒内。

四、水平仪

水平仪是一种测量小角度的常用量具，主要用于检查各种机床及其他机械设备导轨的平直度、设备安装的水平位置和垂直位置等。常用的水平仪有普通水平仪、合像水平仪等。

（一）普通水平仪

1. 规格及结构

普通水平仪有条式水平仪、框式水平仪，如图 2-21 所示。条式水平仪由作为工作平面的 V 形底平面和与工作平面平行的水准器（俗称气泡）两部分组成，其工作平面的平直度和水准器与工作平面的平行度都做得很精确。框式水平仪主要由框架和弧形玻璃管主水准器、调整水准组成，有四个相互垂直的工作面，各边框相互垂直，并有纵向、横向两个水准器，故不仅能检验平面对水平位置的偏差，还可以检验平面对垂直位置的偏差，较之条式水平仪精度更高、测量范围更广。水平仪规格见表 2-2。

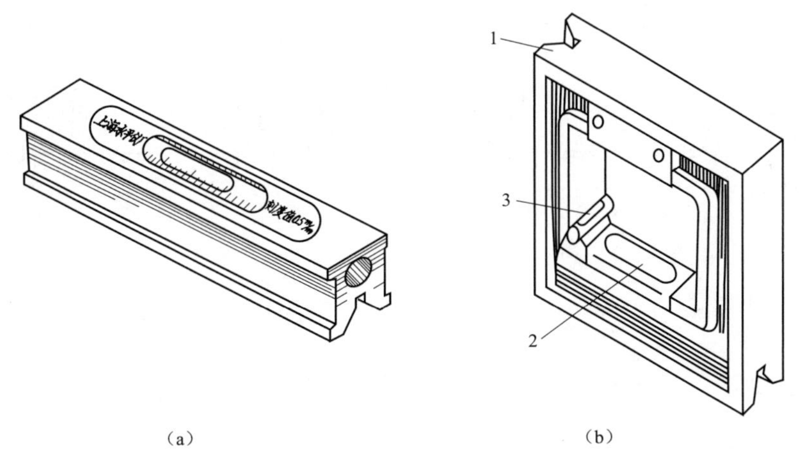

（a） （b）

图 2-21 普通水平仪

（a）条式水平仪；（b）框式水平仪

1—框架；2—主水准器；3—调整水准

2. 工作原理

普通水平仪利用液面水平恒定的原理以水准器直接显示角位移，主要部分是水准器，水准器是一个封闭的玻璃管，内壁研磨成一定曲率半径，曲率半径越大，分辨率就越高，曲率

表 2-2　　水平仪规格

<table>
<tr><th rowspan="2">品　种</th><th colspan="3">外形尺寸（mm）</th><th colspan="2">分度值</th></tr>
<tr><th>长</th><th>宽</th><th>高</th><th>组别</th><th>（mm/m）</th></tr>
<tr><td rowspan="5">框式</td><td>100</td><td>25～35</td><td>100</td><td rowspan="3">Ⅰ</td><td rowspan="3">0.02</td></tr>
<tr><td>150</td><td>30～40</td><td>150</td></tr>
<tr><td>200</td><td>35～40</td><td>200</td></tr>
<tr><td>250</td><td rowspan="2">40～50</td><td>250</td><td rowspan="4">Ⅱ</td><td rowspan="4">0.03～0.05</td></tr>
<tr><td>300</td><td>300</td></tr>
<tr><td rowspan="5">条式</td><td>100</td><td>30～35</td><td>35～40</td></tr>
<tr><td>150</td><td>35～40</td><td>35～45</td></tr>
<tr><td>200</td><td rowspan="3">40～45</td><td rowspan="3">40～50</td><td rowspan="3">Ⅲ</td><td rowspan="3">0.06～0.15</td></tr>
<tr><td>250</td></tr>
<tr><td>300</td></tr>
</table>

半径越小，分辨率越低，因此水准器玻璃管曲率半径决定了水平仪的精度。水准器内装有乙醚或酒精，并留有一个水准泡，水准泡总是停在玻璃管内的最高点。当水平仪发生倾斜时，玻璃管中气泡就向水平仪升高的一端移动，根据移动的距离（格数），直接或通过计算即可知道被测工件的直线度、平面度或垂直度误差，从而确定水平面的位置。

3. 读数方法

普通水平仪的读数方法有绝对读数法和平均读数法两种，如图 2-22 所示。

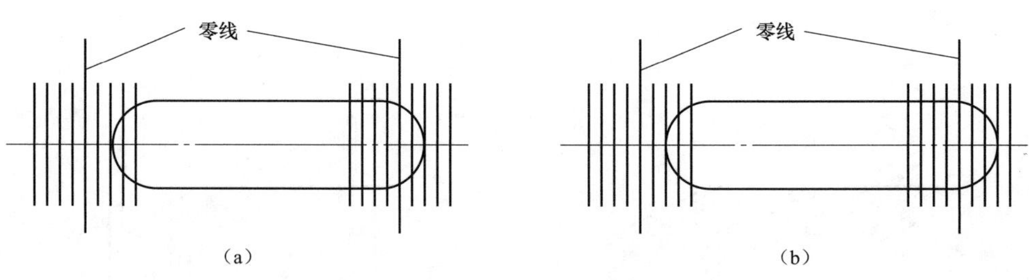

图 2-22　水平仪读数法

(a) 绝对读数法；(b) 平均读数法

(1) 绝对读数法。当气泡在中间位置时，读数为 0。以零线为基准，气泡向任意一端偏离零线的格数，即为实际偏差的格数。偏离起端读数为“＋”，偏向起端读数为“－”，一般习惯由左向右测量。如图 2-22（a）所示，气泡右端相对于零线偏移 2 格，表示水平仪右端比左端高 2 格。

(2) 平均读数法。以两零线为准，读出气泡两端自偏离零线的格数，再将两端格数相加除以 2，即为其读数值。如图 2-22（b）所示，气泡偏离右端零线 3 格，偏离左端零线 2 格，则实际读数为＋2.5 格，即右端比左端高 2.5 格。平均值读数法不受环境温度影响，读数精度高。

4. 使用方法

(1) 水平仪零位校对。为避免由于水平仪零位不准而引起的测量误差，使用前必须对水平仪零位进行检查或调整。将水平仪安置在稳固的精密平板上，待气泡稳定后进行读数得 a，然后将仪器转动 180°，放在原来的位置上读取 b，则仪器的零位误差为 $(a-b)/2$；如果零位误差超过许可范围，则需调整水平仪零位调整机构（调整螺钉或螺母，使零位误差减小至许可值以内）。

(2) 测量设备的垂直面时，应手握持副测面内侧，使水平仪平稳、垂直地（调整气泡位于中间位置）贴在工件的垂直平面上，然后从纵向水准读出气泡移动的格数。

(3) 测量设备的水平面时，在同一个测量位置上，应将水平仪调转方向再进行测量。当移动水平仪时，不允许水平仪工作面与工件表面发生摩擦，应该提起来放置。

(4) 测量设备平面的平直度、平面度时，水平仪不需反向测量。但在测量的全过程中，水平仪必须始终保持一个方向不变。

(5) 被测设备水平实际偏差计算方法。计算式为

$$\Delta h = nil$$

式中 n——主水准气泡移动的格数；

i——水平仪的分度值；

l——被测平面的长度，mm。

例如，用规格为 200mm×200mm，分度值为 0.02mm/m 的框式水平仪测量长度为 800mm 的平面时，主水准气泡偏移 3 格，则被测平面两端的高度差为

$$\Delta h = 3 \times \frac{0.02}{1000} \times 800 = 0.048\text{mm}$$

5. 注意事项

(1) 使用水平仪时，要保证水平仪工作面和工件表面的清洁，以免影响测量的准确性。

(2) 温度变化会使测量产生误差，使用时必须与热源、风源隔绝。

(3) 测量时，水平仪要轻拿轻放，不要碰撞、划伤水平仪框架。

(4) 必须待气泡完全静止后方可读数（水平仪安放在测量面上大约 15s 后）。

(5) 水平仪使用完毕，必须将工作面擦拭干净，涂上防锈油，放在专用的盒内保管。

(二) 合像水平仪

1. 规格及结构

合像水平仪主要用来校正基准件的安装水平，测量各种机床、导轨的直线度误差和两导轨间的平行度误差，并可测量基准平面的平面度误差。热力设备安装、检修中，常用来测量汽轮机汽缸水平度和转子轴颈的扬度。合像水平仪主要由测微螺杆、杠杆系统、水准器、光学合像棱镜和具有 V 形工作平面的底座等组成，如图 2-23 (a) 所示。

2. 工作原理

合像水平仪的工作原理如图 2-23 (b) 所示。水准器安装在杠杆架上，转动调节旋钮，通过精密丝杆、螺母和杠杆调整水平位置。气泡两端圆弧分别用棱镜反射至圆形镜框内，复合放大，形成清晰左、右两个半像。当水平仪处于水平位置时，气泡居于中间位置，气泡两端的像就会重合，如图 2-23 (c) 所示。若水平仪不在水平位置，出现一微小倾角 θ [见图 2-23 (b)]，气泡向右偏移，两端的像就不重合，出现 A 像长、B 像短，如图 1-23 (d) 所示。

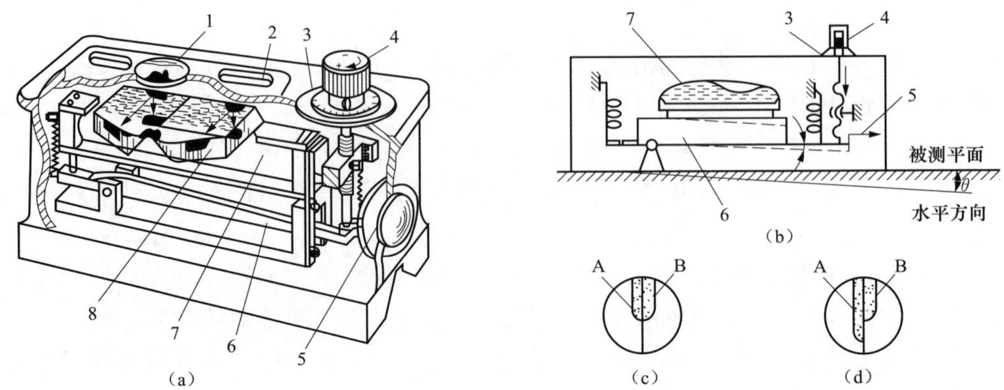

图 2-23 合像水平仪构造及工作原理

(a) 合像水平仪结构图；(b) 合像水平仪工作原理；(c) 气泡两端的像重合；(d) 气泡两端的像不重合

1—圆形镜框；2—指针观察窗口；3—刻度盖；4—调节旋钮；5—指针；6—杠杆；7—水准器；8—棱镜

3. 读数方法

先从指针观察窗口读出毫米整数，再从调节旋钮刻度盘读出毫米小数，两数相加，即为被测平面两端的高度差。合像水平仪的分度值为 0.01mm/1000mm，即调节旋钮带动刻度盖转动一圈（共 100 格）时，精密丝杆带动标尺指针移动 1mm，所以刻度盖的每 1 格代表合像水平仪 1m 长度上的高度差 0.01mm。

例如，一平面被测量后，指针观察窗口所指刻度为 1mm，调节旋钮上的刻度盘所示分度值为 35 倍（0.35mm），被测平面在 1000mm 长度内两端高度差为 1.35mm。若平面只有 400mm，则在此长度上两端的高度差为

$$\Delta h = \frac{1.35}{1000} \times 400 = 0.54\text{mm}$$

五、测速仪

测速仪是电厂中专门用来测量旋转机械转速的。常用的测速仪有机械式、闪光式、数字式、光学式和电磁式等几种。

1. 机械式测速表的使用方法

图 2-24（a）所示为国产机械式手持测速表，测量转速范围为 30～4800r/min，并可测量转动体的线速度。

（1）测速前，根据被测转动体的中心孔选择合适的测速头，如图 2-24（b）所示。

（2）将测速表上的调速盘转到所需要的测速挡位。若被测物的转速不能预估，应先用高速挡位试测，不允许用低速挡位测高速。

（3）测速头接触被测物时，动作要缓慢，同时应使两者保持在同一旋转中心。测速头顶被测物上不要过紧，以不产生相对滑动即可。测速时间一般不超过 1mim。

2. 闪光式测速仪的使用方法

（1）使用前，先接上电源使仪器预热几分钟，将测速旋钮拨到所需测的速度挡位。

（2）在转动体上做一个明显的记号，可画一条白线，如图 2-25 所示。

（3）将闪光灯打开，对准转体照射，再慢慢调整微调旋钮，直到转体上的记号处于静止

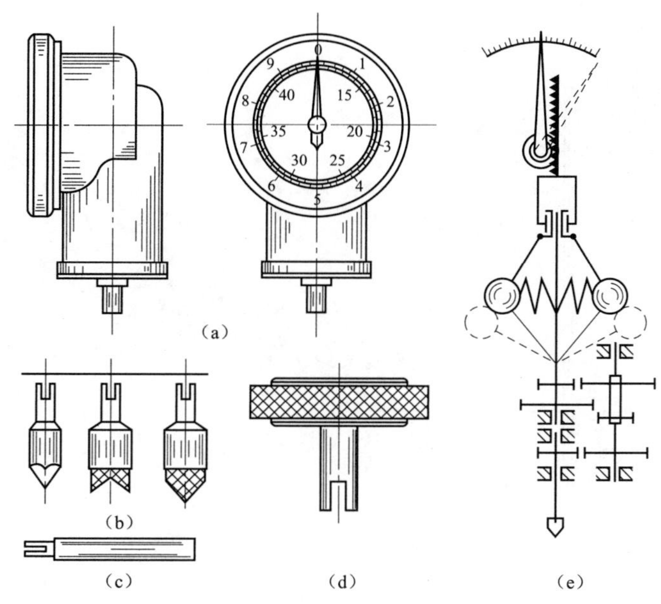

图 2-24 机械式手持转速表

(a) 测速表外形；(b) 测速头；(c) 加长杆；(d) 测线速度滚轮；(e) 转速表动作原理

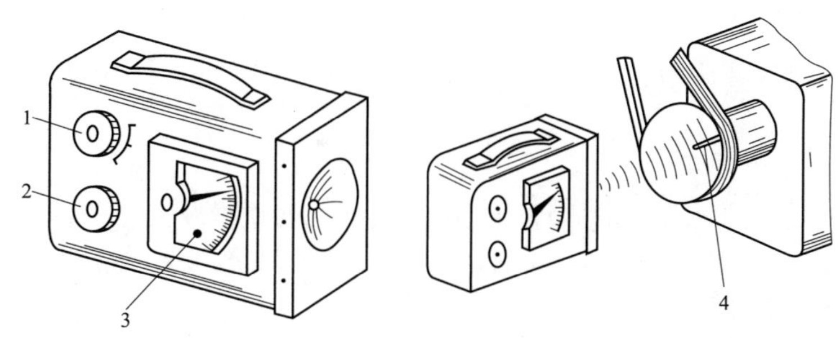

图 2-25 闪光式测速仪

1—速度挡位旋钮；2—速度微调旋钮；3—速度指示表；4—同步后记号静止

状态为止。此时仪表指针的指示即为转动体的旋转频率。

3. 光学式测速仪的使用

这类测速仪多用光电管接受信号，用数码管显示数字（转速），其精确程度高于机械式测速表。图 2-26 所示为数显式手持转速表。

(1) 打开转速表后盖装入电池，选用合适的测速头（测线速时用线速轮）装在仪表测轴上，同时按下 K1、K2 开关，仪表处于自校状态，液晶显示屏上显示数应为“32768”，然后断开 K2 开关，使仪表处于工作测量状态。

(2) 将仪表测速头与被测轴接触，接触时动作应缓慢，同时使两轴保持在一条直线上。

(3) 当测量转速时，显示屏的读数即为被测轴的转速值。若测量线速度，则显示屏的读数为实际线速值的 10 倍。

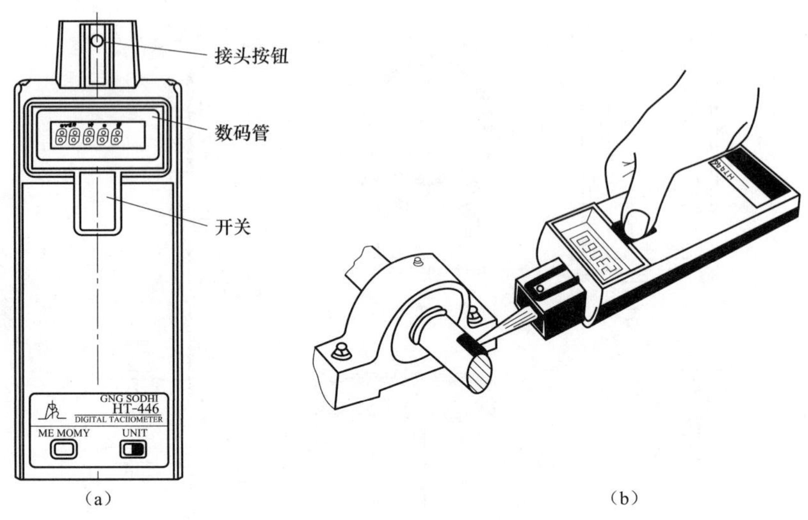

图 2-26　数显式手持转速表

(a) 外形；(b) 测试方法

(4) 若用外接信号时，首先应观察仪表在自校状态时显示是否正确，然后将外接信号插入插孔。

六、测振仪

测振仪用来测量高速旋转振动物体的绝对振动幅度。电厂中常用的测振仪有弹簧式振动表和闪光测振仪。

1. 弹簧式振动表的使用

弹簧式振动表是按照地震仪的原理制造的，其外壳的质量及支点的设计应使外壳具有较低的自身振动频率（300 次每分钟）。因此，每个振动表只能测量在一定转速范围内的振动幅度，其结构如图 2-27 所示。

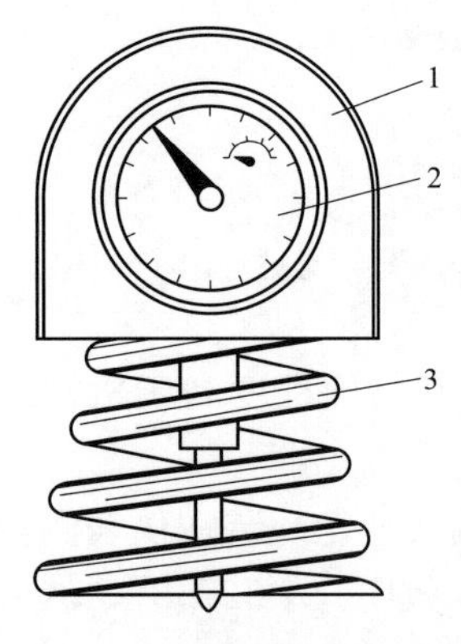

图 2-27　弹簧式振动表结构图

1—外壳（配重）；2—百分表；3—弹簧

(1) 在测振时，将振动表放在被测物的平面上，被测物的振动大小，可从百分表指针的来回摆动范围看出。比较准确的读法是：指针来回摆重复次数最多的较稳定的一段弧长，即为被测物的振动振幅。

(2) 用振动表测振时，应注意振动表各部分的紧固件是否有松动，否则会造成测量的数值不正确。

2. 闪光测振仪的使用

图 2-28 所示为闪光测振仪的使用方法。闪光测振仪是电厂中常用的测量机组绝对振动幅度的高精度仪器。仪器内的闪光测相位电路可对转动物体做动平衡试验。

(1) 在测量振动前，先将电源线、拾振器信号线、闪光测速管信号线连接好。然后将旋钮转至振幅挡位，打开电源开关，工作指示灯即亮，表示电源已接通，可以工作。

(2) 用手指轻轻碰一下拾振头，观察表上的指针是否摆动，如指针摆动正常，表示拾振器工作正常。然后打开闪光开关，用手指碰一下拾振头，观察闪光测速管是否闪光，若闪光测速管有光闪动，表明闪光管工作正常，即可进行测振并做动平衡试验。

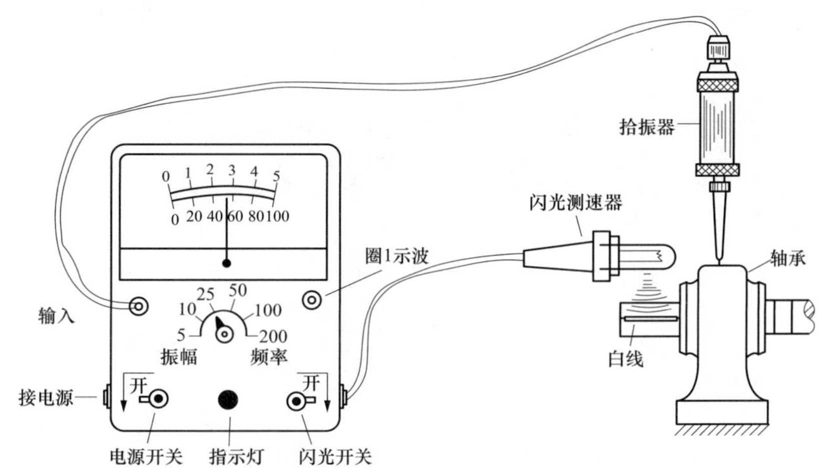

图 2-28 闪光测振仪的使用方法

（3）若只需测量转动体的振动，可将闪光测速管连接线拆除。如既要测振，又要测转体的相位，则必须将闪光测速管装好。

（4）测量转动体的相位前，应在转子上画一道白线，定子上画一刻度盘做测相记号。

（5）转动体的测振、测相方法与步骤。

1）启动转动机器至某一转速，待转速稳定 5min 后可进行测量工作。

2）接通测振仪电源，打开电源开关与闪光开关，将旋钮转至经选择合适的量程位置上。

3）将拾振器慢慢地顶在被测转动体的轴承上。此时，表计的计数即为某一方向的振幅值，并做记录。

4）若在此时需测相位，可将闪光测速管靠近转子。当闪光测速管的频率与转子频率相同时，转子就处于相对静止状态，即转子上所画的白线处于相对静止状态。此时，白线所对应的刻度盘上的角度，就是所要测的相位角，并做记录。

5）测量工作结束时，应先将闪光开关关掉，然后关电源开关。

【任务实施】

工作任务	检修量具的使用		学时	6	成绩	
姓名		学号		班级		日期

1. 计划

（1）岗位划分。

岗位／组别	作业组长	组员	组员	组员	组员	组员	组员	组员

续表

（2）制定任务工单。

人员要求		作业名称	工作负责人签字
专责工	人	作业 1：认识检修量具（常用）。 作业 2：测量某型号轴承内环直径和轴承厚度。 作业 3：测量某型号泵底座的水平。 作业 4：测量某型号泵运行时的转速和振动	
检修工	人		工作成员签字
其他	人		
	人		
	人		
	人		

测量前准备

• 资料准备。

• 熟悉量具使用注意事项。

• 掌握测量方法，熟悉各量具结构及测量标准

工具准备

安全措施

操作步骤

质量标准

2. 决策

根据锅炉检修作业指导书和量具使用说明书核对各组测量工单。

3. 实施

（1）填写任务工单。

（2）在模拟电厂锅炉检修场景下，各检修学习小组进行热力设备的测量。

4. 检查及评价

考评项目		自我评估 20%	组长评估 20%	教师评估 60%	小计 100%
素质考评 20	劳动纪律 5				
	积极主动 5				
	协作精神 5				
	贡献大小 5				
总结分析 20					
工单考评 60					
总分					

任务3 起重机具的使用

【教学目标】

能力目标：

（1）能正确使用千斤顶顶升重物；

（2）能正确使用链条葫芦起吊重物；

（3）会滑轮组穿法和计算滑轮组的拉力；

（4）能正确使用卷扬机吊装重物；

（5）会起重机具的维护与保养。

态度目标：

（1）能主动学习，在完成任务过程中发现问题、分析问题和解决问题；

（2）能与小组成员协商、交流配合完成本次学习任务，养成分工合作的团队意识；

（3）严格遵守安全规范，爱岗敬业、勤奋工作。

【任务描述】

班级学生自由组合为若干个检修学习小组，各检修学习小组自行选出作业组长，并明确各小组成员的角色。在模拟电厂锅炉检修场景下，各检修学习小组按照GB 6067.1—2010《起重机械安全规程第1部分：总则》的任务要求，进行起重机具的使用。

【任务准备】

<table>
<tr><td>工作任务</td><td colspan="2">起重机的使用</td><td>学时</td><td>6</td><td>成绩</td><td></td></tr>
<tr><td>姓名</td><td></td><td>学号</td><td>班级</td><td></td><td>日期</td><td></td></tr>
<tr><td colspan="7">课前预习相关知识部分，独立回答下列问题：
（1）说明螺旋千斤顶结构及工作原理。
（2）叙述使用油压千斤顶时的安全注意事项。
（3）叙述链条葫芦的操作方法及注意事项。
（4）绘图说明“走三”、“走四”滑轮组的几种穿绕法。
（5）说明可逆式电动卷扬机的构造及传动原理</td></tr>
</table>

【相关知识】

在热力设备检修中常用的起重机具有千斤顶、链条葫芦、滑轮和滑轮组、卷扬机等。它们具有质量小、体积小、便于搬运和使用等优点。

一、千斤顶

千斤顶是一种常用的轻便型的起重工具，结构紧凑、操作简便、安全可靠、维修容易，适合于车间、工地、码头等场所作支撑、起重或移动重物之用。由于千斤顶的起重量大，最大起重能力可达500t，可以单台也可以多台组合使用，在热力设备检修与安装中，也得到广泛的应用。千斤顶的种类很多，常用的主要是螺旋千斤顶和油压千斤顶。

（一）螺旋千斤顶

1. 规格及结构

螺旋千斤顶采用机械传动，由手柄、棘轮组、齿轮、螺杆、升降套、机架、底座等零件组成，如图 2-29 所示。这种千斤顶的起重量为 3～50t，顶升高度为 250～400mm，其规格与技术性能见表 2-3。

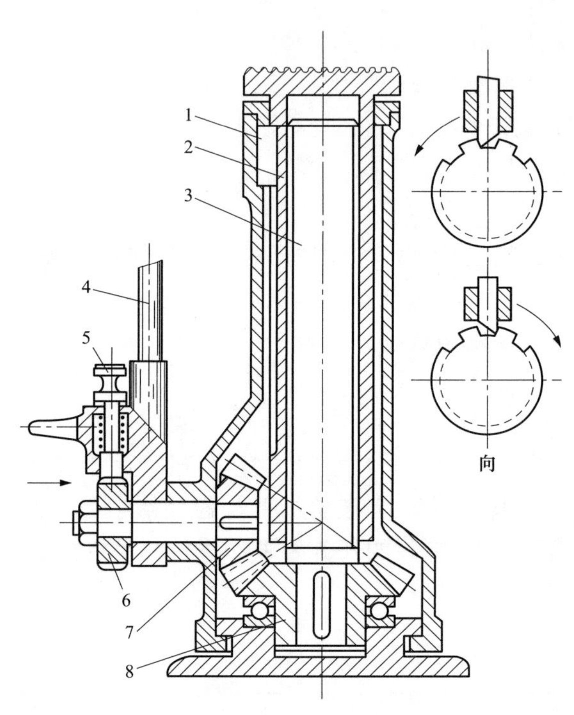

图 2-29 螺旋千斤顶结构图

1—键；2—螺母套筒；3—方牙螺杆；4—手柄；5—棘齿提手；6—棘轮；7—小伞齿轮；8—大伞齿轮

表 2-3 螺旋千斤顶的规格与技术性能

型 号	起重量（t）	最低高度（mm）	起升高度（mm）	手柄长度（mm）	操作力（N）	操作人数（人）	自重量（kg）
LQ-5	5	250	130	600	130	1	7.5
LQ-10	10	280	150	600	320	1	11
LQ-15	15	320	180	700	430	1	15
LQ-30D	30	320	180	700	430	1	15
LQ-30	30	395	200	1000	850	2	27
LQ-50	50	700	400	1385	1260	3	109

2. 工作原理

螺旋千斤顶工作原理为：起重时往复扳动手柄 4，通过棘齿推动棘轮 6 间歇回转，传动伞形齿轮 7、8，使方牙螺杆 3 旋转，螺杆只旋转不升降，螺杆与大伞齿轮连接，在套筒上铣有定向的键槽；因此，螺杆旋转时，驱动螺母套筒2沿壳体上部的滑键升降。手柄处的换向棘齿可控制伞齿轮的正反向旋转，即控制套筒的升降。

（二）油压千斤顶

1. 规格及结构

油压千斤顶采用帕斯卡原理传动，由丝杆、工作活塞、油室、压力活塞、压力缸、工作缸、止回阀、回油阀等组成，如图2-30所示。油压千斤顶具有起重量大、操作省力、上升平稳等优点，但上升速度较螺旋千斤顶慢。油压千斤顶的起重量为3～320t，最大可达500t，起重高度为100～200mm，其技术性能及规格见表2-4。

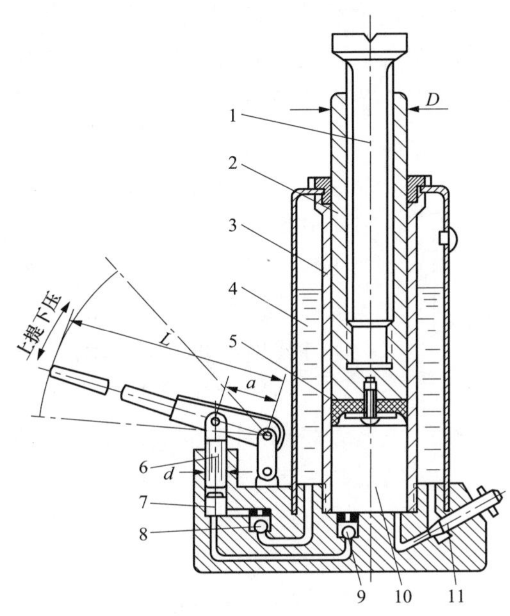

图2-30　油压千斤顶结构图

1—丝杆；2—压力活塞；3—缸套；4—油室；5—橡皮碗；6—压力活塞；7—压力缸；8、9—止回阀；10—工作缸；11—回油阀

表2-4　油压千斤顶的技术性能及规格

型　号	起重量（t）	最低高度（mm）	起升高度（mm）	手柄长度（mm）	操作力（N）	操作人数（人）	储油量（L）	自重量（kg）
YQ-5A	5	235	160	620	320	1	0.25	5.5
YQ-8	8	240	160	620	365	1	0.3	7
YQ-12.5	12.5	245	160	850	295	1	0.35	9.1～10
YQ-16	16	250	160	850	280	1	0.4	13.8
YQ-20	20	285	180	1000	280	1	0.6	20
YQ-30	30	290	180	1000	346	1	0.9	30
YQ-32	32	290	180	1000	310	1	1	29
YQ-50	50	300	180	1000	310	1	1.4	43
YQ-100	100	360	200	1000	400	2	3.5	123
YQ-200	200	400	200	1000	400	2	7	227
YQ-320	320	450	200	1000	400	2	11	435

2. 工作原理

油压千斤顶工作原理为：工作时提起手柄，使压力活塞2向上移动，压力活塞下端油腔容积增大，形成局部真空，这时止回阀8打开，通过吸油管从油室4中吸油；用力压下手柄，压力活塞下移，压力活塞下腔压力升高，止回阀9打开，下腔的油液经管道输入工作缸10的下腔，推动压力活塞2向上移动，顶起重物。不断地往复扳动手柄，就能不断地把油液压入工作缸下腔，使重物逐渐地升起。如果打开回油阀11，工作缸10下腔的油就回流到油室，重物就向下移动。

（三）注意事项

（1）要选择合适吨位的千斤顶，承载能力不可超负荷，选择千斤顶的承载能力需大于重物重力的1.2倍；千斤顶最低高度合适，为了便于取出，选用千斤顶的最小高度应与重物底部施力处的净空相适应，起落过程中垫枕木支持重物时，千斤顶的起升高度要大于枕木厚度与枕木变形之和。

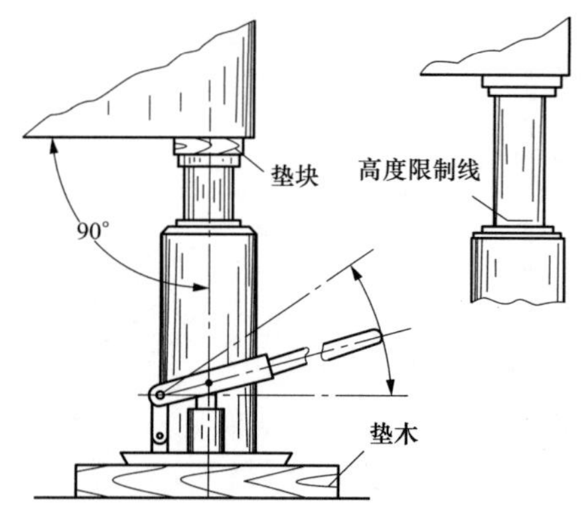

图2-31 千斤顶的使用

（2）顶升重物时，千斤顶的底座应放置在平整、坚实的地方。如在凹凸不平或土质松软地面，应铺设具有一定强度的垫板。为保持千斤顶与重物接触面稳固，其接触面间应垫以木板，并尽量使千斤顶的中心线与被顶面垂直，如图2-31所示。

（3）千斤顶将重物顶升后，应及时用支撑物将重物支撑牢固，禁止将千斤顶作为支撑物使用。

（4）不得在千斤顶的摇把上套接管子，或用其他任何方法加长摇把的长度。顶升高度不得超过高度限制线，如图2-31所示。

（5）两台以上千斤顶同时顶升一个重物时，应有专人指挥，以保持升降的同步进行，防止受力不均，物体倾斜而发生事故。

二、链条葫芦

1. 规格及结构

链条葫芦又名倒链，是一种使用简易、携带方便的起重机械。它适用于小型设备和货物的短距离吊运，特别是对于露天及无电作业更有其重要功用。链条葫芦是由主链轮、手链轮、传动减速装置、起重链及上、下吊钩等组成，具有结构紧凑、手拉力小等特点，如图2-32所示。链条葫芦起重量为0.5～50t，起升链条规格3、6、9、12m，目前采用较多的是SH型齿轮式链条葫芦。

2. 工作原理

链条葫芦是通过拽动手动链条、手链轮转动，将摩擦片棘轮、制动座压成一体共同旋转，齿长轴便转动片齿轮、齿短轴和花键孔齿轮。这样，装置在花键孔齿轮上的起重链轮就带动起重链条，从而平稳地提升重物。采用棘轮摩擦片式单向制动器，在载荷下能自行制动，棘爪在弹簧的作用下与棘轮啮合，保证制动器安全工作。

3. 注意事项

（1）使用前应检查吊钩、链条等是否良好，传动及制动机构是否良好。吊钩、链轮、倒卡等有变形，以及链条直径磨损量达15%时，严禁使用。

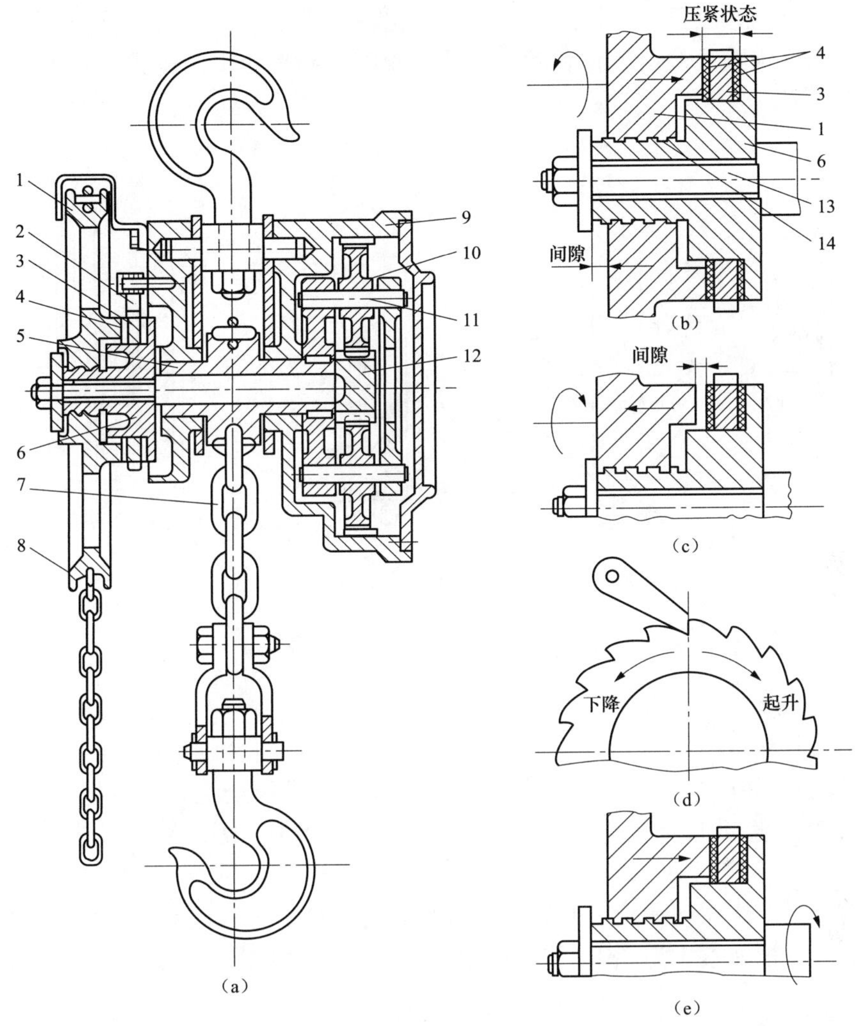

图 2-32　链条葫芦

(a) 链条葫芦结构；(b) 起升重物时自锁机构状态；(c) 下降重物时自锁机构状态；(d) 起升或下降重物时棘轮状态；(e) 在重物的重力作用下自锁机构的自锁状态

1—手链轮；2—棘齿；3—棘轮；4—摩擦片；5—主链轮；6—制动座；7—主链；8—手链；9—齿圈；10—齿轮；11—小轴；12—齿轮轴；13—花键轴；14—方牙螺纹

(2) 在起吊重物时手拉链不允许两人同时拉，因为在设计链条葫芦时，是以一个人的拉力为准进行计算的，超过允许拉力，就相当于链条葫芦超载。

(3) 重物起吊时，如暂不需要放下，则此时应将手拉链拴在固定物上或主链上，以防止制动机构失灵，发生滑链事故。

(4) 转动部位应定期加润滑油，但切勿将润滑油渗入摩擦片内，以防自锁失效。

三、滑轮和滑轮组

1. 规格及结构

滑轮和滑轮组是起重设备的重要附件，它需和卷扬机配合使用，其目的是减少移动设备所需要的力或改变重物和施力绳的方向。滑轮在使用时，根据轴的位置是否移动又分为定滑轮和动滑轮。把拴连某点且轴与该点距离不变的滑轮称为定滑轮，随同重物一起升降的滑轮称为动滑轮。由一定数量的定滑轮和动滑轮及绳索配合起来使用，构成滑轮组。滑轮结构示意图见图 2-33。

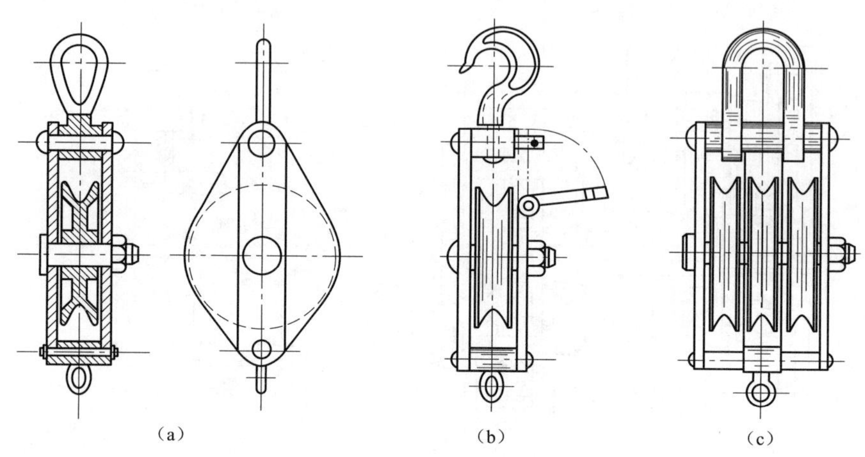

图 2-33 滑轮结构示意图

(a) 单滑轮；(b) 开口单滑轮；(c) 三门滑轮

2. 滑轮、滑轮组使用方法

组成滑轮组其绳索的穿绕方法是，将绳索穿绕一个定滑轮（或动滑轮），再穿绕一个动滑轮（或定滑轮），如此按顺序穿绕下去，直至把所有的滑轮全绕完，再把这端的钢丝绳用索卡固定于滑轮的链环上。钢丝绳被固定的一端称为终根，另一端与卷扬机连接称为施力端。

在滑轮组中，穿绕在动滑轮上的绳索根数称为有效分支数，也就是通常所说的“走数”，如动滑轮上穿绕三根绳索称为“走三”，穿四根绳索称为“走四”，如图 2-34 所示。

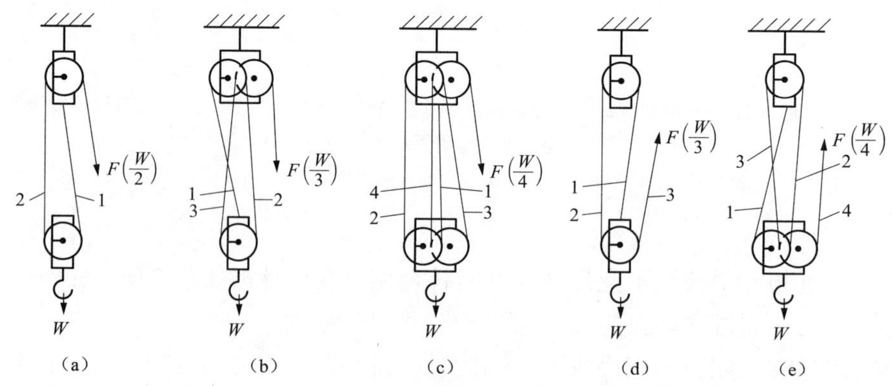

图 2-34 滑轮组绳索穿绕示意图

(a)“走二”；(b)“走三”；(c)“走四”；(d)“走三”；(e)“走四”

在计算滑轮组拉力时，以动滑轮的有效分支数为省力倍数。如重力为 W 的重物用“走四”滑轮组起吊，其拉力 F 为

$$F=\frac{W}{4\times \text{滑轮组效率}}$$

滑轮组效率见表 2-5。

表 2-5 **滑轮组效率**

有效分支数	2	3	4	5	6	7	8	9	10
滑车组效率	0.94	0.92	0.90	0.88	0.87	0.86	0.85	0.83	0.82

四、卷扬机

1. 规格及结构

卷扬机（又名绞车）除作为油轮（油轮组）绳索的动力来源外，也是各种起重机械的动力来源设备。它是由人力或机械动力驱动卷筒、卷绕绳索来完成牵引工作的装置，可以垂直提升、水平或倾斜拽引重物。卷扬机分为手动卷扬机和电动卷扬机两种，现在以电动卷扬机为主，常见的卷扬机吨位有 0.3、0.5、1、1.5、2、3、5、6、8、10、15、20、25、30t。

电动卷扬机由电动机、联轴器、制动器、齿轮箱和卷筒组成，共同安装在机架上，可逆式电动卷扬机结构如图 2-35 所示。

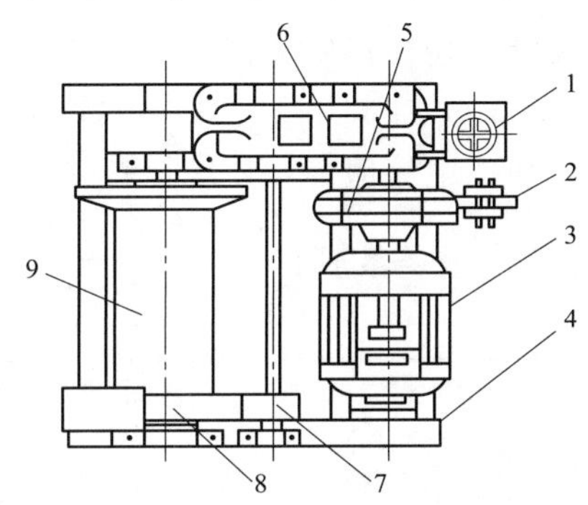

图 2-35 可逆式电动卷扬机结构图

1—可逆控制器；2—电磁制动器；3—电动机；4—底盘；5—挠性联轴器；6—齿轮箱；7—小齿轮；8—大齿轮；9—卷筒

2. 工作原理

可逆式电动卷扬机工作原理为：当卷扬机接通电源后，把可逆控制手柄向顺时针方向旋转，使电动机 3 受电后而向逆时针方向转动，同时打开电磁制动器 2，电动机便通过挠性联轴器 5 带动齿轮箱 6 的输入轴转动，齿轮箱的输出轴上装的小齿轮 7 带动大齿轮 8 转动，大齿轮固定在卷筒 9 上，卷筒和大齿轮一起转动，卷筒卷进钢丝绳，使物体提升。当可逆控制器手柄回复到零位时，同时切断电动机和电磁制动器上的电源，电动机停止工作，电磁制动器的闸瓦则牢牢地抱在挠性联轴器上，停止转动，使吊物停止。同样道理，将可逆控制器手柄反向操作，电动机卷筒反转松出钢丝绳，使重物下降。

3. 注意事项

(1) 卷扬机应安装在平坦、开阔、前方无障碍物的地方，操作人员应能直视设备吊装过程，同时又可接受指挥信号。

(2) 卷扬机安装的第一个导向滑车到卷筒轴线的距离应大于卷筒长度的 20 倍，以保证偏角小于 2°，这样绕上卷筒的钢丝绳才可按顺序排列，不致缠绕在一起。

(3) 卷扬机的固定应可靠，严防倾覆和移动。一般用地锚、车间柱基和重物施压等为锚固点，绑缚卷扬机底座的固定绳索应从两侧引出，以防底座受力后移动。图 2-36 所示为常见的几种固定卷扬机的方法。

(4) 卷扬机及绳索不得妨碍设备的起吊与拖运，卷扬机的牵引绳应和地面平行，并垂直于卷扬机卷筒的中心线。

(5) 严禁超负荷使用卷扬机，在重大的吊装作业中，牵引绳上应装有测力计，用其定量地检测其拉力值。

(6) 在使用前应全面检查卷扬机的机械装置和电气系统。机械装置应润滑充分、动作灵活、声音正常，特别是制动器应松紧适度，制动可靠。电气系统应绝缘良好、控制开关操作

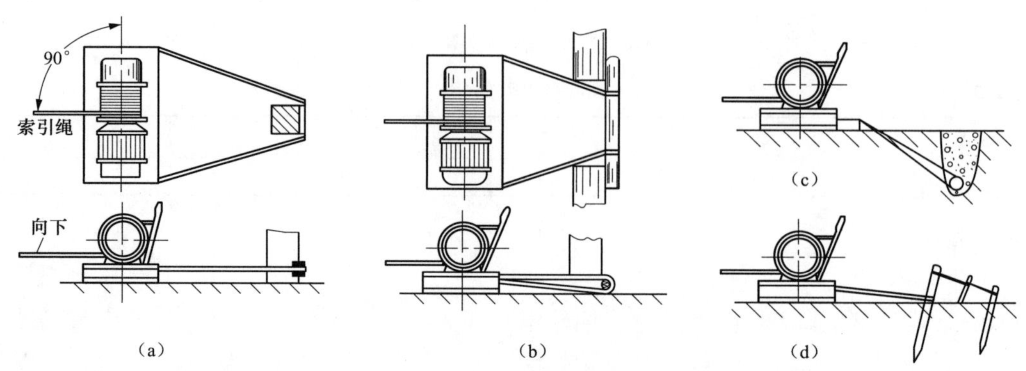

图 2-36　常见的几种固定卷扬机的方法
(a) 利用柱梁固定；(b) 利用建筑物固定；(c) 地锚；(d) 打桩

灵活、切换正确无误。

(7) 在起吊重型设备试吊时，应着重检查卷扬机的受力和稳固状态、牵引绳拉力值、电动机的电流值等，还应检查绳头在卷筒上固定是否牢靠、初始绕绳数是否多于三圈等。

【任务实施】

<table>
<tr><td>工作任务</td><td colspan="3">起重机具的使用</td><td>学时</td><td>6</td><td>成绩</td><td></td></tr>
<tr><td>姓名</td><td></td><td>学号</td><td></td><td>班级</td><td></td><td>日期</td><td></td></tr>
</table>

1. 计划

(1) 岗位划分。

岗位 组别	作业组长	组员	组员	组员	组员	组员	组员	组员

(2) 制定设备起重工单。

<table>
<tr><td colspan="2">人员要求</td><td>作业名称</td><td rowspan="2">工作负责人签字</td></tr>
<tr><td>专责工</td><td>人</td><td rowspan="6">作业 1：认识起重设备。
作业 2：千斤顶顶升作业。
作业 3：将一根 6m 长的 12 号槽钢用卷扬机从 0m 吊到 8m</td></tr>
<tr><td>检修工</td><td>人</td><td></td></tr>
<tr><td>其他</td><td>人</td><td>工作成员签字</td></tr>
<tr><td></td><td>人</td><td></td></tr>
<tr><td></td><td>人</td><td></td></tr>
<tr><td></td><td>人</td><td></td></tr>
<tr><td colspan="4">起重前准备
• 资料准备。
• 熟悉起重设备使用注意事项。
• 掌握起重方法，熟悉各起重设备结构</td></tr>
<tr><td colspan="4">工具准备</td></tr>
</table>

续表

安全措施
操作步骤
质量标准

2. 决策

根据锅炉检修作业指导书和GB 6067.1—2010核对各组任务工单。

3. 实施

(1) 填写任务工单。

(2) 在模拟电厂锅炉检修场景下，各检修学习小组进行热力设备的起吊。

4. 检查及评价

考评项目		自我评估20%	组长评估20%	教师评估60%	小计100%
素质考评20	劳动纪律5				
	积极主动5				
	协作精神5				
	贡献大小5				
总结分析20					
工单考评60					
总分					

项目3

锅炉"锅"本体检修

【项目描述】

主要培养学生认知和理解电厂锅炉汽水系统流程和设备（受热面）的结构特征、水循环工作原理，熟悉锅炉汽水系统主要设备（受热面）的检修工艺及质量标准，会办理检修工作票、准备主要工器具、制订并实施安全措施，能检测和修复主要缺陷。

【教学目标】

(1) 能说明锅炉汽水系统各设备所处的位置及作用；
(2) 能讲解汽水系统工作流程和水循环原理；
(3) 能识读汽水系统系统图和设备图；
(4) 能填写锅炉"锅"本体检修工作票，会办理工作票手续；
(5) 能判汽包、水冷壁、过热器、再热器、省煤器及水循环主要故障，会分析原因及其危害，能维修处理；
(6) 能制订并实施安全措施；
(7) 会准备和使用检修工具；
(8) 会汽包、水冷壁、过热器、再热器、省煤器的检修；
(9) 会编制锅炉"锅"本体设备检修作业指导书。

【教学环境】

锅炉检修实训场、锅炉设备模型室、多媒体课件、锅炉教学视频、锅炉设备系统图纸。

任务1 汽包和水冷壁检修

【教学目标】

知识目标：
(1) 掌握蒸发系统的组成及工作过程和设备、部件的作用；
(2) 熟悉蒸发系统各设备的类型及用途；
(3) 熟悉汽包内部装置及作用；
(4) 掌握汽包和水冷壁的结构，掌握汽包和水冷壁的检修项目、工艺要求及质量标准。
能力目标：
(1) 能说明自然水循环原理；
(2) 能说明自然水循环常见故障及预防措施；

（3）能看懂汽包结构图；

（4）会汽包、水冷壁检修。

态度目标：

（1）能主动学习，在完成任务过程中发现问题、分析问题和解决问题；

（2）能与小组成员协商、交流配合完成本次学习任务，养成分工合作的团队意识；

（3）严格遵守安全规范，爱岗敬业、勤奋工作。

【任务描述】

班级学生组合为若干个检修学习小组，各检修学习小组自行选出作业组长，并明确各小组成员的角色。在模拟电厂锅炉检修场景下，各检修学习小组按照 DL/T 748.2—2001《火力发电厂锅炉机组检修导则　第 2 部分：锅炉本体检修》中汽包和水冷壁检修的要求，进行汽包和水冷壁检修。

【任务准备】

<table>
<tr><td>工作任务</td><td colspan="3">汽包和水冷壁检修</td><td>学时</td><td>10</td><td>成绩</td><td></td></tr>
<tr><td>姓名</td><td></td><td>学号</td><td></td><td>班级</td><td></td><td>日期</td><td></td></tr>
<tr><td colspan="8">课前预习相关知识部分，独立回答下列问题：
（1）简述蒸发系统的组成和在电厂锅炉中的作用。
（2）简述蒸发系统各设备的作用。
（3）简述水冷壁的类型及用途。
（4）简述自然水循环的形成。
（5）简述自然水循环常见故障及预防措施。
（6）说明汽包内部装置的组成及作用和类型</td></tr>
</table>

【相关知识】

一、理论咨询

（一）自然水循环锅炉蒸发设备

蒸发设备是锅炉的重要组成部分，其作用是吸收火焰或烟气的热量，使水蒸发形成饱和蒸汽。自然水循环锅炉的蒸发设备包括汽包、下降管、水冷壁、联箱及连接管道等，由它们组成的系统称为蒸发系统，如图 3-1 所示。

在蒸发设备中，汽包、下降管、联箱等部件布置在炉膛外不受热；水冷壁一般布置在炉膛四壁，接受炉膛高温火焰和烟气的辐射热量。蒸发系统的工作流程：从省煤器来的给水先进入汽包，经下降管、下联箱送入水冷壁，水在水冷壁内吸收热量，部分蒸发并形成汽水混合物，进入上联箱汇合后，经引出管回到汽包进行汽水分离。分离出来的饱和蒸汽从汽包顶部饱和蒸汽引出管送到过热器；分离出来的水则进入下降管再次循环。这样，由汽包、下降管、水冷壁、联箱及连接管道所组成的闭合回路，称为水循环回路。炉水在水循环回路中循环流动的现象，称为自然水循环。

1. 汽包

汽包是锅炉重要部件。现代电厂自然循环锅炉只有一个汽包，横置于炉外顶部，不受火

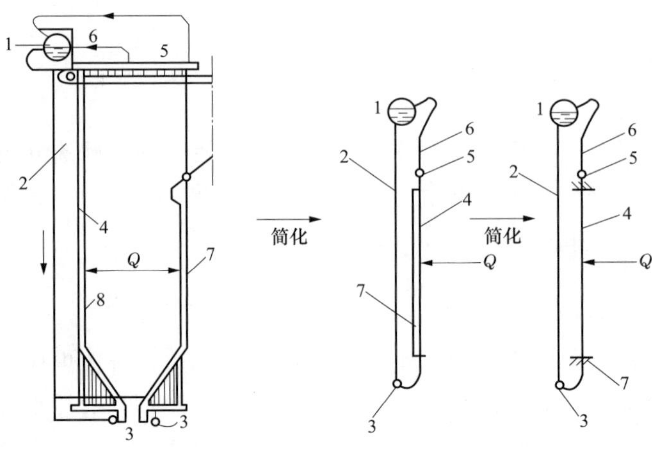

图 3-1 自然水循环锅炉蒸发系统

1—汽包；2—下降管；3—下联箱；4—水冷壁；5—上联箱；6—汽水混合物引出管；7—炉墙；8—炉膛

焰和高温烟气的直接加热，并在外面施以绝热保温。

（1）汽包的作用。

1）汽包是加热、蒸发、过热三个过程的连接枢纽和大致分界点。汽包与省煤器的出水管连接，接受省煤器来的给水；与下降管、水冷壁等连接组成蒸发系统；并向过热器输送饱和蒸汽。因此汽包是省煤器、水冷壁、过热器的连接中心，如图 3-2 所示。

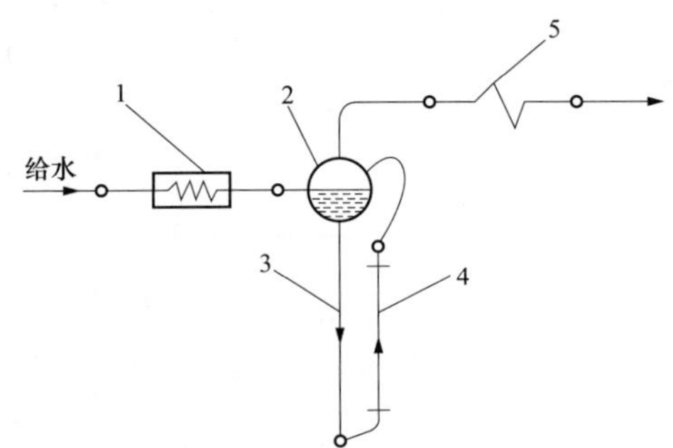

图 3-2 省煤器、水冷壁、过热器与汽包的连接

1—省煤器；2—汽包；3—下降管；4—水冷壁；5—过热器

2）汽包具有一定的储热能力，在负荷变化时，能缓解汽压变化速度。汽包是一个庞大的金属部件，其中存有一定量的汽、水，因而具有一定的储热量。在负荷变化时，能起到蓄热器和蓄水器的作用，可以缓解汽压变化的速度，较快地适应外界负荷的变化，对锅炉运行调节有利。

3）汽包内部装置可以提高蒸汽品质。汽包内部一般都装有汽水分离装置、蒸汽清洗装置、排污装置、锅内加药装置等，以降低饱和蒸汽中的含盐量，提高了蒸汽品质。

4）汽包上附件可以保证锅炉安全工作。汽包外接有压力表、水位计和安全阀等附件，汽包内还装有事故放水装置等，用来保证汽包安全运行。

（2）汽包结构。锅炉汽包结构如图 3-3 所示。汽包是一个钢质圆筒形压力容器，由筒身和封头两部分组成。

图 3-3（a）中圆柱部分为筒身。当其为等厚壁时，由钢板卷制焊接而成图 3-3（a）所示结构；当其是上厚下薄的不等厚壁时，则是由上、下两部分焊接而成如图 3-3（b）所示的结构。等厚壁筒身加工简单；而不等厚壁筒身则节省钢材。在筒身外焊有各种尺寸的管座，用以连接各种管道，如给水管、汽水混合物引入管、下降管、饱和蒸汽引出管，以及连续排污管、事故放水管和加药管等。

图 3-3（a）中两端的突出部分为封头，由钢板模压成球形。在封头中部留有圆形或椭圆形人孔，以备安装和检修时工作人员进出之用。封头和筒身焊成一体。

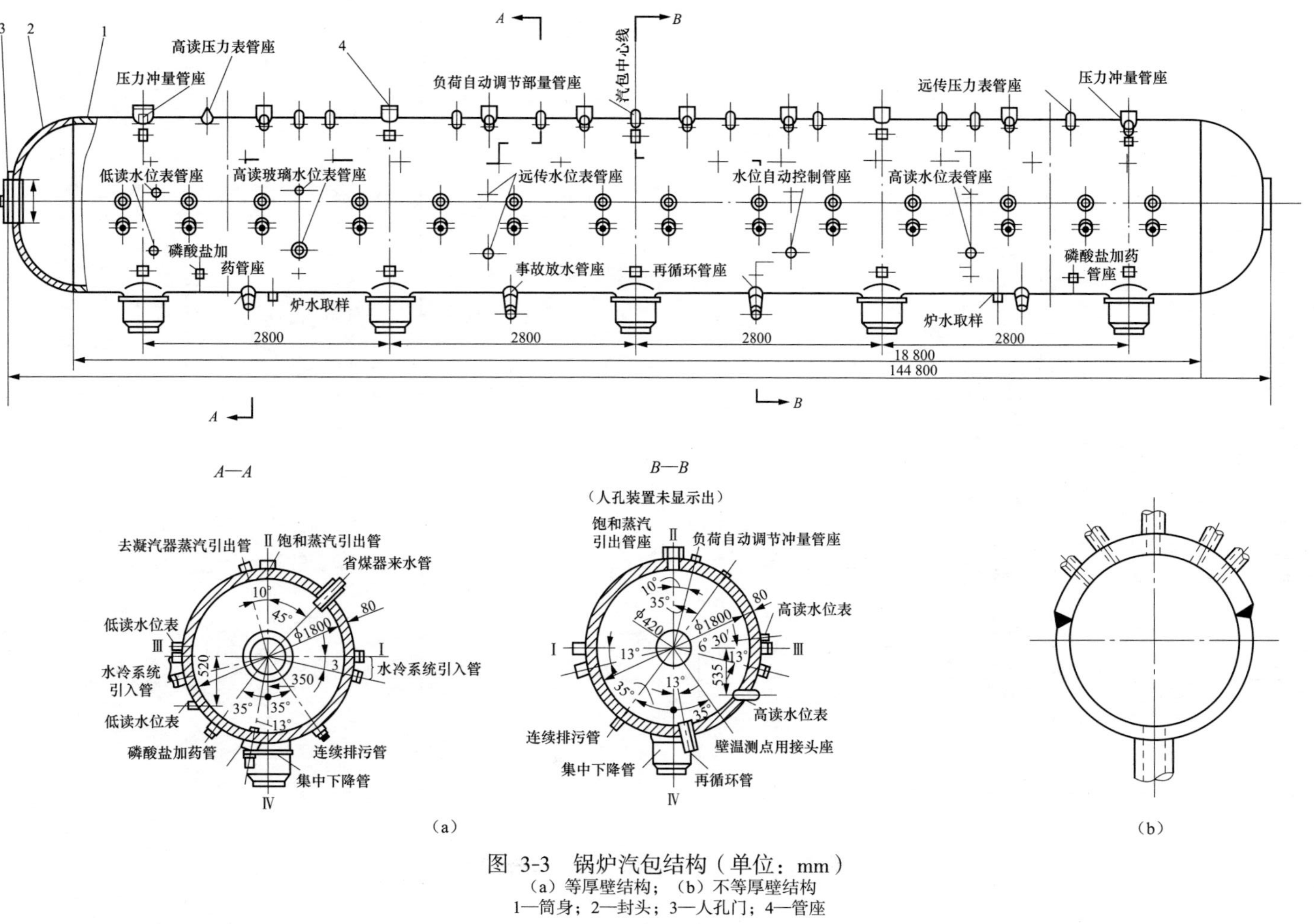

图 3-3 锅炉汽包结构（单位：mm）

（a）等厚壁结构；（b）不等厚壁结构

1—筒身；2—封头；3—人孔门；4—管座

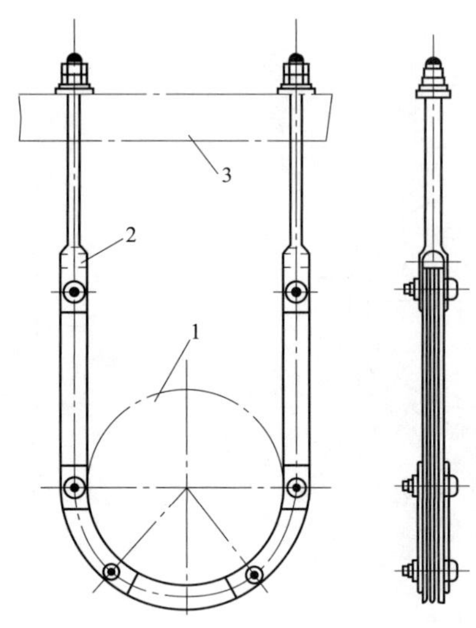

图 3-4 汽包的悬吊装置
1—汽包；2—U 形吊杆；3—炉顶钢梁

现代电厂锅炉的汽包固定方式都采用悬吊式（用 U 形吊杆将汽包悬吊在炉顶钢梁上），以保证汽包在受热温升后能自由膨胀，如图 3-4 所示。

汽包的尺寸和材料与锅炉的参数、容量及汽包内部装置等因素有关。汽包的长度应适应锅炉的容量、宽度和连接管子的要求；汽包的内径由锅炉容量和汽水分离装置的要求来决定；汽包壁厚由锅炉的压力、汽包的直径与结构以及钢材的强度来决定。一般锅炉压力越高及汽包直径越大，汽包壁就越厚。但是汽包壁太厚不仅使制造困难，而且在运行中由于内、外壁温差大，会产生较大的热应力，因此，可采用较好的材料来减小汽包壁厚。中、低压锅炉一般采用 20 号或 22 号锅炉钢；高压锅炉采用 22 号锅炉钢或低合金钢；超高压和亚临界压力锅炉采用合金钢。高压以上锅炉的汽包内径一般为 1600～1800mm，壁厚为 80～150mm，长度一般为 14～26m。部分国产锅炉汽包的尺寸和材料见表 3-1。

表 3-1 部分国产锅炉的汽包尺寸和材料

锅炉型号	汽包内径（mm）	厚度（mm）	长度（mm）	材 料
HG-670/13.7	1800	90	25 640	14MnMoV
DG-670/13.7	1800	90	22 210	18MnMoNb
DG-1025/18.2	1792	145	22 250	BHW35
SG-1025/18.3	1178	上半部 200 下半部 166	16 000	SA-299
B&BW-2020/17.5	1775	185	27 786	SA-299
FWEC-2020/18.1	1829	204	28 273	SA-516GR70
DG-2026	1792	145	26 983	BHW35

2. 下降管

下降管的作用是将汽包中的水连续不断地送往下联箱供给水冷壁，以维持正常的水循环。下降管布置在炉外不受热，管外包覆有保温材料加以保温。

下降管分为小直径分散下降管和大直径集中下降管两种。小直径分散下降管的管径一般为 ϕ108、ϕ133、ϕ159；大直径集中下降管的管径一般为 ϕ325、ϕ426、ϕ508。小直径分散下降管的管径小、管数多（40 根以上），流动阻力较大，对水循环不利；而大直径集中下降管的管径大、管数少（4～6 根），因此流动阻力较小，布置简单，节约钢材。小直径分散下降管一般用在中、小容量锅炉上，下降管直接与水冷壁下联箱连接；大直径集中下降管广泛用在高压以上锅炉，它不与下联箱直接连接，而是在下部通过小直径分配支管与下联箱连接，以达到均匀配水的目的。

下降管材料一般采用 20 号锅炉钢或低合金钢（如 SA-106B）。

3. 联箱

联箱的作用是汇集、混合、分配工质，其一般由无缝钢管两端焊上平封头构成，出厂时联箱上带有管头，在现场将要连接的管子与管头对焊起来。通常水冷壁下联箱底部还装有定期排污装置和监视膨胀用的膨胀指示以及蒸汽加热装置。

联箱一般布置在炉外，不受热，材料常用 20 号碳钢。有的亚临界压力锅炉出口联箱采用了低合金钢（12Cr1MoV）。

4. 水冷壁

水冷壁是锅炉蒸发设备中唯一的受热面，是由许多并列的上升管和联箱构成的组合件，它布置在炉膛内壁四周或部分布置在炉膛中间，一般采用 $\phi60\times5$ 或 $\phi60\times6$ 及 $\phi42\times5$ 的管子；亚临界压力锅炉采用 $\phi57\times6.5$ 及 $\phi63.5\times7.5$ 的管子。水冷壁管的材料一般用 20 号碳钢，亚临界压力锅炉有的采用低合金钢，如 15CrMo。其主要作用有以下几点：

（1）吸收炉膛辐射热量，将部分水蒸发成饱和蒸汽。

（2）保护炉墙，简化炉墙结构。在炉墙向火表面敷设水冷壁，使炉墙温度大大降低，不会被烧坏，同时还防止了炉墙结渣。

（3）节省金属，降低锅炉造价。水冷壁是以辐射传热为主的受热面，辐射传热比对流传热强烈得多，故吸收同样的热量，可节省金属用量。

水冷壁的主要形式有光管、销钉、膜式和内螺纹管水冷壁四种。

（1）光管水冷壁。光管水冷壁是由普通无缝锅炉钢管弯制组合而成。它在炉墙上的布置情况如图 3-5 所示。

水冷壁管排列的疏密程度用管子相对节距 s/d 表示。s/d 越小，管子排列越紧密，炉膛壁面单位面积的吸热量越多，而且对炉墙保护也越好，一般 $s/d=1.05\sim1.25$。

现代锅炉水冷壁管的一半被埋在炉墙里，使水冷壁与炉墙浇成一体，形成敷管式炉墙，如图 3-6 所示。其炉墙温度低，故炉墙薄，既节省了材料，又减小了质量，还便于采用悬吊结构。光管水冷壁的特点是结构简单，制造、安装、检修方便，成本低。

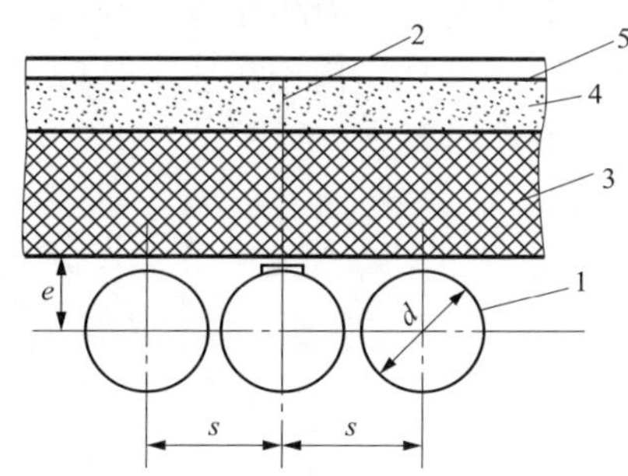

图 3-5 光管水冷壁在炉墙上布置

1—管子；2—拉杆；3—耐火材料；4—绝热材料；5—外壳

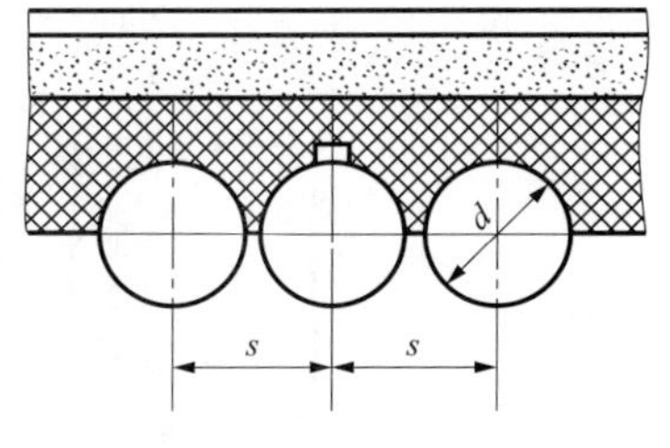

图 3-6 敷管式炉墙

（2）销钉水冷壁。销钉水冷壁是在光管水冷壁或膜式水冷壁上焊一些直径为 9～12mm，长度为 20～25mm 的圆钢而构成，如图 3-7 所示。

用销钉可以固牢耐火塑料，形成卫燃带、熔渣池等，使水冷壁吸热减少，提高了着火区域或熔渣池的温度，保证稳定着火或顺利流渣。由于销钉水冷壁的焊接工作量大，质量要求高，因而只用在卫燃带、旋风筒、熔渣池等特殊区域。

（3）膜式水冷壁。膜式水冷壁是将许多根轧制鳍片管或焊接鳍片管沿纵向依次焊接起来，构成整体的水冷壁受热面，使整个炉膛周围被一层整块的水冷壁膜严密包围起来，其结构如图 3-8 所示。

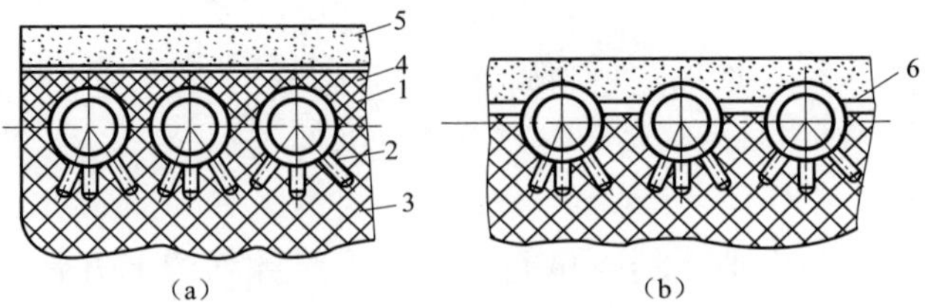

图 3-7 销钉式水冷壁

(a) 带销钉的光管水冷壁；(b) 带销钉的膜式水冷壁

1—水冷壁；2—销钉；3—耐火塑料层；4—铬矿砂材料；5—绝热材料；6—扁钢

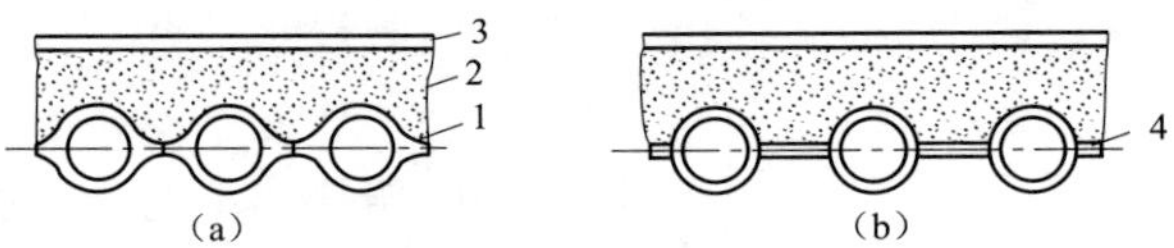

图 3-8 膜式水冷壁结构图

(a) 轧制鳍片管式；(b) 光管焊接扁钢鳍片管式

1—轧制鳍片管；2—绝热材料；3—外壳；4—扁钢

膜式水冷壁的优点是：①保护炉墙好，炉墙只需采用保温材料，而不用耐火材料，其厚度和质量大大减小；②炉膛严密性好，使炉膛的漏风大大减少，改善了炉膛燃烧工况；③在制造厂焊成组件出厂，使安装快速方便。膜式水冷壁被广泛用在现代电厂锅炉上。

膜式水冷壁的主要缺点是制造、检修工艺较复杂；还有在运行中为防止管间产生过大的热应力，通常要求相邻管间温差不超过 50℃。

敷管膜式水冷壁由于炉墙外层无护板和框架梁，故刚性较差。为防止因炉膛爆燃产生的较大压力和炉内压力波动而造成水冷壁结构变形或损坏，在炉墙外侧四周分层布置了刚性梁，似腰带样将水冷壁箍紧，使整个水冷壁成为刚性整体，如图 3-9 所示。

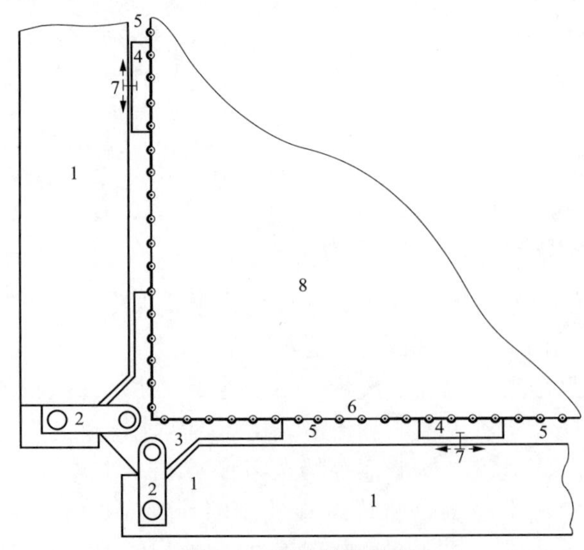

图 3-9 刚性梁结构图

1—刚性板梁；2—搭板；3—角板；4—横板；5—加强板；6—水冷壁管；7—销子与板梁上的椭圆孔；8—炉膛

(4) 内螺纹管水冷壁。内螺纹管水冷壁是在管子内壁上开出单头或多头螺旋形槽道，如图 3-10 所示。

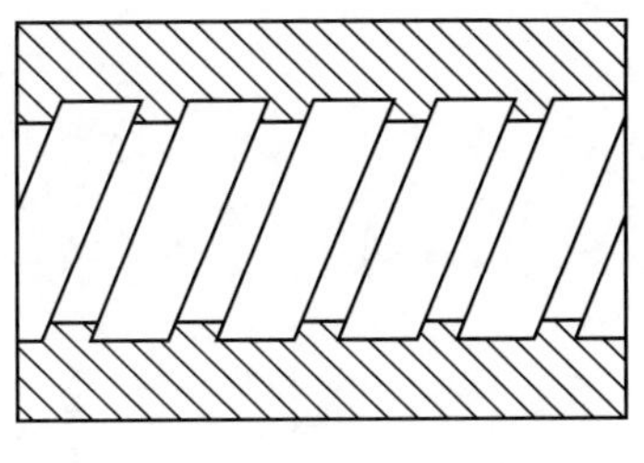

图 3-10　内螺纹管水冷壁

采用内螺纹管水冷壁使工质在管内流动时，发生强烈的扰动，将水挤向管壁，强迫气泡脱离壁面并被水带走，以降低管壁温度，防止沸腾传热恶化发生。但内螺纹管水冷壁加工比较复杂，所以只在亚临界压力锅炉的高热负荷区域使用。

在现代锅炉后墙水冷壁的上部都将部分管子分叉弯制而成折焰角，如图 3-11 所示。采用折焰角既能防止炉膛出口受热面结渣，又能改善火焰在炉内的充满程度，还能改善屏式过热器的传热情况，同时延长了水平烟道的长度，便于对流过热器和再热器的布置，使锅炉整体结构紧凑。图 3-11 (a) 所示为老炉型折焰角，后墙水冷壁上部通过分叉管分为两路，一路是弯形管构成折焰角，另一路垂直向上，然后在中间联箱汇合。在垂直短管上装有节流孔板，以使大部分汽水混合物能从受热较强的折焰角通过。图 3-11 (b) 所示为新炉型折焰角。它取消了中间联箱，后墙水冷壁自折焰角后分开，每三根中有一根做后墙水冷壁的悬吊管，其余两根向后延伸形成水平烟道斜底，以简化水平烟道底部的炉墙结构。

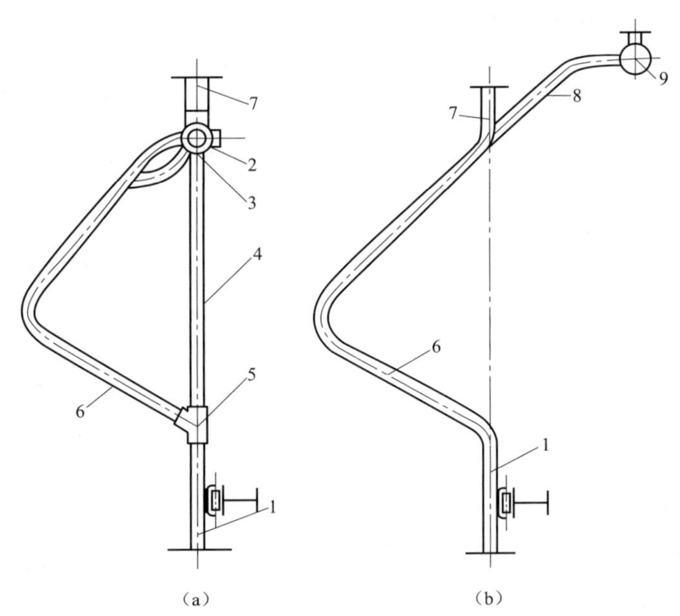

图 3-11　折焰角结构图

(a) 老炉型折焰角；(b) 新炉型折焰角

1—后墙水冷壁；2—中间联箱；3—节流孔板；4—垂直短管；5—分叉管；6—折焰角；7—悬吊管；8—水平烟道底包墙管；9—水平烟道底包墙管联箱

电厂锅炉水冷壁是通过上联箱上的吊杆将其悬吊在炉顶钢梁上。运行中，水冷壁受热可以向下自由膨胀，但要限制向水平方向移动，以免造成结构变形。

(二) 自然水循环

1. 自然水循环原理

在水循环回路中，水冷壁吸收炉膛火焰和烟气的辐射热量，使部分水蒸发，形成汽水混

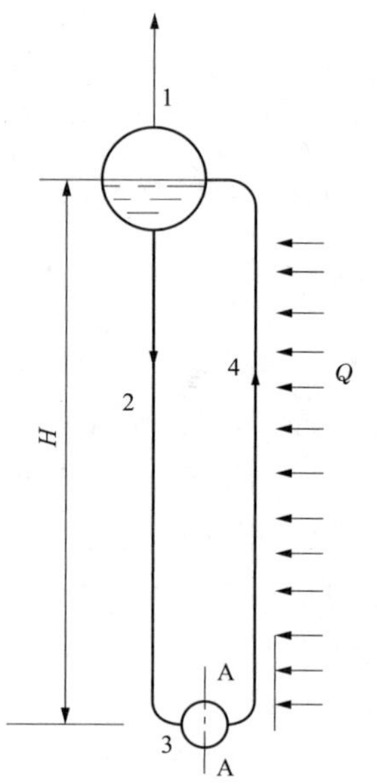

图 3-12 简单自然水循环回路示意图
1—汽包；2—下降管；3—下联箱；4—水冷壁

合物；而下降管不受热，管内是水。因此，下降管中水的密度大于水冷壁中汽水混合物的密度，在下联箱两侧产生压力差（两侧液柱的重位差），此压差将推动工质在水冷壁中向上流动，在下降管中向下流动，形成自然水循环，如图 3-12 所示。

自然循环的实质是由下降管内水柱重位与上升管内汽水混合物柱重位之差产生的循环推动力克服循环回路的流动阻力，从而推动工质在循环回路中流动。循环回路中工质的重位差称为运动压头，用 p_{yd}表示，即

$$p_{yd}=H(\rho_{xj}-\rho_{ss})g \tag{3-1}$$

式中 p_{yd}——运动压头，Pa；

H——循环回路的高度，m；

ρ_{xj}、ρ_{ss}——下降管、上升管内工质的平均密度，kg/m^3；

g——重力加速度，$9.81m/s^2$。

运动压头越大，自然水循环的推动力也就越大，循环回路中工质的流速一般也越大，它可以克服更大的流动阻力，这有利于建立良好的水循环。

运动压头的大小取决于循环回路的高度 H 和下降管与上升管之间工质的密度差（$\rho_{xj}-\rho_{ss}$）。显然，当增加循环回路高度或上升管受热增强时，运动压头增大；若下降管带汽，下降管内工质的平均密度减小，运动压头将减小。

随着电厂锅炉的工作压力提高，汽水的密度差减小，运动压头减小。当运动压头小到一定程度时，将使自然水循环趋于困难。理论和实践证明，自然水循环锅炉的最高工作压力为 19～20MPa。压力再高就很难保证水循环的稳定，这时必须采用强迫流动，即利用水泵的压头来推动工质流动。

2. 自然水循环流型和传热

下降管中的水经下联箱分配流入水冷壁，在管内流动的同时，还吸收炉内热量，使水沿着管子温度逐步升高达到沸点，随后进入沸腾状态产生蒸汽，形成汽水混合物。因此，水冷壁管内存在着水的单相流动和汽水两相流动。

水冷壁内汽水两相流体流动中汽和水并不是均匀分布的，它们的流速也不相同。由于热负荷、汽水混合物的含汽率、流速和压力等的不同，因此组成的两相流体的流动结构（流动状态）也不相同。两相流体的流动状态将直接关系到沸腾传热过程的传热工况。

在均匀受热的垂直管中，汽水混合物向上流动时的流动结构及沸腾传热过程如图 3-13 所示。

当管子进口是欠焓水，最后全部蒸发成过热蒸汽时，管内进行着单相水的传热、沸腾传热、单相汽的传热过程。汽水两相流的流动结构通常有气泡状、气弹状、环状和雾状四种；质量含汽率 x 的变化如图 3-13（b）所示，压力变化如图 3-13（c）所示。整个传热过程大致可分成五个传热区段，即单相水的对流传热区段Ⅰ、过冷沸腾传热区段Ⅱ、饱和沸腾传热区段Ⅲ、雾状对流传热区段Ⅳ、单相过热蒸汽对流传热区段Ⅴ，如图 3-13（a）所示。

（1）单相水的对流传热区段Ⅰ。未饱和水由管子下部进入，随着水温的升高，表面传热系

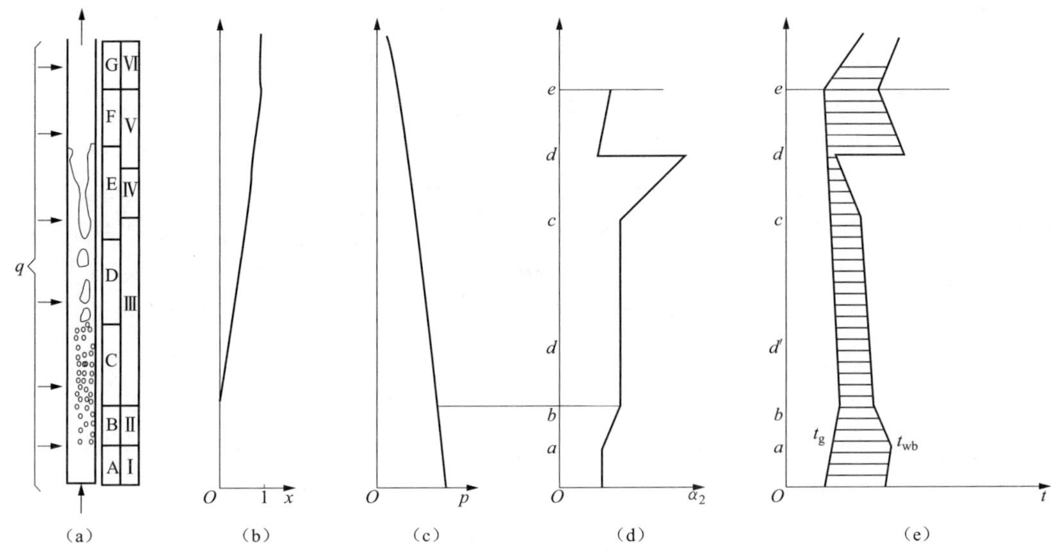

图 3-13　汽水混合物向上流动时的流动结构及沸腾传热过程

(a) 汽水两相流动结构示意；(b) 含汽率变化示意；(c) 工质压力变化示意；(d) 管壁对工质的表面传热系数变化示意；(e) 工质和管壁温度变化示意

A—单相水；B—过冷沸腾；C—气泡状；D—气弹状；E—环状；F—雾状；G—单相汽

数 α_2 稍有上升，如图 3-13（d）O-a 段所示。管壁温度也随着水温升高而升高，如图 3-13（e）O-a 段所示。

（2）过冷沸腾传热区段Ⅱ。随着水温升高，靠近壁面的水层首先达到饱和温度，而在管子中部大量的水还处于未饱和状态。饱和水层产生气泡，气泡长大脱离管壁进入管中部，与未饱和水接触又会被冷凝消失，当全部水被加热到饱和温度时，此区段结束。

在过冷沸腾传热区段中，由于在靠近壁面的饱和水层内产生气泡与气泡脱离形成强烈的扰动，其表面传热系数 α_2 快速增大，如图 3-13（d）a-b 段所示。

（3）饱和沸腾传热区段Ⅲ。该区段包括气泡状、气弹状和环状流动。这时管内工质已全部达到饱和温度，生成的气泡不再凝结，气泡分散在水中，随工质一起向上流动。在该区段初期，由于产汽量较少，因此气泡直径很小，这种流动结构称气泡状流动。随着工质向上流动，产汽量增多，小气泡在管子中心合并成大气泡，形成气弹状流动结构。当产汽量进一步增多时，气弹相互连接，形成中间为气柱而四周是一层水膜的环状流动结构。

在饱和沸腾传热区段的传热机理和过冷沸腾传热相同，但其表面传热系数 α_2 达到核态沸腾最高值并处于稳定状态，如图 3-13（d）b-c 段所示。

在该区段，因表面传热系数 α_2 最大，管壁温度接近饱和温度。但工质压力由于流动阻力而沿着管长逐渐下降，见图 3-13（c），对应工质的饱和温度也随之下降，所以管壁温度逐渐降低，如图 3-13（e）b-c 段所示。

（4）雾状对流传热区段Ⅳ。随着质量含汽率 x 的增大，贴壁水层逐渐减薄，高速汽流可能撕破水膜或水膜被“蒸干”，就形成了雾状流动结构。这时管内工质为湿蒸汽，蒸汽与管壁直接接触，表面传热系数 α_2 显著减小，如图 3-13（d）c 位置。管壁温度急剧升高，甚至过热烧坏，这种现象称沸腾传热恶化。此后，随着蒸汽流速增加，表面传热系数 α_2 逐渐上升，如图 3-13（c）c-d 段所示。管壁温度也略有降低，如图 3-13（e）c-d 段所示。

（5）单相过热蒸汽对流传热区段Ⅴ。当汽流中的水滴全部蒸发时 $x=1$，就进入过热蒸汽区段。随着汽温的升高，管壁温度逐渐升高，如图 3-13（e）中 d 点后段所示。

上述四种流动结构是在压力、热负荷不太高的条件下得到的。当压力提高时，由于水的表面张力减小，不易形成大气泡，弹状流动结构的范围将随压力提高而缩小；当压力达 10MPa 时，弹状流动结构完全消失，这时随着产汽量的增多，汽水混合物直接从气泡状流动转变为环状流动结构。

当热负荷增大时，环状流动结构的范围将缩短甚至消失，雾状流动结构将提前出现。

3. 自然水循环工作的可靠性指标

反映自然水循环工作可靠性的指标主要有循环流速和循环倍率及自补偿能力。

（1）循环流速。循环流速是指在循环回路中，按工作压力下饱和水密度折算的上升管入口处的水流速，用 w_0 表示，则

$$w_0=\frac{G}{\rho A_s}\quad \text{m/s} \tag{3-2}$$

式中 G——进入上升管的循环水量，kg/s；

ρ——工作压力下饱和水的密度，kg/m^3；

A_s——上升管的流通截面积，m^2。

循环流速的大小直接反映了管内流动的工质将管外传入热量和所产生气泡带走的能力。循环流速越大，进入水冷壁的水量越多，从管壁带走的热量及气泡也越多，对管壁的冷却条件也越好。

循环流速的大小与锅炉的容量和压力有关，并取决于循环回路所能提供的运动压头和回路流动阻力的平衡关系。

循环流速虽然反映了流经整个管子的水流快慢，但它是按上升管入口水量计算的。对热负荷不同的上升管，因各管产汽量不同，即使循环流速相同，在上升管出口水流量也不相同。对热负荷较大的上升管，由于产汽量较多，出口的水流量少，难以在管壁上维持连续流动的水膜；同时，汽水混合物的流速增大，可能撕破较薄的水膜，而造成沸腾传热恶化，使金属超温。可见，仅靠循环流速并不能完全表明循环工作的安全性。因而要用循环倍率来共同反映水循环工作可靠性。

（2）循环倍率。循环倍率是指在循环回路中，进入上升管的水量 G 与上升管出口产生的蒸汽量 D 之比，称为循环倍率 K，即

$$K=\frac{G}{D} \tag{3-3}$$

循环倍率说明了上升管中每产生 1kg 的蒸汽，需要进入上升管的循环水量或进入上升管的循环水量需要经过多少次循环才能全部变成蒸汽。

循环倍率 K 的倒数称为上升管出口汽水混合物的质量含汽率或干度，以符号 x 表示。质量含汽率 x 表示汽水混合物中蒸汽质量流量的份额，即说明上升管出口蒸汽含量的多少。循环倍率 K 越大，质量含汽率 x 越小，表明上升管出口汽水混合物中水的份额越大，则管壁水膜稳定，水循环就越安全。但若循环倍率 K 值过大，上升管中产汽量太少，运动压头过小，将使循环流速减小，也不利于水循环的安全。因此，循环倍率 K 过大或过小，都对

水循环的安全不利。

（3）自补偿能力。当锅炉工作压力和循环回路高度一定时，运动压头的大小取决于上升管中的质量含汽率 x，即取决于热负荷。当热负荷增大时，产汽量多，x 增大，运动压头增加，但同时上升管的流动阻力也随着增大。而循环流速的变化取决于运动压头和流动阻力中变化较大的一个。在热负荷增加的开始阶段，质量含汽率 x 较小，运动压头的增加大于流动阻力的增加，因此，随着 x 的增大，循环流速增大；当热负荷增加到一定程度，x 增大到一定数值后，继续增大 x，由于汽水混合物的容积流量过大，将使流动阻力的增加大于运动压头的增加，这时随着 x 的增大，循环流速反而减小。循环流速 w_0 与上升管质量含汽率 x 的关系如图 3-14 所示。

与最大循环流速 w_{0max} 对应的质量含汽率，称为界限含汽率 x_{jx}，界限含汽率的倒数为界限循环倍率 K_{jx}。

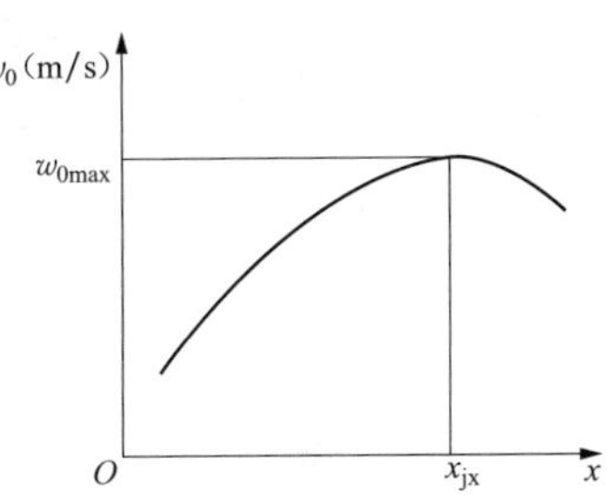

图 3-14 循环流速 w_0 与上升管质量含汽率 x 的关系

由图 3-14 可见，自然水循环回路中，当 $x<x_{jx}$（或 $K>K_{jx}$）时，随着热负荷增大，上升管受热增强，循环流速和循环水量也增大；而当受热减弱时，循环流速和循环水量也相应减小。自然水循环的这种特性称为自补偿能力。显然，自补偿能力对自然水循环的安全工作有利。但是，若热负荷过大，上升管受热过强，当 $x>x_{jx}$（或 $K<K_{jx}$）时，随着受热面吸热增加，循环流速和循环水量反而减小，则失去自补偿能力，使工质对管壁的冷却变差，管子易超温破坏。

由上述可见，为了保证自然水循环工作的安全，锅炉应始终工作在自补偿能力的范围内，即必须使 $x<x_{jx}$（或 $K>K_{jx}$）。另外，对汽包压力大于 17MPa 的锅炉，上升管出口的含汽率还应受到不发生“蒸干”传热恶化的限制。

（三）自然水循环常见故障

自然水循环锅炉由于结构设计上的差异和实际运行工况的变化等影响，可能发生一些使水循环不正常或不安全的情况，主要有循环停滞和倒流、汽水分层、下降管含汽和水冷壁沸腾传热恶化等。

1. 循环停滞和倒流

在水循环回路中，当并列工作的水冷壁管受热不均匀时，受热弱的管子由于产汽量少，汽水混合物的密度大，使下降管和水冷壁内工质的密度差减小，运动压头下降，水循环推动力也就减小，因而管内的工质流速降低。当管子受热弱到一定程度，工质流速接近或等于零时称为循环停滞。这时管内工质几乎不流动，所产生的少量气泡在水中缓缓地向上浮动，热量的传递主要依靠导热，虽然管子热负荷较低，但因热量不能及时带走，管壁仍可能超温。另外，由于停滞管不断蒸发而进水量很少，长期停滞时炉水含盐浓度增大，将造成管壁结垢和腐蚀。

循环倒流发生在具有上、下联箱的并列水冷壁管中受热最弱的管子里，这时原来工质向上流动的水冷壁变成了工质自上而下流动的受热下降管，此时循环流速为负值。倒流一般没有危害，只有当蒸汽向上的速度与倒流水速相近时，会使气泡集聚、增大形成汽塞。汽塞处的管壁可能造成管子过热或疲劳损坏。

2. 汽水分层

在水平或微倾斜（水平倾角<15°）的蒸发管中，由于汽、水密度不同，由于重力作用，

水倾向于在管子下部流动，汽倾向于在管子上部流动。这时若汽水混合物的流速较高，搅动作用大于汽水的重力作用时，汽和水混合得就较好，使管壁能得到良好的冷却。但当汽水混合物流速较低时，将使水在管子下部流动，汽在管子上部流动，形成明显的分界面，即出现汽水分层现象，水平管中汽水分层流动如图 3-15 所示。

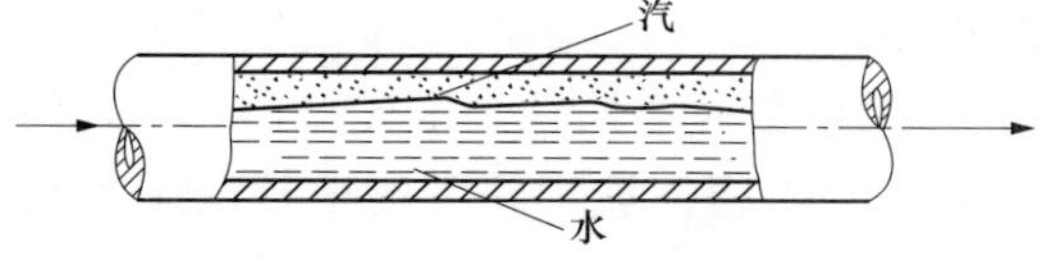

图 3-15 水平管中汽水分层流动

当发生汽水分层时，管壁上部温度高于下部温度，将造成上、下部温差热应力；同时上部管壁还可能超温和结盐；另外，由于水面的波动，将在汽水分界面附近产生交变热应力，造成疲劳损坏。

防止汽水分层的措施是在结构上尽可能不布置水平或倾斜度小于 15°的蒸发管。必须采用时，则要求汽水混合物应保持较高的速度，使搅动作用大于汽水的重力作用，这样就不会发生汽水分层。

3. 下降管含汽

当下降管中工质含有蒸汽时，管内工质的平均密度减小，运动压头下降，水循环的推动力减小。同时因管内工质的容积流速增大，使下降管内的流动阻力增大，因此可能造成水循环停滞和倒流而影响水循环安全。

电厂锅炉下降管含汽的主要原因有旋涡斗带汽、下降管入口炉水自沸腾（汽化）、汽包内炉水含汽等。

减少汽包水室含汽的措施包括：采用分离效率高的汽水分离装置，以减少炉水中的含汽。另外，将部分给水直接引到下降管的入口，以提高下降管进口炉水欠焓，有利于减少炉水带汽。但亚临界压力的锅炉由于蒸汽在水中的上浮速度较小，又采用大直径集中下降管，下降管入口水速较大，因此下降管带汽很难避免。

4. 水冷壁沸腾传热恶化

亚临界压力的锅炉在运行中水冷壁可能发生沸腾传热恶化。这时在管内壁上形成汽膜或接触的是蒸汽，从而使管壁的温度急剧升高，管壁温度可能超过金属材料的许用温度，从而加速金属材料的高温蠕变，缩短其使用寿命，甚至过热烧坏。

沸腾传热恶化分为第一类沸腾传热恶化和第二类沸腾传热恶化。

（1）第一类沸腾传热恶化。当局部热负荷很高时，由于管子受热十分强烈，汽化核心密集，气泡的生成速度大大超过气泡的脱离速度，在管壁形成连续的汽膜，将水挤向管子中部，管壁得不到水的冷却，表面传热系数 α_2 急剧下降，管壁温度迅速升高，导致沸腾传热恶化。这种因管壁形成汽膜而导致的沸腾传热恶化称为第一类沸腾传热恶化或膜态沸腾。发生第一类沸腾传热恶化时，多数情况下管壁会过热而烧坏。

第一类沸腾传热恶化发生在质量含汽率较低处，是由于局部热负荷过高，核态沸腾转变为膜态沸腾造成的。热负荷越高，发生传热恶化时的质量含汽率 x 值越小，甚至在过冷区段也可能发生。开始发生第一类沸腾传热恶化时的热负荷称临界热负荷 q_{lj}。自然循环锅炉正常运行中水冷壁局部热负荷远小于临界热负荷，一般不会发生第一类沸腾传热恶化。

（2）第二类沸腾传热恶化。当管子中工质的质量含汽率较大，管壁上的水膜不断蒸发而减薄，被高速汽流撕破水膜或水膜被“蒸干”，管壁得不到水冷却，其表面传热系数 α_2 明显下降而导致沸腾传热恶化。这种因管壁水膜被“蒸干”导致的沸腾传热恶化，称为第二类沸腾传热恶化。它是因为汽水混合物中质量含汽率过高所致。当热负荷不高，发生第二类沸腾传热恶化时，管壁温度升高不多，一般不会发生金属管壁温度超过材料许用温度的情况。但当热负荷较高时管壁温度会升高很多，而烧坏管子。

对于超高压以下自然循环锅炉，在正常情况下，水冷壁出口汽水混合物的含汽率较小，一般不会出现第二类沸腾传热恶化。

亚临界压力的自然循环锅炉，由于出口含汽率较大，则有可能发生沸腾传热恶化。理论和实践证明，对亚临界压力的自然循环锅炉，水冷壁安全运行的主要任务之一是防止沸腾传热恶化。

减轻沸腾传热恶化的影响途径有两条：一是防止沸腾传热恶化的发生；二是将发生沸腾传热恶化的位置推移至热负荷较低处，使其管壁温度不超过许用值。

（四）控制循环锅炉

1. 工作原理

控制循环锅炉是在自然水循环锅炉的基础上发展而成的，它在循环回路的下降管上装置了循环泵，其原理如图 3-16 所示。循环回路中工质的循环是靠下降管内水和水冷壁内汽水混合物的密度差产生的压力差以及循环泵的压头来推动的。因此控制循环锅炉的水循环推动力要比自然水循环的大（大约 5 倍），这样控制循环锅炉的循环回路能克服较大的流动阻力，并由此带来了控制循环锅炉的一些特点。

2. 主要特点

与自然水循环锅炉比较，控制循环锅炉的主要技术特点是低压头炉水循环泵＋内螺纹管水冷壁＋水冷壁入口装节流圈。循环泵为水循环提供足够的推动力（压头），内螺纹管用以防止沸腾传热恶化，节流圈用以控制水冷壁的流量分配。控制循环锅炉还包括以下特点：

（1）水冷壁可采用较小的管径，一般为 $\phi 42 \sim \phi 51$。水冷壁布置较自由，不受垂直布置限制。有的控制循环锅炉的一部分蒸发受热面布置在烟道内，做成蛇形管对流受热面，与水冷壁并联。

（2）水冷壁管内工质质量流速较大，$\rho w = 900 \sim 1500 \mathrm{kg/(m^2 \cdot s)}$，对管子的冷却条件较好，因而循环倍率较小，一般 $K = 2 \sim 4$。但工质质量流速大，使流动阻力较大。

（3）水冷壁下联箱的直径较大（故俗称水包），在下联箱里装置有滤网，在水冷壁的进口处装有不同孔径的节流圈，如图 3-17 所示。装置滤网的作用是防止杂物进入水冷壁管内。装置节流圈的目的是合理分配各并联管的工质流量，以减小水冷壁的热偏差。

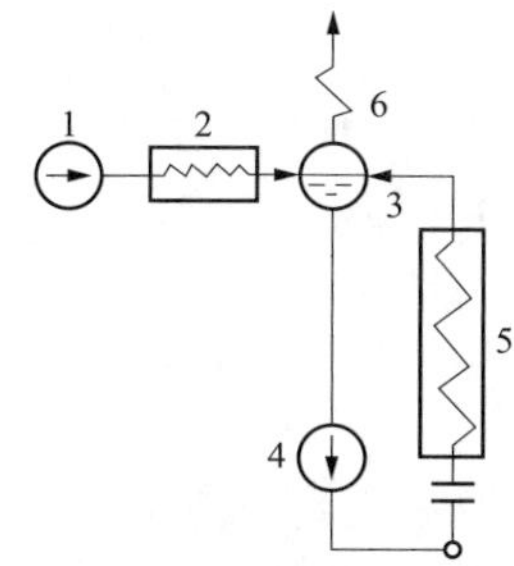

图 3-16　控制循环锅炉原理示意图

1—给水泵；2—省煤器；3—汽包；4—循环泵；5—水冷壁；6—过热器

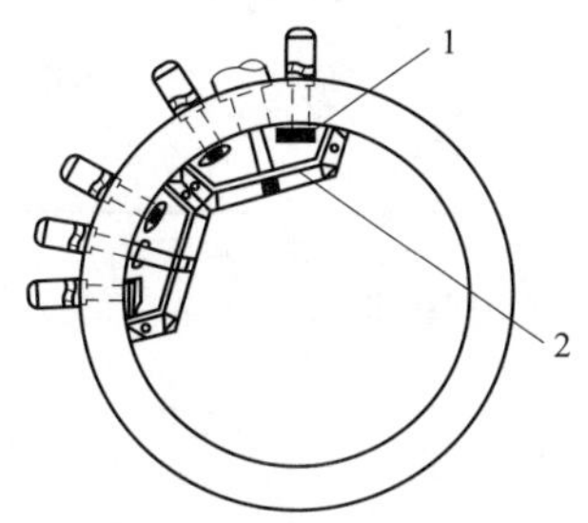

图 3-17　下联箱（水包）结构图

1—节流圈；2—滤网

（4）汽包尺寸小。这是因为循环倍率低，循环水量少，以及用循环泵的压头来克服汽水分离器的阻力，故可采用分离效果较好而尺寸较小的涡轮汽水分离器。

（5）由于采用了循环泵，因此增加了设备的制造费用和锅炉的运行费用。循环泵运行的可靠性将直接影响整个锅炉运行的可靠性。

（6）控制循环可提高启动及升降负荷的速度，适用于滑压运行等。

（五）蒸汽净化

1. 蒸汽净化的意义

电厂锅炉工作的任务是生产一定数量和质量的蒸汽。其中蒸汽的质量包括蒸汽的压力和温度以及蒸汽的品质。蒸汽的品质通常是指 1kg 蒸汽中含杂质的数量，其单位用 μg/kg 或 mg/kg 表示。它反映了蒸汽的洁净程度。蒸汽中含杂质的数量越少，蒸汽的洁净程度越高，即蒸汽品质越好。蒸汽中所含有的杂质主要是各种盐类、碱类及氧化物，而其中绝大部分是盐类，因此多用蒸汽含盐量来表示蒸汽的洁净程度。

蒸汽净化的目的是使锅炉生产的蒸汽具有一定的纯洁度，即蒸汽中含有的杂质符合电厂安全生产要求。蒸汽含盐特别是含盐过多时将严重影响锅炉和汽轮机等热力设备的安全、经济运行。其主要危害包括：

（1）饱和蒸汽在过热器中过热时，由于蒸汽中的水分蒸干和蒸汽过热，蒸汽携带的部分盐分将沉积在管壁上，使管子流通截面减小，流动阻力增大，流过管子的蒸汽量减少，管子不能充分冷却；同时，盐垢将使管子的热阻增大，影响传热，从而造成管壁温度升高，严重时将造成管子过热损坏。

（2）蒸汽中的盐分若沉积在蒸汽管道的阀门处，可能造成阀门的漏汽和卡涩。

（3）蒸汽进入汽轮机做功时，由于压力降低，密度减小，溶解在蒸汽中的盐分将沉积在汽轮机的通流部分，造成流动阻力增加，轴向推力和叶片应力增大，甚至使汽轮机振动加大；同时，沉积在喷嘴和动叶上的盐分会使其型线改变、汽轮机效率降低等。

为了保证锅炉、汽轮机等热力设备长期安全、经济运行，必须对蒸汽品质提出严格要求，表 3-2 列出了电厂锅炉的蒸汽质量标准。

表 3-2　　电厂锅炉的蒸汽质量标准

<table>
<tr><th rowspan="2">炉　型</th><th rowspan="2">压力（MPa）</th><th colspan="2">钠（μg/kg）</th><th rowspan="2">二氧化硅（μg/kg）</th></tr>
<tr><th>磷酸盐处理</th><th>挥发性处理</th></tr>
<tr><td rowspan="2">汽包锅炉</td><td>3.82～5.78</td><td colspan="2">凝汽式发电厂≤15
热电厂≤20</td><td rowspan="3">≤20</td></tr>
<tr><td>5.88～18.62</td><td>≤10</td><td>≤10*</td></tr>
<tr><td>直流锅炉</td><td>5.88～18.62</td><td colspan="2">≤10*</td></tr>
</table>

注　1. 磷酸盐处理指向炉水中加入磷酸盐。
　　2. 挥发性处理指向给水中加入挥发性的氨或联氨。
* 争取标准为“≤5μg/kg”。

由此可见，监督的主要项目是钠和硅的含量。这是因为：①蒸汽中的盐类主要为钠盐，所以通过测量蒸汽的含钠量可以监督蒸汽的含盐量；②硅酸的溶解度最大，高压及以上蒸汽中就能溶解硅酸；③蒸汽溶解的硅酸将沉积在汽轮机的通流部分，形成难溶于水的二氧化硅沉积物，难以用湿蒸汽清洗法去除，从而对汽轮机的安全、经济运行有很大影响。

蒸汽压力提高时，蒸汽的比体积将减小，汽轮机通流部分的流通面积相应减小，盐质沉积的危害性更大，对蒸汽品质要求也就更高。

为了防止在汽轮机中沉积金属氧化物，对蒸汽中铜和铁的最大含量也做出了规定，见表3-3。

表3-3　　蒸汽中铜和铁的最大含量

压力（MPa）	铁（μg/kg）		铜（μg/kg）	
	汽包锅炉	直流锅炉	汽包锅炉	直流锅炉
12.7～18.3	≤20	≤10	≤5	≤5*

*争取标准为“≤3μg/kg”。

2. 蒸汽污染的原因

进入锅炉的给水虽经过炉外化学水处理，但总含有一定的盐分。当给水进入锅炉被加热产生蒸汽时，给水中的盐分只有少量被蒸汽带走，而绝大部分则留在炉水中。随着锅水不断地被蒸发、浓缩，炉水含盐浓度增大。当饱和蒸汽携带含盐浓度大的炉水从汽包引出时，蒸汽就会被污染；另外，高压及以上蒸汽还能直接溶解炉水中的某些盐分，使蒸汽被污染。由此可见，给水含盐是蒸汽污染的根源；蒸汽带水和蒸汽溶盐是蒸汽污染的途径。

由于蒸汽带水使蒸汽污染的现象又称为蒸汽的机械携带。由于饱和蒸汽溶盐而使蒸汽污染的现象称为蒸汽的溶解性携带。蒸汽被污染的原因，对中、低压蒸汽，只有机械携带；对高压及以上蒸汽，既有机械携带又有溶解性携带。

（1）蒸汽机械携带。蒸汽机械携带的盐量取决于蒸汽的湿度和炉水含盐量，它们的关系是

$$S_q^j=\frac{\omega}{100}S_{ls} \tag{3-4}$$

式中　S_q^j——机械携带的盐量，mg/kg；

ω——蒸汽湿度，即蒸汽中所带水分的质量占湿蒸汽质量的百分数，%；

S_{ls}——炉水含盐量，mg/kg。

在炉水含盐浓度一定的条件下，蒸汽机械携带的盐量取决于蒸汽湿度的大小，即取决于蒸汽的带水量。

影响蒸汽带水的主要因素有锅炉负荷、蒸汽压力、蒸汽空间高度和炉水含盐量等。

1）锅炉负荷的影响。锅炉负荷增加时，由于产汽量增加，一方面进入汽包的汽水混合物动能增大，从而导致大量的炉水飞溅，使生成的细小水滴增多；另一方面汽包蒸汽空间的汽流速度增大，带水能力增强，这些都会使蒸汽湿度增大，蒸汽品质随之恶化。

2）蒸汽压力的影响。蒸汽压力越高，汽、水的密度差越小，使汽、水分离越困难。导致蒸汽带水能力增加；同时，蒸汽压力升高，饱和温度相应升高，水分子的热运动增强，分子相互间的引力减小，使饱和水的表面张力减小，气泡容易破碎成细小的水滴。可见蒸汽压力越高，蒸汽越容易带水。因此，对于高压锅炉，蒸汽空间负荷应比中压锅炉低。

锅炉在运行中，当压力急剧降低时，也会影响蒸汽带水。因为压力急剧降低时，相应的饱和温度也降低；水冷壁和汽包中的水以及管壁金属都会放出热量，产生附加蒸汽，使汽包水容积膨胀，水位升高；同时穿过水面的蒸汽量也增多，造成蒸汽大量带水，蒸汽湿度急剧增大，蒸汽品质恶化。

3）蒸汽空间高度的影响。蒸汽空间高度是指汽包水位面到饱和蒸汽引出管间的距离。蒸汽空间高度在一定范围内对蒸汽湿度影响较大。当蒸汽空间高度较小时，不但小水滴容易被蒸汽带走，而且部分飞溅水滴（包括直径较大的水滴）也能进入饱和蒸汽引出管，所以蒸汽湿度很大。随着蒸汽空间高度的增加，飞溅起的大水滴在未到达蒸汽引出管高度时，就由于自身动能耗尽，在重力的作用下落回蒸发面上，蒸汽湿度减小。但是，当蒸汽空间高度增加到大于水滴的最大上升高度时，即使继续增加蒸汽空间高度，对蒸汽湿度的影响也很小，这时蒸汽依靠上升速度携带的只是一些细小的水滴，因这些细小水滴的重力小于蒸汽的推力，而与蒸汽空间高度无关。当蒸汽空间高度达到 0.6m 以上时，蒸汽湿度变化已很平缓；而达到 1.0～1.2m 时，蒸汽湿度就不再变化。所以，采用过大的汽包尺寸来减少蒸汽湿度，只会增加金属的用量并增加汽包壁厚。

为了保证汽包有一定的蒸汽空间高度，运行中应严格控制汽包水位，水位过高，蒸汽空间高度降低；负荷突然升高或压力突然降低，会引起水容积膨胀，水位升高，这些都将引起蒸汽带水量增加。若汽包水位超过最高水位，将造成蒸汽大量带水。一般汽包正常水位应在汽包中心线以下 100～200mm 处，允许波动范围为±（50～75）mm。运行人员必须严格监视汽包水位。

4）炉水含盐量的影响。炉水含盐量在最初的一定范围内增加时，蒸汽湿度不变。但是，机械携带的盐量却随炉水含盐量的增加成正比增大。当炉水含盐量增大到某一数值时，蒸汽湿度会突然增大，蒸汽品质恶化。这时的炉水含盐量称为临界炉水含盐量 S_{lj}。

对于不同的负荷，炉水临界含盐量不同。负荷越高，水容积中的气泡数量越多，水容积膨胀加剧，因此炉水临界含盐量越低。炉水临界含盐量除与锅炉负荷有关外，还与蒸汽压力、蒸汽空间高度、炉水中的盐质成分以及汽水分离装置等因素有关。由于影响因素较多，故对具体锅炉的临界炉水含盐量应通过热化学试验确定，并应使实际炉水含盐量远低于炉水临界含盐量。

（2）蒸汽溶解性携带。蒸汽溶解性携带是指高压及以上压力的蒸汽能直接溶解某些盐分而造成蒸汽污染的现象。这是高压及以上压力蒸汽不同于中、低压蒸汽的一个很重要的性质。

高压及以上压力的蒸汽之所以能直接溶解盐类，主要是因为随着压力的提高，蒸汽的密度不断增大；同时饱和水的密度则相应降低，蒸汽的密度逐渐接近于水的密度，因而蒸汽的性质也越接近水的性质，水能溶解盐类，蒸汽也能直接溶解盐类。

3. 提高蒸汽品质的途径

针对蒸汽污染的原因，提高蒸汽品质必须减少蒸汽携带的水分和降低蒸汽中的溶盐量。减少蒸汽带水量，可采用高效的汽水分离装置；减少蒸汽溶解携带，可采用蒸汽清洗方式解决；控制炉水含盐量，应尽可能提高给水品质，而提高给水品质的方法是采用良好的化学水处理设备和系统，并采用锅炉排污和进行炉水校正处理。下面对获得清洁蒸汽的各种方法及设备进行说明。

（1）汽水分离。汽水分离是指利用各种分离原理（重力、离心力、惯性力、水膜等）分离汽水混合物并使饱和蒸汽达到一定干度的过程。

汽水分离的基本原理如下：

1）重力分离——利用汽和水的质量不同，在蒸汽向上流动时，一部分重力大的水滴会被分离出来。

2）离心分离——利用汽水混合物做旋转运动时产生的离心力进行分离，水滴的密度大，离心力也大，这样水滴会脱离汽流而被分离出来。

3）惯性分离——利用汽水混合物改变流向时产生的惯性力进行分离，密度大的水滴，惯性力大，水滴会脱离汽流被分离出来。

4）水膜分离——汽水混合物中的水滴，能黏附在金属壁面，形成水膜流下而被分离。

在电厂锅炉实际应用的汽水分离装置中，一般都综合利用上述几种原理以实现汽水分离、降低蒸汽湿度的目的。汽包内的汽水分离的过程一般分为两个阶段：第一阶段是粗分离阶段（又称为一次分离），其任务是消除进入汽包的汽水混合物的功能，并将蒸汽和水进行初步分离；第二阶段是细分离阶段（又称为二次分离），其任务是把蒸汽中携带的细小水滴分离出来，并使蒸汽从汽包上部均匀引出。

现代电厂锅炉常用汽水分离装置的形式很多。一次分离元件常采用进口挡板、立式旋风分离器、卧式旋风分离器、螺旋臂式分离器、涡轮分离器等；二次分离元件多采用波形板分离器、顶部多孔板（均汽板）等。

1）进口挡板。当汽水混合物引入汽包汽空间时，可采用如图 3-18 所示的进口挡板，以消耗汽水混合物的动能，使汽水初步分离；汽水混合物以一定速度撞击挡板并在挡板间转弯时，动能被消耗，速度降低，同时利用撞击惯性和水膜作用，将蒸汽从大量的水中分离出来。分离出的水沿挡板下缘流入汽包炉水中，而分离出的蒸汽则顺着挡板下行至出口再转向进入汽空间。

为了防止汽水混合物直接冲击到挡板，打碎水滴或撕破水膜，造成蒸汽二次携带，影响分离效果，装设挡板时应注意以下几点：汽流中心线与挡板间的夹角应小于 45°；管口到挡板的距离 S 应不小于 2 倍管径，即 $S \geqslant 2d$（d 为汽水混合物引入管的内径）；管子出口的汽水混合物流速和挡板出口的汽流速度不能太高，对于中压锅炉，挡板出口汽流速度为 1～1.5m/s；对于高压锅炉，出口汽流速应小于 1m/s。进口挡板由 4～5mm 的钢板制成，其两端用端板或拉条加固，上部与汽包壁对严点焊固牢。

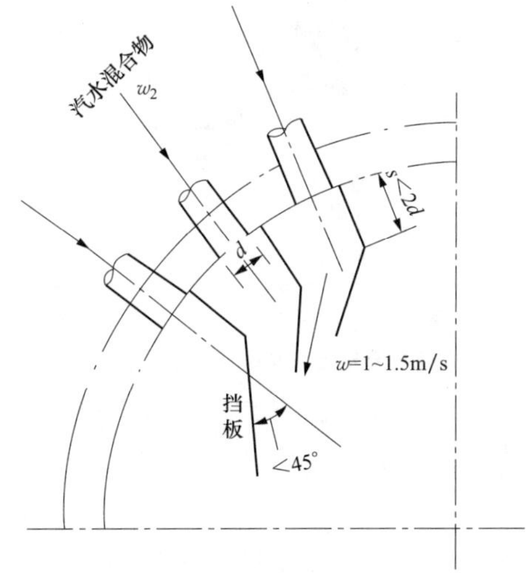

图 3-18　进口挡板

2）立式旋风分离器。图 3-19 所示为立式旋风分离器结构。它的主要部件有筒体、底板、顶帽、连接罩、溢流环等。

国产锅炉的筒体形式有柱形筒体和导流式筒体两种结构。筒体是用 2～3mm 厚的薄钢板卷制而成，直径一般为 ϕ260～ϕ350，大型锅炉多采用的直径为 ϕ315 和 ϕ350。

导流式旋风分离器结构尺寸如图 3-20 所示。它与柱形筒体不同之处是在筒体的内部加装了导流板，导流板向筒内延伸 135°。加装导流板后延长了汽水混合物的行程和在筒内的停留时间，不仅提高了离心分离的效果，而且与柱形筒体相比允许负荷增大，筒体高度也较小，阻力系数相似，因此广泛用在大型锅炉上。

旋风分离器的工作过程如下：具有较大动能的汽水混合物通过连接罩沿切向进入筒体，

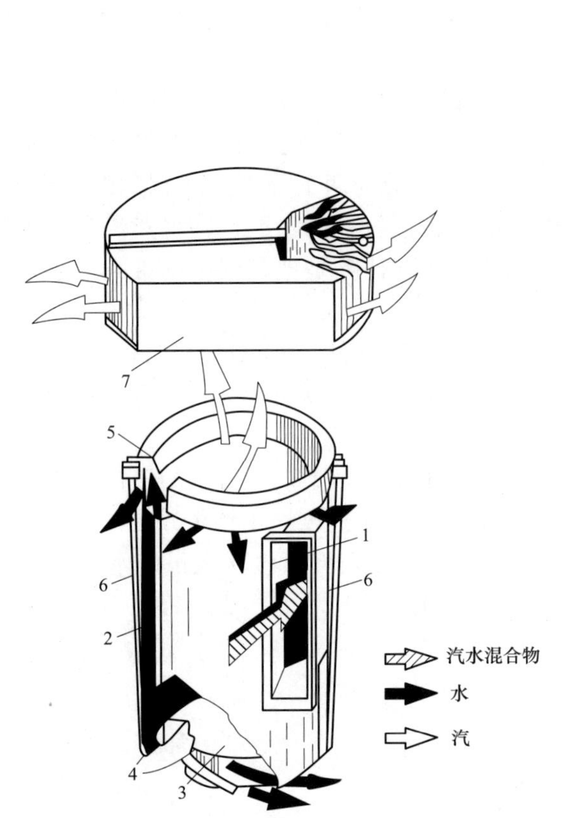

图 3-19 旋风分离器结构图

1—连接罩；2—筒体；3—底板；4—导向叶片；5—溢流环；6—拉杆；7—顶帽

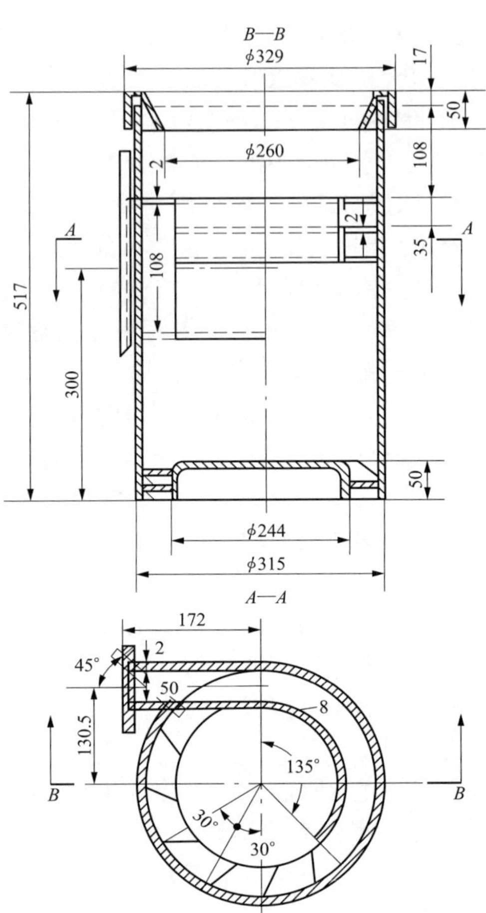

图 3-20 导流式旋风分离器结构尺寸图（单位：mm）

产生旋转运动，在离心力的作用下，大部分水被甩向筒壁，并沿筒壁流下，经筒底导向叶片流出，进入汽包水空间；蒸汽则旋转向上经顶帽进一步分离后从径向引入汽空间。蒸汽在筒体内向上流动过程中，在重力作用下，部分水分也会从蒸汽中分离出来，经筒底流入汽包水空间。筒体上端装有溢流环，使筒壁上部形成的水膜能完整地溢流出筒体，以免上升的汽水撕破这层薄水膜，造成蒸汽的二次带水，溢流环与筒体的间隙既要保证水膜顺利溢出，同时又要防止蒸汽由此窜出。

3）卧式旋风分离器。卧式旋风分离器结构如图 3-21 所示。其工作原理与立式旋风分离器相同。汽水混合物自下而上切向进入筒体，在离心力的作用下，水被甩向筒壁并经排水导向板和排水通道流入汽包水室。被旋流甩向旋风筒下半部圆弧的水经弧形底板上的小孔（排水孔板）进入排水通道；被旋流甩向旋风筒上半部圆弧的水则通过排水导向板排出。分离出的蒸汽由筒体两端的圆孔排出。因蒸汽轴向速度较低，故卧式旋风分离器可承担较大的蒸汽负荷，但在汽包水位波动时分离效果不稳定。

4）螺旋臂式分离器。螺旋臂式分离器结构如图 3-22 所示，主要由两同心圆结构的筒体、旋转挡板、螺旋臂、防涡流板、扩流器及人字形二次分离器组成。其工作过程是：汽水混合物从下部沿轴向进入分离器，由旋转挡板进行物质分配，通过螺旋臂使汽水混合物产生旋转，在离心力的作用下使大部分汽和水分离。密度较大的水沿螺旋臂外表面流动；密度较小的蒸汽则沿螺旋臂的内表面向上流动。分离出来的水通过内、外筒体向下流动，水的旋转运动由防涡流板消除，并通过扩流器将水流分配后流入汽包水容积；分离出来的蒸汽则通过顶部人字形二次分离器进行进一步汽水分离后进入汽包汽空间。

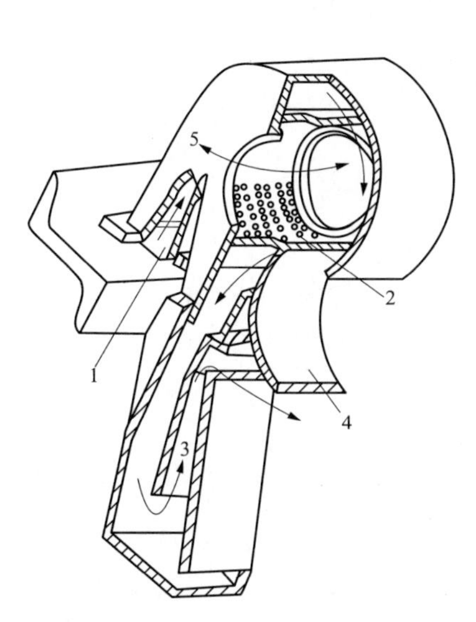

图 3-21 卧式旋风分离器结构图

1—汽水混合物进口；2—排水孔板；3—排水通道；4—排水导向板；5—蒸汽出口

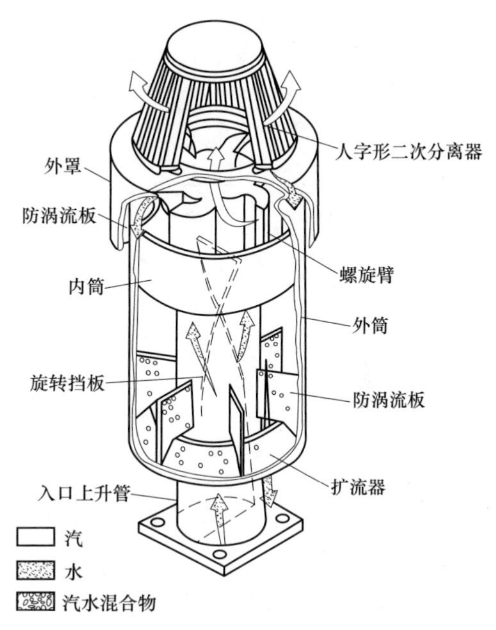

图 3-22 螺旋臂式分离器结构图

5）涡轮分离器。涡轮分离器又称轴流式旋风分离器，其结构如图 3-23 所示，主要由涡轮分离器内筒、外筒及与内筒相连的集汽短管、螺旋形叶片和梯形波形板顶帽等组成。内筒、外筒为两同心圆结构，组成分离器的筒体；螺旋形叶片固定安装在内筒中；筒体上部装有集汽短管（又称环形导向圈）；筒体顶部装有梯形波形板分离器（顶帽）。涡轮分离器分别布置在汽包前、后两侧的座架上，两个座架分别起汇流箱作用。其工作过程是：汽水混合物自筒体底部轴向进入，在向上流动通过螺旋形叶片时，汽水混合物产生强烈的旋转运动。在离心力的作用下，把水抛向内筒壁，依靠汽水混合物的冲力把水推向上部，并由集汽短管与内筒之间的环形截面把水挡住而引向内筒与外筒之间的环缝（排水夹层）中向下流动，返回汽包水空间。蒸汽则在内筒中间向上运动，经梯形波形板顶帽的进一步分离后进入汽包汽空间。

6）波形板分离器。波形板分离器（又称波形百叶窗或波纹板干燥器）如图 3-24 所示，由许多均匀平行的波形板组装而成。波形板厚 1～3mm，相邻波形板间的距离为 10mm，边框用 3mm 的钢板制成，以固定波形板。平行组装的波形板能聚集并除去蒸汽中的细小水滴，是一种广泛采用的细分离（二次分离）元件。

经粗分离后的湿蒸汽，低速通过由波形板组成的弯曲通道时，在离心力的作用下，将蒸汽中的水滴甩出来，并黏附在波形板表面上形成水膜，水膜靠自重缓慢向下流动，在波形板的下沿集聚成较大的水滴后坠落到汽包水面，使蒸汽的湿度进一步降低。

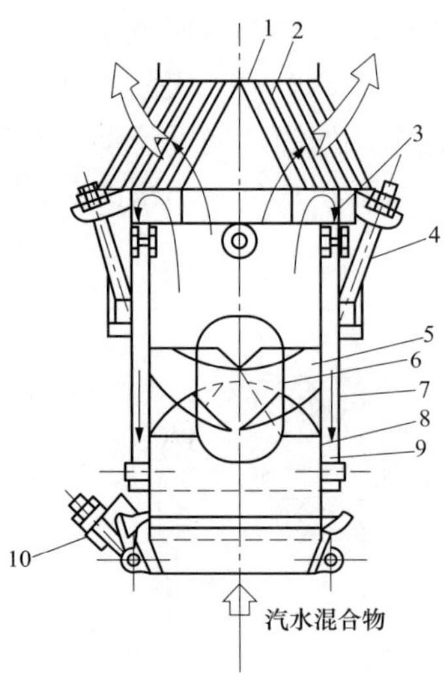

图 3-23 涡轮分离器结构图

1—梯形波形板顶帽；2—波形板；3—集汽短管；4—钩头螺栓；5—固定螺旋形叶片；6—涡轮芯子；7—外筒；8—内筒；9—排水夹层；10—支撑螺栓

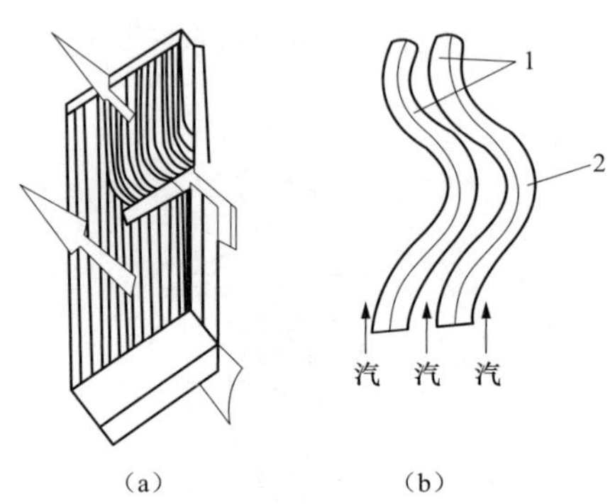

图 3-24 波形板分离器

(a) 分离器结构示意图；(b) 波形板

1—波形板；2—水膜

波形板分离器有水平式和立式两种布置方式，如图 3-25 所示。水平式布置波形板分离器中蒸汽和水膜平行相对流动，图 3-25（a）所示。立式布置波形板分离器中蒸汽和水膜为垂直交叉流动，如旋风分离器圆形顶帽、螺旋臂式分离器的人字形波形板顶帽以及涡轮分离器的梯形波形板顶帽。立式波形板分离器因水、汽流向相互垂直，蒸汽流不易撕破水膜，故分离效果好，且蒸汽流速也可较高。图 3-25（b）所示为布置在汽包上部的立式波形板分离器，在其底部装有疏水盘和疏水管，疏水管一直插到汽包最低水位以下。这样在波形板上形成的水膜沿板流下，集中于疏水盘里，再经疏水管引至汽包的水容积，从而避免了从波形板分离器分离出来的水滴直接落到汽包水面时造成炉水水滴的飞溅。

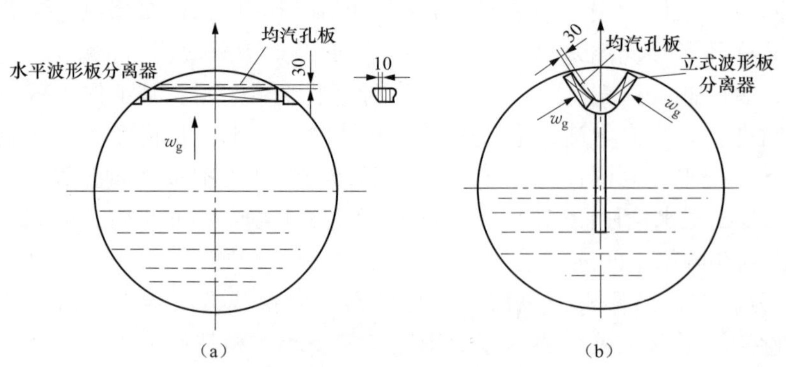

图 3-25 波形板分离器的布置方式

(a) 水平式布置；(b) 立式布置

为了防止波形板分离器的水膜被撕破造成二次带水，使分离效果降低，因此要限制波形板内的蒸汽流速。对于水平布置波形板分离器的蒸汽流速：中压锅炉不大于 0.5m/s；高压锅炉不大于 0.2m/s；超高压锅炉不大于 0.1m/s。对于立式布置波形分离器的蒸汽流速可为水平布置波形板分离器的 1.5～2 倍。

7）顶部多孔板。顶部多孔板又称均汽板，如图 3-26 所示，装在汽包顶部蒸汽引出口之前的蒸汽空间。其作用是利用孔板的节流作用，使蒸汽沿汽包长度和宽度均匀引出，以防止蒸汽局部速度过高而带水；同时它还能阻挡部分小水滴，起到一定的细分离作用。顶部多孔板一般由 3～4mm 厚的钢板制成，孔板上的小孔均匀分布，孔径为 6～10mm，孔间距不超过 50mm，开孔的数目应根据穿孔蒸汽流速计算，中压锅炉为 8～12m/s，高压锅炉为 6～8m/s，超高压锅炉为 4～6m/s。

顶部多孔板一般要与波形板分离器配合使用，以使波形板前蒸汽负荷均匀，避免局部速度过高。蒸汽先经过波形板分离器再通过多孔板，为了防止流经多孔板的高速汽流将已分离出来的水分吸走，一般要求波形板上沿与多孔板之间至少留有 30～40mm 的距离。

饱和蒸汽引出管的入口蒸汽速度应小于或等于蒸汽穿孔速度的 70%，以防抽出大量蒸汽而破坏多孔板的正常工作，影响蒸汽品质。若引出管入口的蒸汽速度太高，则应在引出管入口下部加一盲板（见图 3-26）或正对引出管部位的孔板不开孔。

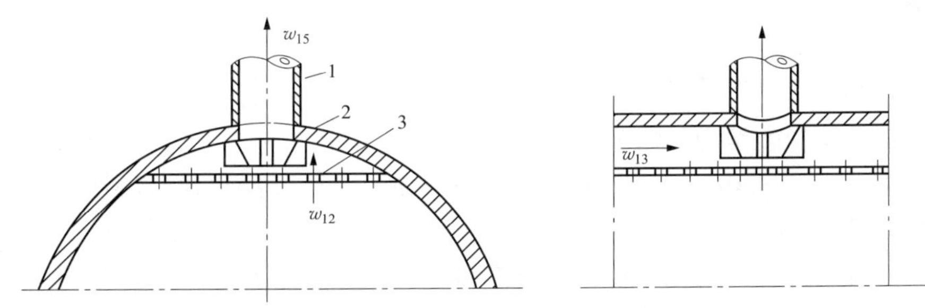

图 3-26 顶部多孔板和盲板

1—蒸汽引出管；2—盲板；3—顶部多孔板

（2）蒸汽清洗。汽水分离只能降低蒸汽的湿度而不能减少蒸汽中溶解的盐分。因此，对于高压锅炉和超高压锅炉，除采用汽水分离装置外，还需要采用蒸汽清洗的方法减少蒸汽中溶解的盐分（特别是蒸汽中溶解的硅酸）。

1）蒸汽清洗原理。饱和蒸汽对某种盐的溶解量，取决于该盐分的分配系数 α 和炉水中该盐分的含量 S'_{ls}。当压力一定时，分配系数 α 为常数。因此要减少蒸汽中溶解的盐量，就应设法减少与蒸汽接触的水的含盐量。

蒸汽清洗就是使饱和蒸汽穿过给水层和水雾，利用给水和炉水中盐类浓度不同而产生物质交换，以降低饱和蒸汽溶解性携带过程。因此，蒸汽清洗使溶解于蒸汽的盐分转移到给水中，从而减少蒸汽溶盐量，清洗后的蒸汽湿度虽有所增加，但因为给水较清洁，蒸汽机械携带的含盐量却减少，所以清洗后蒸汽的总携带显著降低。

2）蒸汽清洗装置。蒸汽清洗装置的形式较多，按蒸汽与给水的接触方式不同，分为起泡穿层式、雨淋式和水膜式等几种。其中起泡穿层式最好，它具有结构简单的特点，分为钟罩式和平孔板式两种。

钟罩式蒸汽清洗装置的结构如图 3-27（a）所示。它由槽形底盘（又称槽形清洗板）和孔板顶罩组成。底盘上不开孔，顶罩上开有小孔。每一组件有两块槽形底盘和一块孔板顶罩。两块底盘之间的空隙被顶罩盖住，以防止蒸汽直通上部蒸汽空间。蒸汽从底盘两侧间隙进入清洗装置，在钟罩阻力的作用下，经两次转弯，均匀地穿过孔板和孔板上的清洗水层进行起泡清洗后流出。蒸汽流过进口缝隙的流速小于0.8m/s，穿过孔板和清洗水层的速度为1～1.2m/s。清洗水由配水装置均匀分配到底盘一侧，然后流到另一侧，通过挡板溢流到汽包水室。钟罩式清洗装置工作可靠有效，但因结构较复杂，而且阻力较大，所以使用得较少。

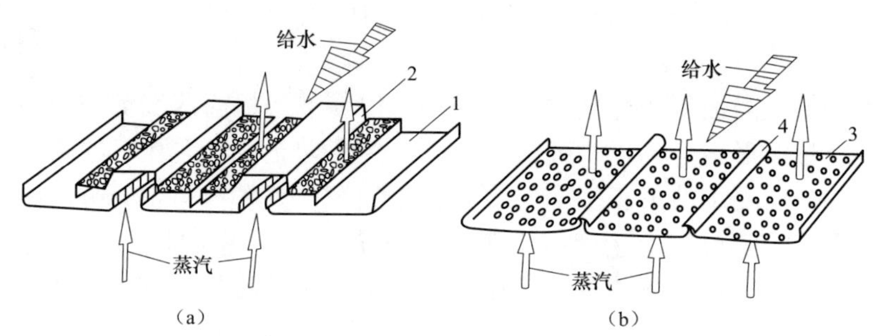

图3-27 起泡穿层式清洗装置结构图

(a) 钟罩式；(b) 平孔板式

1—槽形底盘；2—孔板顶罩；3—平孔板；4—U形卡

平孔板式清洗装置的结构如图3-27 (b) 所示。它由若干个平孔板槽组成，相邻的平孔板用U形卡连接。平孔板用2～3mm厚的薄钢板制成，板上均匀钻有直径为5～6mm的小孔，板四周焊有溢流挡板。清洗水由配水装置均匀分配在平孔板上，形成30～50mm的水层，然后通过溢流挡板流到汽包水容积。蒸汽自下而上，经小孔穿过水层，进行起泡清洗。为了既能保证托住清洗水使之不致从小孔落下，又能防止因蒸汽速度太高而造成大量携带清洗水，蒸汽穿孔速度应为1.3～1.6m/s。平孔板式清洗装置的结构简单、阻力小、清洗面积大、清洗效果好，因此应用广泛；缺点是锅炉在低负荷下工作时，清洗水会从小孔漏下，造成干板。

清洗水的配水有单侧和双侧两种。单侧配水是指清洗水从清洗板的一端引入，流到另一端后，流入汽包水室；双侧配水是指清洗水从清洗板的中间引入，向两侧流动，然后从两端流入汽包水室。

3）影响清洗效果的因素。影响蒸汽清洗效果的因素主要有清洗水量和清洗水品质、水层厚度、清洗前蒸汽的含盐量和蒸汽流速等。

清洗水量大，清洗效果好。但由于高压以上锅炉的给水是具有一定欠焓的未饱和水，所以清洗水量越大，凝结的蒸汽越多。为保证机组负荷的需要，锅炉实际产汽量就要增加，使蒸发面负荷增大，清洗前的蒸汽带水量增加，蒸汽含盐量增多，而不利于蒸汽清洗；同时锅炉的燃煤量也要增多，热经济性降低。因此，一般用30%～50%的锅炉给水做清洗水，其余的给水通过旁路引到下降管入口附近，以防止下降管带汽。清洗水的品质越高，物质扩散作用越强，清洗效果越好。

清洗水层厚度太薄时，由于与蒸汽的接触时间短，清洗不充分，而使效果不好；若水层太厚，不但对改善清洗效果不明显，反而会降低分离空间的高度，使蒸汽带水增加。因此，一般水层厚度为40～50mm。

清洗前的蒸汽含盐量越多，清洗后的清洗水含盐量越高，清洗后的蒸汽含盐量也越高。由于各种因素的影响，目前所用的清洗装置实际清洗效率为60%～70%。

对亚临界压力的锅炉，由于硅酸的分配系数较大，蒸汽清洗效果较差，因此主要依靠采用较好的水处理方法来提高给水品质，使给水含盐量降到很低的程度，保证蒸汽品质即可不用蒸汽清洗装置。

（3）锅炉排污。由于受水处理条件的限制，锅炉给水总会含有一定的杂质；另外在进行锅内加药处理后，炉水中的一些易结垢盐类会转变成水渣；还有炉水腐蚀金属也会产生一些腐蚀产物。在锅炉运行过程中，只有很少量的杂质被蒸汽带走，随着炉水不断蒸发、浓缩，炉水含盐量逐渐增大，水渣和腐蚀产物也逐渐增多。这样不仅会使蒸汽品质变差，而且还会造成受热面上结垢和腐蚀受热面。当炉水含盐量超过允许值时，还会造成“汽水共腾”，使蒸汽品质恶化，将严重影响锅炉和汽轮机的安全运行。

为了保证炉水含盐量在允许范围内，锅炉运行过程中必须将部分含盐浓度高的炉水排出，并补充清洁的给水，控制炉水品质。这个过程称为锅炉排污。锅炉排污是提高蒸汽品质的重要方法之一。根据排污的目的不同，锅炉排污有连续排污和定期排污两种。

1）连续排污是指在运行过程中连续不断的排出部分炉水、悬浮物和油脂，以维持一定的炉水含盐量和碱度。连续排污的位置是在炉水含盐浓度最大的汽包蒸发面附近，即汽包正常水位线以下200～300mm处。连续排污装置如图3-28所示。在连续排污主管上，沿长度方向均匀开有一些小孔或槽口；或者是在主管上均匀地装置一些上端开口的排污支管。排污水经小孔、槽口或管口流进主管，然后通过引出管排走。

2）定期排污是指在锅炉运行中，定期排出炉水里的水渣等沉淀物。排污位置在沉淀物聚集最多的水冷壁下联箱底部，如图3-29所示。定期排污的排污量和排污时间，根据汽水品质的要求由化学人员确定。一般来说，对于热电厂，补给水量较大，给水品质较差，则定期排污量较大，排污间隔时间短；而对于凝汽式电厂，因给水主要是清洁的凝结水，这样定期排污量较小，间隔时间较长。

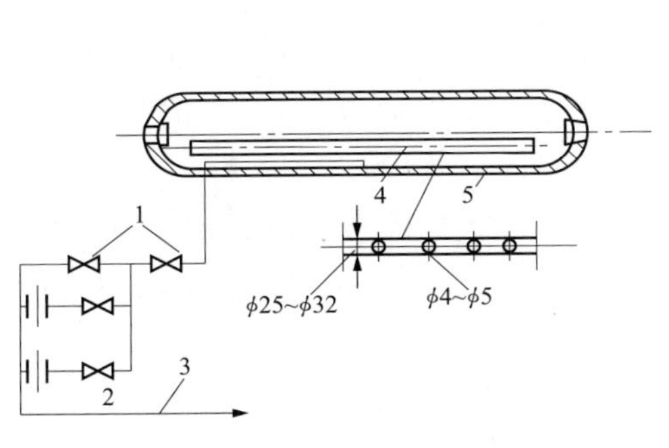

图3-28 连续排污装置

1—连续排污管；2—节流孔板；3—排污引出管；4—连续排污主管；5—汽包

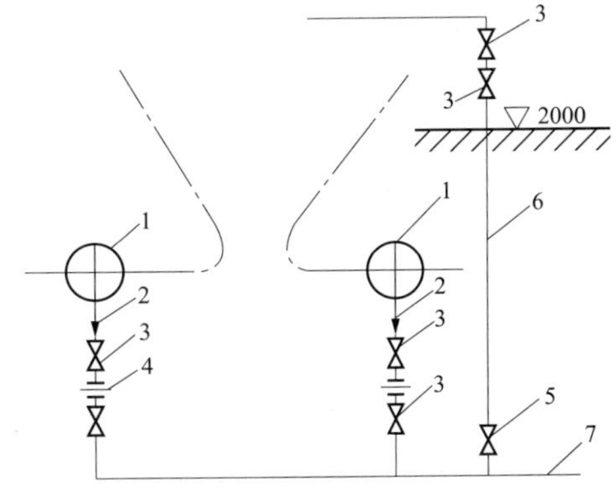

图3-29 定期排污系统

1—水冷壁下联箱；2—排污管；3—排污门；4—节流孔板；5—止回阀；6—汽包的事故放水管；7—排污母管

锅炉排污量一般用排污率 P 表示。排污率是指排污量占锅炉蒸发量的百分数，即

$$P=\frac{G_{pw}}{D}\times 100\% \tag{3-5}$$

式中 G_{pw}——锅炉排污量，kg/h；

D——锅炉蒸发量，kg/h。

对于凝汽式电厂，其最大允许的排污率为 2%，最小排污率取决于炉水含盐量的要求，一般不得小于 0.5%。

（六）典型汽包内部装置示例

汽包内部装置的形式很多，对不同参数、不同容量的锅炉，汽包内部装置的形式、布置和组合方式也不尽相同。为了能较全面地了解汽包内部装置和工作过程，下面介绍两个较典型的锅炉汽包内部装置。

1. DG-1025/18.1-Ⅱ4 型亚临界压力自然循环锅炉的汽包内部装置

DG-1025/18.1-Ⅱ4 型锅炉的汽包内径为 ϕ1792，壁厚为 145mm，筒身直段长为 20m，总长 22.25m。汽包材料为 13MnNiMo54（BHW35）合金钢。汽包为单段蒸发，不采用蒸汽清洗装置，其内部装置结构如图 3-30 所示。

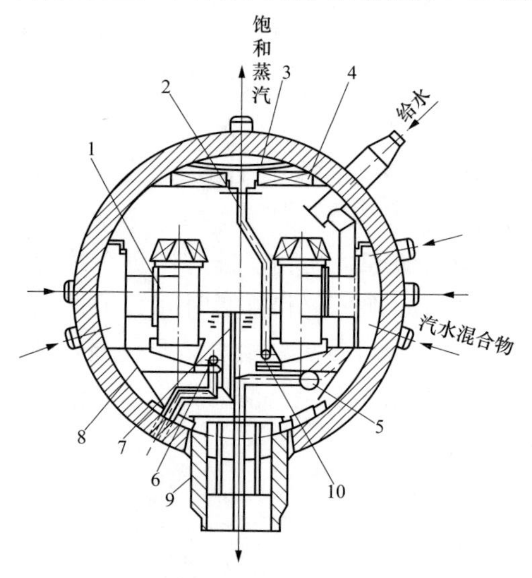

图 3-30 DG-1025/18.1-Ⅱ4 型自然循环锅炉汽包内部装置结构图

1—旋风分离器；2—疏水管；3—顶部多孔板；4—波形板分离器；5—给水管；6—排污管；7—事故放水管；8—汽水夹套；9—下降管；10—加药管

汽包内汽水分离装置采用了 108 个直径为 ϕ315 的导流式旋风分离器作为粗分离装置。细分离装置采用立式波形板分离器和顶部多孔板。波形板分离器共有 104 只，分前、后两组对称排列，其高度为 80mm，每只宽度为 400mm，与水平方向呈 5°鸟翼状倾斜，波形板之间的距离约为 10mm。

在汽包下部采用内夹套结构，即在汽包下部装设与旋风分离器入口流通箱相连的密封夹层。夹层把炉水与汽包内壁分隔开，这样在汽包内壁下部除下降管口部分外都是与汽水混合物相接触；而在汽包内壁上部接触的是饱和蒸汽。因此减小了汽包上、下壁温差热应力，有利于加快锅炉的启停速度。为了促使夹层内的汽水混合物的流动，引入汽包前半部与后半部导汽管的产汽比率为 0.35∶0.65，因而产生压差，使汽水混合物从后向汽包前半部流动，避免了夹层内介质的停滞，提高了汽包下部内壁侧的工质表面传热系数。

在汽包内还设置了给水管、连续排污管、加药管和事故放水管等。

（1）省煤器来的给水从汽包上部经 12 根给水管引入汽包水室给水总管，一部分给水通过总管上的椭圆形小孔喷入水中；另一部分给水通过支管引入下降管。给水管在与汽包连接处装有保护套管。

（2）连续排污管装在汽包正常水位下 300mm 处，自汽包下部靠近两端引出。排污内总管规格为 $\phi76\times4$mm，在内总管顶部开有排污孔 105 个，其孔距为 170mm。

(3) 加药管设置在汽包正常水位以下300mm处，靠汽包后侧，离汽包垂直中分面距离为175mm，加药管规格$\phi60\times3$。

(4) 事故放水管进口设置于正常水位线处，即汽包中心线以下100mm处，离汽包垂直中分面距离为80mm，事故放水管规格为$\phi89\times4.5$，在其入口处装有十字形隔板，用以防止旋涡斗产生，如图3-31所示。

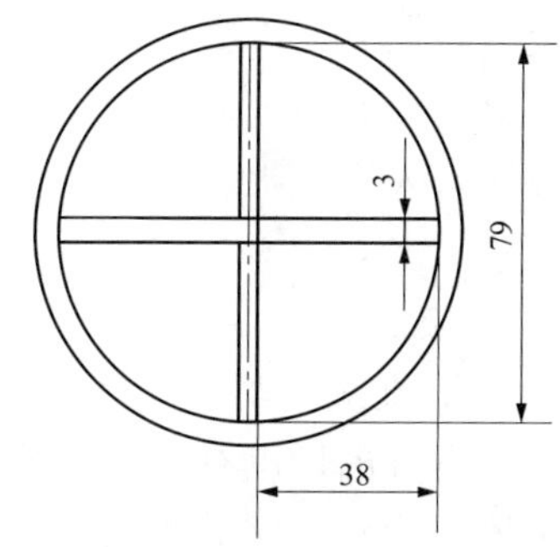

图3-31 事故放水管入口装有十字形隔板（单位：mm）

汽包的汽水分离过程是：从水冷壁来的汽水混合物由导汽管，分别引入汽包前、后的旋风分离器入口连通箱内。有一部分汽水混合物通过内夹套由后半部流到前半部的旋风分离器入口。汽水混合物沿切向进入分离器中，进行一次分离。从顶帽出来经粗分离的蒸汽，进入汽包的汽空间，以较低的速度均匀通过立式波形板分离器和顶部多孔板，进行二次分离。经细分离后达到蒸汽质量标准的饱和蒸汽再由饱和蒸汽引出管引出。

2. SG-1025/18.3型亚临界压力控制循环锅炉汽包内部装置

SG-1025/18.3型亚临界压力控制循环锅炉汽包为单段蒸发，没有蒸汽清洗装置。汽包内部装置结构如图3-32所示。

汽包是由上、下两半部分筒体焊接而成。其内径为$\phi1778$，筒身长度为13 108mm，两端为球形封头；为了节省金属用量，汽包壁采用了上、下两部分不同的厚度。其上半部壁厚为201.6mm，下半部壁厚为166.7mm（因下壁开孔少，相应强度高，则壁厚稍薄）；汽包材料采用SA-299碳钢。

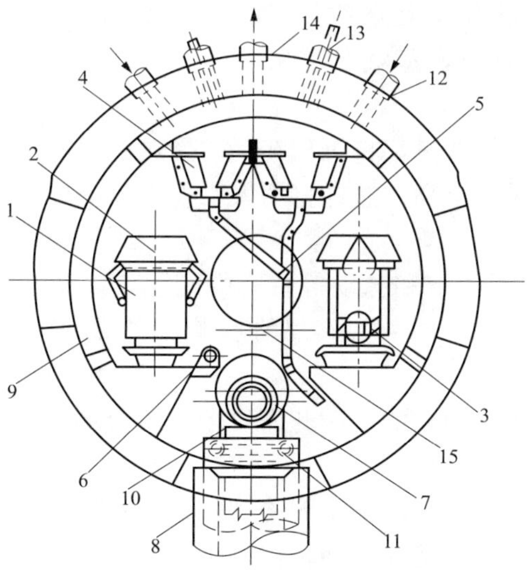

图3-32 SG-1025/18.3型亚临界压力控制循环锅炉的汽包内部装置结构图
1—涡轮分离器；2—顶帽；3—螺旋桨叶；4—波形板分离器；5—疏水管；6—连续排污管；7—给水管；8—下降管；9—环形汽水夹层；10—给水管支架；11—下降管进口联箱；12—汽水混合物引入管；13—吹扫和排放短管；14—饱和蒸汽引出管；15—推荐水位

汽包内部采用了环形夹层结构，即在汽包内壁与弧形衬板之间形成狭窄的环形通道，使汽包上、下壁温均匀，有利于锅炉快速启停。

汽包汽水分离装置采用了56只直径为$\phi254$的涡轮分离器作为粗分离装置。涡轮分离器沿汽包长度方向分前、后两排均匀布置，每只分离器允许的最大负荷为18.6t/h。细分离装置采用了四组、72只立式波形板分离器（波纹板干燥器）。每两组间装有疏水管。

在汽包内部还布置了给水管和连续排污管等。给水管位于下降管上方，沿汽包长度方向布置。给水管用U形轧头固定在支架上，支架再固定在汽包内壁上，给水管在与汽包连接处装有保护套管。

汽包蒸汽净化过程是：来自水冷壁的汽水混合物通过引入管从汽包顶部引入汽包环形夹层内，并在夹层内由上向下流动，从汽包下部进入涡轮分离器进行汽水的粗分离。分离出来的水从分离器内、外套筒之间的通道返回汽包水空间；分离出来的蒸汽经波形板顶帽进一步分离后，进入汽包的汽空间。蒸汽向上流动，并以较低的速度通过波纹板干燥器，进行汽水的细分离。分离出来的水流到疏水盘，再经疏水管引入汽包水容积中；分离出来达到蒸汽质量标准的饱和蒸汽，由汽包顶部的饱和蒸汽引出管引出。

（七）直流锅炉

1. 直流锅炉工作原理及特点

直流锅炉没有汽包，给水在给水泵压头的推动下，按顺序依次流过省煤器、水冷壁、过热器受热面，完成水的加热、汽化和蒸汽过热过程，最终蒸汽过热到给定温度，其循环倍率 $K=1$，如图 3-33 所示。

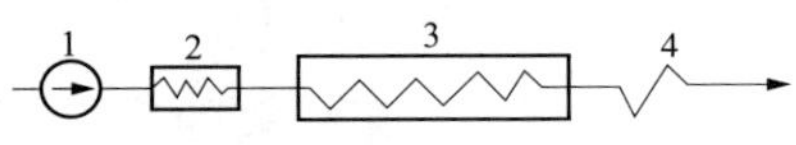

图 3-33 直流锅炉工作原理示意图
1—给水泵；2—省煤器；
3—水冷壁；4—过热器

由于直流锅炉蒸发受热面内的工质流动是由水泵压头推动的，水冷壁允许有较大的压力降；直流锅炉在结构上又没有汽包，因此与汽包锅炉相比有下述特点：

（1）因为没有汽包，又不采用或少用下降管，水冷壁还可采用小管径，所以能节省钢材消耗。制造、运输和安装也较方便。

（2）适合任何压力，更适宜用于超高压以上锅炉。而自然循环锅炉的压力则不宜超过19MPa。

（3）水冷壁受热面布置灵活，容易满足炉膛结构的要求。

（4）在启动和停炉过程中不受汽包应力限制，因而可提高启动和停炉速度。

（5）直流锅炉由于没有汽包，加热、蒸发、过热没有固定分界点，并且其储热能力小（一般为同参数汽包锅炉的 1/4～1/2），当锅炉负荷变化时，蒸汽温度和蒸汽压力变化比较快。因此要求其有灵敏的控制技术和调节系统。

（6）由于直流锅炉不能进行锅内蒸汽净化，给水中的盐量都将沉积在锅炉受热面上或被蒸汽带走，沉积在汽轮机的通流部分。因此给水的品质要求高，这样将增大水处理系统投资和运行费用。

（7）直流锅炉蒸发受热面中可能出现一些如流动不稳定和脉动等特有的问题，以及在高热负荷、高含汽的条件下，可能出现沸腾传热恶化。这些现象都将影响锅炉的安全运行。

（8）由于蒸发受热面内的工质流动是靠给水泵的压头推动的，因此需要较高的给水泵压头，从而使泵的电耗增大。

（9）启动时自然水循环锅炉中的蒸发受热面是靠自然水循环而得到冷却保护。直流锅炉则应有专门的启动旁路系统，以保证能有一定的水量通过蒸发受热面，保护受热面管壁不致被烧坏。因此启停的操作较复杂，工质热损失大。

2. 直流锅炉蒸发受热面的基本结构形式

直流锅炉的水冷壁管由于布置自由，故其结构形式很多。但基本形式只有水平围绕管圈型、垂直管屏型和迂回管圈型三种，如图 3-34 所示，其余都是由它们改进和发展而来。

（1）水平围绕管圈型。水平围绕管圈型结构如图 3-34（a）所示。它是由多根平行的管子组成的管圈，沿炉膛四壁盘旋围绕上升。三面水平一面微倾斜；或两对面水平，两对面微倾斜。

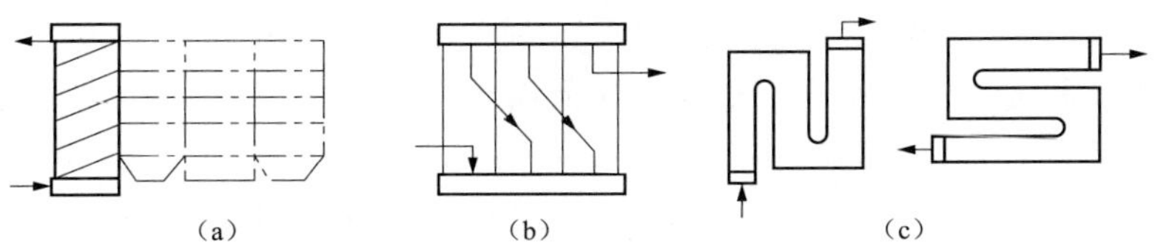

图 3-34 直流锅炉水冷壁基本结构形式

(a) 水平围绕管圈型；(b) 垂直管屏型；(c) 迂回管圈型

在水平围绕管圈型基本结构的基础上发展出四面倾斜的螺旋管圈水冷壁。水冷壁管组成的管带沿炉膛周界倾斜螺旋上升，螺旋管圈水冷壁如图 3-35 所示，它没有水平段，管带中的管数较多。

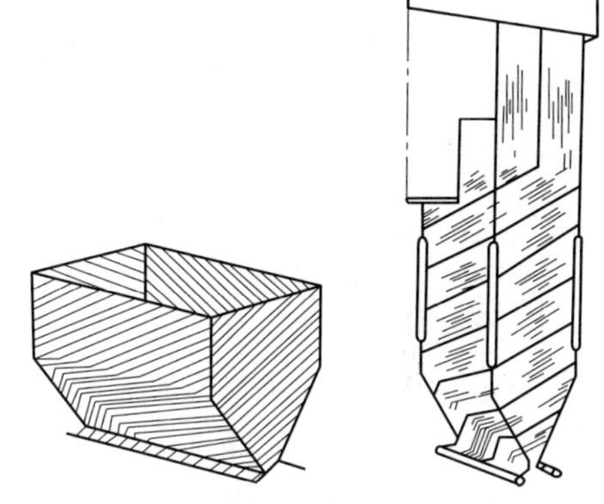

图 3-35 螺旋管圈水冷壁示意图

螺旋管圈水冷壁的优点包括：

1）管间热偏差小。螺旋管圈在盘旋上升过程中，每根管子都经过炉膛四周，途经炉膛深度、宽度方向热负荷分布的不同区域，因此各管的吸热均匀，热偏差小。

2）水冷壁安全性好。螺旋管圈能获得足够的质量流速，可有效地防止脉动、水动力特性不稳定和沸腾传热恶化，保证水冷壁的安全运行。

3）水冷壁入口可不设置节流圈。由于螺旋管圈热偏差小，并可通过选择合理的管径和质量流速来防止脉动，因此不需要设置为改善流量分配的节流圈，降低了流动阻力和设备维护量。

4）煤种变化和负荷变化适应性好。采用较高的质量流速和不设置节流圈，螺旋管圈水冷壁的传热、流量分配和工质出口温度不受燃烧器、磨煤机切换等工况变化的影响，对煤质变化、炉膛结渣以及机组负荷变化引起的吸热量变化适应性好，变负荷、变压运行适应能力强。

螺旋管圈水冷壁的缺点包括：

1）水冷壁阻力较大。螺旋管圈管子长，质量流速高，因此阻力较大，增加了给水泵的耗电量。

2）水冷壁支撑和刚性梁结构复杂。因螺旋管圈承重能力差，必须采用张力板，刚性梁必须采用框架式结构，增加了安装和焊接工作量。

3）螺旋管圈造价成本高。螺旋冷灰斗、燃烧器水冷套管以及螺旋管至垂直管屏的过渡区等组件结构复杂，制造困难。

4）螺旋管圈水冷壁受加工分段长度限制，现场对接焊接工作量大。

螺旋管圈型水冷壁有光管螺旋管圈水冷壁和内螺纹管圈水冷壁两种。

(2）垂直管屏型。垂直管屏型结构如图 3-36（b）所示。它是在炉膛四周布置多个垂直管屏，管屏之间用炉外管子连接，整台锅炉的水冷壁可串联成一组或几组，工质顺序流过一组内的各管屏，组与组之间并联连接。

在垂直管屏型的基础上发展了适合大容量锅炉的一次垂直上升管屏型直流锅炉（UP

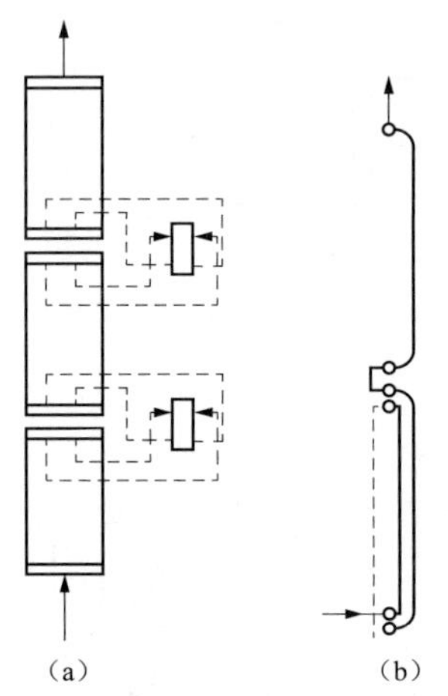

图 3-36 垂直管屏型结构图
(a) 一次垂直上升管屏结构;
(b) 两段垂直管屏结构

型)。其特点是工质在垂直管屏水冷壁中从炉底一次上升到炉顶,中间经两次或三次混合。一次垂直上升管屏结构如图 3-36 (a) 所示。

现代大容量直流锅炉还采用了两段垂直上升管屏(FW 型)结构,如图 3-36 (b) 所示。其结构特点是:将水冷壁分成上、下两部分垂直上升管屏,在下辐射区热负荷高,采用 2 或 3 次串联的上升管屏,以提高水冷壁内工质的质量流速;而上辐射区的热负荷较低,因此采用一次垂直上升管屏。

垂直管屏水冷壁有光管垂直管屏水冷壁和内螺纹管垂直管屏水冷壁两种。

光管垂直管屏水冷壁不适合变压运行。由于水冷壁具有中间联箱,第一流路出口的工质温度升高,容积增大,进入第二流路的工质流量容易分配不均匀,且第一流路与第二流路相邻管间温差较大。尤其是在低负荷变压运行时更明显,因为在低负荷变压运行时,一方面工质经过亚临界压力区,工质的容积变化大,导致流量分配不均匀;另一方面工质流量减少,质量流速降低,使得工质流量分配不均程度增大。这些因素叠加在一起,可能使受热较强的管子中流量反而减少,管子处于危险工作状态,所以光管垂直管屏水冷壁不适合变压运行。

内螺纹管垂直管屏水冷壁可提高传热性能,有效防止沸腾传热恶化发生;同时在水冷壁入口装置有节流圈,使各管的质量流速与吸热量相匹配,因此适合变压运行。

(3) 迂回管圈型。迂回管圈型结构如图 3-34 (c) 所示。它是由若干平行的管子组成的管带,沿炉膛内壁上下迂回或水平迂回。由于这种形式的水冷壁安全性较差,膨胀复杂,现已基本淘汰。

现在超临界压力锅炉水冷壁炉膛布置主要有两种形式:第一种形式由炉膛下部螺旋管圈型和上部垂直管屏型水冷壁构成;第二种采用一次垂直上升管屏。两种形式上、下炉膛水冷壁间都有中间混合联箱,用以消除下部炉膛产生的工质吸热与温度偏差。

3. 直流锅炉的启动系统

直流锅炉单元机组的启动要求有一定的启动流量和压力,启动初期从水冷壁甚至过热器出来的只是热水、汽水混合物、过热度不足的过热蒸汽,不允许进入汽轮机,要通过启动旁路系统回收工质和热量。

直流锅炉的启动系统主要有内置式和外置式启动分离器系统两种。

(1) 外置式启动分离器系统。如图 3-37 所示,启动分离器放置在锅炉出口,低温过热器进、出口和高温过热器出口各有一管路与分离器汽侧连接。低温过热器进口至分离器的管道阀门并联有节流管束,保护阀门,防止压降过大时阀门发生振动、噪声和损坏。在分离器上装有汽水工质热量回收系统,蒸汽进入凝汽器、除氧器或高压加热器;分离出来的水当水质合格时进入除氧器或凝汽器,不合格时排至地沟。

外置式启动分离器系统,从省煤器到过热器出口都有启动流量,整个启动过程中过热器都能得到充分冷却,设计制造简单,投资成本低,适合于定压运行的基本负荷机组。但这种系统在启动系统解列或投运前、后过热蒸汽温度波动较大,对汽轮机运行不利;投运和切除

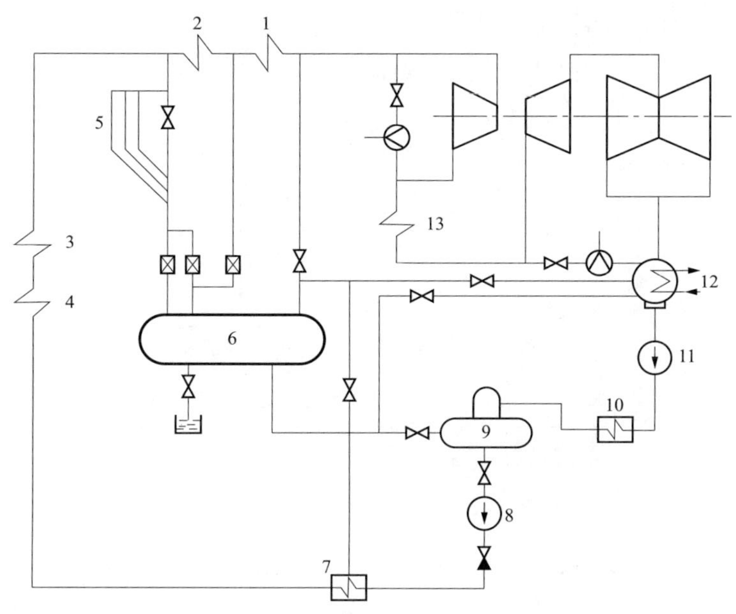

图 3-37　外置式启动分离器系统

1—高温过热器；2—低温过热器；3—水冷壁；4—省煤器；5—节流管束；6—启动分离器；7—高压加热器；8—给水泵；9—除氧器；10—低压加热器；11—凝结水泵；12—凝汽器；13—再热器

分离器时操作较复杂，不适应快速启停要求；在停炉过程中投入启动分离器时热冲击较大；系统复杂，阀门多，维修工作量大。

外置式启动分离系统在亚临界压力直流锅炉上广泛应用。我国目前运行的超临界压力直流锅炉未采用外置式启动分离器系统。

（2）内置式启动分离器系统。启动分离器放置在蒸发受热面和过热器之间，或者放置在第一、二级过热器之间。在锅炉启停过程中和低负荷运行期间，分离器处于湿态运行，起汽水分离器作用。在锅炉正常运行期间，做蒸汽通道用。

内置式启动分离器系统因系统简单，运行操作方便，且适合于机组调峰要求，所以在超临界和超超临界压力机组上广泛应用。

内置式启动分离器系统分为大气扩容器式、循环泵式和热交换器式三种。

1）大气扩容器式启动系统主要由除氧器、给水泵、高压加热器、启动分离器、大气扩容器、疏水回收箱、疏水回收泵等组成，如图 3-38 所示。

大气扩容器式启动系统分离器疏水经疏水阀或液位控制阀排放至大气扩容器，在机组启动疏水水质不合格时，将疏水回收箱中的水排放到地沟，疏水合格后排入凝汽器回收工质；同时分离器合格的疏水也可通过液位控制旁路阀将送到除氧器，回收工质和热量。

2）循环泵式启动系统如图 3-39 所示。启动分离器的疏水经循环泵送到省煤器入口给水管路进行再循环，实现工质和热量的回收，启动流量由给水泵调节。为防止分离器水位过高，还设置了疏水管路。

3）热交换器式启动系统如图 3-40 所示。启动过程中分离器的疏水通过热交换器加热锅炉给水，然后排入除氧器水箱或者凝汽器，回收工质和热量。

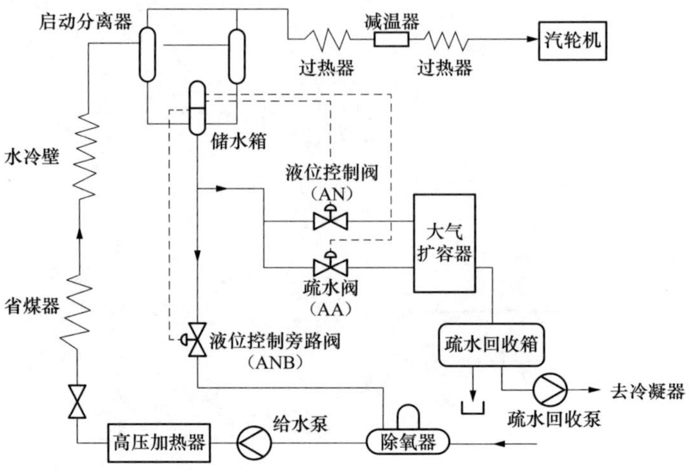

图 3-38 大气扩容器式启动系统

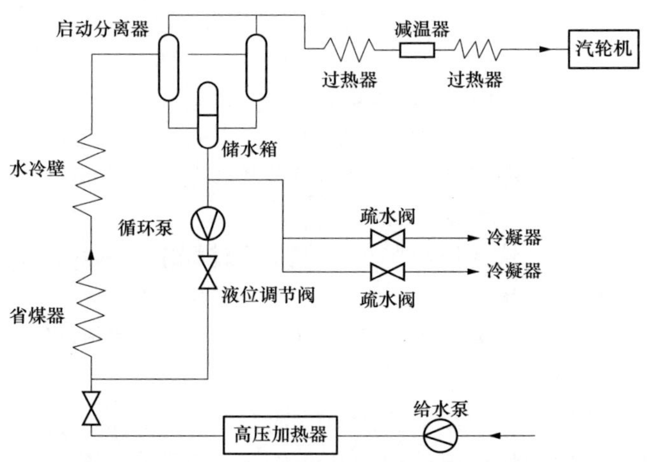

图 3-39 循环泵式启动系统

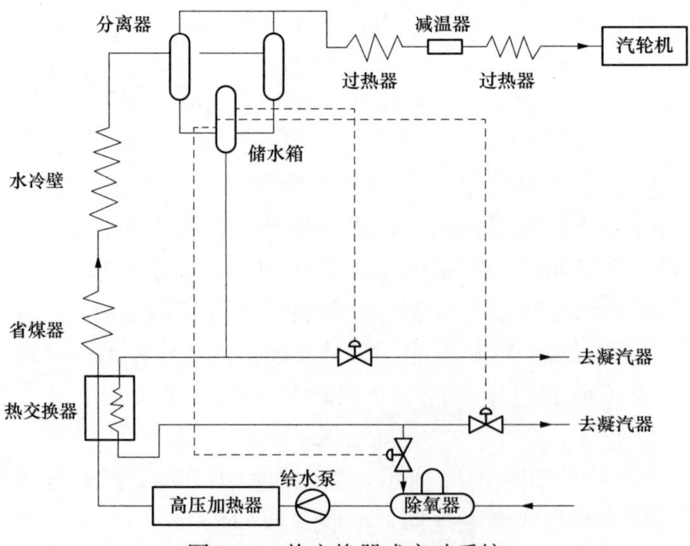

图 3-40 热交换器式启动系统

三种内置式启动分离器系统优、缺点比较见表3-4。

表3-4　三种内置式启动分离器系统优、缺点比较

种　类	大气扩容器式	循环泵式	热交换器式
优点	系统简单、投资少、运行操作方便、易实现自动控制、维修工作量小	系统简单、工质和热量回收效果好、适合于两班制和周日停机运行方式	系统简单、运行操作方便、易实现自动控制、工质和热量回收效果好、维修工作量少
缺点	运行经济性差、要求除氧器安全阀容量较大、不适合两班制和周日停机运行方式	投资大、运行操作复杂、循环泵的运行和维护要求高、循环泵的控制要求高	投资大、金属消耗量大、要求除氧器安全阀容量较大

我国目前超临界压力机组中，基本采用大气扩容式和循环泵式启动系统。

4. 汽水分离器

汽水分离器是直流锅炉启动系统中的重要部件，其主要作用包括：组成循环回路建立启动流量；实现汽水分离；内置式分离器在启动时起到固定蒸发终点作用，使汽温、给水量、燃料的调节成为互不干扰的独立部分；提供启动和运行中控制调节的信号源（中间温度）。

汽水分离器结构如图3-41所示。水冷壁加热后的工质分别从筒体上部的6根逆时针切向布置且向下倾斜15°的进口管进入汽水分离器，在筒体内部形成旋转流动，离心力使汽水分离，分离出来的蒸汽从顶部引出管流出；分离出来的水滴沿筒内壁面流下，从底部连接管进入汽水分离器下方的储水罐。

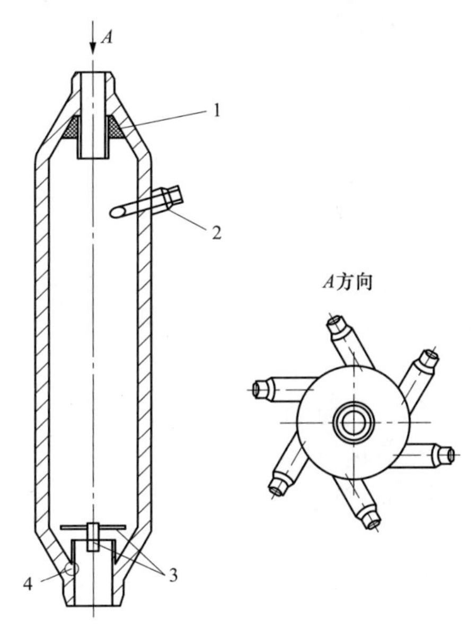

图3-41　汽水分离器结构图

1—消旋器；2—引入管；3—阻水装置；4—疏水孔

（八）复合循环锅炉

复合循环锅炉是在直流锅炉和控制循环锅炉的基础上发展形成的。它与直流锅炉的基本区别是在省煤器和水冷壁之间装置了由循环泵、混合器以及在水冷壁出口到循环泵入口之间的再循环管组成的再循环系统，如图3-42所示。在锅炉运行时依靠循环泵的压头使水冷壁出口部分工质在部分负荷或整个负荷范围内进行再循环。复合循环锅炉有全部负荷复合循环锅炉和部分负荷复合循环锅炉两种。

1. 全部负荷复合循环锅炉

全部负荷复合循环锅炉又称低循环倍率锅炉，在整个负荷范围内蒸发受热面均有工质进行再循环，其循环倍率K一般为1.2～2（额定负荷时$K=1.2$，低负荷时$K=2$）。随着锅炉负荷降低，水冷壁内工质的流动阻力减小，水冷壁出口到循环泵入口的压差增大，再循环流量增多，K增大（见图3-43），因而保证了工质的质量流速，提高了水冷壁的安全性。

图3-44所示为亚临界压力低循环倍率锅炉系统图。水冷壁为一次上升管屏式结构，无中间混合。在水冷壁下联箱供水管上装有不同尺寸的节流圈。在水冷壁出口设置了一台立式

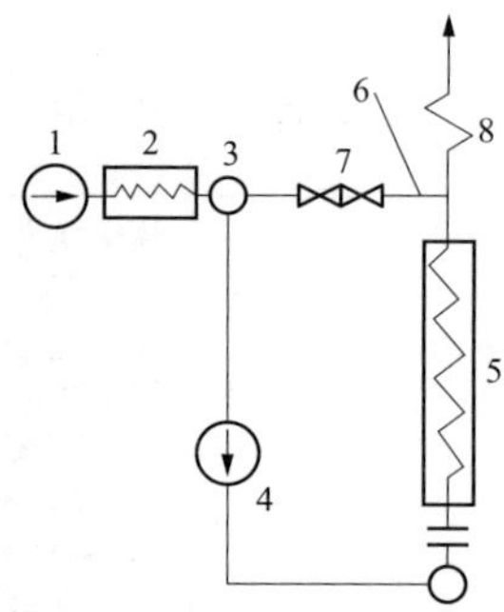

图 3-42 复合循环锅炉再循环系统

1—给水泵；2—省煤器；3—混合器；4—循环泵；5—水冷壁；6—再循环管；7—止回阀；8—过热器

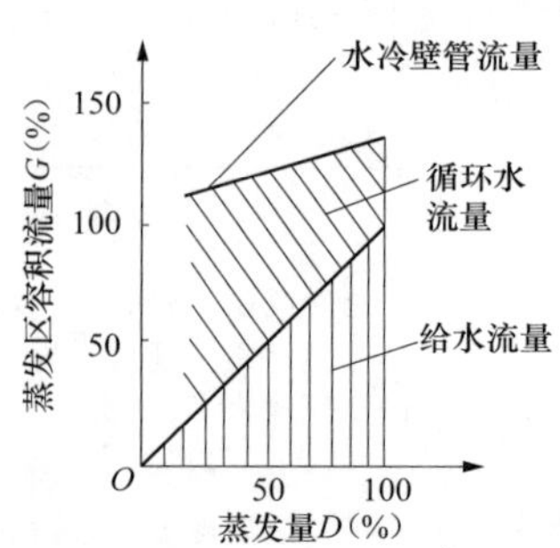

图 3-43 低循环倍率锅炉的循环流量曲线

汽水分离器。水冷壁进口前设有两台循环泵，其中一台运行，一台备用。循环系统由混合器、过滤器、循环泵、分配器、水冷壁、立式汽水分离器等部件组成。

给水经省煤器加热后进入混合器，与汽水分离器分离出来的炉水混合，经过滤器过滤掉炉水中的杂质，然后由循环泵输送，经分配器用连接管送到水冷壁各回路下联箱。炉水在水冷壁中加热、蒸发形成汽水混合物，在水冷壁出口联箱中汇合后通过连接管进入汽水分离器分离。分离出的蒸汽送入过热器；分离出的水则送至混合器进行再循环。

2. 部分负荷循环锅炉

部分负荷循环锅炉又称复合循环锅炉，是指在低负荷运行时进行再循环，而在高负荷时转入直流运行的锅炉。锅炉由再循环转变到直流运行的负荷一般是额定负荷的65％～80％，容量大时可取低值。复合循环锅炉的工作原理如图 3-45 所示。

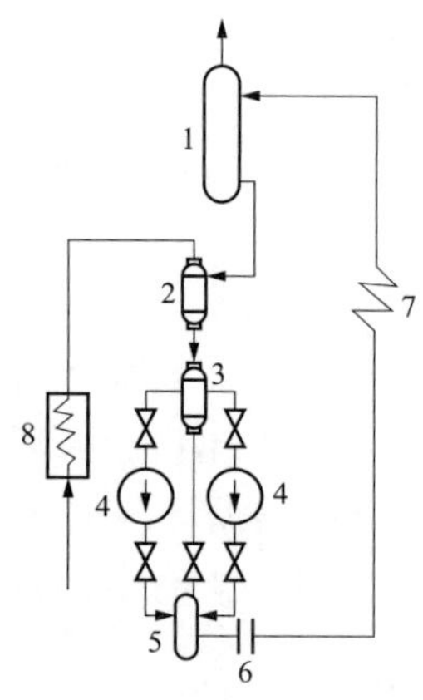

图 3-44 亚临界压力低循环倍率锅炉系统图

1—立式汽水分离器；2—混合器；3—过滤器；4—循环泵；5—分配器；6—节流圈；7—水冷壁；8—省煤器

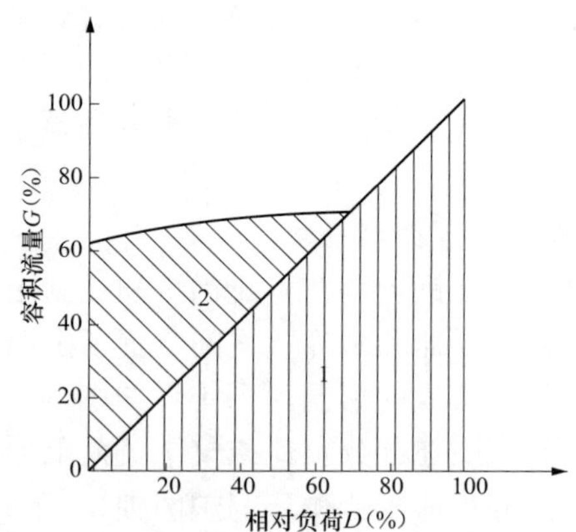

图 3-45 复合循环锅炉工作原理示意图

1—再循环流量；2—直流流量

复合循环锅炉与低循环倍率锅炉在系统上的主要差别是：复合循环锅炉在循环管上装有循环限制阀。图 3-46（a）所示为超临界压力复合循环锅炉循环系统。给水经省煤器进入混合器，当再循环运行时水冷壁出来的部分工质进入混合器与给水混合，再经循环泵升压后由分配球送入水冷壁下联箱。在分配球内的分配管座上开有不同直径的节流孔，以按炉膛热负荷分配流量。当锅炉按直流工况运行时，循环限制阀严密断开，这时循环泵只起到提升压头的作用；也可停用循环泵，工质通过循环旁路流过。

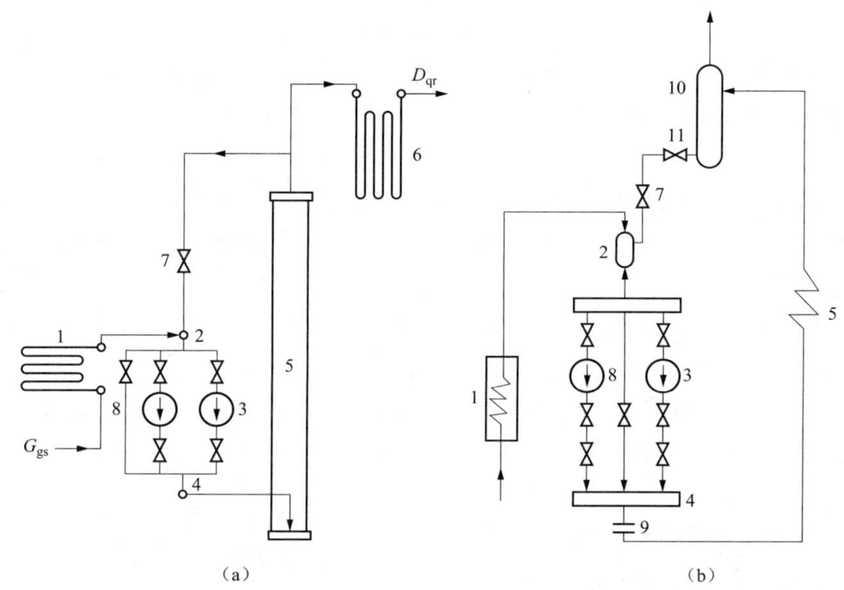

图 3-46 超临界压力复合循环锅炉循环系统

(a) 超临界压力复合循环锅炉循环系统；(b) 亚临界压力复合循环锅炉循环系统

1—省煤器；2—混合器；3—循环泵；4—分配球；5—水冷壁；6—过热器；7—循环限制阀；8—循环旁路；9—节流圈；10—汽水分离器；11—止回阀

亚临界压力复合循环锅炉与超临界压力锅炉的工作原理相同，只是在系统上水冷壁出口设置了汽水分离器。汽水分离器分离出的蒸汽送到过热器；而分离出的水则送到混合器与省煤器来的给水混合，其循环系统如图 3-46（b）所示。

复合循环锅炉一般适用于容量大于 300～600MW 的机组。

二、实践咨询

（一）汽包检修

汽包检修项目主要有：人孔门检查及检修、汽包内部装置拆装检查及检修、汽包水平及弯曲度测量、汽包内/外壁裂纹的检查、汽包外围部件的检查等。

1. 汽包检修前的准备工作

（1）停炉前做好膨胀指示器记录。

（2）准备好各种用具及材料。

（3）准备完整技术记录单。

（4）布置施工及照明电源，用 12V 行灯照明。

（5）办理检修工作票。

2. 材料、工具准备

行灯灯泡、铲刀、汽包漆、钢丝刷、塑料管、专用扳手、游标卡尺、细铁丝、黑铅粉、大/小锤、砂纸、纱布、钢丝钳、小撬棍、手电筒、放大镜、麻绳等。

3. 汽包项目检修

(1) 准备工作。拆除人孔门外保温，在确认汽包内无剩余压力后，用专用扳手拆下人孔门螺栓，打开人孔门，打开后应装上临时人孔门，检修人员离开汽包后应立即关闭临时人孔门，并上锁和贴上专用封条。会同金属人员检查螺丝有无裂纹、疲劳损伤、弯曲滑扣拉毛现象，将拆下的螺栓及垫圈做记号，以便顺利复位。汽包内部充分通风冷却至40℃以下，检修人员方可进入。清点并记录进入汽包工作所带物件。用专用堵板封堵下降管管口和其他可见管口。

(2) 汽包内部装置及附件的拆装和检查。

1) 由化学人员进入汽包检查结垢及腐蚀情况；然后由检修人员检查汽包内部装置的完整情况并做好记录。

2) 拆卸汽水分离器等内部装置，并按左、右、前、后方向顺序编号，拆下的螺母、销子和固定钩子须确认个数和损坏情况，然后分类放置。

3) 检查汽包内各连通管是否腐蚀、脱焊、堵塞或其他异常现象。检查内部装置各固定件连接是否牢固。检查各部位焊缝，特别是各管座焊缝及其汽包壁的环纵焊缝是否有裂纹。

(3) 汽包内部设备清理及检修。

1) 清除汽包内壁、未拆除部件和内部装置的污垢，清理时不得损伤金属及金属表面的防腐保护膜。

2) 打磨表面裂纹和腐蚀凹坑及裂纹，打磨后表面应保持圆滑。对腐蚀严重的部件应予以更换。

3) 所有焊缝不应有脱焊或裂纹，对有缺陷的焊缝报告上级部门进行补焊。

(4) 汽包中心线水平及弯曲度测量。汽包中心线水平度以汽包两侧的圆周中心为基准，采用橡皮管两端接玻璃连通器（水平皮管）测量。注意在测量时橡皮管内不能有空气，橡皮管不能折曲。汽包中心线的纵向、横向误差不得大于2mm。

汽包弯曲度采用拉钢丝法测量，即把细钢丝穿过汽包内部并拉紧，然后在汽包两端筒身封头焊缝处量出相等尺寸，固定好钢丝位置，在汽包中部所量尺寸之差，即为汽包的弯曲度。汽包最大弯曲允许值为15mm。

(5) 汽包人孔门的检修。检查和清理人孔门结合面，对于结合面上的残留物、裂纹或疵点应予以铲刮或研磨修平。铲刮应按人孔门的圆周环向进行，不可铲出直槽。研磨后的平面用专用平板及塞尺沿周向检测12～16点，误差应小于0.2mm，并做好记录。汽包内部零件拆除搬运进出汽包人孔门应防止碰坏人孔门平面。检查人孔门紧固螺栓和螺母的螺纹，紧固螺栓的螺纹无毛刺或缺陷，否则检修。

人孔门关闭前应对汽包内进行最后一次检查，清点和检查检修工具。确认无误后，微关人孔门，接合面放入高强度缠绕垫片，垫片应干燥、平整，无缺损、折纹、分层现象，且大小适当。关闭人孔门，压紧高强度缠绕垫片。人孔门螺栓装复前应对螺栓表面涂抹二硫化钼，用专用扳手拧紧，保证用力均匀。在锅炉点火后，压力升至0.3～0.5MPa时再进行一次热紧人孔门螺栓。

（6）汽包外围构件检查。

1）膨胀指示器检查。指针顶端呈尖形，距平板1～2mm；装置正确、牢固；指示牌表面清洁，刻度清晰，数字清楚；零位指示正确。

2）汽包吊架检查。检查吊杆受力均匀；检查吊杆及支座的紧固件完整且无松动；检查吊环与汽包接触间隙，上、下瓦形垫块应完整无损，吊架下部承吊部位应与汽包壁完全接触；检查活动支座留合理的膨胀间隙；特别检查各焊缝是否有脱焊、裂纹。

3）最后在锅炉水压试验时特别检查人孔门接合面周围有无渗漏。

（二）水冷壁检修

水冷壁检修项目主要有水冷壁清灰和检修准备、水冷壁外观检查、水冷壁割管检查、更换水冷壁管及水冷壁上、下联箱的检查和清理、清理现场、水压试验、验收并撰写检修报告等。

1. 水冷壁检修前的准备工作

（1）查阅锅炉厂家资料、锅炉水冷壁总图、设备台账、更改记录、设备缺陷记录、检修技术记录、锅炉检修规程等资料。

（2）进行安全培训，熟悉本规程的检修工艺要求及质量标准。

（3）签发、办理热力机械工作票。

2. 材料、工具准备

手提式切割机、砂布、手锯、手工锯条、手电筒、放大镜、角向磨光机、内磨机、钢丝刷、锉刀、电动坡口机、内磨头、磨光机砂轮片、焊机、游标卡尺、钢卷尺、钢板尺、蠕胀测量尺、测厚仪、探伤机、光谱仪、内窥镜等。

3. 水冷壁项目检修

（1）水冷壁清灰和检修准备。

1）管子表面结焦清理，不要损伤管子。

2）用高压水从上到下冲洗管子表面的积灰。

3）搭建或组装专用的脚手架或检修升降平台。

4）炉膛内用行灯照明，电源线架空，电压符合安全要求，绝缘良好，漏电保护可靠。

（2）水冷壁外观检查。按照先上后下或先下后上的顺序，通过手摸、眼看和测量等方法，对整个水冷壁管进行外观检查，主要检查水冷壁管的磨损、裂纹、腐蚀情况及蠕变胀粗、焊缝裂纹等。

1）水冷壁磨损应重点对折焰角、冷灰斗、燃烧器喷口、吹灰孔四周的水冷壁管磨损情况进行仔细检查测量，并记录壁厚数据。管子表面应光洁，无异常或严重的磨损痕迹；管子石墨化应不大于4级；对磨损不严重的地方可采取堆焊处理，并用角向磨光机将堆焊部位打磨圆滑、光亮；对轻微磨损处，喷涂一层耐磨涂料，提高抗磨能力。对超标者应更换新管。

2）水冷壁管的蠕变胀粗及裂纹重点检查高热负荷区和直流锅炉相变区域的水冷壁管子，必要时抽查金相。管子外表应无鼓包和蠕变裂纹。对于碳钢管子胀粗值超出管子外径的3.5%，合金钢管子胀粗值超出管子外径的2.5%时，应更换新管；对于局部胀粗管子，虽未超过上述标准，但已能明显地看出金属过热现象时，也应更换新管。

3）水冷壁的腐蚀重点检查燃烧器周围及高热负荷区域管子的高温腐蚀和炉底冷灰斗处

及水封附近管子的点腐蚀。腐蚀点凹坑深度应小于管子壁厚30%；管子表面应无裂纹。

4）水冷壁的焊缝裂纹重点检查水冷壁与燃烧器大滑板相连处的焊缝；炉底水封梳形板与水冷壁的焊缝；中间联箱进、出口管的管座焊缝，表面探伤抽查；吊耳与水冷壁上联箱焊接的角焊缝去锈打磨着色探伤检查；炉底水封梳形板与水冷壁的焊缝；水冷壁鳍片拼接焊缝等。水冷壁与结构件的焊缝应无裂纹；水冷壁鳍片无开裂。

5）检查炉底冷灰斗斜坡水冷壁管子凹痕。管子表面应平整，无严重凹痕。当凹痕深度超过管子壁厚30%，以及管子变形严重时应更换。

（3）水冷壁割管（监视管）检查。由金属监督部门和化学监督部门商定割管的位置和长度，一般以热负荷高的水冷壁管作为监视段（注意监视管的切割点应避开钢梁）。割管切割采用手持切割机锯机械切割，严禁使用割炬切割。割管切割时管子内、外壁应保持原样无损伤，在管子开口处加木塞或用管口套堵紧，割管割下以后应在管子上标明管子材质、部位、向火侧面和蒸汽流向，并做好记录，送金属室、化学部门分析。

若更换新管，新管外观检查无腐蚀拉伤等缺陷，实测管径及壁厚，通球试验合格，管子硬度无超标，合金成分正确，对口前用压缩空气进行吹扫，内螺纹管焊接时螺纹衔接良好、对口及焊接符合工艺要求，施工焊缝射线拍片检测100%合格，并做好记录。

（4）水冷壁上、下联箱的检查和清理。

1）根据以前检修记录，确定要检查的联箱。

2）打开联箱保温，检查有无弯曲及裂纹，特别是焊缝附近。

3）检查联箱进、出口管的管座焊缝，进行表面探伤抽查。

4）割开手孔端盖，用内窥镜检查联箱内部积垢和管座孔拐角处腐蚀和裂纹，并对联箱内部进行清理。

5）根据手孔端盖情况更换或修补，加工坡口，新手孔端盖应打光谱鉴定。恢复手孔端盖。

6）检查联箱上的膨胀指示器有无脱焊，各膨胀指示器是否正确。

（5）更换水冷壁管。更换新的水冷壁管包括缺陷管的割管、新管的配管、磨光和坡口及新管焊接等工序。

1）缺陷管的割管。先确认缺陷管的位置，根据缺陷位置划线，确定换管长度和割管位置。对于不同形式的水冷壁割管要求不同。

对于鳍片管水冷壁，割去缺陷管及管两侧的鳍片，割鳍片的长度应比划线位置长15～20mm。若采用割炬切割时，在管子割开以后应无熔渣掉入水冷壁管内。

对于相邻两根或两根以上的非鳍片管子更换，切割部位应上下交错。

管子切割一般应采用手持切割机切割，切割点开口应平整，且与管子轴线保持垂直，管子割开后应立即在开口处进行封堵并贴上封条。

2）新管的配管。对于要新更换的管子进行外观检查、内螺纹管的螺纹检查、硬度测量、合金元素检测、鳍片与管壁间的焊缝检查等。

检查外观项目有管子表面裂纹、压扁、凹坑、撞伤和分层以及管子表面腐蚀、弯管表面拉伤和波浪度、弯管弯曲部分不圆度，并进行通球试验，试验球的直径应为管子内径的85%。外观检查质量要求：管子表面无裂纹、撞伤、压扁、沙眼和分层等缺陷，表面光洁无腐蚀，管子壁厚负公差应小于壁厚的10%，弯管表面无拉伤，其波浪度应符合要求，弯管弯曲部分实测壁厚应大于直管的理论计算壁厚，弯管的不圆度应小于6%，通球试验合格。

测量合金钢管子的硬度和检测合金元素，合金钢管子硬度无超标，合金元素正确。检查内螺纹管的螺纹方向正确。检查鳍片与管壁间的焊缝要无咬边。新管使用前宜进行化学清洗，对口前还需用压缩空气进行吹扫，以确保新管内无铁锈等杂质。

3）磨光和坡口。用磨光机磨平管口附近的剩余鳍片。用坡口机加工符合要求的坡口，用磨光机、内磨机将管口15mm附近的污物去除，直至露出金属光泽。

4）新管焊接。先用对口钳对口，观察对口间隙、平直度，然后按焊接工艺卡要求进行焊接。焊接完成后要先检查焊缝，焊缝应保持平整和密封，宏观检查无超标缺陷，然后进行无损探伤。

（6）清理现场。拆除脚手架，清理现场，终结工作票。

（7）水压试验。在锅炉水压试验时，检查各部件及焊缝有无泄漏、渗水现象。

（8）验收并撰写检修报告。在完成所有检修工序后要按照质量标准，进行逐项验收，并填写质量验收表。验收结束要撰写检修报告。检修报告包括检修情况说明及设备检修后健康状况分析、检修更换的主要备品配件、设备检修异常以及消除的主要缺陷、尚未消除的缺陷及未消除的原因、设备变更和改进情况、技术监督情况等内容。

【任务实施】

工作任务	汽包（或水冷壁）检修			学时	10	成绩	
姓名		学号		班级		日期	

1. 计划

（1）岗位划分。

岗位 组别	作业组长	组员	组员	组员	组员	组员	组员	组员

（2）制定汽包（或水冷壁）检修工单。

人员要求		检修作业名称	工作负责人签字
专责工	人	汽包（或水冷壁）检修	
检修工	人		
其他	人		工作成员签字
	人		
	人		
	人		

检修前准备

- 资料准备。
- 熟悉检修安全注意事项。
- 掌握拆装方法熟悉各部件结构检修工艺及质量标准

工具材料准备

续表

安全措施
工作步骤
技术标准

2. 决策

根据锅炉检修作业指导书核对各组检修工单。

3. 实施

(1) 填写汽包（或水冷壁）检修工作票。

(2) 在模拟电厂锅炉检修场景下，各检修学习小组进行汽包和水冷壁的检修。

4. 检查及评价

考评项目		自我评估 20%	组长评估 20%	教师评估 60%	小计 100%
素质考评 20	劳动纪律 5				
	积极主动 5				
	协作精神 5				
	贡献大小 5				
总结分析 20					
工单考评 60					
总分					

任务 2　过热器和再热器检修

【教学目标】

知识目标：

(1) 掌握过热器、再热器的作用、类型及系统组成；

(2) 掌握各种形式过热器和再热器的应用；

(3) 掌握过热器汽温特性；

(4) 熟悉过热器热偏差及减轻热偏差的措施；

(5) 熟悉过热器、再热器的结构，掌握过热器、再热器的检修项目、工艺要求及质量标准。

能力目标：

(1) 能说出过热器、再热器系统流程和特点；

（2）能看懂过热器、再热器结构图和系统图；

（3）能判断过热器、再热器故障，会分析原因及其危害，能维修处理；

（4）会过热器、再热器检修。

态度目标：

（1）能主动学习，在完成任务过程中发现问题、分析问题和解决问题；

（2）能与小组成员协商、交流配合完成本次学习任务，养成分工合作的团队意识；

（3）严格遵守安全规范，爱岗敬业、勤奋工作。

【任务描述】

班级学生组合为若干个检修学习小组，各检修学习小组自行选出作业组长，并明确各小组成员的角色。在模拟电厂锅炉检修场景下，各检修学习小组按照 DL/T 748.2—2001 中过热器、再热器检修的要求，进行过热器、再热器检修。

【任务准备】

<table>
<tr><td>工作任务</td><td colspan="3">过热器和再热器检修</td><td>学时</td><td>10</td><td>成绩</td><td></td></tr>
<tr><td>姓名</td><td></td><td>学号</td><td></td><td>班级</td><td></td><td>日期</td><td></td></tr>
<tr><td colspan="8">课前预习相关知识部分，独立回答下列问题：
（1）说出过热器、再热器的作用。
（2）说出过热器、再热器的类型、特点。
（3）说出各种过热器、再热器的用途及布置位置。
（4）说出过热器、再热器典型系统组成和流程。
（5）说明过热器、再热器汽温特性。
（6）说出调温设备的作用、类型、特点和布置位置。
（7）说明过热器热偏差产生原因及减轻措施。
（8）说出高温腐蚀产生的原因及常发生的位置</td></tr>
</table>

【相关知识】

一、理论咨询

（一）过热器、再热器作用及工作特性

1. 过热器与再热器的作用

提高蒸汽的初参数是提高电厂热经济性的重要途径。在提高蒸汽压力的同时，必须相应提高蒸汽的过热度，否则将使汽轮机末级湿度过大，从而影响汽轮机的安全、经济运行。过热器的作用就是将锅炉产生的饱和蒸汽加热成具有一定温度的过热蒸汽，然后送往汽轮机高压缸做功，过热器和再热器在热力系统中的位置如图 3-47 所示。

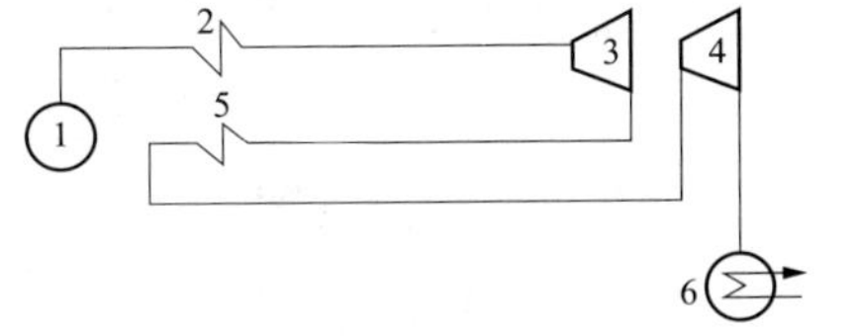

图 3-47　过热器和再热器在热力系统中的位置

1—汽包；2—过热器；3—汽轮机高压缸；4—汽轮机中低压缸；5—再热器；6—凝汽器

过热蒸汽温度的提高，对过热器金属材质的要求随之提高。受合金钢材高温强度的限制，通常过热蒸汽温度为 540～555℃。

随着过热蒸汽压力的进一步提高，当压力达到超高压及以上压力时，540～555℃的过热蒸汽温度已不能保证膨胀终点的蒸汽湿度在允许的范围内。为避免汽轮机末级湿度过大，在超高压及以上压力机组都采用了再热器。再热器的作用就是将汽轮机高压缸排出的蒸汽重新送回到锅炉，再加热到与过热蒸汽相同温度的再热蒸汽后，送往汽轮机中、低压缸做功。采用蒸汽再热后，不但能将汽轮机末级湿度控制在允许的范围内，而且还能进一步提高机组的循环热效率，一般一次再热可使电厂的热效率提高4%～6%。

2. 过热器与再热器的工作特性

过热器管内流过的是高温蒸汽，管壁对蒸汽的对流换热表面传热系数 α_2 较小，故其传热性能较差，对管壁冷却能力较低。为了保证合理的传热温差，过热器一般布置在烟气温度较高、热负荷较大的炉膛出口附近，其管壁工作温度很高。另外，在运行中过热器并列各管之间还存在着热偏差等问题，个别管子的管壁温度非常高，因此，过热器的工作条件很差。

再热蒸汽是来自于汽轮机高压缸做了部分功的排汽，其压力为过热蒸汽压力的20%～25%；再热后的温度一般与过热蒸汽温度相同；流量约为过热蒸汽流量的80%。与过热器相比，再热器工作特点是：

(1) 再热器管内流过的是中压高温蒸汽，蒸汽的比体积大，为减小流动阻力，应采用较低的蒸汽流速，否则蒸汽压降过大，使汽轮机中、低压缸进汽压力降低，蒸汽的做功能力也降低，造成汽轮机热耗增加。再热系统的压降一般规定不超过再热蒸汽压力的10%。

(2) 再热蒸汽密度小、流速低，蒸汽对管壁的冷却能力更差。

(3) 再热蒸汽的比热容小，对热偏差敏感，即在相同的热偏差条件下，再热器出口蒸汽的温度偏差比过热器大，容易引起管子超温。

(4) 为了保证合理的传热温差，减少再热器耗用的钢材，再热器也通常布置在烟气温度较高、热负荷较大的区域。可见，再热器的工作条件比过热器更差，管壁更容易超温。

总之，过热器、再热器工作时的管壁温度都很高，已接近管子许用温度值；而且工作条件差，在运行中容易发生管壁温度超过金属材料的极限耐热温度的情况。若壁温长时间超过钢材的极限耐热温度，则会造成管子胀粗以致爆管损坏。为了保证安全，应从结构、布置上选择最佳的过热器、再热器系统；采用可靠和灵敏的调温手段，以在一定范围内能保证汽温稳定；同时还必须采用优质的耐热合金钢来制造。此外，在设计和运行中还应注意防止受热面烟气侧的高温腐蚀和高温积灰。

过热器及再热器常用的钢材及耐温性能见表3-5。

表3-5 过热器及再热器常用的钢材及耐温性能

钢材型号	允许温度	钢材型号	允许温度
20号	壁温小于450℃的导管、联箱 壁温小于或等于500℃的受热面	14MoV63	壁温小于或等于540℃的过热器及导管
12CrMo或15MnV	壁温小于510℃的导管、联箱 壁温小于或等于540℃的受热面	10CrMo910	壁温小于或等于540℃的过热器及主蒸汽管
15CrMo	壁温小于510℃的导管、联箱 壁温小于或等于550℃的受热面	X12CrMo91（HT11）	壁温小于或等于550℃的受热面
		X20CrMoWV121（F11）	壁温小于650℃的过热器及壁温小于或等于600℃的主蒸汽管

续表

钢材型号	允许温度	钢材型号	允许温度
12Cr1MoV	壁温小于540℃的导管、联箱壁温小于或等于580℃的过热器及再热器	X20CrMoV121（F12）	壁温小于650℃的过热器壁温小于或等于600℃的主蒸汽管
12MoVWBSiRe（无铬8号）	壁温小于或等于580℃的过热器、再热器	Cr5Mo	壁温小于或等于650℃的吊挂、定距元件
12Cr2MoWVB（钢研102）	壁温等于600～620℃的过热器及导管	Cr6SiMo，4Cr9Si2 25Mn18Al5SiMoTi	壁温小于或等于800℃的吊挂、定距元件
12Cr3MoSiTiB（П11）	壁温等于600～620℃的过热器及导管、联箱	Cr18Mn11SiN	壁温小于或等于900℃的吊挂、定距元件
Mn17Cr7MoVNbBZr	壁温等于600～620℃的过热器、再热器及导管、联箱	Cr20n14Si2 Cr20Mn9Ni2Si2N	壁温小于或等于1100℃的吊挂、定距元件

现代大型锅炉的过热器和再热器系统较为复杂，在使用中应根据过热器和再热器管内工质温度和所处区域的热负荷大小，正确采用不同的钢材，以保证它们的安全和经济。

（二）过热器和再热器的形式、布置与结构

1. 过热器形式、布置与结构

根据传热方式不同，过热器分为对流式、辐射式和半辐射式三种基本形式。

（1）对流过热器。对流过热器布置在对流烟道中，以对流传热方式为主吸收烟气的热量。对流过热器由进、出口联箱及许多并列的蛇形管组成。蛇形管与联箱之间通过焊接连接。联箱一般布置在炉墙外，并进行保温以减小散热损失。烟气在管外横向冲刷蛇形管，并将热量传给管壁；蒸汽在蛇形管内纵向流动，吸收管壁传入的热量。

过热器的蛇形管可以分成单管圈、双管圈和多管圈，如图3-48所示，主要取决于锅炉容量及管内的蒸汽流速。为了保证过热器管子金属得到足够冷却，管内工质应保证一定的质量流速。速度越高，管子的冷却条件越好，但工质的压力损失越大。整个过热器的压降一般不应超过其工作压力的10%。为此，高温过热器最末级的质量流速建议采用$\rho w=800\sim1100kg/(m^2\cdot s)$。近代大容量锅炉一般采用多管圈结构。过热器、再热器中烟气流速则应在保证一定的传热系数前提下，根据既减少磨损又不易积灰的原则，通过技术经济比较确定。对燃煤锅炉，炉膛出口水平烟道内烟气流速常采用10～12m/s。

按烟气与管内蒸汽的相对流动方向，对流过热器可分为顺流、逆流、双逆流和混合流四种布置方式，如图3-49所示。

1）顺流布置的对流过热器，其蒸汽温度高的一端处在烟气的低温区，故管壁温度较低，管子安全性好；但顺流布置的平均传热温差最小，传热性能较差，吸收同样的热量需要的受热面最大，不经济。因此，顺流布置常用在过热器的高温级。

2）逆流布置的对流过热器，其平均传热温差最大，传热性能最好，吸收同样的热量需要的受热面最小，经济性好；但蒸汽温度高的一端正处在烟气的高温区，故管壁温度较高，管子安全性差。因此，逆流布置常用在低温级。

3）双逆流和混合流布置的对流过热器，既利用了逆流布置传热性能好的优点，又将蒸汽温度的最高端避开了烟气的高温区，从而改善了蒸汽高温段管壁的工作条件。在高参数大容量锅炉中，高温对流过热器作为整个过热器系统中的最后一级，有的就采用了两侧逆流、

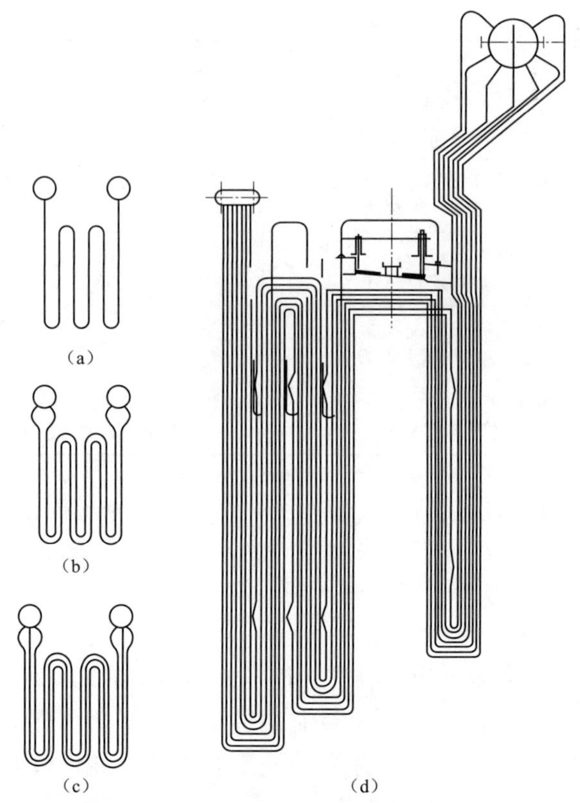

图 3-48 对流过热器的管圈结构示意图

(a) 单管圈；(b) 双管圈；(c) 三管圈；(d) 七管圈

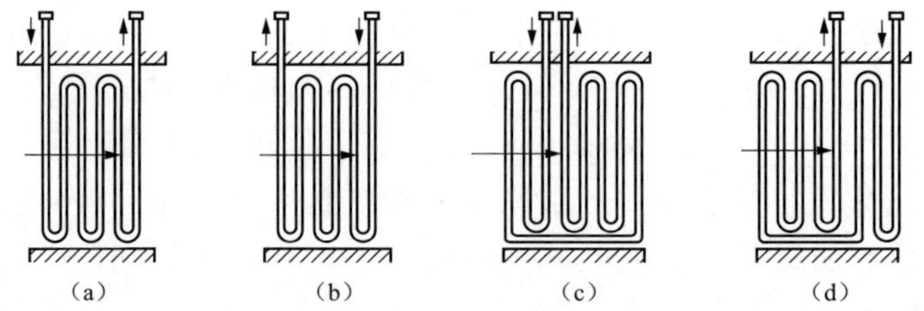

图 3-49 对流过热器按烟气与蒸汽相对流向的布置方式

(a) 顺流布置；(b) 逆流布置；(c) 双逆流布置；(d) 混合流布置

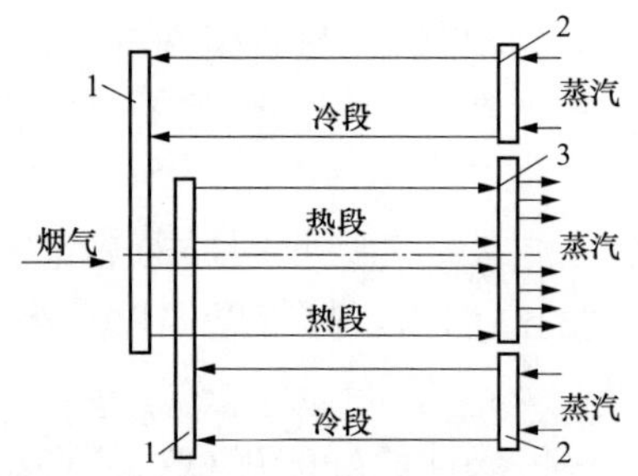

图 3-50 过热器的并联混合流布置

1—中间联箱；2—入口联箱；3—出口联箱

中间顺流的并联混合流布置方式，如图 3-50 所示。

按蛇形管放置方式，对流过热器可分为立式和卧式两种布置形式。立式对流过热器通常布置在水平烟道内，如图 3-51 (a) 所示。其优点是支吊结构简单 [可用吊钩将蛇形管的上弯头吊挂在锅炉构架上，见图 3-51 (b)]，膨胀自由，且不易积灰；缺点是停炉后的积水不易排出，将造成停炉期间的腐蚀，此外在启动初期，工质流量不大时，可能形成汽塞导致管子过热损坏。

卧式对流过热器通常布置在垂直烟道内，如图 3-52

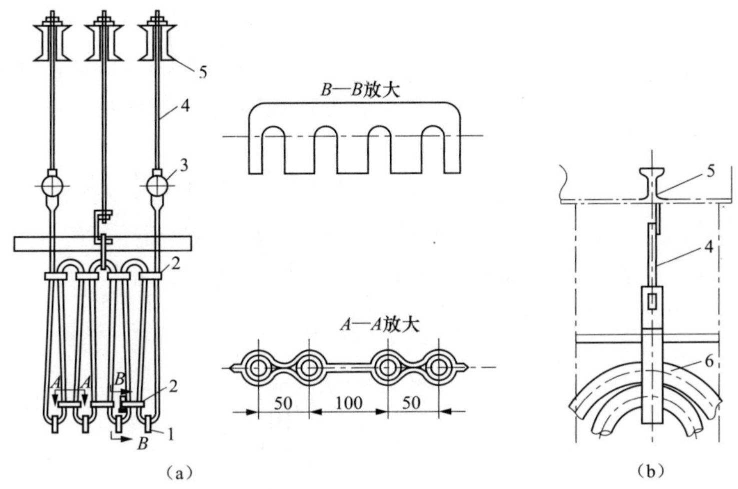

图 3-51　立式对流过热器及其支吊结构

(a) 立式对流过热器；(b) 立式对流过热器的支吊结构

1—梳形板；2—管夹；3—联箱；4—吊杆；5—钢梁；6—蛇形管弯头

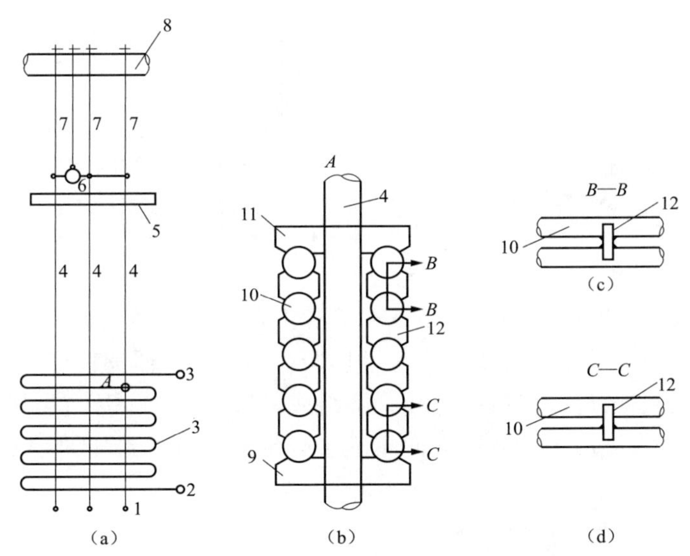

图 3-52　卧式对流过热器及其支吊结构

(a) 卧式对流过热器及其支吊系统；(b) 定位板支承结构；(c) 固定定位板结构；(d) 活动定位板结构

1—省煤器出口联箱；2—过热器联箱；3—过热器管子；4—悬吊管；5—炉顶墙；6—悬吊管汇集联箱；7—吊杆；8—炉顶横梁；9—定位底板；10—蛇形管；11—定位顶板；12—定位板

所示。其优点是疏水方便，但容易积灰，支吊结构也比较复杂。为防止支吊件被烧坏，现代锅炉常用省煤器的引出管作为它的悬吊管。

对流过热器的蛇形管排列方式有顺列和错列两种，如图 3-53 所示。在相同条件下（如烟气流速），虽然错列管束的传热性能比顺列管束强，但顺列管束有利于防止结渣和减轻磨损，而且烟气流动阻力也比错列管束的小。另外，错列管束的吹灰通道较小，吹灰器的吹灰管不能进入管束内部，造成管束的积灰不易吹扫清除，若增大节距以增大吹灰通道，则降低了烟道空间的利用程度；而顺列管束的积灰就较容易吹扫。

国产锅炉的对流过热器，一般在高温水平烟道中采用立式顺列布置；在垂直烟道中则采用卧式错列布置。在大型机组锅炉中，为避免结渣和减轻磨损以及便于支吊，则趋向于全部采用顺列布置。

在结构上，为保持蛇形管束纵向节距、横向节距固定和平整，现代锅炉常采用梳形板、管夹、汽冷定位管等固定装置。图 3-54 所示为带状管夹与汽冷定位管。带状管夹用以使蛇形管片平整和固定纵向节距。汽冷定位管横向穿过各蛇形管片，前、后各一根，用以固定横向节距。汽冷定位管内流过低温过热蒸汽以冷却管子。

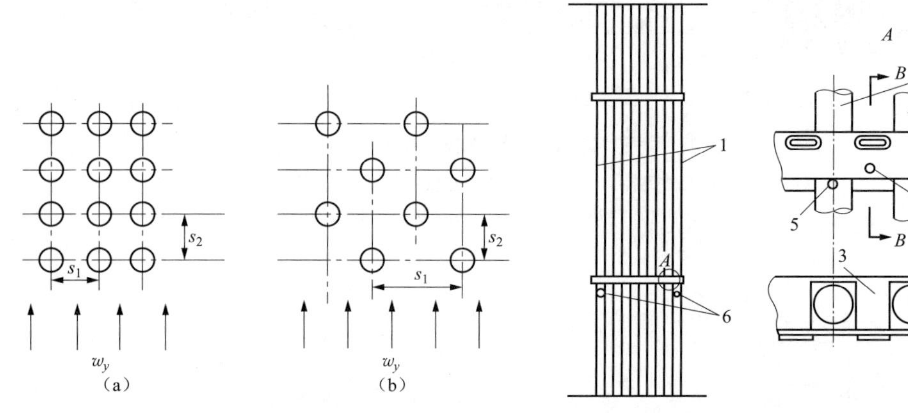

图 3-53　顺列和错列管束

(a) 顺列管束；(b) 错列管束

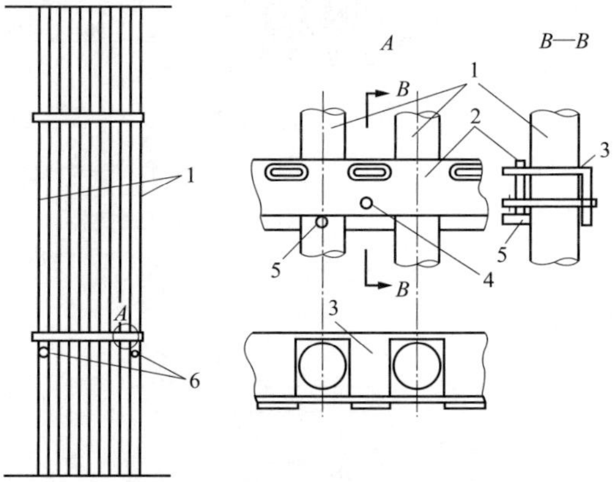

图 3-54　带状管夹与汽冷定位管

1—蛇形管；2—扁钢；3—梳形弯管；4—圆柱销；5—支承圆钢；6—汽冷定位管

（2）辐射过热器。辐射过热器是指布置在炉膛上部，以吸收炉膛辐射热为主的过热器。根据布置方式分屏式辐射过热器、墙式辐射过热器和顶棚过热器三种形式。

1）屏式辐射过热器由进、出口联箱和管屏组成，做成一片一片“屏风”形式的受热面，如图 3-55（a）所示。管屏沿炉膛宽度方向相互平行地悬挂在炉膛上部靠近前墙处（所以又

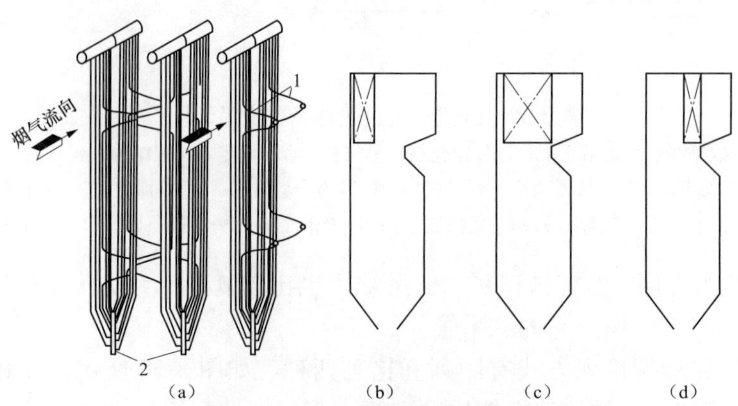

图 3-55　屏式辐射过热器

(a) 屏式辐射过热器结构；(b) 前屏；(c) 大屏；(d) 后屏

1—定位管；2—扎紧管

称为前屏过热器），进、出口联箱都布置在炉顶外，整个管屏通过联箱吊挂在炉顶钢梁上，受热时可以自由向下膨胀。屏式辐射过热器对炉膛上升的烟气能起到分隔和均匀气流的作用，故也有的称为分隔屏或大屏（屏宽度尺寸较大的）过热器。现代大型锅炉的前屏过热器管屏的片数一般较少，屏间横向节距大（s_1＝2500～3500mm）。

2）墙式辐射过热器的结构与水冷壁相似，其受热面紧靠炉墙，通常布置在炉膛上部的墙上，集中布置在某一区域或与水冷壁管间隔布置，如图 3-56 所示。

屏式和墙式辐射过热器所处区域的热负荷很高，为了防止管壁超温，保证其安全工作，通常作为低温过热器，以较低温度的蒸汽流过；同时应采用较高的质量流速，使管壁得到足够的冷却，一般质量流速 ρw＝1000～1500kg/(m^2·s)。

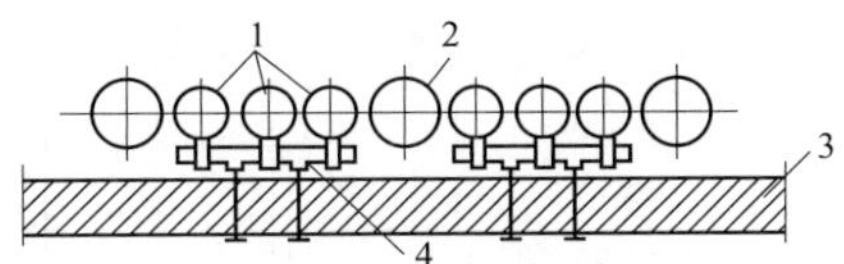

图 3-56　墙式辐射过热器与水冷壁的间隔布置示意图
1—墙式辐射过热器；2—水冷壁管；3—炉墙；4—固定支架

3）顶棚过热器布置在炉膛顶部，一般采用膜式受热面结构。由于它处于炉膛顶部，热负荷较小，故吸热量较少。采用顶棚过热器的主要目的是构成轻型平炉顶，即在顶棚上直接敷设保温材料而构成炉顶，使炉顶结构简化。

（3）半辐射过热器。半辐射过热器布置在炉膛出口处，既接受炉膛的辐射热量，又吸收烟气冲刷时对流传热的过热器。半辐射过热器也采用挂屏形式，又称后屏过热器。

虽然前屏过热器和后屏过热器在结构上基本相同，但它们的布置位置不同，因此传热情况不同。前屏过热器受烟气冲刷不充分，对流传热较少，而主要吸收的是炉膛的辐射热，故属于辐射过热器；而后屏过热器受烟气冲刷较好，同时由于有折焰角的遮蔽，只有部分管子吸收炉膛辐射热量，因此属于半辐射过热器。

半辐射过热器不但热负荷较高，而且并列各管的结构尺寸和受热条件相差也较大，造成管间壁温可能相差 80～90℃，为保证其安全工作，除了采取与辐射过热器相类似的安全措施外，还应将蒸汽质量流速控制在 ρw＝800～1200kg/(m^2·s)；烟气流速控制在 5～6m/s。

（4）包覆墙过热器。在大型锅炉的水平烟道、转向室和垂直烟道内壁，一般都布置有包覆墙过热器。当包覆墙过热器由光管组成时，相对节距 s/d＝1.1～1.2；采用膜式结构时，s/d＝2～3。为保证烟道的气密性和减少金属用量，大型锅炉都采用膜式结构。

由于靠近炉墙处的烟气温度和烟气流速都较低，因此包覆墙过热器的辐射和对流吸热量都很少。布置包覆墙过热器的主要作用是便于采用敷管式炉墙，以简化烟道炉墙的结构和减小质量，为悬吊结构创造了条件；同时提高了炉墙的严密性，减少了烟道漏风。

图 3-57 所示为 FW-2020t/h 自然循环锅炉顶棚过热器和包覆墙过热器及流程。

2. 再热器形式、布置与结构

与过热器一样，再热器按照传热方式也分为对流再热器、辐射再热器和半辐射再热器三种基本形式。

（1）对流式再热器的结构与对流过热器结构相似，也是由许多并列的蛇形管和进、出口联箱组成。对流再热器布置在高温对流过热器之后的烟道中。对流再热器也有高温对流再热器和低温对流再热器两种。高温对流再热器一般立式、顺流布置在水平烟道内；低温对流再热器一般卧式、逆流布置在垂直烟道内，如图 3-58 所示。

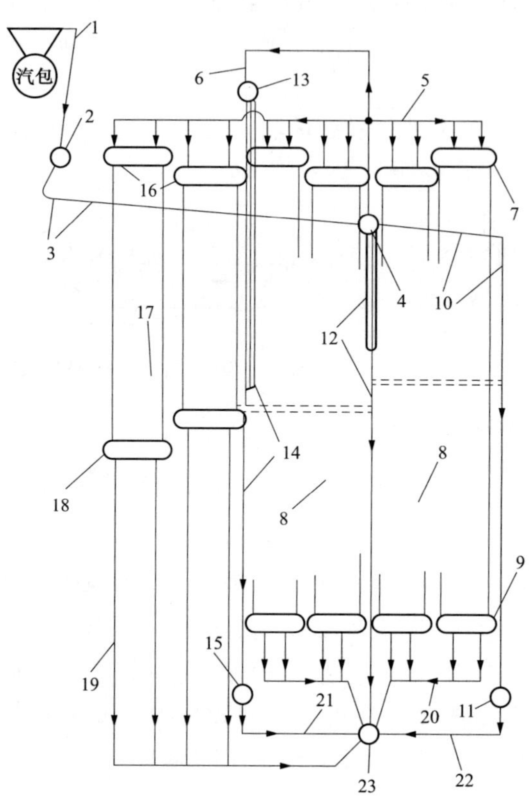

图 3-57　FW-2020t/h 自然循环锅炉顶棚过热器和包覆墙过热器及流程

1—饱和蒸汽引出管；2—顶棚过热器进口联箱；3—炉膛及水平烟道的顶棚管；4—分隔烟道隔墙上部的分配联箱；5—引出连接管；6、19、20、21、22—连接管；7—后部烟道两侧包覆管上联箱；8—后部烟道两侧包覆管；9—后部烟道两侧包覆管出口联箱；10—分隔烟道后部顶棚和后部烟道包覆管；11—后墙包覆管出口联箱；12—分隔烟道隔墙管；13—后部烟道前壁包覆管入口联箱；14—后部烟道前壁包覆管；15—后部烟道前壁包覆管出口联箱；16—水平烟道两侧包覆管上联箱；17—水平烟道两侧包覆管；18—水平烟道两侧包覆管出口联箱；23—包覆墙过热器出口汇集联箱

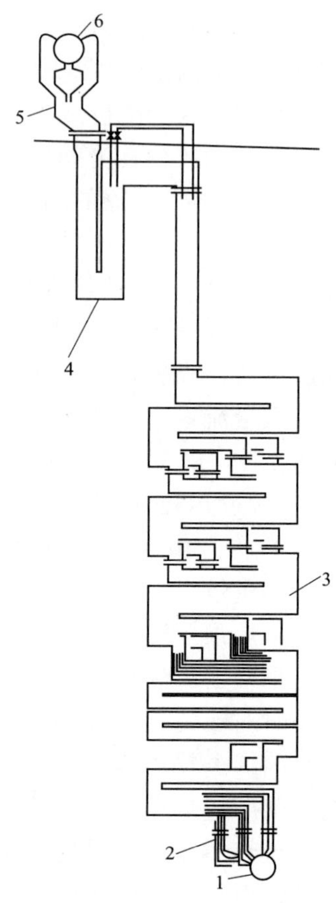

图 3-58　对流再热器布置

1—再热器入口联箱；2—再热器引入管；3—低温对流再热器；4—高温对流再热器；5—高温再热器出口管段；6—再热器出口联箱

（2）辐射再热器一般采用墙式，布置在炉膛上部的前墙和两侧墙的上前侧，由于受热面热负荷较大，因此多作为低温再热器。

（3）半辐射再热器则也采用屏式，一般布置在后屏过热器之后。

在超高压锅炉上一般只采用对流再热器；在亚临界及以上压力的锅炉中则多采用了“墙式辐射再热器—屏式半辐射再热器—对流再热器”多级串联组合式再热器。

根据再热器工作特性，结构特点包括：

（1）为降低流速，以减小流动阻力，再热器采用大管径、多管圈结构。管径一般为 42～63mm，管圈数为 5～9 圈，甚至更多。

（2）尽量减少中间混合与交叉流动，以减小再热系统压降。

图 3-59 所示为亚临界压力 2008t/h 汽包锅炉过热器、再热器系统结构及布置。

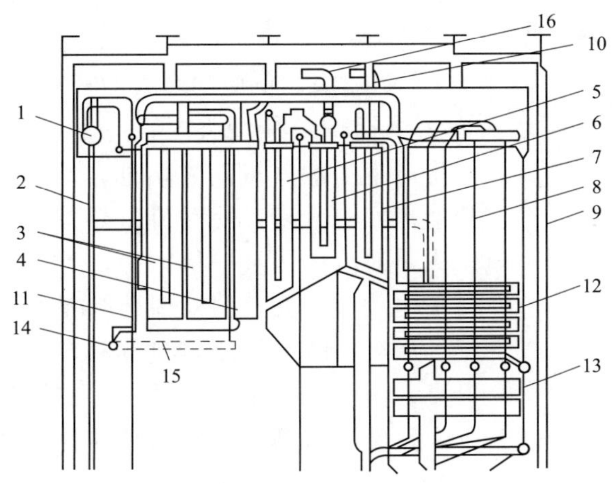

图 3-59　亚临界压力 2008t/h 汽包锅炉过热器、再热器系统结构及布置

1—汽包；2—下降管；3—分隔屏过热器；4—后屏过热器；5—后屏再热器；6—高温再热器；7—高温过热器；8—悬吊管；9—包覆管；10—过热蒸汽出口；11—墙式辐射再热器；12—低温过热器；13—省煤器；14—再热蒸汽进口；15—侧墙辐射再热器；16—再热蒸汽出口

图 3-60 所示为 HG-1793/26.15 型超超临界压力锅炉过热器和再热器系统。

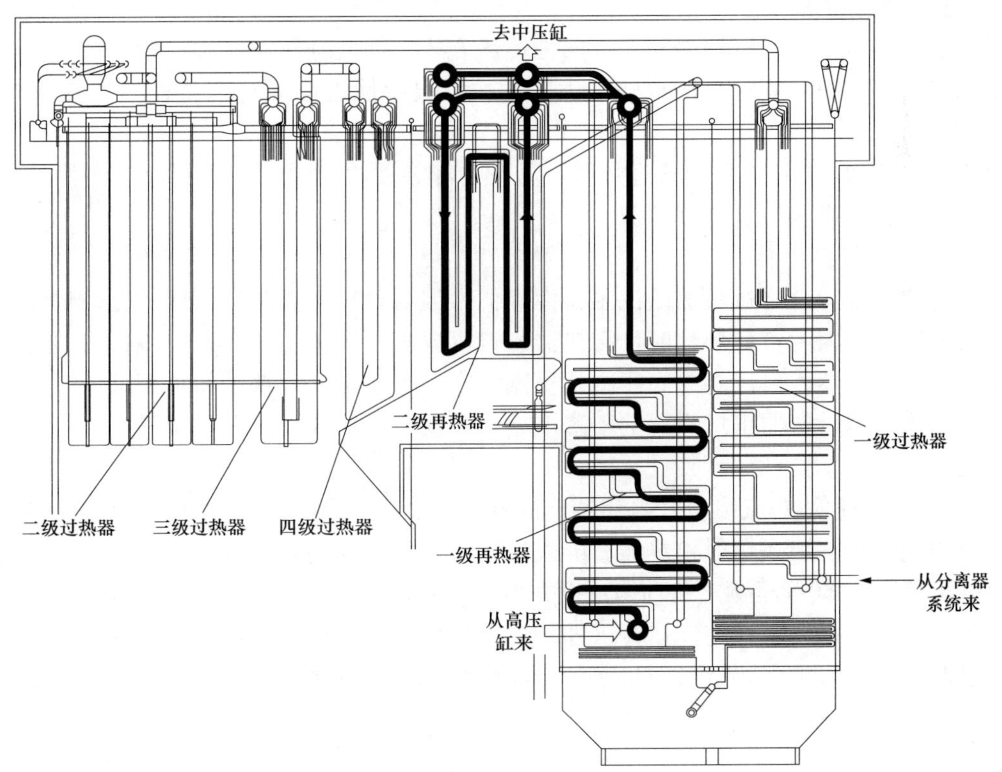

图 3-60　HG-1793/26.15 型超超临界压力锅炉过热器和再热器系统

（三）过热器、再热器的汽温特性

汽温特性是指过热器或再热器出口蒸汽温度与锅炉负荷之间的关系，即 $t=f(D)$。不同形式的过热器和再热器，其汽温特性不同。

1. 过热器的汽温特性

对流过热器的汽温特性是：出口汽温随锅炉负荷的增大而升高；反之，锅炉负荷减小则出口汽温降低，如图 3-61 所示。因为当锅炉负荷增大时，一方面燃料量和空气量均增加，燃烧产生的烟气量随之增加，炉膛出口的烟气温度和烟气流速也相应升高，使对流过热器的传热温差和传热系数都增大，对流传热量增加；另一方面流经对流过热器的蒸汽流量也相应增大，但对流传热量增加幅度大于蒸汽流量的增加幅度，故单位质量过热蒸汽的吸热量增大，出口汽温升高。由图 3-61 曲线 a 可见，对流过热器进口烟温越低，即离炉膛出口越远，辐射传热影响越小，汽温随负荷增加而升高的幅度也越大。

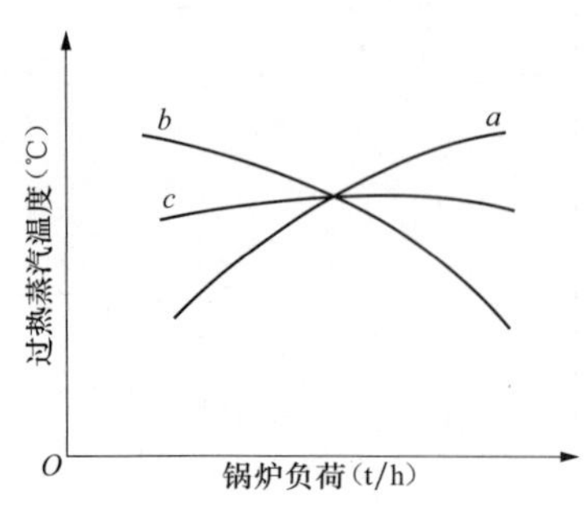

图 3-61 过热器的汽温特性
a—对流过热器；b—辐射过热器；c—半辐射过热器

辐射过热器的汽温特性与对流过热器相反，即锅炉负荷增大时，出口汽温降低；反之，锅炉负荷减小时，出口汽温升高，如图 3-61 中曲线 b 所示。这是因为当锅炉负荷增大时，一方面燃料量增加后，炉膛内平均温度升高，使辐射传热量增加；另一方面流经辐射过热器的蒸汽流量也相应增大，而且蒸汽流量增大幅度大于辐射传热量增加的幅度，使单位质量的蒸汽吸热量减小，出口汽温降低。

半辐射过热器由于兼有辐射和对流两种传热方式，因此其汽温特性比较平稳。一般情况下，半辐射过热器中对流吸热的成分稍大些，故汽温特性近似于对流特性，如图 3-61 中曲线 c 所示。

对于辐射-半辐射-对流组合式过热器，若配合和布置恰当就可以获得比较平稳的汽温特性。其汽温特性与半辐射过热器相似。

2. 再热器的汽温特性

再热器的汽温特性与过热器的汽温特性相似，但再热器汽温随负荷而变化的幅度比对流过热器汽温的大。因为负荷变化时，再热器入口汽温也要发生变化。以对流再热器为例，当负荷降低时，再热器入口汽温（高压缸的排汽温度）也要降低，这就使负荷降低时再热蒸汽温度的下降比对流过热器出口汽温的下降严重；相反，辐射式再热器汽温随负荷降低而升高要平缓些。

对于辐射-半辐射-对流组合式再热器，同样可以得到平缓的汽温特性。例如 300MW 亚临界压力锅炉采用“墙式辐射再热器、屏式半辐射再热器和高温对流再热器”组合式再热器系统，锅炉负荷在 50％至额定负荷范围变化时，再热蒸汽温度都能维持在额定值。

上述汽温特性是机组在定压运行（即外界负荷变化时，蒸汽参数保持不变，机组负荷的改变依靠改变汽轮机的调节汽门的开度，以改变汽轮机进汽量的方法来调整）时的汽温特性。

（四）热偏差

过热器与再热器都是由许多并列管子组成的管组，而各根管子由于结构和运行条件不可能完全相同，造成各管子中蒸汽的焓增量不同，这样各管的蒸汽温度和管壁温度就有高有低。这种在并列工作的管组中，部分管内蒸汽的焓增大于整个管组平均焓增的现象称为热偏差。这些焓增大、温度高管子称为热偏差管。

热偏差管中蒸汽的焓增量Δh_p与整个管组蒸汽的平均焓增量Δh_{pj}之比，称为热偏差系数φ，即

$$\varphi=\frac{\Delta h_p}{\Delta h_{pj}} \tag{3-6}$$

热偏差系数φ反映了过热器、再热器的热偏差程度。φ越大，则热偏差程度越大，即热偏差管内蒸汽温度和管壁温度越高。严重时热偏差管的壁温甚至超过管材的允许温度，造成高温损坏，从而严重威胁锅炉安全运行。因此，对热偏差问题必须予以足够的重视，应防止热偏差过大。

1. 热偏差产生的原因

产生热偏差的主要原因是烟气侧的热负荷不均匀（受热不均）和蒸汽流量不均匀。显然，热负荷大的或蒸汽流量小的管子热偏差严重。

（1）烟气侧的热负荷不均匀。过热器、再热器并列管的热负荷不均匀，使各管的吸热不均匀，这样因各管蒸汽的焓增不同而产生热偏差。造成受热面热负荷不均有结构方面的因素，也有运行方面的因素。受热面热负荷的大小主要取决于其所在区域的烟气温度和速度。

在炉膛中，由于火焰中心向四周辐射热量给水冷壁，因此炉膛中间的温度高，靠近水冷壁的温度低。当烟气离开炉膛进入对流烟道后，仍然是烟道中间温度高，两侧温度低。这样，烟道中间的管子热负荷大，两侧的管子热负荷小，因此烟道中间的管子吸热量必然大于烟道两侧管子的吸热量。这种受热不均匀的程度可达10%～30%，而且离炉膛越近，不均匀程度越大。沿烟道宽度方向热负荷的分布如图3-62所示。

一般烟道中间的烟气流速高，两侧的烟气流速低，故中间管子的吸热量大。另外，若管间节距不等，节距大的地方将形成"烟气走廊"。此处的烟气流动阻力小，烟气流速高，对流传热增强；同时烟气的有效辐射层厚度也较大，辐射传热也增强，因此靠近"烟气走廊"两侧管子的热负荷大。

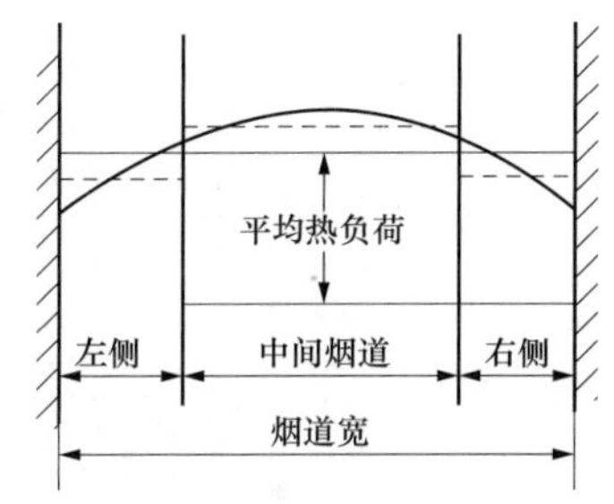

图3-62 沿烟道宽度方向热负荷的分布

在锅炉运行中，若燃烧调整不当使火焰偏斜、燃烧器负荷不一致、水冷壁局部结渣或积灰、烟道再燃烧等，都会造成烟气温度分布不均匀，使热负荷不均匀。此外，过热器、再热器局部结渣或积灰，也会使并列各管热负荷严重不均匀。

对于屏式过热器，中间管屏的受热最强，两侧的屏受热较弱。对同一片屏，最外管圈由于直接接受火焰的辐射，受热最强，而越往里圈的管子由于受外圈的遮挡，受热越弱。因此，屏式过热器最外管圈是热偏差管。

由上述可见，只要是沿烟道截面各处的烟气温度或烟气流速分布不均匀时，就会造成过热器、再热器管子的热负荷不均，而且热负荷不均匀不可避免。

（2）蒸汽流量不均匀。在同样的热负荷下，当并列各管的蒸汽流量不均匀时，流量小的管子蒸汽焓增大，蒸汽温度和管壁温度高；而流量大的管子蒸汽焓增小，蒸汽温度和管壁温

度低。所以流量不均匀，也会产生热偏差。

并列管圈中的工质流量主要取决于管圈进、出口压差、阻力特性及工质密度。

1）管圈进、出口压差。管圈进、出口压差与过热器和再热器进、出口联箱的蒸汽引入、引出方式有关。连接方式不同，联箱内的压力分布就不相同，从而影响进、出口压差，如图 3-63 所示。压差大的管子，蒸汽流量大；压差小的管子，蒸汽流量小。

图 3-63（a）所示为 Z 形连接方式。蒸汽从进口联箱的左端引入，从出口联箱的右端引出。在进口联箱中，左端的蒸汽流量最大，流速最高；从左到右，蒸汽流量逐渐减少，流速逐渐降低；到右端流量最小，流速最低。根据能量守恒原理和动、静压力的转换关系，这样从左到右沿联箱长度方向，动能逐渐减小，压能增大，即压力逐渐升高，如图 3-63（a）中 p_1 的曲线。同理，在出口联箱中，沿联箱长度方向，从左到右，压力逐渐降低，如图 3-63（a）中 p_2 的曲线。显然，Z 形连接方式中，并列各管的进、出口压差Δp 相差较大，左端压差最小，蒸汽流量也就最小；右端压差最大，蒸汽流量也最大。此时，若各管热负荷相同，则左边的管子是热偏差管。

图 3-63（b）为 Π（或 U）形连接方式。蒸汽从进口联箱和出口联箱的同一端引入、引出。管组中进、出口联箱的静压变化方向相同，因此各并列管的压差Δp 相差较小，各管的蒸汽流量较均匀。

图 3-63（c）为双 Π 形连接方式。蒸汽从进口联箱的两端引入；从出口联箱的两端引出。这种连接方式比 Π（或 U）形连接方式更好，各管的流量不均匀偏差更小。

图 3-63（d）为多点引入、引出型连接方式。这种连接方式蒸汽在联箱长度方向上压力变化很小，因此各并列管的压差Δp 基本相同，各管的蒸汽流量均匀。

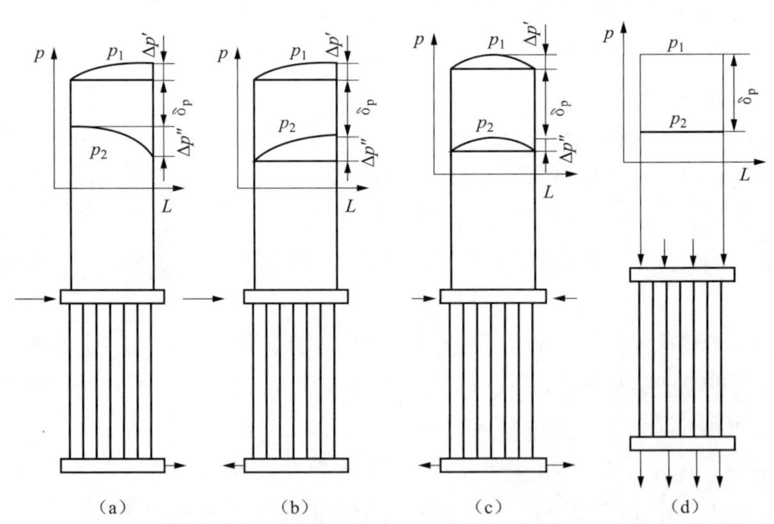

图 3-63 不同连接方式联箱的压力分布

(a) Z 形连接方式；(b) Π（或 U）形连接方式；(c) 双 Π 形连接方式；(d) 多点引入、引出型连接方式

δp—管圈的阻力；$\Delta p'$—进口联箱中压降；$\Delta p''$—出口联箱中压降

可见，Z 形连接方式并列各管的蒸汽流量不均匀性最大，应避免采用。

2）管圈的阻力特性。管圈阻力特性常数与管子的结构尺寸和安装检修质量有关，如管子的长度、内径、粗糙度、弯曲度、弯头数目不一样或者管内有焊瘤等。管子越长、内径越小、管内越粗糙、弯头数目越多，管子的阻力越大。阻力大的管子，蒸汽流量小；阻力小的管子，蒸汽流量大。流量小的管子是热偏差管。

对于屏式过热器最外管圈，其管子长、阻力大，蒸汽流量小。因此其最外管圈既是热负荷不均的热偏差管，又是蒸汽流量不均的热偏差管。

3）管圈的工质密度。工质密度越小，管内工质流量也越小。当热负荷不均匀时，还会引起蒸汽流量不均匀。因为热负荷高的管子吸热多，蒸汽温度高、密度小，蒸汽流动阻力增加，使流量减少，进一步加大了热偏差程度。

2. 减轻热偏差的措施

现代大型锅炉由于几何尺寸较大，炉膛、烟道的烟气流通断面积大，不但烟气温度很难分布均匀，炉膛出口烟温偏差可达200～300℃，而且烟气速度也很难分布均匀；而过热器、再热器并列管圈多、面积大、系统复杂，过热蒸汽、再热蒸汽的焓增大，个别管圈汽温偏差可达50～70℃，严重时可达100～150℃。从上述对热偏差产生的原因分析可知，要完全消除热偏差是不可能的。为了保证过热器、再热器的安全运行，应尽量减轻热偏差程度，把壁温控制在允许的范围内。减轻热偏差一般从设计结构和运行两方面采取措施。

从设计结构方面采取减轻热偏差的措施包括：

（1）受热面分级，级间混合。将整个过热器系统分成串联的几级，每级都有自己的进、出口联箱。这样在各级之间利用联箱使蒸汽充分混合，以消除上级产生的热偏差，从而使每一级的热偏差都被控制在了规定的范围内，保证了受热面的安全。级分的越多，每级的热偏差就越小，但系统越复杂，阻力也越大。通常中压锅炉的过热器分成两级，级间混合一次；高压锅炉将过热器分成三级或四级，级间混合两次或三次；超高压及以上压力锅炉将过热器分成四级、五级或更多。再热器一般分两级或三级。将每级的焓增控制在250～420kJ/kg。末级过热器和再热器由于蒸汽温度高，比热容小，对热偏差敏感，因此控制焓增一般不超过160～300kJ/kg。

（2）两级间蒸汽进行左右交换流动。利用蒸汽连接管或中间联箱将烟道两侧的蒸汽进行左右交换，可以减小沿烟道宽度热负荷不均匀造成的热偏差，如图3-64所示。

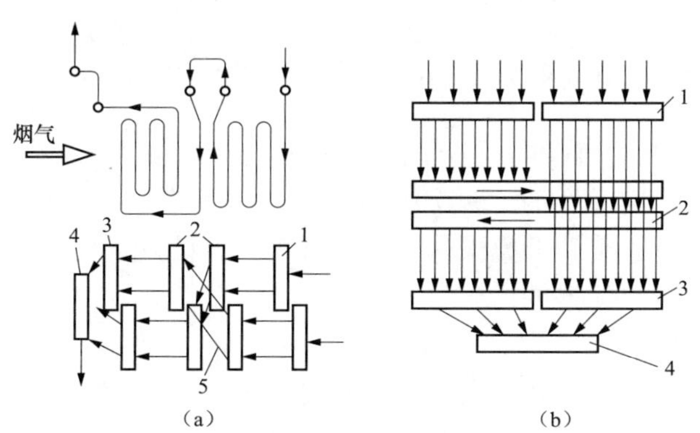

图3-64　蒸汽左右交换流动的连接系统

（a）利用蒸汽连接管进行交换；（b）利用中间联箱进行交换

1—进口联箱；2—中间联箱；3—出口联箱；4—集汽联箱；5—蒸汽连接管

为了减小烟道中间和烟道两侧热负荷不均而产生的热偏差，可将烟道两侧受热面与中间受热面中的蒸汽进行交换。烟道两侧的受热面组成一级（冷段），中间的受热面组成一级（热段）。冷段左侧的蒸汽送往热段右侧；冷段右侧的蒸汽被送往热段左侧。这样不仅两侧与中间的受热面进行了蒸汽的交换，而且两级间左、右侧的蒸汽也进行了交换。

（3）采用较好的联箱引入、引出管的连接方式。由前面分析产生热偏差的原因可知，在进、出口联箱的连接方式中，Z形连接方式引起的并列管子的流量不均匀是最明显的，因此应避免采用此种连接方式，尽量采用流量分配均匀的Π形、双Π形以及多点均匀引入、引出型等连接方式。

（4）采用定距装置。采用定距装置的目的是使屏间距离及管间横向节距相等，避免形成“烟气走廊”。

（5）减小屏式过热器的热偏差。从前面分析热偏差产生的原因可知，屏式过热器最外管圈既是热负荷不均匀造成的热偏差管，又是流量不均匀产生的热偏差管，因此要特别注意改善外管圈的工作条件。屏式过热器除外管圈用耐高温钢材及采用中间混合和交换流动外，还可从屏本身结构上采取措施，以减小外圈管的流动阻力或改善其受热情况，如图3-65所示。

外圈管截短或短路，如图3-65（a）、（b）所示，目的是缩短外管圈的长度，减少流动阻力，以增加管内蒸汽流量。

外管圈与内管圈交换位置，如图3-65（c）、（d）所示，此方法可使各并列管的受热情况和流量分配趋于均匀，因而减小了热偏差。

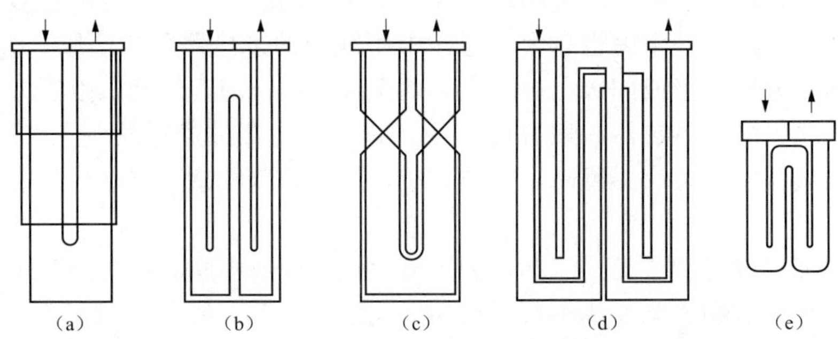

图3-65 屏式过热器减小外圈管热偏差的方法

（a）外圈管子截短；（b）外圈管子短路；（c）内、外圈管子交叉；（d）内、外圈管屏交换；（e）W形管屏

用双U形管屏取代W形管屏。与W形管屏相比较，双U形管屏将管子分成了两段，不但缩短了管子的长度，同时增加了一次中间混合，从而减小了热偏差。

在锅炉运行中应进行正确的调整操作，以减小烟气侧的热负荷不均匀，从而减小偏差。从运行操作方面采取减轻热偏差的措施包括：

（1）正确地进行燃烧调整，保证燃烧稳定；燃烧器负荷均匀，尽量对称投入、切换合理；保持正常的火焰中心位置，防止火焰中心过分偏斜；保持良好的炉内动力工况。

（2）建立、健全吹灰制度。定时吹灰，及时打渣，减小因局部积灰或结渣引起的热负荷不均匀。

（五）汽温调节

蒸汽温度包括过热蒸汽温度和再热蒸汽温度，它是衡量蒸汽质量的重要指标之一，也是锅炉运行中监视和控制的主要参数之一。蒸汽温度偏离规定值或频繁大幅度波动，都将严重影响锅炉和汽轮机的安全经济运行。

当蒸汽温度过高，超过设备部件的允许工作温度时，将加速钢材的高温蠕变，使设备寿命缩短，例如12Cr1MoV合金钢壁温在585℃约有10万h的持久强度；而温度达到593℃时，持久强度则不到3万h。若严重超温将会因为材料的强度急剧下降导致过热器或再热器超温爆管；此外，当严重蒸汽超温时，还将使汽轮机的汽缸、主汽阀、调节汽阀以及前几级喷嘴和叶片等部件的机械强度降低，部件温差热应力、热变形增大，因而导致设备的损坏或使用寿命缩短。

当蒸汽温度过低时，将使电厂的循环热效率降低，汽耗率增大，例如蒸汽压力在12～25MPa范围内，过热蒸汽出口温度每降低10℃，循环热效率下降0.5%。此外，再热蒸汽温度的降低，还可能使汽轮机末几级叶片的蒸汽湿度增大，造成叶片冲蚀，影响其安全运行。汽温降低时，做功能力下降，此时若要维持机组功率不变则必须增大蒸汽流量，汽轮机调节级理想焓降减少，末级理想焓降增大，这样汽轮机末级叶片的弯应力将随蒸汽流量和理想焓降的增大而明显增大，严重时末级叶片的弯应力将超过允许值造成损坏。如果汽温大幅度快速下降将使汽轮机的金属部件产生过大的热应力、热变形，甚至造成动、静部件摩擦；更严重时而会发生汽轮机水击事故，使汽轮机负轴向推力过大，推力轴承严重损坏。

蒸汽温度频繁大幅度波动，将造成金属部件的疲劳损坏和汽轮机汽缸与转子间的胀差增大，严重时会使汽轮机发生剧烈的振动，威胁汽轮机的安全运行。

由上述分析蒸汽温度变化对锅炉及汽轮机组的影响可见，运行中必须维持过热蒸汽温度和再热蒸汽温度的稳定。正常情况下，允许波动范围是额定汽温的基础上浮动－10～5℃。

虽然锅炉在结构设计上尽可能采用合理方案减少工况变动对蒸汽温度的影响，但运行工况变化复杂，影响汽温变化的因素很多，很难保证过热蒸汽和再热蒸汽稳定在额定值。因此为了满足蒸汽温度的要求，保证锅炉和汽轮机组的安全、经济运行，锅炉必须有合理的汽温调节方法和装设可靠的汽温调节装置。

对锅炉汽温调节装置的基本要求是：①在一定的负荷范围内（一般为60%～100%）保持额定的蒸汽温度；②调节后的蒸汽温度稳定，波动小；③蒸汽温度调节比较均匀，偏差小；④对电厂热效率影响小；⑤调节装置结构简单，运行可靠；⑥设备调节灵敏，过程连续，便于实现自动控制；⑦体积小，质量轻，价格便宜。

蒸汽温度的调节可分为蒸汽侧调节和烟气侧调节两大类。蒸汽侧调节汽温原理是通过改变蒸汽的热焓来调节汽温；烟气侧调节汽温的原理是通过改变烟气对蒸汽的放热量来调节汽温。

1. 蒸汽侧调节汽温

蒸汽侧调节汽温的方法有多种，现代锅炉蒸汽侧调温方法基本上都采用喷水减温器。其工作原理是将减温水直接喷入蒸汽中，通过减温水吸收蒸汽热量来改变其焓值，使蒸汽温度降低。调节喷水量即可调节蒸汽的温度。喷水减温器具有结构简单、操作方便、调温灵敏，调温范围大、易于实现自动调节的优点，因此它是电厂锅炉过热蒸汽的主要调温手段。由于喷水减温方法只能降温而不能升温，这样过热器受热面积应满足在规定的最低负荷就能保证汽温在额定值，当负荷超过最低限，随着汽温的升高则投入减温器将汽温降至额定值，喷水减温器调节汽温原理如图3-66所示。可见采用喷水减温的方法需要过热器多敷设一些受热面，而使金属消耗量增大。

喷水减温器布置在蒸汽联箱或某段蒸汽管道内。喷水减温器的结构形式很多，按喷水方式分为喷头式和管式减温器。目前常用的是多孔喷管式减温器和旋涡式喷嘴减温器。

（1）多孔喷管式减温器。多孔喷管式减温器结构如图 3-67 所示。减温器由外壳、多孔喷管、保护套管（汽水混合管）等组成，其安装在过热器联箱中或两级过热器之间的连接管道上。喷管形如“笛子”状，许多小孔（直径为 5～7mm，数目可多达 120 个）开在背向汽流方向的一侧。减温水从喷孔中以 3～5m/s 的速度喷出（与汽流方向一致）并雾化，再与蒸汽混合。为了避免温度较低的减温水与高温联箱壁或管壁直接接触，引起局部热应力，在喷管出口后沿蒸汽流向安装了保护套管。由于其雾化质量较差，因此保护套管较长。为防止悬臂振动，喷管采用上、下两端固定。多孔喷管式减温器结构简单，制造、安装方便，调温效果好，因此广泛用在国产大型锅炉上。

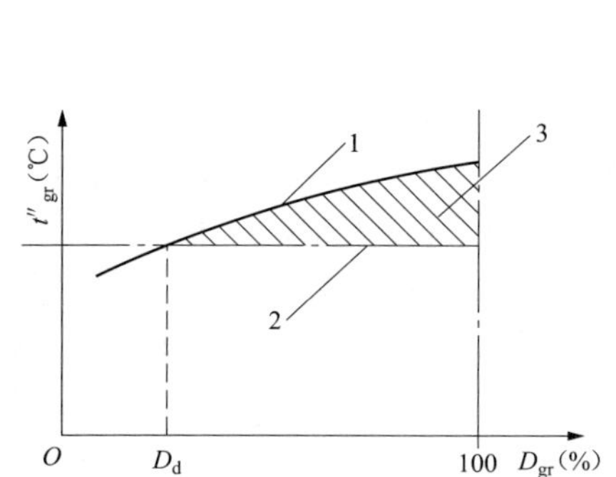

图 3-66 喷水减温器调节汽温原理

1—汽温特性；2—汽水额定汽温；3—减温器减温部分

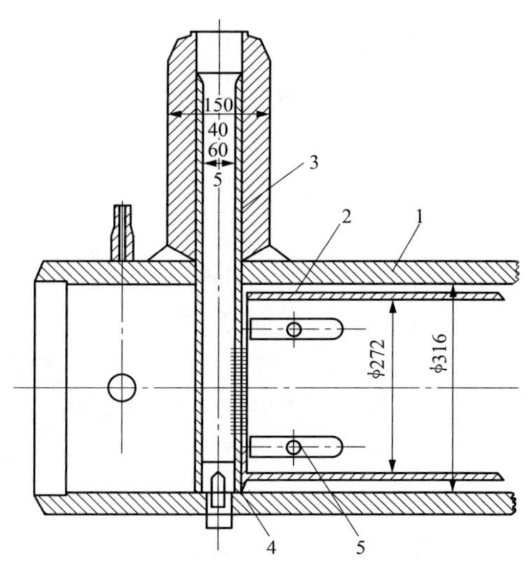

图 3-67 多孔喷管式喷水减温器结构图

1—外壳；2—汽水混合管；3—多孔喷管；4—端盖；5—加强片

（2）旋涡式喷嘴喷水减温器。旋涡式喷嘴喷水减温器结构如图 3-68 所示。减温器主要由喷嘴、文丘里管和混合管等组成。减温器多布置在两级过热器之间的连接管道上。减温水经旋涡喷嘴喷出雾化后顺汽流方向流动，在文丘里管喉部与高速（70～120m/s）蒸汽混合，水滴很快汽化与过热，使过热蒸汽温度降低。为延长减温水与过热蒸汽混合时间，防止减温

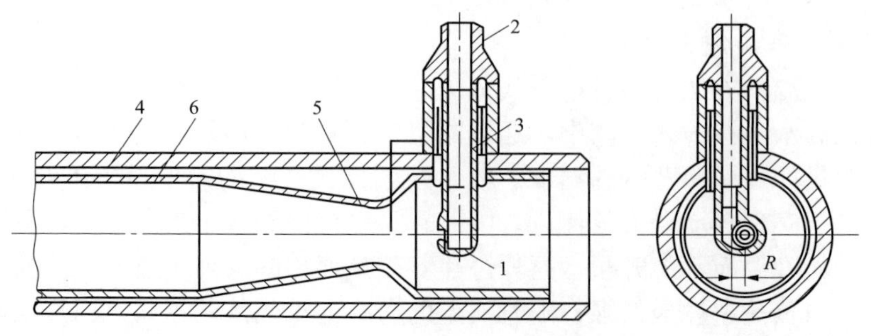

图 3-68 旋涡式喷嘴喷水减温器结构图

1—旋涡式喷嘴；2—减温水管；3—支撑钢碗；4—蒸汽管道；5—文丘里管；6—混合管

水直接喷射到蒸汽管道而造成热应力冲击，在文丘里管后设置长为4～5m长的混合管。在混合管与蒸汽管道之间留有6～10mm的间隙。

旋涡式喷嘴喷水减温器中减温水雾化质量好，调温范围大，适应减温水量频繁变化的场合。

喷水减温器对减温水品质要求高，否则会污染蒸汽，使蒸汽品质降低。现代电厂由于采用了较好的化学水处理设备，给水品质很好，因此减温用的喷水一般都采用锅炉给水。从给水管路引一支管到减温器的减温点，利用给水与减温器的压差降喷水喷入减温器，如图3-69所示。一般设计喷水量为锅炉额定蒸发量的5%～8%，可使汽温下降50～60℃。

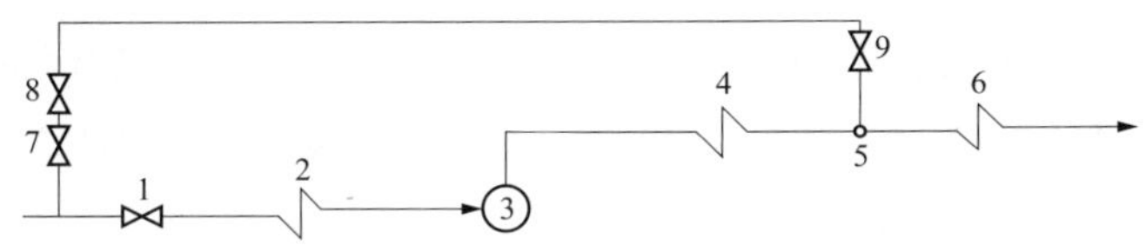

图3-69 锅炉给水作为减温水的连接系统

1—给水调节阀；2—省煤器；3—汽包；4—过热器；5—减温器；6—过热器；7—止回阀；8—隔绝阀；9—调节阀

再热蒸汽温度的调节，一般不宜采用喷水减温器作为主要调节手段。因为喷水增加了再热蒸汽的流量，使汽轮机中、低压缸的做功量增大，若机组负荷一定，则必须减少高压缸的做功量，即用中压蒸汽做功替代部分高压蒸汽做功，降低机组的循环热效率。但这不是绝对的，例如在滑压运行的机组中，有时可用喷水减温作为再热蒸汽的主调手段。因为滑压运行的机组中当负荷变化时，高压缸的排汽温度几乎不变。因此，在正常负荷范围内再热蒸汽温度变化不是很大，再热器喷水量比较少，对机组效率影响不大。再热蒸汽温度调节一般采用微量喷水减温器和事故喷水减温器。

（1）微量喷水减温器可采用喷嘴式或多孔管式结构。图3-70所示为采用莫诺克型喷嘴的微量喷水减温器结构，其主要由喷水装置和混合管组成。在背向汽流方向的一侧焊接两个莫诺克型喷嘴，使喷水方向与蒸汽流向一致。为了防止悬臂振动，喷嘴采用上、下两端固定。混合管的作用是防止减温水直接与外壳接触而引起热应力。微量喷水减温器通常布置在高温再热器的连接管道内。由于再热蒸汽压力低，因此减温水一般来自于给水泵的中间抽头。

（2）事故喷水减温器布置在再热器进口管道上，以便在事故情况下保护再热器。当运行中发生再热蒸汽温度过高等情况时，投入事故喷水减温器，以降低再热蒸汽温度，对再热器进行保护。事故喷水减温器的结构与微量喷水减温器结构基本相同，但喷水量大。

喷水减温器不仅能调节蒸汽温度，还能使减温器后的受热面不超温。减温器布置在过热器系统中的不同位置，对调温的灵敏性和受热面的安全性影响就不同。

减温器布置在过热器系统中的位置，对过热器工作的影响如图3-71所示。当减温器布置在过热器进口端时，过热器内的蒸汽温度将沿着曲线 *aecd* 的方向逐渐升高。这种布置可以使整个过热器得到保护；但由于减温器后的过热器受热面很多，从减温水量变化到出口汽温改变需要的时

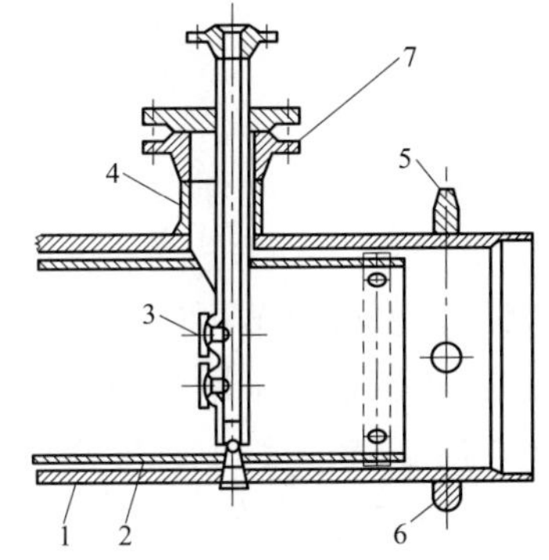

图3-70 采用莫诺克型喷嘴的微量喷水减温器结构

1—外壳；2—混合管；3—莫诺克型喷嘴；4、5、6—管接头；7—连接法兰

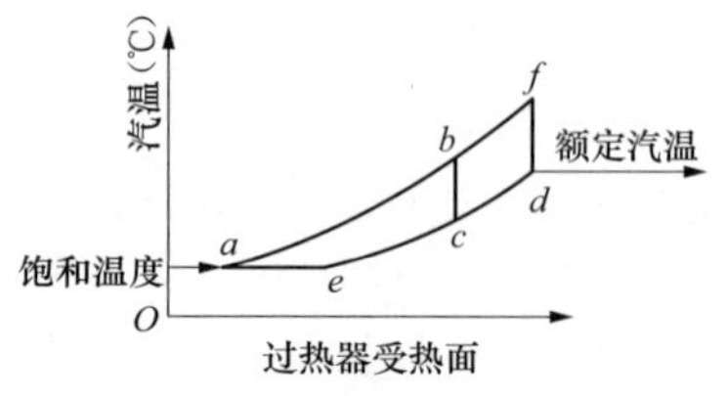

图 3-71　减温器位置的影响

间较长，调温的灵敏性差。而且喷水后饱和蒸汽变成湿蒸汽，湿蒸汽中的水滴很难均匀地分配到各并列管中，易产生较大的热偏差。当减温器布置在过热器出口端时，蒸汽温度将沿着曲线 $abfd$ 的方向变化。此时虽然调温灵敏，但减温器前的汽温已大大超过额定温度，使部分受热面严重超温，过热器得不到保护。当减温器布置在过热器中间时，蒸汽温度将沿着曲线 $abcd$ 的方向变化。此时既能保护高温段过热器，汽温调节也比较灵敏。

综合上述分析，结合减温器作用，减温器应布置在工作温度较高的受热面之前，以保证安全；同时在保证安全的前提下，减温器的位置应尽量靠近过热器出口，以减小汽温调节的时滞性。

现代大型锅炉的过热器系统复杂、分级较多，因此减温器也采用两级或三级减温的布置方案。在两级减温布置方案中，一级减温器通常设置在前屏或后屏过热器之前，以保护前屏或后屏安全，并对汽温进行粗调；二级减温器设置在高温对流过热器进口（或中间），作为细调，并保护高温对流过热器安全。在三级减温布置方案中，第一级设置在前屏过热器进口端作为粗调，并保护前屏安全；第二级设置在前、后屏过热器之间，保护后屏安全并对汽温进行粗调；第三级设置在高温对流过热器进口，对汽温进行细调，并保护高温对流过热器的安全。图 3-72 所示为 DG-1025/18.2-Ⅱ4 型锅炉过热器三级减温器布置情况。

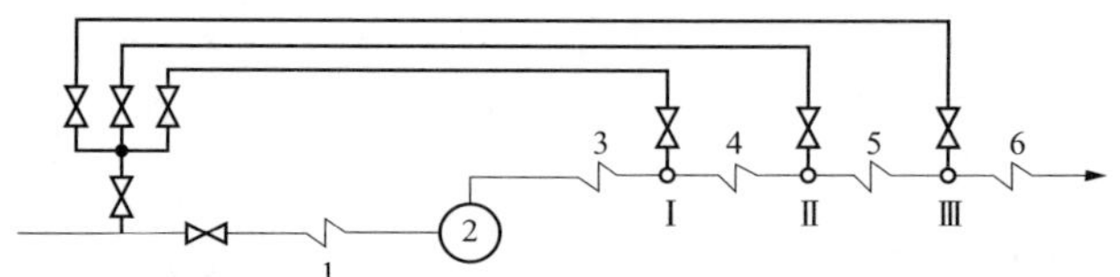

图 3-72　DG-1025/18.2-Ⅱ4 型锅炉过热器三级减温器布置情况

1—省煤器；2—汽包；3—低温对流过热器；4—前屏过热器；5—后屏过热器；6—高温对流过热器

Ⅰ—一级喷水减温器；Ⅱ—二级喷水减温器；Ⅲ—三级喷水减温器

2. 烟气侧调温方法

烟气侧调温原理是通过改变流经过热器、再热器的烟气流量或烟气温度，以改变烟气的放热量，从而改变蒸汽吸热量，来达到调节汽温的目的。烟气侧的调节虽然既可调节过热蒸汽温度，也可调节再热蒸汽温度，但一般作为调节再热蒸汽温度的主要手段。其方法有改变火焰中心位置、采用分隔烟道挡板或烟气再循环等。

（1）改变火焰中心位置。通过改变火焰中心沿炉膛高度的上下位置，使炉膛出口烟温改变，以改变过热器、再热器的传热温差，进而达到调节蒸汽温度的目的。

现代大型锅炉在采用四角布置切圆燃烧方式时，改变火焰中心位置常采用摆动式直流燃烧器，其摆动角度一般为±(20°～30°)。燃烧器向上摆动，火焰中心位置上移，炉膛出口烟温升高，过热器、再热器的传热温差增大，过热器、再热器吸热量增加，汽温升高；反之，燃烧器向下倾斜，火焰中心下移，炉膛出口烟温降低，过热器、再热器的传热温差减小，过热器、再热器吸热量减少，汽温降低。试验结果表明，每改变喷嘴±1°，约改变再热器出口汽温±2℃。摆动式燃烧器的调温幅度可达40～60℃，且受热面离炉膛出口越近，其调温效果越好。

除了采用摆动式燃烧器，通过改变燃烧器的运行方式或配风情况，也可以改变火焰中心位置。如停上排燃烧器、投下排燃烧器，可使火焰中心下移，反之停下排燃烧器、投上排燃烧器，火焰中心上移；增大上排燃烧器负荷，减少下排燃烧器负荷，火焰中心上移，反之减少上排燃烧器负荷，增大下排燃烧器负荷，火焰中心下移；增大上二次风量，减少下二次风量，火焰中心下移，减少上二次风量，增大下二次风量火焰中心上移等。

通过改变火焰中心位置来实现调温目的的方式，优点是设备简单，调节方便、灵敏，调温幅度大；缺点是调整不当时将影响煤粉燃烧的经济性（增大不完全燃烧热损失）和稳定性，还可能使炉膛出口或冷灰斗烟气温度过高，造成结渣等。

（2）采用分隔烟道挡板。分隔烟道挡板是将尾部垂直烟道分隔成并联的两部分，低温对流再热器和过热器分别布置在相互隔开的前、后两个烟道内，其后布置省煤器，在省煤器后下方装设分隔烟道挡板，如图3-73所示。调节挡板的开度，可以改变流经再热器的烟气量，达到调节再热蒸汽温度的目的。与此同时，流经过热器的烟气量也将改变，但这可通过调节减温器的喷水量来维持过热蒸汽温度的稳定。

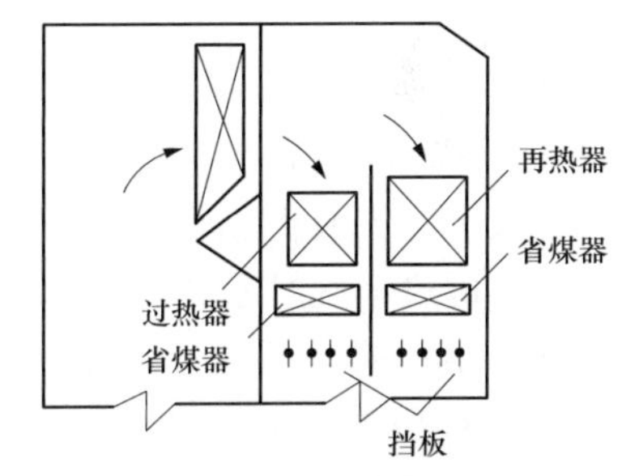

图3-73 分隔烟道挡板调节汽温装置

分隔烟道挡板调温原理如图3-74所示。再热器侧、过热器侧的烟道挡板采用反向联动调节方式。在额定负荷时烟道挡板全开，并列烟道中烟气量的分配各占50%。当锅炉负荷降低时，开大再热器侧的挡板，关小过热器侧的挡板，这时流经再热器的烟气流量增加，烟气流速增大，再热蒸汽温度升高；而流经过热器的烟气流量减少，烟气流速降低，过热蒸汽温度下降。运行中，挡板以调节再热蒸汽温度为主要目的，使之在规定范围内变化；过热蒸汽温度则可通过喷水减温进行调节。为了确保在挡板调节时有较大的调温幅度，低温再热器面积占整个再热器受热面积的3/4左右，其蒸汽焓增占再热蒸汽焓增总量的50%～60%。

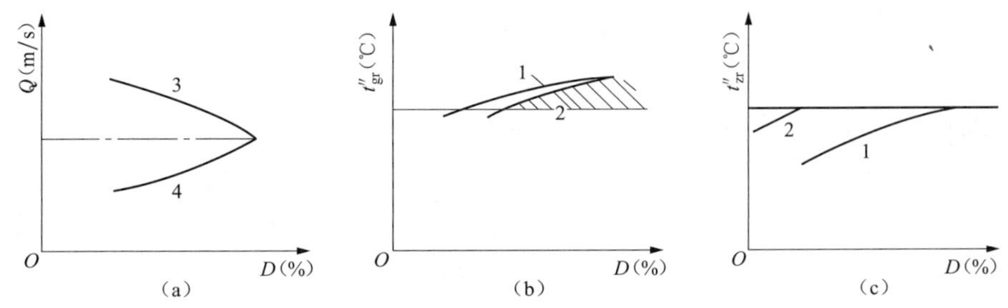

图3-74 分隔烟道挡板调节汽温原理

(a) 挡板调节时并列烟道中烟气流量的变化；(b) 挡板调节时过热蒸汽温度的变化；(c) 挡板调节时再热蒸汽温度的变化

1—调节前汽温；2—调节后汽温；3—再热器侧烟气流量；4—过热器侧烟气流量

分隔烟道挡板调温方式设备简单、操作方便，已被许多大型电厂锅炉采用。其缺点是汽温调节时滞太大，挡板开度与汽温变化非线性关系，大多数挡板只在0～40%的开度范围内比较有效。另外，挡板应布置在烟温低于400℃的区域，否则易烧损变形，使调节失灵，同时还应防止烟气对挡板的磨损。应注意平行烟道的隔墙密封，最好采用膜式壁结构，以防止烟气泄漏。

（3）烟气再循环。烟气再循环是利用再循环风机将省煤器后的部分烟气（250～350℃）抽出，再从冷灰斗下部或靠近炉膛出口处送入炉膛，以改变锅炉辐射和对流受热面的吸热量，从而达到调节汽温的目的，如图3-75所示。

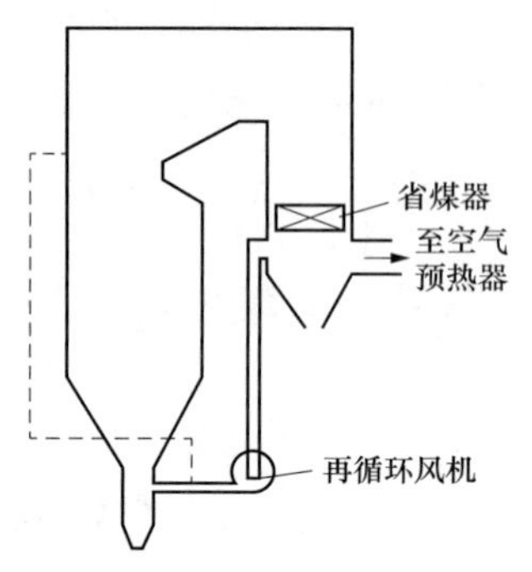

图3-75 烟气再循环调温示意图

低负荷运行时，烟气从炉膛下部入口送入，起调温的作用。当低温再循环烟气从炉膛下部送入炉膛后，炉膛内的温度水平会降低，使炉内辐射吸热量减少；而炉膛出口烟温变化不大。在对流受热面中，因为烟气量增加其对流吸热量将增加，使蒸汽温度升高，而且离炉膛出口越远，对流吸热量增加就越显著。这是因为在炉膛出口附近的高温对流受热面中，只是烟气量增加了（使传热系数增加），但传热温压基本不变（有时还降低些）。而在后面的对流受热面，不但烟气量增大（使传热系数增加），而且传热温压也增大了。一般再循环率每增加1%，再热蒸汽温度可升高约2℃，当再循环率为20%～25%时，再热蒸汽温度能升高40～50℃。

在高负荷时，从靠近炉膛上部入口送入，炉膛吸热量变化很小，但炉膛出口烟气温度明显降低，有利于防止炉膛出口受热面结渣和高温腐蚀，因此起着保护受热面的作用。

烟气再循环调温方式的优点是调温幅度大、灵敏，能降低炉膛热负荷，降低水冷壁温度，防止水冷壁传热恶化，同时烟气温度的降低抑制了烟气中NO_x的形成，减轻了对大气的污染。缺点是增加了再循环风机及相应电耗；再循环风机的工作温度高、磨损严重，可靠性差；烟气从炉膛上部送入时对炉膛工作影响不大，但烟气从炉膛下部送入时，还会影响燃烧的稳定性以及使不完全燃烧热损失增大；排烟温度升高，排烟热损失增大，锅炉效率降低；对流受热面的磨损加剧等。

在实际运行中，锅炉汽温的调节应综合采用多种方法，以求调温的灵敏性、可靠性和运行的经济性。

（六）过热器、再热器的高温积灰与高温腐蚀

1. 高温积灰

所谓高温积灰是指布置在炉膛上部和水平烟道中的屏式和对流式过热器或再热器受热面上的沾污。高温积灰通常发生在受热面的迎风面，属高温烧结性积灰，烟温为700～1100℃，是由沉积的灰粒经化学反应和积灰层烧结而形成的。熔融积灰层会被高温烧结，形成有较高机械强度的密实积灰层。一旦烧结，难以吹灰清除。

2. 高温腐蚀

金属高温受热面（水冷壁、屏式过热器、高温过热器和再热器等）在高温烟气环境下在管壁温度较高处所发生的烟气侧金属腐蚀。

高温腐蚀又称煤灰腐蚀，它指的是高温积灰所生成的内灰层含有较多的碱金属，它与飞灰中的铁铝等成分以及烟气中通过松散外灰层扩散进来的氧化硫经过较长时间的化学作用便

生成碱金属的硫酸盐等复合物。熔化或半熔化状态的碱金属硫酸盐复合物会与再热器和过热器的合金钢发生强烈的氧化反应，使壁厚减薄、应力增大以致引起管子产生蠕变管壁更薄，最后导致因损坏而爆管。

高温腐蚀与燃料的成分有关，高碱和高硫燃料腐蚀比较严重，另外腐蚀与温度也有关，腐蚀从550～620℃时开始发生，灰分沉淀物的温度越高腐蚀速度就越强烈，约在750℃时腐蚀速度最大。

3. 高温对流受热面的煤灰腐蚀

高温腐蚀和高温黏结性积灰紧密相连。

第一步：管壁上因碱金属成分的凝结形成极细灰粒沾污层。

第二步：冷凝的Na_2O等与SO_3作用形成Na_2SO_4；Na_2SO_4有黏性，呈淡白色，熔点低，会进一步吸收SO_3，并与Fe_2O_3、Al_2O_3等作用生成具有腐蚀性的复合硫酸盐。

第三步：随着硫酸盐沉积量的增多，热阻加大，表面温度升高至硫酸盐熔点时，管壁上金属氧化膜Fe_2O_3保护层会被溶解破坏。

第四步：复合硫酸盐会与铁反应，形成$Na_2Fe(SO_4)_3$循环作用使腐蚀不断进行。

4. 高温积灰和腐蚀的防止措施

（1）控制管壁温度。

（2）采用低氧燃烧技术。

（3）选择合理的炉膛出口烟温。

（4）定时对过热器和再热器进行吹灰，清除含有碱金属氧化物和复合硫酸盐的灰污层，阻止高温腐蚀的发生。

（5）合理组织燃烧，改善炉内空气动力及燃烧工况，防止水冷壁结渣、火焰中心偏斜或后移等可能引起热偏差的现象发生，减少过热器与再热器的沾污结渣。

（6）采用顺列管排，加大管间节距。

二、实践咨询

（一）过热器检修

过热器检修项目主要有顶棚过热器、包覆过热器、屏式过热器、对流过热器、各联箱、减温器等检查和检修。

1. 过热器检修前的准备工作

（1）查阅设备台账、更改记录。

（2）设备缺陷记录。

（3）检修技术记录。

（4）工作人员安全培训。

（5）熟悉检修规程的检修工艺要求及质量标准。

（6）办理检修工作票。

2. 材料、工具准备

手持式切割机、内磨机、角向砂轮机、锉刀、钢丝刷、钢卷尺、钢板尺、蠕胀测量尺、超声波测厚仪、着色探伤剂、坡口机、对口管钳、游标卡尺、切割片、角向砂轮片、内磨头、砂纸灯具、木塞、榔头、手链条葫芦、电焊机、焊条焊丝等。

3. 过热器项目检修

（1）过热器清灰和检修准备。机组停运，打开所有人孔门，开启引风机（低速运转，加强通风）。炉内温度降至60℃以下，清扫尾部受热面积灰。管子表面和管排间积灰用高压水冲洗或用压缩空气清灰。清灰后要保证管子表面和管排间的烟气通道内无积灰、结渣和杂物。

布置检修作业区，搭设检修平台，悬空处布置安全网。在检修平台验收合格后，拆除保温。

过热器检修现场灯照明充足，电源线应架空，电气设备使用前应检查绝缘和触电、漏电保护装置。电压符合安全要求，绝缘良好，漏电保护可靠。

（2）过热器外观检查。检查管子磨损情况，主要采用手摸、目测、测厚仪、游标卡尺等方法检查和测量管子磨损情况。

磨损检查包括：

1）检查吹灰器吹扫区域内管子磨损并测量壁厚。

2）检查包覆过热器吹扫孔四周管子并测量壁厚。

3）检查包覆过热器开孔四周管子。

4）检查蛇形管弯头磨损并测量壁厚。

5）检查屏式过热器和末级高温过热器的外圈向火侧并测量壁厚。

6）检查从管排或管屏出列的管子磨损并测量壁厚。

7）检查屏式过热器和末级高温过热器缠绕定位管的接触部位。

8）检查屏式过热器与间隔管接触部位。

9）检查屏式过热器自夹管。

10）检查穿墙管和穿顶棚管磨损。

11）检查水平布置蛇形管管夹和省煤器悬吊管附近管子磨损。

12）过热器管子表面应光洁，无异常或严重的磨损痕迹。管子磨损及腐蚀的减薄量允许值应符合规程要求。对磨损深度不超过原管壁厚1/3、磨损面积小于10cm^{2}的可采取堆焊处理，超过10cm^{2}应更换管子。分析管子磨损原因，并采取防磨措施。

13）检查管子蠕胀和高温腐蚀及管子表面氧化情况。

14）检查蠕胀须使用专用的各类管径胀粗极限卡规或游标卡尺。检查管子表面氧化时，先取样剥离氧化皮，采用千分尺测量氧化皮厚度。

主要测量部位：

1）测量屏式过热器和高温过热器的外圈管管径。

2）测量低温过热器的引出管及其他可能发生蠕胀的蛇形管管径。

3）检查屏式过热器和高温过热器的管子外表，特别是向火侧管段表面氧化情况。

4）管子外表无明显的颜色变化和鼓包。蠕胀值应符合规程要求。管子外表的氧化皮厚度须小于0.6mm，氧化皮脱落后管子表面无裂纹。管子表面腐蚀凹坑深度须小于管子壁厚的30%。当管子蠕胀、氧化皮厚度、腐蚀表面超过规定值时应更换管子。

5）检查管排变形和整形情况。管排排列整齐、平整，无出列管，管排横向间距一致，管排间无杂物。若发现横向间距偏差和变形，要消除原因，并进行整形。对出列管应割除，消除变形点后再焊复。

6）管夹、梳形板和活动连接板完好无损，无变形、无脱焊，与管排固定良好，并保证管子能自由膨胀。水平对流定位冷却管与屏式过热器管固定良好，管卡与管子焊缝无裂纹。对烧损或脱落的管夹、梳形板应恢复。

7）顶棚管无下垂变形，否则应进行恢复。

（3）管子焊缝检查。对联箱管座与管排对接焊缝去锈、去污，探伤抽查。焊缝及焊缝边缘母材上应无裂纹。若发现拉裂，打磨管座焊缝裂纹，彻底消除后进行补焊。焊接时应采取必要的焊前预热和焊后热处理的措施。

屏式过热器、高温对流过热器的异种钢焊缝进行无损探伤抽查。

（4）防磨装置检查。防磨装置和烟气倒流板应完整，无变形、烧损、磨损和脱落。若脱落、磨损、烧损则检查防磨装置，防磨装置磨损、烧损变形严重或脱落时应予以更换补齐。

（5）过热器割管检查。割管主要包括金属监视段和化学监督段的监视管。金属监视管段的位置应由金属监督部门确定。化学监督管段的位置应由化学监督部门确定。

确定监视管后，定位划线，然后用手持切割机进行切割管子（严禁使用割炬切割监视管）。切割点管子开口与管子保持垂直，开口平整。管子割开后应立即在开口处进行封堵并贴上封条。监视管割下以后应标明管子的材质、部位、向火侧面和蒸汽流向，送金属室、化学部门进行分析。

（6）管子更换。

1）管子切割。对于必须更换的超标缺陷管子，应确定切割位置，然后进行管子切割。一般采用机械切割，用电焊去除更换管处的管夹，切割点管子开口与管子保持垂直，两对接接头之间的距离大于200mm，对接接头距离弯曲点大于100mm，管子切割时不得损伤相邻的管子，管子切割后现场管排开口处应立即予以封堵。

2）新管、弯管检查：

① 利用灯光检查新管表面无腐蚀、拉痕、压扁、凹坑、撞伤和裂纹，新管内无铁锈等杂质。

② 用游标卡尺检查新管管径及壁厚。

③ 检查新管硬度和合金元素成分。合金钢管子硬度无超标。合金成分正确。

④ 新管子内外表缺陷的深度不允许超过管子壁厚的10%，否则应采取必要的措施。

⑤ 检查弯管表面拉伤和波浪度，并进行通球检查。弯管表面无拉伤，其波浪度应符合要求，弯管的不圆度应小于6%，通球试验合格。

⑥ 新管使用前宜进行化学清洗，对口前用压缩空气进行吹扫。

3）新管焊接：

① 首先制定焊接、热处理工艺卡，经审核批准。

② 按焊接工艺卡要求，用坡口机加工好坡口，打磨内、外壁管口，不小于15mm范围内露出金属光泽，用对口钳对口。

③ 按焊接工艺卡要求焊接新换的管子。

④ 宏观检查焊缝表面合格后，通知金属监督人员探伤。

（7）喷水减温器检查检修。

1）宏观检查减温器联箱悬吊件是否完整，焊缝处和管孔间有无裂纹。

2）切下减温器一侧手孔端盖，检查减温器喷嘴有无堵塞、脱落及磨损现象。喷嘴保持畅通，无堵塞。固定良好。如喷嘴堵塞，应疏通和恢复。

3）用内窥镜检查减温器内壁有无裂纹等缺陷和文丘里管在联箱内部的固定情况。

4）检查结束后，封堵手孔、贴好封条。

5）新手孔端盖材质鉴定、加工坡口后，按焊接工艺卡要求恢复手孔端盖，通知热处理及焊缝人员检验。

（二）再热器检修

再热器检修包括管子检查和管子检修。

1. 再热器检修前的准备工作

（1）查阅设备台账、更改记录。

（2）设备缺陷记录。

（3）检修技术记录。

（4）工作人员安全培训。

（5）熟悉检修规程的检修工艺要求及质量标准。

（6）办理检修工作票。

2. 材料、工具准备

检修所需工器具：对口卡子、线轴、垂直自锁器、焊机、焊条烘干机、角向磨光机、电磨头、管道坡口机、手拉葫芦、行灯及变压器等。

检修所需测量用具准备：游标卡尺、钢卷尺、钢板尺、蠕胀测量尺、超声波测厚仪等。

检修所需检测仪器准备：着色探伤剂、X光射线探伤机、胶片、观片灯、硬度仪、光谱仪、超声波测厚仪、内窥镜等。

工作所需消耗性材料准备：记号笔、水溶纸、钨极、磨片、切片、氧气、乙炔气、砂纸、氩气等。

3. 再热器项目检修

（1）再热器管子清灰和检修准备。

1）再热器管子清灰：管子表面和管排间的积灰用高压水冲洗或用压缩空气清灰。管子表面和管排间的烟气通道内应无积灰、结渣和杂物。

2）检修准备：布置检修作业区，搭设检修平台，悬空处布置安全网；在检修平台验收合格后，拆除保温。

（2）管子外观检查。对再热器管的外观逐管进行外观检查，并记录。

1）检查管子磨损，用目测，手摸、卡规、测厚仪等方法检查管子的磨损情况及其他外伤：

① 检查吹灰器吹扫区域内管子或测量壁厚。

② 检查壁式再热器弯头或测量壁厚。

③ 检查蛇形管弯头或测量壁厚。

④ 检查管排外圈蛇形管向火侧或测量壁厚。

⑤ 检查从管排或管屏出列的管子或测量壁厚。

⑥ 检查屏式再热器夹持管或测量壁厚。

⑦ 检查屏式再热器与对流冷却管的接触部位。

⑧ 检查穿墙管和穿顶管。

⑨ 检查水平布置的蛇形管管夹和省煤器悬吊管附近的管子。

质量要求：受热面管子表面应光洁，无异常或严重的磨损痕迹；管子磨损后其减薄量小于管子壁厚的30%；对于局部磨损小于10cm^2、厚度小于1/3壁厚可堆焊补强，焊后进行热处理。

2）检查管子蠕胀和高温腐蚀，用专用的各类管径胀粗极限卡规或游标卡尺检查蠕胀情况：

① 检查屏式再热器和高温再热器的外圈管段的胀粗。

② 检查屏式再热器和高温再热器的管子表面，特别是外圈向火侧表面的高温腐蚀。

质量要求：碳钢管子胀粗值应小于3.5%D；合金钢管子胀粗值应小于2.5%D；管子外表无明显的颜色变化和鼓包。材质为碳钢的受热面管子或三通、弯头的石墨化应不大于4级；合金钢管表面球化大于4级时，宜取样进行机械性能试验，并做出相应的措施；管子外表的氧化皮厚度须小于0.6mm，氧化皮脱落后管子表面无裂纹；管子表面腐蚀凹坑深度须小于管子壁厚的30%。

3）检查管排变形和整形：

① 检查管排横向间距，消除横向间距偏差和变形的原因并整形。

② 检查管排平整度，宜割除出列管段，消除变形点后再焊复。

③ 检查管排的管夹和管排间的活动连接板及梳形板。

④ 检查屏式再热器管排与水平定位冷却管的连接与定位。

质量要求：管排排列平整、整齐，无出列管，管排横向间距一致，管排间无杂物；管夹、梳形板和活动连接板完好无损，无变形、无脱焊，与管排固定良好，并保证管子能自由膨胀；水平对流定位冷却管与屏式过热器管固定良好，管卡与管子焊缝无裂纹。

（3）割管检查。管子外观检查结束后，由金属和化学监督人员确定金属监视管段以及化学监督管段的割管部位、尺寸、数量。

割管前要划好明显的线段，并设专人监视割管，以防伤割别的管，监视管割下以后应标明管子的材质、部位、向火侧面和蒸汽流向。封堵管子割开后现场的上、下管口。管子切割后监视管应保持原样和完整。

（4）焊缝检查。

1）联箱管座与管排对接焊缝去锈、去污、抽查。

2）全面检查运行10万h后的高温再热器出口联箱管座与管排的对接焊缝，并由金属监督部门对焊缝进行探伤抽查。全面检查运行10万h后的异种钢焊缝，并由金属监督部门进行无损探伤抽查。

3）打磨管座焊缝裂纹，彻底消除后进行补焊。焊接时应采取必要的焊前预热和焊后热处理的措施。

（5）管子更换。当合金管蠕胀胀粗超过原直径的2.5%，局部磨损超过原管厚的1/3，面积大于10cm^{2}的再热器管子应予以更换。

对要更换的再热器管子先划线，确定位置，采用机械切割方法进行切割，切割前割点附近的管夹应在切割前与管子或所在管排脱离，切割时不应损伤相邻的管子。管子切割后管排开口处应立即予以封堵。

对于更换的新管要进行外观检查。管子表面应无裂纹、压扁、凹坑、撞伤、分层、腐蚀；弯管表面无拉伤；弯管实测壁厚应大于直管理论计算壁厚；弯管的不圆度应小于6%，通球试验合格；管径与壁厚的正负公差应小于10%；金钢管子硬度无超标；合金成分正确。新管使用前宜进行化学清洗，对口前用压缩空气进行吹扫。

新管焊接焊接工艺应符合相关规程的要求；新管施工焊口须100%探伤，焊缝应100%合格。

（6）防磨装置检查与更换。检查防磨装置，防磨板和烟气导流板须完整，无变形、烧损、磨损和脱焊；防磨罩与管子能自由膨胀。防磨装置磨损和烧损变形严重时应予以更换。

（7）清理现场。拆除脚手架，清理现场，终结工作票。

（8）水压试验。在锅炉水压试验时，检查各部件及焊缝无泄漏、渗水现象。

（9）验收并撰写检修报告。在完成所有检修工序后要按照质量标准，进行逐项验收，并填写质量验收表。验收结束要撰写检修报告。检修报告包括检修情况说明及设备检修后健康状况分析、检修更换的主要备品配件、设备检修异常以及消除的主要缺陷、尚未消除的缺陷及未消除的原因、设备变更和改进情况、技术监督情况等内容。

【任务实施】

工作任务	过热器（或再热器）检修			学时	10	成绩	
姓名		学号		班级		日期	

1. 计划

（1）岗位划分。

岗位 组别	作业组长	组员	组员	组员	组员	组员	组员	组员

（2）制定过热器（或再热器）检修工单。

人员要求		检修作业名称	工作负责人签字
专责工	人	过热器（或再热器）检修	
检修工	人		
安全员	人		工作成员签字
其他	人		
	人		
	人		

检修前准备

- 资料准备。
- 熟悉检修安全注意事项。
- 掌握拆装方法熟悉各部件结构检修工艺及质量标准

工具材料准备

续表

安全措施
工作步骤
技术标准

2. 决策

根据锅炉检修作业指导书核对各组检修工单。

3. 实施

（1）填写过热器（或再热器）检修工作票。

（2）在模拟电厂锅炉检修场景下，各检修学习小组进行过热器和再热器的检修。

4. 检查及评价

考评项目		自我评估20%	组长评估20%	教师评估60%	小计100%
素质考评20	劳动纪律5				
	积极主动5				
	协作精神5				
	贡献大小5				
总结分析20					
工单考评60					
总分					

任务3 省煤器检修

【教学目标】

知识目标：

（1）掌握省煤器的作用、结构和布置；

（2）掌握省煤器的积灰、磨损的危害、影响因素及预防措施；

（3）掌握省煤器的检修项目、工艺要求及质量标准。

能力目标：

（1）能讲解省煤器的作用及结构形式；

（2）能判断省煤器故障，会分析原因及其危害，能维修处理；

（3）会省煤器检修。

态度目标：

（1）能主动学习，在完成任务过程中发现问题、分析问题和解决问题；

（2）能与小组成员协商、交流配合完成本次学习任务，养成分工合作的团队意识；

（3）严格遵守安全规范，爱岗敬业、勤奋工作。

【任务描述】

班级学生自由组合为若干个检修学习小组，各检修学习小组自行选出作业组长，并明确各小组成员的角色。在模拟电厂锅炉检修场景下，各检修学习小组按照中华人民共和国电力行业标准 DL/T 748.2—2001 中省煤器检修的要求，进行省煤器检修。

【任务准备】

<table>
<tr><td>工作任务</td><td colspan="3">省煤器检修</td><td>学时</td><td>6</td><td>成绩</td><td></td></tr>
<tr><td>姓名</td><td></td><td>学号</td><td></td><td>班级</td><td></td><td>日期</td><td></td></tr>
<tr><td colspan="8">课前预习相关知识部分，独立回答下列问题：
（1）省煤器的作用有哪些？
（2）影响省煤器积灰的因素有哪些？
（3）影响省煤器磨损的因素有哪些？
（4）减轻和防止省煤器磨损的措施有哪些</td></tr>
</table>

【相关知识】

一、理论咨询

（一）省煤器的作用和分类

1. 省煤器的作用

省煤器是利用锅炉尾部烟气热量加热锅炉给水的一种热交换器。省煤器在锅炉中的作用为：

（1）节省燃料消耗量。在尾部烟道装设省煤器后，利用给水吸收烟气热量，可降低锅炉排烟温度，减少排烟热损失，提高锅炉效率，节省燃料。省煤器的名称就是由此而得来。

（2）降低锅炉造价。由于给水在进入蒸发受热面之前，先在省煤器内加热，这样就减少了水在蒸发受热面内的吸热量。因此采用管径较小、管壁较薄、传热温差较大、价格较低的省煤器来代替造价较高的蒸发受热面，可节省锅炉造价。

（3）改善了汽包的工作条件，延长其使用寿命。省煤器的采用提高了进入汽包的给水温度，减小了汽包壁与给水之间的温差，从而降低了汽包热应力，提高机组安全性。

因此，省煤器已成为现代电站锅炉中必不可少的重要设备。

2. 省煤器的分类

（1）根据省煤器出口工质的状态，省煤器分为非沸腾式省煤器和沸腾式省煤器两种。当省煤器出口水温低于其压力下的饱和温度时则称为非沸腾式省煤器，出口水的温度一般比饱和温度低 20～25℃。当省煤器出口水温不仅达到饱和温度，并有部分水汽化时则称为沸腾式省煤器，汽化水量不大于给水量的 20％。

现代超高压及以上的锅炉均采用非沸腾式省煤器。这是由于随着锅炉压力的升高，水的加热热增大，汽化热减小。为了防止因炉膛温度和炉膛出口温度过高而引起的炉内及炉膛出口处受热面的结渣，故将部分加热水的任务由省煤器转移到水冷壁来完成。一般沸腾式省煤器常用于中压以下锅炉，现代大型电站锅炉已不采用。

(2) 根据省煤器所用材料不同，省煤器分为铸铁式省煤器和钢管式省煤器两种。铸铁式省煤器耐磨损、耐腐蚀，但笨重且不能承受高压及较大的水击，因此只用于中、低压的非沸腾式省煤器。钢管式省煤器可用于任何压力和容量的锅炉，置于不同形状的烟道中。其优点是强度高、传热性能好、体积小、质量小、布置自由、价格低。缺点是耐腐蚀性和耐磨损性较差，给水必须除氧。目前大容量锅炉广泛采用钢管式省煤器。

(二) 省煤器的结构和工作原理

钢管式省煤器的结构如图 3-76 所示。它是由许多并列的蛇形管和进、出口联箱组成。蛇形管采用焊接的方法与联箱连接在一起。蛇形管一般用管径 ϕ28～ϕ42、壁厚为 3～5mm 的无缝钢管（有的大型锅炉采用 ϕ51×6.5 的蛇形管）弯制而成。管子的横向相对节距为 s_1/d=2～3，纵向相对节距为 s_2/d≥1.5。沿烟气流程，整个省煤器管组高度每隔 1～1.5m 需留有 600～800mm 高度的空间，设置检修孔，联箱可布置在烟道外。此外，省煤器与其相邻的空气预热器也应留出 800～1000mm 的空间，以便进行检修和清除受热面上的积灰。为了减少穿墙管处漏风，联箱也可布置在烟道内。

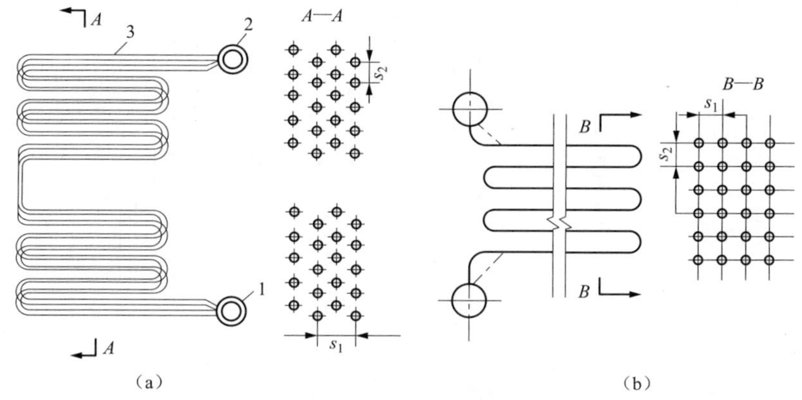

图 3-76 钢管式省煤器的结构图

(a) 错列布置结构；(b) 顺列布置结构

1—进口联箱；2—出口联箱；3—蛇形管；s_1—横向节距；s_2—纵向节距

省煤器一般采用卧式（水平）布置在尾部垂直烟道中。烟气在管外自上而下横向冲刷管束，将热量传递给管壁；水在管内自下而上流动，吸收管壁放出的热量，使水的温度升高。这种方式既可以形成逆流传热，获得较大的平均传热温差，增大传热效果，节约金属用量，又便于疏水和排气，以减轻腐蚀。另外，烟气自上而下流动，还有利于吹灰。

(三) 省煤器的布置

省煤器按蛇形管的排列方式可分为错列布置和顺列布置两种。错列布置传热效果好、结构紧凑并能减少积灰，但磨损严重；顺列布置传热效果较差，但磨损较轻。现代大型锅炉为了减轻磨损多采用顺列布置。

省煤器按蛇形管在烟道中的放置方式分为纵向布置和横向布置两种。当蛇形管垂直于炉膛后墙时称为纵向布置，如图 3-77（a）所示。当蛇形管平行于炉膛后墙时称为横向布置，如图 3-77（b）、(c) 所示。燃煤锅炉从减轻飞灰磨损的角度看，横向布置是有利的。因为烟气从水平烟道流入尾部竖井烟道时转 90°的弯，在离心力作用下，大部分飞灰集中在尾部烟

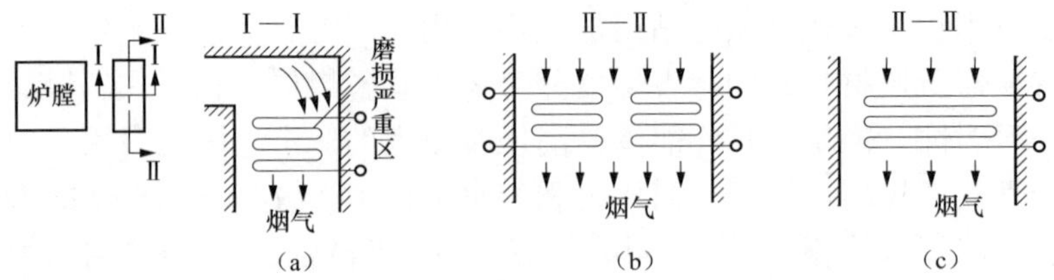

图 3-77 省煤器蛇形管在烟道中的布置方式

(a) 纵向布置；(b) 横向布置双面进水；(c) 横向布置单面进水

道后墙。横向布置时，只有靠近后墙的少数几排管子磨损严重，更换磨损件的工作量不大。纵向布置时，所有蛇形管均在后墙转弯，弯头的磨损增加了检修工作量。

省煤器可采用支承或悬吊两种方式来承重，如图 3-78 和图 3-79 所示，还可以将支承梁布置在两段省煤器管组中间（支承梁外敷耐火混凝土、中间通风进行冷却)，联合使用悬吊和支托的方法支承其重力。当省煤器不重时也可直接以蛇形管或联箱作为支持件，联箱置于烟道内，减少了管子穿墙，炉墙的气密性要比联箱置于炉墙外好得多。

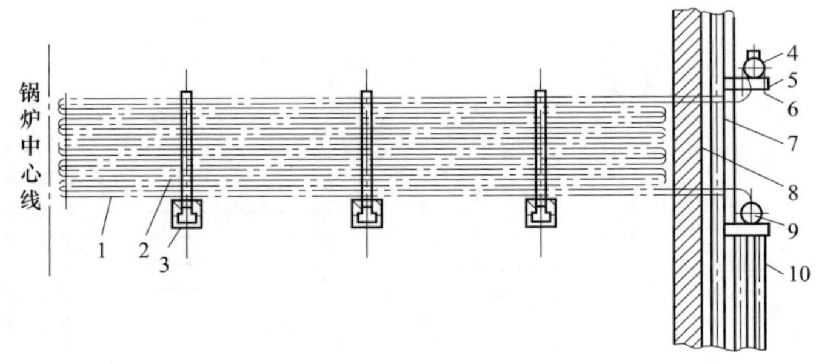

图 3-78 省煤器的支承结构图

1—蛇形管；2—固定支架；3—支持梁；4—省煤器出口联箱；5—托架；6—U 形螺栓；7—立柱；8—烟道侧墙；9—省煤器进口联箱；10—进口联箱连接管

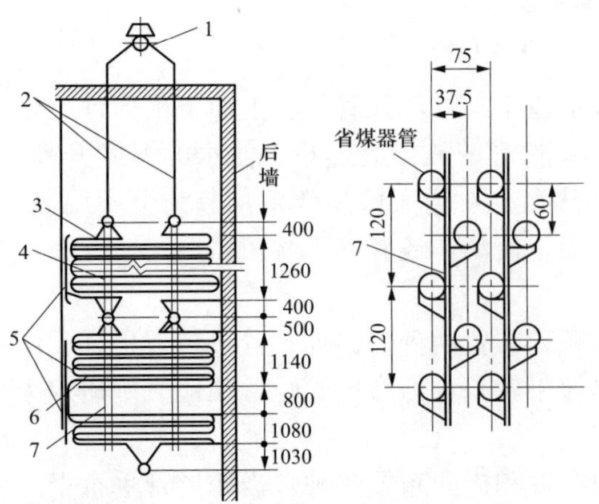

图 3-79 省煤器的悬吊结构图

1—出口联箱；2—省煤器悬吊管；3、6—省煤器；4、7—吊架；5—防磨装置

（四）省煤器的启动保护

省煤器在锅炉启动时，常常是不连续进水的，但如果省煤器中水不流动，就可能使管壁温度超温，而使管子损坏，因此，可以在省煤器与除氧器之间装一根带阀门的再循环管来保护省煤器，如图 3-80 所示。

通常是在省煤器进口与汽包之间装有再循环管，如图 3-81 所示。再循环管装在炉外，是不受热的。在锅炉启动时，省煤器便开始受热，因而就在汽包再循环管—省煤器—汽包之间，形成自然循环。省煤器内有水流动，管子受到冷却，就不会烧坏。但要注意，在锅炉汽包上水时，再循环阀应关闭，否则给水将由再循环管短路进入汽包，省煤器又会因失水而得不到冷却。上完水以后，就可关闭给水阀，打开再循环阀。

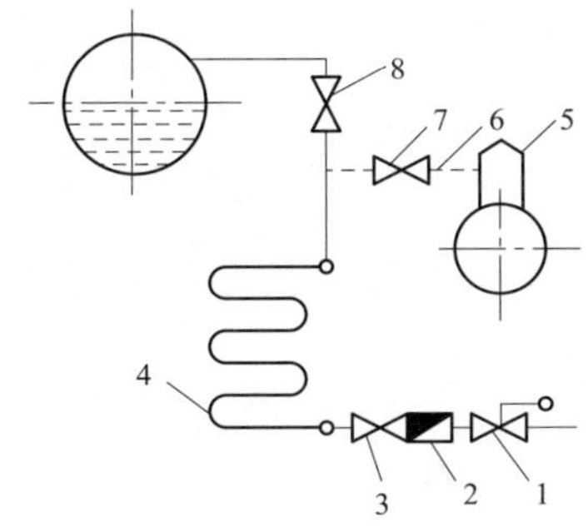

图 3-80 省煤器与除氧器之间的再循环管

1—自动调节阀；2—止回阀；3—进口阀；4—省煤器；5—除氧器；6—再循环管；7—再循环阀；8—出口阀

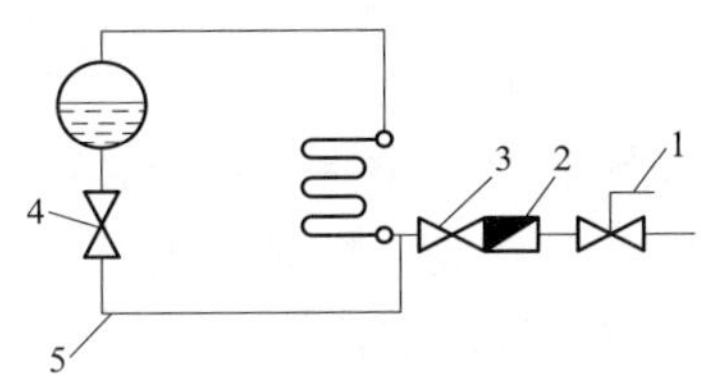

图 3-81 省煤器的再循环管

1—自动调节阀；2—止回阀；3—进口阀；4—再循环阀；5—再循环管

（五）尾部受热面的积灰

1. 积灰及其危害

当携带飞灰的烟气流经受热面时，部分灰粒沉积在受热面上的现象称为积灰。积灰会带来以下危害：

(1) 由于灰的传热系数很小，因此在锅炉对流受热面上一旦积灰，将会使受热面的热阻增大，传热恶化，以致排烟温度升高，排烟热损失增加，锅炉热效率降低。

(2) 积灰严重会堵塞部分烟气通道，将使烟气流动阻力增大，导致引风机电耗增大甚至出力不足，造成锅炉出力降低或被迫停炉清灰。

(3) 由于积灰使烟气温度升高，还会影响后面受热面的安全运行。

尾部受热面积灰包括松散性积灰和低温黏结性积灰两种。松散性积灰是烟气携带的灰粒沉积在受热面上形成的；低温黏结性积灰成硬结状，难以清除，对锅炉工作影响较大。低温黏结性积灰与低温腐蚀是相互促进的。

2. 影响松散性积灰的因素

(1) 烟气流速。烟气流速越高，灰粒的冲击作用越大，积灰程度越轻；反之则积灰越多。如图 3-82 所示，当烟气流速大于 8～10m/s 时，背风面积灰较轻，迎风面则一般不积灰；当烟气流速为 2.5～3m/s 时，不仅背风面积灰较重，而且在迎风面也会积灰，甚至会发生堵灰。

(2) 飞灰颗粒度。烟气中粗灰多细灰少时，冲刷作用大，积灰减少；反之细灰多粗灰少时，则积灰增多。液态排渣煤粉炉烟气中的飞灰比固态排渣煤粉炉的细，因此积灰严重。

(3) 管束结构特性。错列布置管束比顺列布置管束的积灰轻。因为错列布置的管束不仅迎风面受到冲刷，而且背风面也较容易受到冲刷，故积灰较轻。而顺列布置的管束除第一排管子外，其余的管子不仅背风面受到冲刷少，而且迎风面也不能直接受冲刷，所以积灰较严重。烟气纵向冲刷管子因冲刷作用强，故

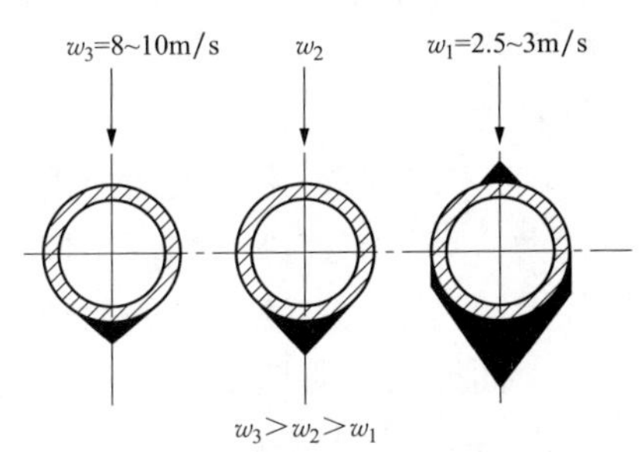

图 3-82 烟气流速对积灰的影响

比横向冲刷管子的积灰轻。管径较小时，管子背面的旋涡区小，飞灰冲击机会增加，积灰减轻。

3. 减轻积灰的措施

（1）选择合适的烟气速度。在额定负荷时，烟气速度不应低于 6m/s，一般可保持在 8～10m/s，过大则会加剧磨损。

（2）采用小管径、小节距、错列布置的管束。对省煤器可采用直径为 $\phi25$～$\phi32$ 的管子，管束相对节距为 $s_1/d=2\sim2.5$，$s_2/d=1\sim1.5$。

（3）定期吹灰。尾部受热面一般都装有吹灰装置，运行人员应定期吹灰。

（4）防止省煤器泄漏。

（六）尾部受热面的磨损

1. 磨损及其危害

燃煤锅炉尾部受热面飞灰磨损是一种常发生的现象。当携带大量固态飞灰的烟气以一定速度流过受热面时，灰粒撞击受热面，在冲击力的作用下会削去管壁微小金属屑而造成磨损。磨损使受热面管壁逐渐减薄，强度降低，最终将导致泄漏或爆管事故，直接威胁锅炉安全运行，使设备的可用率降低。停炉更换磨损部件还要耗费大量的工时和钢材，而造成经济损失。锅炉过热器、再热器、省煤器和空气预热器都会发生不同程度的磨损，尤其以省煤器最为严重。

2. 影响磨损的因素

（1）烟气速度。受热面金属表面的磨损与冲击管壁的灰粒动能和冲击次数成正比，管子金属的磨损与烟气速度的三次方成正比，可见烟气速度对受热面磨损的影响很大。

（2）飞灰浓度。飞灰浓度大，灰粒冲击受热面次数多，磨损加剧。如锅炉中转弯烟道外侧的飞灰浓度大，因而该处管子的磨损严重。对燃用高灰分煤的锅炉，烟气中的飞灰浓度大，磨损严重。

（3）灰粒特性。灰粒越粗、越硬，磨损越严重。另外，灰粒形状对磨损也有影响，具有锐利棱角的灰粒比球形灰粒磨损严重。如沿烟气流向，烟气温度逐渐降低，灰粒变硬，磨损加重。因此省煤器的磨损一般比过热器、再热器严重。又如燃烧工况恶化，灰中未燃尽的残炭增多，由于焦炭的硬度大，也会加剧受热面的磨损。

（4）管束的结构特性。烟气纵向冲刷管子时，因灰粒运动与管子平行，冲击管子的机会少，故比横向冲刷磨损轻。烟气横向冲刷时，错列管束因烟气扰动强烈，灰粒对管子的冲击机会多，则比顺列管束磨损重。在错列管束中，第二排的管子磨损最严重，这是因为烟气进入管束后，流速增加，动能增大的缘故。经过第二排管子以后，由于动能被消耗，磨损又轻了。在顺列管束中，第五排及以后管子的磨损严重，因为烟气进入管束后有加速过程，到第五排管子时达到全速。

（5）飞灰撞击率。飞灰撞击管壁的几率与多种因素有关。研究表明，飞灰粒径大、飞灰硬度大、烟气流速高、烟气黏性小，则飞灰撞击率大。这是因为含灰烟气绕过管子流动时，粒径大、密度大、速度高的灰粒产生的惯性力大于烟气的黏性力，使灰粒容易从烟气中分离出来，而撞击在管壁上。

3. 减轻磨损的措施

（1）合理地选择烟气流速。降低烟气流速是减轻磨损的最有效方法。但烟气流速的降低，不仅会影响传热，同时还会增大受热面的积灰和堵灰，所以应合理地选择烟气流速。根据国内外调查资料，省煤器中烟气流速最大不宜超过 9m/s，否则会引起较严重的磨损。

（2）采用合理的结构和布置。对飞灰磨损严重的受热面，可用顺列代替错列，以减轻烟气中飞灰对管子的冲刷。避免管间节距不均匀以及减小受热面与炉墙之间的间隙，而出现“烟气走廊”。

（3）加装防磨装置。由于种种原因，烟气的速度和飞灰浓度不可能分布均匀，在局部区域出现烟气流速过高或飞灰浓度过大的现象不可避免，因此应在受热面管子易磨损的部位加装防磨装置，这样被磨损的不是管子，而是保护部件，检修时只需更换这些部件即可。

省煤器的防磨装置如图 3-83 所示。图 3-83（a）是在弯头处加装护瓦和护帘；图 3-83（b）是在“烟气走廊”区加装护瓦，以增大“烟气走廊”区的阻力，使烟气流速降低；图 3-83（c）是在弯头处加装护瓦；图 3-83（d）是在磨损最严重部位焊接圆钢等局部防磨装置。

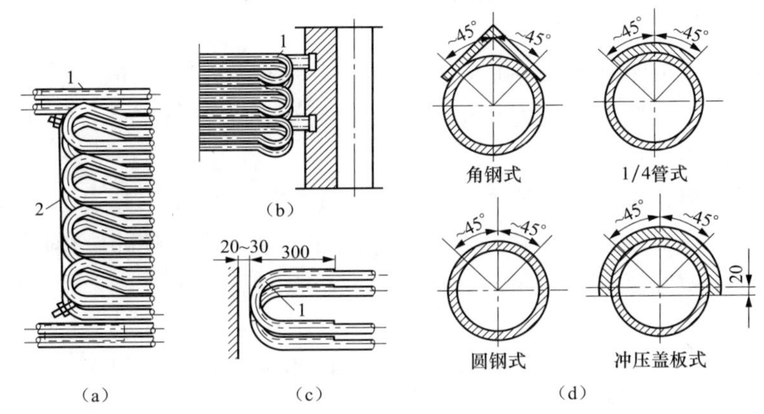

图 3-83 省煤器的防磨装置

（a）弯头处的护瓦和护帘；（b）穿过“烟气走廊”区的护瓦；（c）弯头护瓦；（d）局部防磨装置

1—护瓦；2—护帘

（4）搪瓷或涂防磨涂料。在管子外表面搪瓷，厚度为 0.15～0.3mm，一般可延长寿命 1～2 倍。在管子外表面上涂防磨涂料或渗铝，也可有效地防止磨损。

二、实践咨询

（一）省煤器检修前的准备工作

（1）准备工器具、备用管及其他材料。

（2）安装好行灯照明。

（3）查阅历次检修省煤器缺陷情况，掌握省煤器运行缺陷记录，制定检修方案。

（4）省煤器清灰工作完成后方可进入开始工作。

（5）检修脚手架搭设。

（6）进行安全培训，熟悉省煤器的检修工艺要求及质量标准。

（7）办理检修工作票。

（二）材料、工具准备

手提式切割机、角向磨光机、电动坡口机、内磨机、内磨头、切割机砂轮片、角磨机砂轮片、坡口机刀片、蠕胀测量尺、测厚仪、探伤机、光谱仪、内窥镜、手拉葫芦、手锤、钢丝绳、焊机、游标卡尺、钢卷尺、钢板尺、行灯、电源盘、砂布、手锯、手电筒、放大镜、钢丝刷、锉刀等。

（三）省煤器检修项目

1. 省煤器清灰

（1）管子表面和管排间用高压水冲洗或用压缩空气清灰，将管排间灰渣和管子表面积灰清理干净。

（2）进入省煤器检修现场的所有电源线须架空，电气设备使用前应检查绝缘、触电和漏电保护装置，要求电气设备绝缘良好，触电和漏电保护可靠。

2. 省煤器外观检查

（1）检查管子磨损。检查烟气入口的前三排管子、吹灰器吹扫区域内的管子、穿墙管、悬吊管、横向节距不均匀的管排及出列的管子或测量壁厚，检查蛇形管管夹两侧直管段及弯头。要求管子表面光洁，无异常或严重的磨损痕迹；若管子磨损量大于管子壁厚30%，应予以更换。

（2）检查管排横向节距和管排整形。检查和清理滞留在管排间的异物，管排内无杂物；管夹焊接良好无脱落，对变形严重的管子或管夹进行更换；管排平整，无出列管和变形管，管排横向节距一致。

（3）检查管子胀粗、裂纹等。检查蛇形管的蠕胀情况，胀粗不超过原外径的3.5%；检查管子的氧化、重皮、腐蚀、裂纹和其他损伤并做好记录；检查各部位焊口应无裂纹、砂眼等缺陷，发现问题应做好标记和记录，进行补焊或更换新管。

3. 监视管切割和检查

（1）监视管切割。监视段须由化学监督部门予以指定，管子切割部位正确，须避开管排的管夹，如是第二次割管，则必须包括新、旧管（新管是指上次大修所更换的管子）；切割时不宜用割炬切割，切割时管子内、外壁应保持原样且无损伤；切割下来后应标明管子部位、水流方向和烟气侧方向。

（2）测量监视段厚度及检查管子内、外壁的腐蚀。

4. 管子更换

（1）割管。管子的切割点位置应符合要求，切割点开口应平整，且与管子轴线垂直。

1）对于鳍片管或膜式省煤器管更换，应参照水冷壁的管子更换，肋片省煤器管宜采用整段更换。

2）悬吊管局部更换时，必须先将切割点承重一侧的管子加以固定，不发生下坠，稳妥以后方可割管、换管，焊接结束后方可撤去固定装置；管子切割后应在开口处进行封堵，并贴上封条，对于采用割炬切割的管子，在管子割开后应无熔渣掉进管内；悬吊管更换后保持垂直。

（2）新管检查同水冷壁新管检查。

（3）新管焊接同水冷壁新管焊接。

5. 防磨装置检查和整理

（1）防磨罩磨损检查。防磨罩无严重磨损，磨损量超过壁厚50%的应更换。

（2）防磨罩位置检查。防磨罩无移位、脱焊和变形。

（3）防磨罩安装或更换应严格按照设计要求进行，不得与管子直接焊接，能与管子做相对自由膨胀。

【任务实施】

工作任务	省煤器检修			学时	6	成绩	
姓名		学号		班级		日期	

1. 计划

（1）岗位划分。

岗位 / 组别	作业组长	组员	组员	组员	组员	组员	组员	组员

（2）制定省煤器检修工单。

人员要求		检修作业名称	工作负责人签字
专责工	人	省煤器检修	
检修工	人		
其他	人		工作成员签字
	人		
	人		
	人		

检修前准备

- 资料准备。
- 熟悉检修安全注意事项。
- 掌握拆装方法，熟悉各部件结构、检修工艺及质量标准

工具材料准备

安全措施

工作步骤

技术标准

2. 决策

根据锅炉检修作业指导书核对各组检修工单。

3. 实施

（1）填写省煤器检修工作票。

（2）在模拟电厂锅炉检修场景下，各检修学习小组进行省煤器的检修。

续表

4. 检查及评价

考评项目		自我评估 20%	组长评估 20%	教师评估 60%	小计 100%
素质考评 20	劳动纪律 5				
	积极主动 5				
	协作精神 5				
	贡献大小 5				
总结分析 20					
工单考评 60					
总分					

项目 4

锅炉"炉"本体检修

【项目描述】

主要培养学生认知和理解电厂锅炉燃烧系统流程和设备的结构特征、工作原理，熟悉锅炉燃烧系统主要设备的检修工艺及质量标准，会办理检修工作票、准备主要工器具、制订并实施安全措施，能检测和修复主要缺陷。

【教学目标】

(1) 能讲解锅炉燃料的成分及其性质，煤的主要特征指标及电厂发电用煤的分类；
(2) 能说明锅炉燃烧系统各设备所处的位置及作用；
(3) 能讲解燃烧系统工作流程和工作原理；
(4) 能识读燃烧系统系统图和设备图；
(5) 能填写锅炉"炉"本体检修工作票，会办理工作票手续；
(6) 能判燃烧设备及空气预热器主要故障，会分析原因及其危害，能维修处理；
(7) 能制订并实施安全措施；
(8) 会准备和使用检修工具；
(9) 会燃烧设备、空气预热器的检修；
(10) 会编制锅炉"炉"本体设备检修作业指导书。

【教学环境】

锅炉检修实训场、锅炉设备模型室、多媒体课件、锅炉教学视频、锅炉设备系统图纸。

任务1 燃烧设备检修

【教学目标】

知识目标：
(1) 熟悉锅炉燃料的成分及其性质，煤的主要特征指标及电厂发电用煤的分类；
(2) 掌握煤粉气流燃烧的基本原理，煤粉完全迅速燃烧的条件及煤粉气流的燃烧过程；
(3) 掌握燃烧器的作用、形式、布置及炉内空气动力特性；
(4) 掌握燃烧器的检修项目、工艺要求及质量标准。
能力目标：
(1) 能正确描述燃料的成分及其性质，以及各成分的燃烧产物；
(2) 能正确讲解煤粉气流的燃烧过程及其影响因素；

（3）能分析不同燃烧器的布置及其适应煤种，能根据锅炉设计煤种来选择燃烧器；

（4）能分析直流燃烧器和旋流燃烧器的布置及炉内空气动力特性；

（5）能判断燃烧器设备故障，会分析原因及其危害，能维修处理；

（6）会燃烧器检修。

态度目标：

（1）能主动学习，在完成任务过程中发现问题、分析问题和解决问题；

（2）能与小组成员协商、交流配合完成本次学习任务，养成分工合作的团队意识；

（3）严格遵守安全规范，爱岗敬业、勤奋工作。

【项目描述】

班级学生自由组合为若干个检修学习小组，各检修学习小组自行选出作业组长，并明确各小组成员的角色。在模拟电厂锅炉检修场景下，各检修学习小组按照 DL/T 748.2—2001 中燃烧器检修的要求，进行燃烧器检修。

【任务准备】

<table>
<tr><td>工作任务</td><td colspan="2">燃烧器检修</td><td>学时</td><td>8</td><td>成绩</td><td></td></tr>
<tr><td>姓名</td><td></td><td>学号</td><td>班级</td><td></td><td>日期</td><td></td></tr>
<tr><td colspan="7">课前预习相关知识部分，独立回答下列问题：
（1）简述煤的元素分析成分和工业分析成分的组成。
（2）煤的分析基准表示方法主要有哪些？
（3）简述我国的电厂锅炉用煤，根据煤的干燥无灰基挥发分 V_{daf} 含量为主要依据进行分类，主要可以分成哪几类，并陈述它们各自的主要性质。
（4）煤粉燃烧完全的条件是什么？
（5）影响煤粉气流着火的因素主要有哪些？
（6）简述煤粉锅炉的燃烧设备的组成。
（7）煤粉燃烧器的作用主要有哪些</td></tr>
</table>

【相关知识】

一、理论咨询

（一）煤的成分和主要特性

通常把为取得热量而燃烧的可燃物质叫做燃料。当然这些热量在技术上是可利用的，在经济上是合理的。电厂锅炉是耗用大量热量的动力设备，燃料的性质对锅炉工作的安全性和经济性有重大的影响。对于不同的燃料要采用不同的燃烧方式和燃烧设备。因此，对于锅炉专业人员来说，了解燃料的性质和特点是很有必要的。目前，煤炭是我国电厂锅炉的主要燃料。

1. 煤的成分

煤是由有机化合物和无机矿物质等组成的一种复杂物质。为了实用方便，煤可以通过元素分析法和工业分析法来研究其组成和性质。

（1）煤的元素分析成分。元素分析法指全面测定煤中所含化学成分的分析法。煤的化学组成成分包括碳（C）、氢（H）、氧（O）、氮（N）、硫（S）五种元素和水分（M）、灰分（A）两种成分。其中碳、氢和部分硫是可燃成分的，其余都是不可燃成分。这些成分在煤中并不是呈机械的混合物，而是以复杂的化合物形式呈现。煤的各种成分性质如下所述。

1）碳。碳是煤中主要可燃物质。地质年龄越长的煤，其含碳量越高，通常煤的含碳量为20%～70%。碳的一部分与氢、氧、氮等结合成为挥发性的有机化合物，其余部分则呈单质状态，称为固定碳。固定碳只高温下才燃烧。煤中固定碳含量越高（如无烟煤），则越不容易着火和燃烧，且燃烧缓慢，火焰短。1kg碳完全燃烧可放出32700kJ的热量。

2）氢。氢是煤中可燃元素，其含量为3%～5%，是煤中发热量最高的可燃元素，比碳高3.5倍。煤中氢元素含量随着煤地质年龄的增长，含量逐渐减小。煤中氢元素一部分与氧结合，称为化合氢，不能燃烧放热；另一部分存在于可燃有机物中，称为游离氢，它们极易着火和燃烧。因此，含氢越多的煤越容易着火燃烧。

3）氧和氮。氧和氮均是煤中的不可燃成分，其含量也少。地质年龄越短，煤含氧量越高。煤中含氮量一般只有0.5%～2.5%，但燃烧时氮会形成有害气体氮氧化合物（NO_x），污染大气。

4）硫。煤中硫可分为有机硫和无机硫。有机硫和煤中的碳、氢、氧等结合成复杂的化合物，均匀地分布在煤中。无机硫包括黄铁矿硫（FeS_2）和硫酸盐硫（$CaSO_4$、$MgSO_4$、$NaSO_4$）等。有机硫和黄铁矿可以燃烧，合称为可燃硫。硫酸盐不能燃烧，故并入灰分。1kg硫完全燃烧可放出9040kJ/kg的热量。其发热量较低，含量也少，为0.5%～8%，因此其发热量在煤中是无足轻重的。但硫在燃烧过程中生成的SO_2和SO_3会进一步和水蒸气化合生成硫酸和亚硫酸，腐蚀锅炉金属和污染大气。

5）水分。水分是煤中主要的不可燃成分，也是一种有害物质。不同煤的水分差别很大，可从2%到60%不等。煤中水分由表面水分和固有水分组成。表面水分即煤由于自然干燥所失去的水分，又称外在水分。失去表面水分后的煤中水分称为固有水分，也称内在水分。固有水分主要取决于煤的化学性质和周围环境条件。一般来说，随着地质年龄的增长，煤的固有水分减少。煤的外在水分则和开采方法、运输和储存等条件有关。

水分的存在使煤中的可燃元素相对减少，同时它在煤燃烧时要汽化、吸热，从而使燃烧温度降低，甚至会使煤难于着火。同时由于水分在煤燃烧后形成水蒸气，使烟气体积增加，既增加引风机电耗，又带走大量热量，降低锅炉热效率。另外，原煤的水分过大，常会造成煤斗或落煤管道黏结，甚至堵塞，并增加碎煤和制粉的困难（因湿煤不易破碎）。

6）灰分。煤中含有不能燃烧的矿物杂质，在煤完全燃烧后形成灰分。灰分不同于煤中的矿物杂质，因后者在煤燃烧的过程中会发生组成变化（失去结晶水、发生分解、被氧化等）。煤的灰分含量占10%～50%。灰分的存在使煤中的可燃元素相对减少，还会阻碍空气与可燃质接触，增加不完全燃烧热损失。灰分在燃烧时会熔化，沾污受热面，造成结渣或积灰，降低传热系数。烟气中的飞灰会磨损受热面，因此限制了烟气速度的提高，也影响了传热效果。同时飞灰随烟气排入大气，会造成环境污染。

煤的元素分析是锅炉燃烧等计算的依据，但是煤的元素分析并不能表明煤中所含的是何种化合物，不能充分地确定煤的性质，不能反映煤在燃烧时的某些性质（如焦结性、点燃性等）。同时煤的元素分析相当繁杂，需要复杂的设备、较高的技术和较长的分析时间，所以电厂从运行角度出发一般采用较简单的煤的工业分析。

（2）煤的工业分析成分。煤的工业分析是一种能够从应用角度要求来表征煤的某些特点的分析，它是利用煤在加热燃烧过程中的失重进行定量分析，测定煤中的水分、挥发分（V）、固定碳（FC）、灰分的质量百分数。根据煤的工业分析组成数据，可以了解煤在燃烧方面的特性，以便正确地进行燃烧调整，改善燃烧工况，提高运行的经济性。

煤的工业分析可在煤的使用单位进行，分析试验设备比元素分析简单。测定内容和方法如下所述。

1）水分。将除去表面水分的煤样放在105～110℃的恒温箱内加热1.5～2h，煤样所失去的质量占原煤样的百分比，称为这种煤的水分。

2）挥发分。煤样中水分蒸发后，继续升温，煤中有机物质会分解成各种气体成分挥发出。煤样中由于这种挥发所失去的质量占原煤样（未烘干加热前）质量的百分比，称为这种煤的挥发分。由于挥发分的析出没有明显的开始点和停止点，通常规定各种煤在测定挥发分时的统一加热温度为（900±10)℃，加热时间约为7min。为防止煤试样被烧掉，加热时应隔绝空气。挥发分的组成除了有少量不可燃气体如 O_2、CO_2、N_2 等以外，主要为可燃气体，如 CO、H_2、H_2S 以及一些碳氢化合物等。

应当指出，挥发分不是以现成的状态存在于煤中，而是煤在被加热时才形成的。因此，所谓煤的挥发分含量实质上并非指煤中含有挥发物质多少，而是指在一定加热条件下能够分解生成的挥发物的数量。

挥发分的特点是其自身容易着火燃烧，且能促进焦炭的燃烧。析出挥发分是燃煤的重要特性，也是对煤进行分类的重要依据。锅炉燃烧设备设计布置及运行调整也与挥发分含量有密切关系。

3）固定碳和灰分。煤样除掉水分和挥发分以后，剩余下来的煤的固体部分称为焦炭，由固定碳和灰分组成。各种煤的焦炭的物理性质差别很大，有的比较松软，有的结成不同硬度的焦块，焦炭的这种不同黏结性程度称为煤的焦结性。

将焦炭在空气中加热到（815±10)℃的温度下灼烧约2h，到质量不再变化时取出来冷却，这时焦炭失去的质量就是固定碳的质量，剩余部分则是灰的质量。这两个质量各占煤试样原质量的百分比，就是固定碳和灰分在煤中的成分含量。

2. 煤的分析基准表示方法

（1）煤的分析基准。为了确切地反映煤的特性，不但要知道煤的成分，还应当知道在分析煤成分时煤所处的状态。同一种煤当其所处的状态不同时，分析得出的成分含量、百分数是不同的。常用的基准有收到基、空气干燥基、干燥基和干燥无灰基四种。

1）收到基。收到基指以收到状态的煤为基准来表示煤中各组成成分的百分比，它包括煤的全部水分，用下角标 ar 表示。对进厂原煤或炉前煤都应按收到基计算各成分。

元素分析 $\mathrm{C_{ar}} + \mathrm{H_{ar}} + \mathrm{O_{ar}} + \mathrm{N_{ar}} + \mathrm{S_{ar}} + A_{\mathrm{ar}} + M_{\mathrm{ar}} = 100\%$

工业分析 $\mathrm{FC_{ar}} + V_{\mathrm{ar}} + A_{\mathrm{ar}} + M_{\mathrm{ar}} = 100\%$

2）空气干燥基。由于煤的外部水分变动很大，在分析时常把煤进行自然风干，使它失去外部水分，以这种状态为基准进行分析得出的成分称为空气干燥基，用下角标 ad 表示。

元素分析 $\mathrm{C_{ad}} + \mathrm{H_{ad}} + \mathrm{O_{ad}} + \mathrm{N_{ad}} + \mathrm{S_{ad}} + A_{\mathrm{ad}} + M_{\mathrm{ad}} = 100\%$

工业分析 $\mathrm{FC_{ad}} + V_{\mathrm{ad}} + A_{\mathrm{ad}} + M_{\mathrm{ad}} = 100\%$

3）干燥基。以无水状态的煤为基准来表达煤中各组成分，用下角标 d 表示。

元素分析 $\mathrm{C_d} + \mathrm{H_d} + \mathrm{O_d} + \mathrm{N_d} + \mathrm{S_d} + A_{\mathrm{d}} = 100\%$

工业分析 $\mathrm{FC_d} + V_{\mathrm{d}} + A_{\mathrm{d}} = 100\%$

4）干燥无灰基。除灰分和水分后煤的成分，这是一种假想的无水无灰状态，以此为基准的成分组成，用下角标 daf 表示。

元素分析　　$C_{daf}+H_{daf}+O_{daf}+N_{daf}+S_{daf}=100\%$

工业分析　　$FC_{daf}+V_{daf}=100\%$

通常，煤的水分用收到基水分表示，它表示入炉煤的干湿程度；煤的灰分用干燥基灰分表示，它表征煤的稳定质量；煤的挥发分用干燥无灰基挥发分表示，便于不同煤种的比较。

（2）各种成分不同基准之间的换算。煤的各种基质的成分之间可以互相换算，换算系数列于表 4-1 中，换算公式为

$$欲求基准成分=已知基准成分\times换算系数$$

表 4-1　　不同基准成分的换算系数

已知基准	欲求基准			
	收到基	空气干燥基	干燥基	干燥无灰基
收到基	1	$\frac{100-M_{ad}}{100-M_{ar}}$	$\frac{100}{100-M_{ar}}$	$\frac{100}{100-M_{ar}-A_{ar}}$
空气干燥基	$\frac{100-M_{ar}}{100-M_{ad}}$	1	$\frac{100}{100-M_{ad}}$	$\frac{100}{100-M_{ad}-A_{ad}}$
干燥基	$\frac{100-M_{ar}}{100}$	$\frac{100-M_{ad}}{100}$	1	$\frac{100}{100-A_{d}}$
干燥无灰基	$\frac{100-M_{ar}-A_{ar}}{100-M_{ar}}$	$\frac{100-M_{ad}-A_{ad}}{100}$	$\frac{100-A_{d}}{100}$	1

3. 煤的主要特性

（1）发热量。发热量是煤的重要特性之一。单位质量的煤完全燃烧时所放出的热量称为煤的发热量，用符号 Q 表示，单位是 kJ/kg。

煤的发热量有高位发热量和低位发热量之分。高位发热量指煤燃烧产物中的全部水蒸气凝结为水（放出汽化潜热）后所能放出汽化潜热量，以 Q_{gr} 表示。实际锅炉的排烟温度一般为 110～160℃，烟气中的水蒸气不会凝结放出汽化潜热。从高位发热量中扣除水蒸气的汽化潜热后就得到低位发热量，用符号 Q_{net} 表示。我国在锅炉的有关计算中采用低位发热量。

（2）标准煤。由于各种煤的发热量不同，有时差别很大，为使燃用不同煤种的锅炉煤耗有可比性和编制燃煤计划方便，需要规定一种标准煤，其他煤必须折算成标准煤后才能互相比较。

所谓标准煤是指收到基低位发热量为 29 310kJ/kg 的煤。不同发热量的耗煤量均折算成标准煤耗量，即

$$B_b=\frac{BQ_{ar,net}}{29\ 310}\quad kJ/kg \tag{4-1}$$

式中　B_b——标准煤耗量，kg/h；

B——实际煤耗量，kg/h。

（3）折算成分。水分、灰分和硫分是煤中杂质，对锅炉工作都有不利的影响，但只从它们在煤中的质量百分含量大小来估计对锅炉的危害是不够的。例如，灰分含量相同、发热量

不同的两种煤，在同一负荷下，燃用发热量低的煤，燃煤量就大，带入炉内的灰就多，危害就大。为了区分杂质的危害程度，常引入折算水分、折算灰分、折算硫分的概念，即

$$M_{ar,zs} = 4190\frac{M_{ar}}{Q_{ar,net,p}} \quad \% \tag{4-2}$$

$$A_{ar,zs} = 4190\frac{A_{ar}}{Q_{ar,net,p}} \quad \% \tag{4-3}$$

$$S_{ar,zs} = 4190\frac{S_{ar}}{Q_{ar,net,p}} \quad \% \tag{4-4}$$

当煤中的$M_{ar,zs}>8\%$时，称为高水分煤；当$A_{ar,zs}>4\%$时，称为高灰分煤；当$S_{ar,zs}>0.2\%$时，称为高硫分煤。

（4）灰的熔融性。煤灰熔融性是动力和气化用煤的重要指标，煤灰熔融性又称灰熔点。灰熔点的测定方法常用角锥法，即将煤灰制成其底面边长为7mm、高为20mm的等边三角形锥体，放在高温炉中加热，根据灰锥形态变化确定DT（变形温度）、ST（软化温度）和FT（熔化温度）来表示煤灰的熔融特性。

灰的熔融性对锅炉运行的经济性和安全性有很大影响。对于固态排渣煤粉炉，当燃用灰熔点低的煤时，容易引起受热面结渣。结渣不仅影响传热，降低锅炉热效率，严重时使炉内燃烧工况恶化，甚至大块焦渣落下砸坏冷灰斗的水冷壁而被迫停炉。对于液态排渣煤粉炉，当燃用灰熔点高的煤，容易造成炉底排渣口流渣困难，影响锅炉正常运行甚至被迫停炉。

4. 发电用煤的分类

电厂锅炉用煤称为动力煤，动力煤通常根据煤的干燥无灰基挥发分V_{daf}含量为主要依据进行分类，一般分为无烟煤、贫煤、烟煤、褐煤等几种。

（1）无烟煤。无烟煤$V_{daf}\leqslant 10\%$，表面呈黑色而有金属光泽；密度较大，质硬不易研磨；无烟煤埋藏年代长，碳化程度最深，其含碳量最高；由于挥发分含量少，故不易点燃，燃烧缓慢，燃烧时没有烟，只有很短的蓝色火焰；无焦结性；发热量高，$Q_{ar,net,p}=21\ 000\sim 25\ 000$kJ/kg；储存过程中不易风化和自燃。

（2）贫煤。贫煤$10\%<V_{daf}\leqslant 20\%$，碳化程度较无烟煤低，它的性质介于烟煤与无烟煤之间。挥发分含量较低，不易点燃；火焰较短，不易结焦；发热量不低，$Q_{ar,net,p}\geqslant 18\ 500$kJ/kg。

（3）烟煤。烟煤的挥发分含量较高，变化也较大，一般$20\%<V_{daf}<40\%$。烟煤外表呈灰黑色，有光泽，质地松软，其碳化程度低于无烟煤；大部分烟煤都容易点燃，火焰长，其发热量较高，$Q_{ar,net,p}=20\ 000\sim 30\ 000$kJ/kg。

（4）褐煤。褐煤$V_{daf}\geqslant 40\%$，外表多呈褐色或黑褐色，质软易碎；褐煤碳化程度很浅，因而发热量较低，$Q_{ar,net,p}=11\ 500\sim 21\ 000$kJ/kg；很容易风化和自燃，不宜远途输送和长时间储存。

（二）煤粉的性质

1. 煤粉的一般性质

通常电厂煤粉炉燃用的煤粉由形状很不规则各种大小的颗粒组成。表征煤粉一般性质的指标有煤粉的粒径、孔隙率、煤粉粒子的真密度与堆积密度、煤粉的导热性能与导电性能等。煤粉粒子的颗粒尺寸一般小于500μm，其中20～60μm的颗粒居多数。煤粉的粒径越小，其比表面积也越大，吸附空气的能力越大，使得煤粉具有较好的流动性，有利于煤粉的

气力输送，但同时也容易引起煤粉仓中煤粉的自流现象，影响锅炉的正常送粉与燃烧。煤粉粒子的孔隙率越高，意味着煤粉粒子内部呈现疏松结构，有利燃烧过程中空气向粒内层扩散。堆积密度越小，则意味着煤粉仓的容积要求越大。煤粉导热性能越强，产生自燃的可能性相对较小。有些特性对煤粉制备的选型、制粉系统及燃烧系统的安全、经济运行起着十分重要的作用。

2. 煤粉的自燃与爆炸

积存的煤粉会由于缓慢氧化而放出一些热量，在散热不良的情况下，煤粉温度会自行升高而着火，这种现象称为煤粉的自燃。另外，当煤粉和空气混合物在一定条件下与明火接触时，还会发生爆炸。制粉系统内煤粉起火爆炸的主要原因是系统内沉积煤粉自燃所引起的。

影响煤粉爆炸的主要因素有：煤粉的挥发分、水分和灰分含量及煤粉细度、气粉混合物温度、含粉浓度以及气流中的含氧量等。在一般的条件下，$V_{daf}<10\%$时没有爆炸的危险。煤粉在空气中的浓度为0.3～0.6kg煤粉每千克空气，爆炸性最强，浓度大于1时爆炸性较弱，浓度小于0.1时不会发生爆炸。输送煤粉气流中O_2的浓度小于15%时不会发生爆炸。当煤粉中含有CO_2、SO_2气体且两者的含量大于4%时不会发生爆炸。在实际运行中，采取的防爆措施有：一种是主动防范，即在制粉系统运行中，对磨煤机出口风温和煤粉仓内煤粉温度进行在线实时监控；另一种是在制粉系统的主要管道及设备上装设具有快速释放压力的防爆门。

3. 煤粉的细度与均匀性

（1）煤粉细度。煤粉细度是指煤粉颗粒粗细程度，是衡量煤粉品质的主要指标。煤粉细度一般用具有标准筛孔尺寸的筛子来测定。将一定量的煤粉试样放在筛子上筛分，筛分后剩余在筛子上的煤粉量占筛分前煤粉总量的百分数，就称为煤粉细度，用R_x表示，即

$$R_x=\frac{a}{a+b}\times100\% \tag{4-5}$$

式中　a——留在筛子上的煤粉质量，g；

b——通过筛孔的煤粉质量，g；

x——筛孔的内边宽度，μm。

用同一号筛子筛分，残留在筛子上的煤粉越多，R_x越大，煤粉就越粗。我国采用的筛孔标准和煤粉细度的表示方法见表4-2。

表4-2　我国采用的筛孔标准及煤粉细度表示方法

筛号（每cm的孔数）	孔径（孔的内边长μm）	煤粉细度表示	筛号（每cm的孔数）	孔径（孔的内边长μm）	煤粉细度表示	筛号（每cm的孔数）	孔径（孔的内边长μm）	煤粉细度表示
6	1000	R_1	16	400	R_{400}	50	120	R_{120}
8	750	R_{750}	20	300	R_{300}	60	100	R_{100}
10	600	R_{600}	24	250	R_{250}	70	90	R_{90}
12	500	R_{500}	30	200	R_{200}	80	75	R_{75}
14	430	R_{430}	40	150	R_{150}	100	60	R_{60}

实际应用中，对于无烟煤煤粉细度通常用R_{90}表示；对于烟煤，通常用R_{200}表示；对于褐煤，则用R_{200}或R_{500}表示。

煤粉的经济细度是指当锅炉固体不完全燃烧热损失 q_4、制粉电耗 q_p、制粉金属磨损消耗量 q_m 三者之和为最小时所对应的煤粉细度。煤粉的经济细度和煤的性质、制粉设备的工作特性和燃烧设备等因素有关。

（2）煤粉均匀性。煤粉细度值的大小，只说明煤粉中大于及小于 R_x 值的颗粒各有多少，但并不能知道煤粉颗粒组成情况，即不知道其尺寸的均匀性如何。煤粉的均匀性对燃烧和制粉系统的经济性均有影响，也是衡量煤粉品质的一个重要指标。煤粉颗粒粗细不一，其过粗的煤粉将增大不完全燃烧热损失，过细的煤粉又会增大制粉电耗和金属损耗，使锅炉运行经济性下降。煤粉均匀性系数是表征煤粉粒度分布的特性系数，用 n 表示。均匀性指数越大，煤粉颗粒越均匀，一般在 0.85～1.5。

（三）燃烧原理

1. 燃烧反应

燃料燃烧是燃料中可燃成分与空气中的氧气在高温条件下所发生的强烈放热化学反应。燃料燃烧产物包括烟气和灰渣。当燃烧反应产物中不再含有可燃物质时，称完全燃烧；当燃烧反应产物中还含有可燃物质时，称不完全燃烧。

（1）碳的燃烧反应。碳完全燃烧时，其化学反应式为

$$C + O_2 \longrightarrow CO_2$$

碳未完全燃烧时，其化学反应式为

$$2C + O_2 \longrightarrow 2CO$$

（2）氢的燃烧反应。氢完全燃烧时，其化学反应式为

$$2H_2 + O_2 \longrightarrow 2H_2O$$

（3）硫的燃烧反应。硫完全燃烧时，其化学反应式为

$$S + O_2 \longrightarrow SO_2$$

2. 过量空气系数

（1）燃料燃烧时的理论空气量。1kg（或标准状态下 1m^3）收到基燃料完全燃烧而又没有剩余氧存在时，所需要的空气量称为理论空气量，用符号 V^0 表示，其单位为 m^3/kg（或 m^3/m^3）。理论空气量可根据燃料中的可燃元素的燃烧反应进行计算，以 1kg（或 1m^3）收到基燃料为基础。

（2）实际供给空气量。燃料在炉内燃烧时很难与空气达到完全理想的混合，如仅按理论空气需要量供应空气，必然会有一部分燃料得不到它所需要的氧而达不到完全燃烧。为了使燃料在炉内能够燃烧完全，减少不完全燃烧热损失，实际送入炉内的空气量要比理论空气量大些，这一空气量称为实际供给空气量，用符号 V^k 表示，其单位为 m^3/kg（或 m^3/m^3）。

（3）过量空气系数。实际供给空气量与理论空气量之比，称为过量空气系数，用符号 α 表示，即

$$\alpha = \frac{V^k}{V^0} \tag{4-6}$$

有了过量空气系数 α，实际空气量即可表示为

$$V^k = \alpha V^0 \tag{4-7}$$

实际供给空气量与理论空气量之差，称为过量空气量，用 ΔV 表示，即

$$\Delta V = V^k - V^0 = (\alpha - 1)V^0 \tag{4-8}$$

对相同成分的燃料，其理论空气量相同，此时只要讲 α 为多少，即可表示其实际供应空气量的多少，对不同形式的锅炉、不同的燃料，其 α 不同。实际过量空气系数一般是指炉膛出口处的过量空气系数，这是因为炉内燃烧过程是在炉膛出口处结束的。过量空气系数是锅炉运行的重要指标，太大会增大烟气容积使排烟热损失增加，太小则不能保证燃料完全燃烧。它的最佳值与燃料种类、燃烧方式以及燃烧设备的完善程度有关，应通过试验确定。一般煤粉炉 $\alpha_1''=1.15\sim1.25$。

对燃煤锅炉，当煤完全燃烧运行时，过量空气系数 α 可用式（4-9）近似计算

$$\alpha=\frac{21}{21-O_2} \tag{4-9}$$

3. 燃烧速度

所谓燃烧是指燃料中的可燃元素和空气中的氧进行强烈化学反应，并放出大量热量的过程。在这个化学反应过程中，燃料与氧化剂属于同一形态，称为均相燃烧或单相燃烧，例如气体燃料在空气中的燃烧。燃料与氧化剂不属于同一形态，称为多相燃烧，如固体燃料在空气中的燃烧及油在空气中的燃烧。

对于均相燃烧，燃烧速度是指单位时间内参与燃烧反应物质的浓度变化率；对于多相燃烧，燃烧速度是指单位时间内参与燃烧反应的氧浓度变化率。燃烧速度的快慢取决于燃烧过程中化学反应时间的快慢（即化学反应速度）和氧化剂供给燃料时间的快慢（即物理扩散速度），最终取决于两者之中的较慢者。

（1）化学反应速度及其影响因素。化学反应过程的快慢用化学反应速度 W_h 表示。通常它是指单位时间内反应物或生成物浓度的变化。化学反应速度取决于参加反应的原始反应物的性质，同时还受反应进行时所处条件的影响，其中主要是浓度、压力和温度。

化学反应是在一定条件下，不同反应物的分子彼此碰撞而产生的，碰撞的次数越多，反应速度越快。分子碰撞的次数取决于单位容积中反应物质的分子数，即分子浓度。对于多相燃烧，化学反应是在固相表面上进行的，可以认为固体燃料的浓度不变。因此化学反应速度是指单位时间碳粒单位表面上氧浓度的变化，即碳粒单位表面上的耗氧速度。在一定温度下，反应容积不变时，增加反应物的浓度，即增加反应物的分子数，分子间碰撞的机会增多，所以反应速度增快。

分子运动论认为，气体压力是气体分子撞击容器壁面的结果。压力越高，单位容积内分子数越多，在温度和容积不变的条件下，反应物压力越高，则反应物浓度越大，因此化学反应速度越快。目前大力研究的正压燃烧技术正是通过提高炉膛压力来强化燃烧的。

在实际燃烧设备中，燃烧过程是在燃料和空气按一定比例连续供应的情况下进行的，因此可以认为反应物质的浓度不变。当反应物浓度不变时，化学反应速度与温度成指数关系，随着温度升高，化学反应速度迅速加快。实际上在炉内燃烧过程中，反应物的浓度、炉膛压力基本不变，因此化学反应速度主要与温度有关，其影响相当显著，运行中常用提高炉温的方法强化燃烧。

（2）氧的扩散速度及其影响因素。气体扩散过程的快慢用氧的扩散速度表示。它指单位时间向碳粒单位表面输送的氧量，即碳粒单位表面上的供氧速度。由于化学反应消耗氧，碳粒表面氧浓度小于周围介质中的氧浓度，介质中的氧就向碳粒表面扩散，氧的扩散速度不仅与氧的浓度差有关，还与碳粒直径及气流与碳粒的相对速度有关。

碳的燃烧是在碳粒表面进行的，碳粒直径越小，表面积越小，若碳粒表面的氧浓度不变，则单位面积的氧浓度越大。从宏观来看，碳粒越小，单位质量碳粒的表面积越大，与氧的反应面积增大，这都说明碳粒在气流中扩散能力加强，氧的扩散速度增大，因此增大气流相对速度或减小碳粒直径都会加强碳粒燃烧的扩散过程。

4. 燃烧速度与燃烧区域

碳粒的燃烧速度是指碳粒单位表面上的实际反应速度，一般用耗氧速度来表示。它既与化学反应速度有关，又与氧的扩散速度有关，最终决定于两者中的较慢者。在锅炉技术上，燃烧过程按其燃烧速度受限的因素不同，分为动力燃烧控制区、扩散燃烧控制区和过渡燃烧控制区。

（1）动力燃烧控制区。当温度较低时（小于1000℃），碳粒表面化学反应速度较慢，氧的供应速度远远大于化学反应的耗氧速度，燃烧速度主要取决于化学反应速度，而与扩散速度关系不大，这种燃烧工况称为处于动力燃烧控制区。随着温度的升高，燃烧速度将急剧增加，因此提高温度是强化动力燃烧工况的有效措施。

（2）扩散燃烧控制区。当温度很高时（大于1400℃），碳粒表面化学反应速度很快，耗氧速度远远超过氧的供应速度，碳粒表面的氧浓度实际为零，燃烧速度主要取决于氧的扩散条件，与温度关系不大，这种燃烧工况称为处于扩散燃烧控制区。加大气流与碳粒的相对速度或减小碳粒直径都可提高燃烧速度。

（3）过渡燃烧控制区。介于上述两种燃烧工况的中间温度区，氧的扩散速度与碳粒表面的化学反应速度较为接近，燃烧速度同时受化学反应条件与扩散混合条件的影响，这种燃烧工况称为处于过渡燃烧控制区。要强化燃烧，既要提高温度，又要加强碳粒与氧的混合条件。

5. 煤粉迅速完全燃烧的条件

（1）相当高的炉温。燃烧完全程度与温度有关。温度过低，不利于燃烧反应的进行，使燃烧不完全，所以温度应高些。而温度过高，对燃烧反应虽有利，但也会加快燃烧逆反应的进行，使已经生成的燃烧产物 CO_2 和 H_2O 又分解成 CO 和 H_2，造成燃烧程度降低。一般炉内温度在1600℃左右时，对燃烧程度影响不大，超过此温度就可能引起燃烧程度的下降。

（2）合适的空气量。要达到完全燃烧就必须供应炉膛适当的空气。如果空气供应不足，将会造成不完全燃烧热损失；但空气供应过多，不仅使炉膛温度降低引起燃烧不完全，还将使排烟带走的热损失增大。

（3）燃料与空气良好的混合。供应炉内的空气量足够，若空气中的氧不能及时补充到碳粒表面，并保证每个氧分子与可燃物分子接触，则仍不能实现完全燃烧。因此，一般常采用提高气流相对速度或减小煤粒直径、增强气流的紊流扩散来达到良好强烈的混合。煤粉炉一般采用一、二次风组织燃烧，一次风携带煤粉进入炉膛，二次风高速喷入炉内与煤粉混合，形成强烈扰动，以强行扩散代替自然扩散，从而提高扩散混合速度。

（4）足够的炉内停留时间。每种燃料在一定条件下完全燃烧都需要一定的时间，对一定的燃烧设备，燃料在炉内停留时间也是一定的，只有燃料在炉内停留时间大于燃料完全燃烧所需时间，才能保证燃料在炉内燃烧完全。一般煤粉炉煤粉从燃烧器出口到炉膛出口需要2～3s，在这段时间内煤粉必须完全烧掉，否则到了炉膛出口处，因受热面多，烟气温度很快下降，燃烧就会停止从而造成不完全燃烧热损失。

（四）煤粉气流的燃烧过程

煤粉的燃烧过程，大致可分为着火前的准备阶段、燃烧阶段、燃尽阶段三个阶段。

1. 着火前的准备阶段

煤粉进入炉内至着火前这一阶段为着火前的准备阶段。在此阶段内，煤粉中的水分要蒸发，挥发分要析出，煤粉的温度也要升高至着火温度，显然，着火前的准备阶段是煤粉的吸热阶段。为使煤粉尽快燃烧，一方面应尽量减少煤粉气流加热到着火温度所需要的热量，这可以通过对燃料预先干燥和提高输送煤粉的热空气温度等方法来达到；另一方面应尽快给煤粉气流提供着火所需要的热量，这可以通过提高炉温和使煤粉气流与高温烟气强烈混合等方法来达到。

在一定条件下测验发现，煤粉气流的着火温度高于煤的着火温度，煤和煤粉气流中煤粉颗粒的着火温度见表4-3和表4-4。

表4-3　　煤的着火温度

煤　种	泥　煤	褐　煤	烟　煤	无烟煤
着火温度	225℃	250～450℃	400～500℃	700～800℃

表4-4　　煤粉气流中煤粉颗粒的着火温度

煤　种	褐煤 $V_{daf}=50\%$	烟煤 $V_{daf}=40\%$	烟煤 $V_{daf}=30\%$	烟煤 $V_{daf}=20\%$	贫煤 $V_{daf}=14\%$	无烟煤 $V_{daf}=4\%$
着火温度	550℃	650℃	750℃	840℃	900℃	1000℃

2. 燃烧阶段

当煤粉温度升高至着火温度，煤粉浓度又合适时，煤粉就开始着火燃烧，进入燃烧阶段。首先是挥发分着火燃烧，放出热量，并加热焦炭粒，使焦炭的温度迅速升高并燃烧起来。燃烧阶段是一个强烈的放热阶段。要使煤粉燃烧快，就必须使炉内保持足够高的温度，空气供应充足并强烈混合。

3. 燃尽阶段

燃尽阶段是燃烧阶段的继续。一些内部未燃尽而被灰包围的碳粒在此阶段继续燃烧，直到燃尽为止。焦炭粒燃尽所需时间取决于燃烧室中的温度、气流中含氧浓度以及颗粒尺寸等。这一阶段的特点是氧气供应不足、风粉混合较差、温度较低，以致这一阶段需要的时间较长。为了使煤粉在炉内尽可能燃烧，以提高燃料的利用率，应保证燃尽阶段所需要的时间，并应设法加强扰动，以改善风粉的混合等。

上述各阶段并没有明显的界限，实际上往往是相互交错进行的。对应于煤粉燃烧的三个阶段，可以在炉膛空间中划分出三个区域，即着火区、燃烧区与燃尽区。由于燃烧的三个阶段不是截然分开的，因此对应的三个区域也就没有明确的分界线，一般认为燃烧器出口附近的区域是着火区，与燃烧器处于同一水平的炉膛中部以及稍高的区域是燃烧区，高于燃烧区直至炉膛出口的区域都是燃尽区。其中着火区很短，燃烧区也不长，而燃尽区却比较长。根据对 $R_{90}=5\%$ 的煤粉试验，其中97％的可燃质是在25％的时间内燃尽的，而其余3％的可燃质却要在75％的时间才燃尽。

（五）煤粉气流的着火及强化

着火过程实际上是指煤粉一次风气流从入炉前的初始温度加热至着火温度的吸热过程，

这个过程吸收的热称着火热。着火阶段是整个燃烧过程的关键，要使燃烧能在较短时间内完成，必须强化着火过程，即保证着火过程能稳定而迅速地进行。为此一方面应减少着火热；另一方面应加强烟气的对流加热，提高着火区的温度水平，保证着火热的供应。这既与燃料性质、一次风的初始状态有关，又与燃烧设备、运行工况有关。下面分析影响煤粉气流着火的主要因素及强化着火的措施。

（1）燃料的性质。挥发分是判断燃料着火特性的主要指标。挥发分越高的煤，着火温度越低，即越容易着火；而挥发分越低的煤，着火温度就越高，就越不容易着火。

原煤水分增大，不仅着火热增加，同时水分蒸发、过热要消耗热量，使烟温降低，显然这对着火不利。

灰分在燃烧过程中不仅不能放热，而且还要吸热。当燃用高灰分劣质煤时，由于煤本身发热量低，大量灰分在着火过程吸热较多使炉温下降，煤粉气流不仅着火推迟，而且着火的稳定性也降低。

煤粉越细，表面积越大，对流换热的热阻越小，因此细粉比粗粉着火快。另外煤粉的均匀性指数 n 越小，粗煤粉就越多，燃烧完全程度会降低。因此燃用挥发分低的煤时，应该用较细较均匀的煤粉。

（2）一次风温。一次风温对气流的着火、燃烧速度影响较大，一次风温越高，需着火热就越少，着火速度就越快。运行实践表明，提高一次风温还能在低负荷时稳定燃烧。

（3）一次风量和风速。增大煤粉气流中的一次风量，相应地增大了着火热，将使着火过程推迟，并影响煤粉完全燃烧。但一次风量过低，会由于着火燃烧初期得不到足够的氧气而使反应速度减慢，阻碍着火的继续扩展。一次风量以能满足挥发分的燃烧为原则。因此，挥发分高的煤，一次风量应大些；挥发分低的煤，一次风量应适当限制。通常一次风量的大小是用一次风率来表示的，它是指一次风量占炉膛出口相应总风量的百分比。一次风率主要取决于燃烧种类和制粉系统形式。

煤粉气流混合物通过燃烧器一次风喷口截面的速度称为一次风速。一次风速越高，气粉混合物流经着火区的容积流量越大，要求的着火热越多，使加热过程延长，着火推迟。但一次风速也不能太低，着火点离喷口太近，可能造成燃烧器冷却不良而烧坏、煤粉管道堵粉等故障。挥发分高的煤易着火，一次风速应适当高一些，以免着火离燃烧器太近而烧坏燃烧器；难着火的煤一次风速应适当低一些，使煤粉气流在着火区得到充分加热。

（4）着火区的温度水平。煤粉气流在着火阶段的温度较低，燃烧处于动力燃烧区，迅速提高着火区的温度可加速着火过程。燃烧中心区的高温烟气回流到着火区，对煤粉进行对流加热往往是着火热的主要来源。回流的烟气量越大，着火区温度越高，着火就越快。为了提高着火区温度，燃用难着火的煤时，常将燃烧器附近的水冷壁用耐火材料覆盖，构成卫燃带，以减少水冷壁的吸热，提高着火区的温度。

炉膛的温度水平是随锅炉负荷的高低而升降的。锅炉负荷降低，炉温降低，着火区的温度水平也降低，当锅炉负荷低到一定程度时，就危及着火的稳定，甚至造成灭火。固态排渣煤粉炉一般规定 70%额定负荷左右为最低负荷，在最低负荷以下运行应采取稳燃措施。

（5）二次风引入的方式。若二次风送入过早，又送入火焰的根部，如同增加一次风量，使着火延迟。若二次风送入太集中，会降低火焰温度，影响着火和燃烧。所以二次风应逐步、分批地送入已着火燃烧的煤粉气流中；每批加入量不宜多，以不影响着火为限，送入的风要与气粉混合物强烈混合。此外，二次风的引入亦不应妨碍一次风和烟气的混合。

着火阶段是整个燃烧过程的关键，要使燃烧能在较短时间内完成，必须强化着火过程，即保证着火过程能稳定而迅速地进行。由上述分析可知，组织强烈的烟气回流和燃烧器出口附近一次风气流与高温烟气的强烈混合，是保证供给着火热量和稳定着火过程的首要条件；提高煤粉气流初温，采用适当的一次风量和风速，是降低着火的有效措施；而提高煤粉细度和敷设燃烧带，则是燃用无烟煤时稳定着火的常用方法。

（六）燃烧器

煤粉炉的燃烧设备包括燃烧器、点火装置和炉膛。

煤粉燃烧器是燃煤锅炉燃烧设备的主要部件，其作用是向炉内输送燃料和空气，保证燃料进入炉膛后尽快、稳定地着火，组织燃料和空气及时、充分地混合，迅速完全地燃尽。煤粉燃烧器的形式很多，根据燃烧器的出口气流特征，煤粉燃烧器可分为直流燃烧器和旋流燃烧器两大类。出口气流为直流射流或直流射流组的燃烧器称为直流燃烧器；出口气流包含有旋转射流的燃烧器称为旋流燃烧器。

1. 直流燃烧器

（1）直流燃烧器的类型及特点。直流燃烧器通常由一列矩形喷口组成，煤粉气流和热空气从喷口射出后，形成直流射流进入炉膛，如图4-1（a）所示。从燃烧器喷口射出的气流以一定的速度进入炉膛，由于气流的紊流扩散，带动周围的热烟气一道向前流动，这种现象称

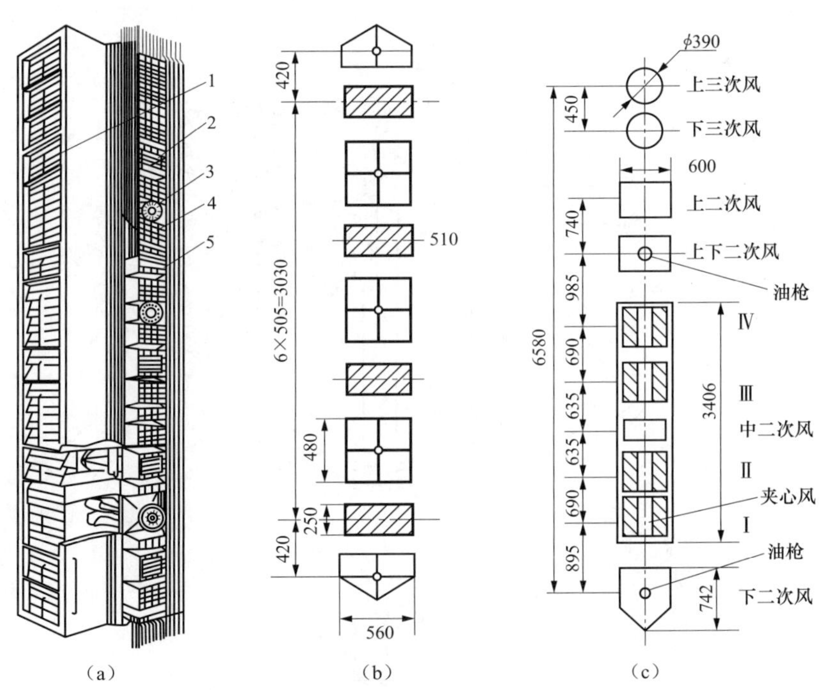

图4-1 直流燃烧器（单位：mm）

（a）直流燃烧器外观；（b）均等配风直流燃烧器；（c）分级配风直流燃烧器

1—调节风量的挡板；2—一次风喷口；3—油喷嘴；4—二次风喷口；5—水冷壁

为“卷吸”。由于“卷吸”作用，射流不断扩大，并向四周扩张，同时主气流的速度由于衰减而不断减小。正是由于射流的这种“卷吸”作用，将高温烟气的热量源源不断地输送给进入炉内的新煤粉气流，煤粉气流才得到不断加热而升温，当煤粉气流吸收足够的热量并达到着火温度后，便首先从气流的外边缘开始着火，然后火焰迅速向气流深层传播，达到稳定着火状态。

直流燃烧器按照配风方式不同分为均等配风直流燃烧器和分级配风直流燃烧器。

1）均等配风直流燃烧器。均等配风方式是指一、二次风喷口相间布置，即在两个一次风喷口之间均等布置一个或两个二次风喷口，或者在每个一次风喷口的背火侧均等布置二次风喷口，如图 4-1（b）所示。在均等配风方式中，由于一、二次风喷口间距相对较近，一、二次风自喷口流出后能很快得到混合，使煤粉气流着火后不致由于空气跟不上而影响燃烧，故一般适用于烟煤和褐煤，所以又叫做烟煤-褐煤型直流燃烧器。

2）分级配风直流燃烧器。分级配风方式是指将燃烧所需要的二次风分级分阶段地送入燃烧的煤粉气流中，即将一次风喷口较集中地布置在一起，而二次风喷口分层布置，且一、二次风喷口保持较大的距离，以便控制一、二次风的混合时间，这对于无烟煤的着火与燃烧是有利的，故此种燃烧器适用于无烟煤、贫煤和劣质煤，所以叫做分级配风直流燃烧器，如图 4-1（c）所示。

（2）直流燃烧器布置方式。直流燃烧器一般四角布置，四个角上的燃烧器的几何轴线与炉膛中央的一个假想圆相切，形成切圆燃烧方式，如图 4-2 所示。所谓切圆燃烧是指：燃烧器的燃料和空气按假想切圆的切线方向喷入炉膛后产生旋转上升气流进行燃烧的方式。

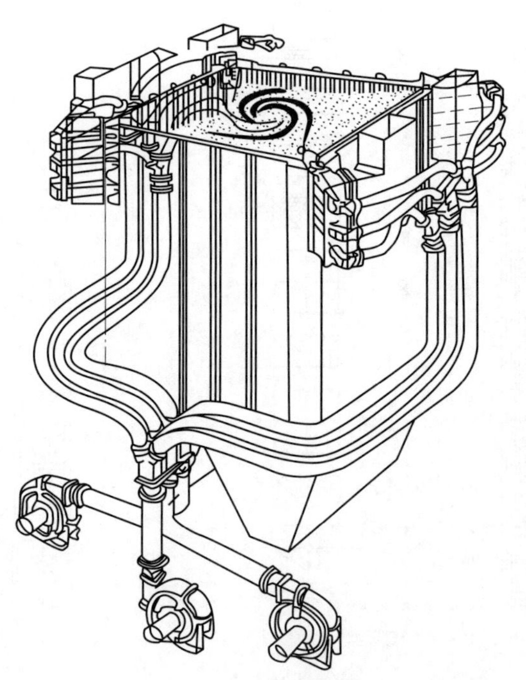

图 4-2　切圆燃烧方式

直流燃烧器的布置直接关系到四角切向燃烧的组织。比较理想的炉内气流流动状况是在炉膛中心形成的旋转火焰不偏斜、不贴墙且火焰的充满程度好、热负荷分布比较均匀。当然，要达到上述要求，还与燃烧器的高宽比和切圆直径等因素有关，甚至还与炉膛负压大小有关。直流燃烧器切圆燃烧方式有多种布置形式，如图 4-3 所示。每一种布置形式的出发点都是为了获得良好的炉内空气动力特性，都是从改善煤粉气流的着火燃烧和防止火焰偏斜的角度考虑的。

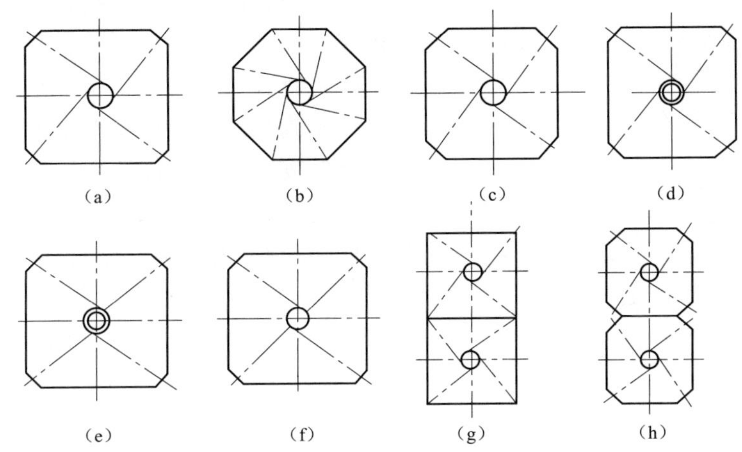

图 4-3　直流燃烧器的布置形式

(a) 正四角布置；(b) 正八角布置；(c) 大切角正四角布置；(d) 同向大小双切圆方式；(e) 正反双切圆方式；(f) 两角相切、两角对冲方式；(g) 双室炉膛切圆方式；(h) 大切角双室炉膛切圆方式

2. 旋流燃烧器

(1) 旋流燃烧器的类型及特点。旋流燃烧器的一、二次风喷口为圆形喷口，这种燃烧器的二次风是旋转射流，一次风射流可为直流射流或旋流射流。气流在离开燃烧器之前，在圆形喷管中做旋转运动，当旋转气流离开喷口失去管壁控制时，气流将沿螺旋线的切线方向运动，形成辐射状的空心锥气流。

旋流强度表征了旋转气流切向运动相对于轴向运动的强度，它由气流的旋转动量矩和轴向动量及喷口的定性尺寸来决定。射流外边界所形成的夹角称为扩散角。旋流强度越大，则切向运动速度越大，气流的扩散角也越大，射程越短，回流区越大。旋流强度小，气流的扩散角小，气流中心回流区变小甚至失去回流区。旋流强度过大，气流扩散角随之增大，射流外缘与炉墙之间间距减小，气流周界回流区补气困难，负压增大，射流在内侧压力的作用下被压向炉墙，气流贴墙流动，形成“飞边”现象。“飞边”容易引起喷口附近严重结渣、烧坏喷口以及附近水冷壁被严重磨损等问题，所以在锅炉运行中应注意控制旋流强度不应过大，避免“飞边”现象的产生。

旋流强度是由燃烧器中的旋流器产生的，旋流器如图 4-4 所示，按旋流器的不同，旋流燃烧器主要有两类，即蜗壳式旋流燃烧器和叶片式旋流燃烧器，叶片式旋流燃烧器又按其结构分为切向叶片式和轴向叶轮式两种。

蜗壳式旋流燃烧器由于阻力大，调节性能差，大型锅炉已很少采用。叶片式旋流燃烧器的调节性能较好，一、二次风阻力也较小，出口气流煤粉分布较均匀，所以应用较广。旋流燃烧器扩散角大，扰动大，动能衰减快，射程短，适应高挥发分燃料。

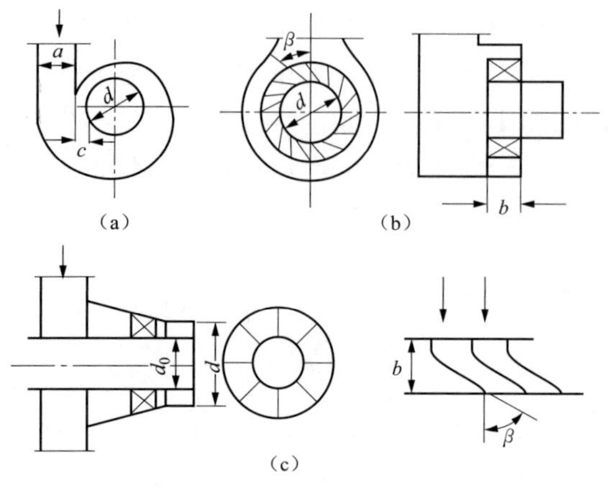

图 4-4 旋流器
(a) 蜗壳旋流器；(b) 切向叶片式旋流器；
(c) 轴向叶轮式旋流器

(2) 旋流燃烧器布置方式。旋流燃烧器的布置方式有多种，我国常采用前墙、两面墙对冲或交错布置。此外，还有炉底布置、炉顶布置以及半开式炉膛对冲布置等，如图 4-5 所示。布置在前墙，燃烧器沿炉膛高度方向布置成一排或几排，火焰呈 L 形。锅炉容量较大时，则可采用前后墙、两侧墙对冲或交错布置，燃烧器沿炉膛高度方向布置成一排或几排，火焰呈双 L 形。燃烧器炉顶布置形成 U 形火焰，顶部布置时引向炉顶燃烧器的煤粉管道很长，故很少应用。燃烧器炉顶布置则只在少数燃油锅炉或燃气锅炉中采用。

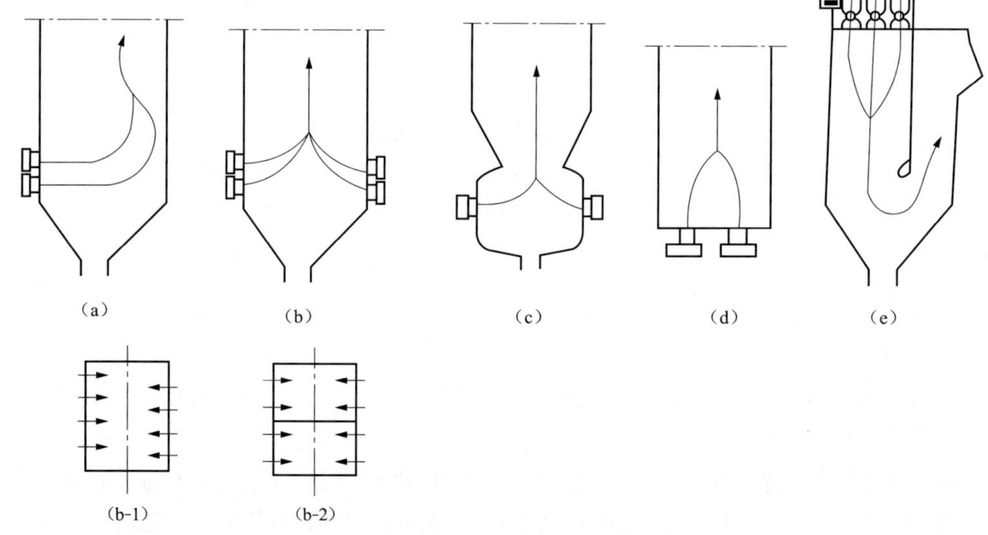

图 4-5 旋流燃烧器布置
(a) 前墙布置；(b) 两面墙交错或对冲布置；(b-1) 两面墙交错布置；(b-2) 两面墙对冲布置；
(c) 半开式炉膛对冲布置；(d) 炉底布置；(e) 炉顶布置

(七) 炉膛

1. 炉膛结构及要求

炉膛也称为燃烧室，它是供煤粉燃烧的地方。炉膛的形状、尺寸与燃料种类、燃烧方式、燃烧器布置、火焰的形状和行程等一系列因素有关。固态排渣煤粉炉的炉膛结构是一个由炉墙围成的长方体空间，其四周布满水冷壁，炉底是由前、后水冷壁管弯曲而成的倾斜冷灰斗。炉顶一般是平炉顶结构，高压以上锅炉一般在平炉顶布置顶棚过热器。炉膛上部悬挂有屏式过热器。炉膛后上方为烟气出口。为了改善烟气对屏式过热器的冲刷，充分利用炉膛容积并加强炉膛上部气流的扰动，炉膛出口的下部有后水冷壁弯曲而成的折焰角，固态排渣煤粉炉炉膛结构示意图如图 4-6 所示。

炉膛既是燃烧空间，又是锅炉的换热部件，因此它的结构应即能保证燃料完全燃烧，又能使炉膛出口烟温降低到灰熔点以下，以便使出口以后对流受热面不结渣。为此，炉膛应满足以下要求：

（1）要有良好的炉内空气动力特性，这不仅能够避免火焰冲击炉墙，防止炉膛水冷壁结渣，还能使火焰在炉内有较好的充满程度，减少炉内死滞旋涡区，从而充分利用炉膛容积，以保证煤粉燃烧过程有足够空间和时间。

（2）应能布置足够的受热面，将炉膛出口烟温降到允许的数值，以保证炉膛出口及其后的受热面不结渣。

（3）要有合适的热强度，按热强度确定的炉膛容积及其截面尺寸和高度应能满足煤粉气流在炉内充分发展、均匀混合和完全燃烧的要求。

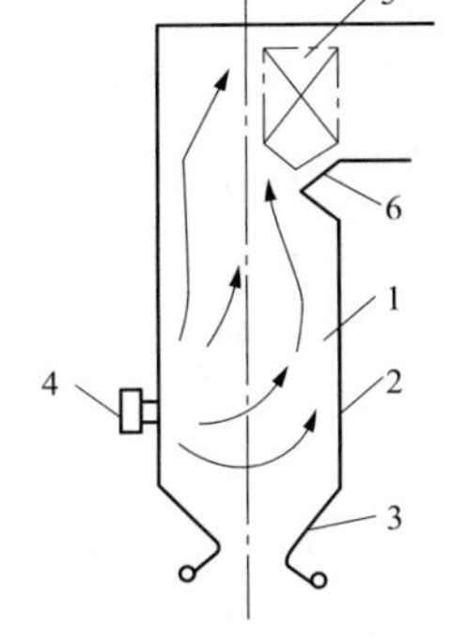

图 4-6　固态排渣煤粉炉炉膛结构示意图

1—炉膛；2—水冷壁；3—冷灰斗；4—燃烧器；5—屏式过热器；6—折焰角

2. 炉膛热力特性

描述炉膛热力特性的参数主要有炉膛容积热负荷、炉膛断面热负荷、燃烧器区域壁面热负荷。这些特性参数是设计时确定合理炉膛结构的重要指标，它们与锅炉运行的经济性和可靠性密切相关。

（1）炉膛容积热负荷。炉膛容积常由炉膛容积热负荷来决定。炉膛容积热负荷是指单位时间、单位炉膛容积燃料燃烧放出的热量，即

$$q_{\mathrm{V}}=\frac{BQ_{\mathrm{ar,net}}}{V_{\mathrm{l}}}\quad \mathrm{kW/m^3} \tag{4-10}$$

式中　B——燃料消耗量，kg/h；

$Q_{\mathrm{ar,net}}$——燃料收到基低位发热量，kJ/kg；

V_{l}——炉膛容积，$\mathrm{m^3}$。

q_{V} 过大，炉膛容积过小，煤粉在炉内停留时间短，燃烧不完全，同时水冷壁面积小，炉温过高，容易造成结渣。q_{V} 过小，炉膛容积过大，炉膛温度过低，对燃烧不利，同时使锅炉造价和金属耗量增加。因此，q_{V} 的数值要选得合适，根据经验，对于各种煤和炉型规定了不同的 q_{V}。越是容易燃烧的煤，所允许的 q_{V} 值越大。

炉膛容积确定后，炉膛尺寸仍未定，同样的炉膛容积，可以将炉膛做成瘦长形或矮胖形。过于瘦长的炉膛火焰的充满程度好，但燃烧器区域由于没有足够的水冷壁冷却烟气，从而使燃烧器区域局部温度过高，引起燃烧器区域结渣。过于矮胖的炉膛，会使燃烧器附近温度低，对着火不利，而且火焰不易很好充满炉膛，煤粉在炉内停留时间短，不完全燃烧热损失增加。因此，炉形必须合适。

（2）炉膛断面热负荷。炉膛的大体形状常由炉膛断面热负荷 q_{A} 和炉膛容积热负荷 q_{V} 一起来确定。炉膛断面热负荷是指单位时间、单位炉膛横断面积燃料燃烧放出的热量，即

$$q_{\mathrm{A}}=\frac{BQ_{\mathrm{ar,net}}}{A_{\mathrm{l}}}\quad \mathrm{kW/m^2} \tag{4-11}$$

式中　A_{l}——炉膛断面面积，$\mathrm{m^2}$。

显然，当 q_{V} 一定时，q_{A} 取得大，炉膛横断面 A 就小，炉膛就瘦长些；q_{A} 取得小，炉

膛横断面 A 就大，炉膛就矮胖些。

(3) 燃烧器区域壁面热负荷。对于大容量锅炉，仅仅采用 q_V、q_A 指标，还不能全面反映出炉内的热力特性。因此又采用燃烧器区域壁面热负荷 q_R 作为炉膛设计和判断运行工况的辅助指标。燃烧器区域壁面热负荷是指单位时间、单位燃烧器区域壁面面积燃料燃烧放出的热量，即

$$q_R = \frac{BQ_{ar,net}}{A_R} \quad kW/m^2 \tag{4-12}$$

式中 A_R——燃烧器区域壁面面积，m^2。

q_R 越大，说明火焰越集中，燃烧器区域的温度水平就越高，这对燃料的着火和维持燃烧的稳定是有利的。但 q_R 过高意味着火焰过分集中，将使燃烧器区域局部温度过高，容易造成燃烧器区域水冷壁结渣。

(八) 点火装置

煤粉炉的点火装置除了在锅炉启动时利用它来点燃主燃烧器的煤粉气流外，在运行中当锅炉负荷过低或煤质变差引起燃烧不稳定时，也可以利用点火装置维持燃烧稳定。

煤粉炉的点火装置类型可分为带煤粉预燃室的点火装置和采用过渡燃料的点火装置两大类。

1. 带煤粉预燃室的点火装置

带煤粉预燃室的点火装置又可分为马弗炉点火装置、旋流煤粉预燃室燃烧器点火装置和无油点火装置三种。

(1) 马弗炉点火装置。马弗炉是一个用耐火砖砌成的燃烧室，也称为煤粉预燃室，下部装有炉箅。点火时，在炉箅上先用木柴将煤块引燃，待煤块在炉箅上稳定燃烧并放出热量将预燃室烧热以后，可经旋流燃烧器向马弗炉送入煤粉空气混合物。煤粉气流中的粗粉落在马弗炉的炉箅上燃烧。细粉在马弗炉空间点燃后进入煤粉炉炉膛燃烧，待炉膛加热到一定程度后，即可投入主燃烧器，将其喷出的煤粉气流点燃。

(2) 旋流煤粉预燃室燃烧器点火装置。该装置用液体或气体作为点火燃料。点火装置是由旋流煤粉燃烧器和预燃室两部分组成的。预燃室是个圆筒形内衬耐火涂料不冷却的燃烧室，二次风沿切向送入预燃室内。锅炉启动时，先点燃引火小油枪，用其加热预燃室筒壁的耐火砖。预燃室被烧热后，可经旋流燃烧器向预燃室投入煤粉一次风气流，待煤粉气流在预燃室内稳定着火燃烧后，即可切断燃油。此后煤粉火炬靠气流旋转产生的中心回流来维持着火和燃烧过程的进行。由于煤粉在预燃室内停的时间有限，因而大部分煤粉是在炉膛内继续燃烧，而后即可投入主燃烧器，将其喷出的煤粉气流点燃。这种点火装置是利用少量的油点燃燃烧室中的煤粉气流，再由燃烧器喷出的煤粉火炬点燃主燃烧器喷出的煤粉气流，因而可以节约点火和低负荷稳定燃烧用油。

(3) 无油点火装置。无油点火方式其中之一就是利用高能电弧来代替燃油直接点燃煤粉气流。它的原理是：利用等离子喷枪将空气加热至几千度，使氧气部分电离，形成一个高能电弧，用它点燃预燃室内的煤粉气流，再由预燃室喷出的煤粉火炬点燃主燃烧器喷出的煤粉气流。

2. 采用过渡燃料的点火装置

采用过渡燃料的点火装置有气-油-煤三级系统和油-煤二级系统两种。

通常采用的电气引燃方式有电火花点火、电弧点火和高能点火等。

（1）电火花点火装置。电火花点火装置主要由打火电极、火焰检测器和可燃气体燃烧器三部分组成。点火杆与外壳组成打火电极。点火装置是借助于5000～10 000V高电压在两极间产生电火花将可燃气体点燃，再用可燃气体火焰点燃油枪喷出的油雾，最后由油火焰点燃主燃烧器的煤粉气流，这种点火装置击穿能力较强，点火可靠。

（2）电弧点火装置。电弧点火装置是由电弧点火器和点火轻油枪组成。电弧点火的起弧原理与电焊相似，即借助于大电流在电极间产生电弧。电极由碳棒和碳块组成，通电后，碳棒和碳块先接触再拉开，在其间隙处形成高温电弧，足以将气体燃料或液体燃料点着。

煤粉点燃的顺序是：电弧点火器点燃轻油或燃气，轻油再点燃重油，再由重油点燃煤粉；也可直接点燃重油，再由重油点燃煤粉。点火完成后，为防止碳极和油枪嘴被烧坏，利用气动装置将点火器退入风管内。由于电弧点火装置可直接引燃油类，且性能比较可靠，因而是国内煤粉炉上使用的点火装置的主要形式。

（3）高能点火装置。为了简化点火程序，近年来又出现了高能点火装置。这种高能点火装置中装有半导体电阻，当它的两极处在一个能量很大、峰值很高的脉冲电压作用下时，在半导体表面就可产生很强的电火花，足以将重油点着。高能点火装置是一种有发展前途的锅炉点火装置。

二、实践咨询

（一）直流燃烧器检修

1. 检修前的准备工作

（1）准备好工器具、备件。

（2）准备好架管、架板并运至现场。

（3）炉膛温度降到60℃以下，方可进入搭脚手架。

（4）炉膛内安装好行灯照明。

（5）了解掌握燃烧器运行情况及有关缺陷记录和检查记录，制定检修方案。

（6）人员安全培训，作业人员熟悉直流燃烧器的检修工艺要求及质量标准。

（7）办理检修工作票。

2. 材料、工具准备

一次风喷口、二次风喷口、螺栓及螺母、卷尺、游标卡尺、水平管、梅花扳手、活动扳手、手拉葫芦、榔头、大锤、钢丝绳、焊机、行灯、行灯变压器、割锯、锯弓、密封板以及$\delta=14$、16mm且材质为16Mn的钢板。

3. 直流燃烧器本体部分的检修

（1）检查燃烧器一次风喷口。如喷口烧损或变形严重，应局部挖补或整体更换。

（2）检查燃烧器本体结构件焊缝。如焊缝出现裂纹或脱焊，应补焊；修补后的焊缝不得高于平面。

（3）检查燃烧器一次风喷口的扩流锥体和进口的煤粉管隔板的磨损及固定位置。磨损严重时应更换，隔板位置发生偏离时应复位固定。

（4）检查周界风风口截面。

（5）检查燃烧器二次风喷口，如喷口烧损和变形严重，应更换。

（6）燃烧器一、二次风喷口更换前应检查其外观、喷口的截面尺寸，结构件的焊缝和喷口偏转角度；更换时与水冷壁应保持两侧的膨胀间隙；喷口更换后其摆动应灵活无卡涩；所有喷口的摆动角度须保持一致且能达到设计值；在运行时不影响水冷壁的膨胀且水冷壁不受煤粉的冲刷。

4. 直流燃烧器摆动机构检修

（1）检查和校正连杆。检查传动连杆平直度；检查传动连杆与曲臂间的轴销，并除锈和润滑直至灵活；检查曲臂的固定支点和燃烧器本体的转动支点裂纹。

要求曲臂和连杆运动时无卡涩，连杆传动幅度与燃烧器本体摆角一致，曲臂的固定支点和燃烧器本体的转动支点无裂纹。

（2）减速器解体。

1）检查蜗轮与蜗杆的接触面。接触面应无裂纹，无磨损。

2）检查蜗轮与蜗杆的紧力。蜗轮、蜗杆装配后无松动。

3）检查减速器结合面密封。减速器密封良好。

4）更换密封填料。

5）对减速器装配后进行间隙测量，并加注高温润滑脂；减速器装配后须转动灵活，无冲动、断续或卡涩现象。

（3）摆角校验。

1）单组燃烧器喷口摆角机械、电动或气动校验，喷口最大仰角和最大倾角同步程控校验。喷口摆动保持同步；喷口摆角的最大倾角和最大仰角符合设计要求。

2）燃烧器喷口水平校验。喷口水平误差小于±0.5°。

3）燃烧器喷口摆角角度就地指示检验，喷口摆角角度就地指示与集控室表计指示校验。喷口实际摆角与就地指示的误差应小于±0.5°，摆角就地指示与集控室表计指示一致。

5. 二次风挡板检查和开度校验

（1）检查挡板与轴固定连接。挡板外形完整，挡板轴无变形；挡板与轴固定良好无松动。

（2）检查挡板轴轴封和更换密封垫料。

（3）润滑挡板轴并使开关灵活无卡涩。

（4）挡板最小开度和最大开度校验。挡板最大开度和最小开度能达到设计要求。

（5）挡板就地开度指示校验。挡板就地开度指示与集控室表计指示一致。

（二）旋流燃烧器检修

1. 检修前的准备工作

（1）准备好检修工器具及备件材料。

（2）安装好行灯照明。

（3）炉膛及大风箱内搭设好脚手架。

（4）了解掌握燃烧器运行情况及有关缺陷记录和检查记录，制定检修方案。

（5）炉内除焦、清灰工作完成后方可进入开始工作。

（6）人员安全培训，作业人员熟悉旋流燃烧器的检修工艺要求及质量标准。

（7）办理检修工作票。

2. 材料、工具准备

一次风弯头、防磨板、稳燃环、文丘里管、陶瓷保护套、煤粉浓缩器（Ⅰ、Ⅱ）、中心棒保护套筒、一次风喉口（Nozzle）、支撑板、活动扳手、手拉葫芦、钢丝绳、焊机、行灯、行灯变压器、割锯、卷尺、游标卡尺、耐热高强度石棉纸板、榔头、大锤、梅花扳手。

3. 旋流燃烧器本体部分的检修

（1）清理燃烧器喷口周围焦渣和积灰。

（2）外观检查及冲洗。

1）检查喷口的外观、磨损和烧损情况。喷口外形完整，无开裂、严重变形和严重磨损，必要时更换。

2）更换喷口时应测量、调整喷嘴位置。喷口位置符合设计要求。

（3）检查扩流锥和偏流板。无脱落、严重缺损、裂纹，必要时更换。

（4）检查一次风管和防磨衬里磨损情况。防磨衬里完整，无松脱、变形、裂纹等，磨损量不大于原厚度的 2/3，必要时更换。

（5）更换时与水冷壁保持膨胀间隙，膨胀间隙符合设计要求。

4. 调风门检修

（1）检查与校正叶片外形与动作情况。叶片无缺损、严重变形、松脱等，必要时更换。

（2）检查传动机构动作情况，清除各处积灰。各部件位置正确，无严重变形和磨损，动作灵活无卡涩，能全开全关。

5. 支架组件检查

（1）检查和修整密封装置。外形无严重变形、裂纹，填料密封无老化。

（2）检查支架和各支承件焊缝。焊缝完好且无裂纹，支架无变形、缺损、裂纹。

6. 油枪清洗和检查

（1）蒸汽冲洗油枪管道和喷嘴。油枪雾化片、旋流片应规格正确，平整光洁。

（2）检查油枪喷嘴孔径。喷油孔和旋流槽无堵塞或严重磨损，喷油孔磨损量达原孔径的 1/10 或形成椭圆时应更换。

（3）检查油枪雾化片与油枪雾化片座间的密封。油枪各结合面密封良好，无渗漏。

（4）检查金属软管。金属软管无泄漏，焊接点无脱焊、不锈钢编织皮或编织丝且无破损或断裂，必要时应对软管进行设计压力的水压试验。新软管应进行 1.25 倍设计压力的水压试验。

7. 油枪执行机构及密封套管检查和更换

（1）检查油枪驱动套管内、外壁及密封圈，清除套管外壁油垢。导向套管内、外壁光滑，无积油，油枪进退灵活，无卡涩现象。

（2）检查套管的软管部分，套管的软管部分无断裂。软管破裂或有破裂趋势的应更换，软管更换前须对新软管进行检查。

（3）油枪进退检验。油枪进退均能达到设计要求的工作位置和退出位置。

8. 调风器检查和更换

（1）调风器外观检查。调风器外观及叶片应保持完整，无烧损及变形，叶片焊缝无裂纹。调风器出口无积灰和结焦，截面保持畅通。

（2）检查调风器叶片焊缝。

（3）调风器叶片烧损或变形严重应更换，叶片焊缝裂纹应补焊。更换后的调风器中心与油枪中心的误差应小于 2mm。

【任务实施】

工作任务	燃烧器检修			学时	10	成绩	
姓名		学号		班级		日期	

1. 计划

（1）岗位划分。

岗位 组别	作业组长	组员	组员	组员	组员	组员	组员	组员

（2）制定燃烧器检修工单。

<table>
<tr><td colspan="2">人员要求</td><td>检修作业名称</td><td rowspan="2">工作负责人签字</td></tr>
<tr><td>专责工</td><td>人</td><td rowspan="6">燃烧器检修</td></tr>
<tr><td>检修工</td><td>人</td><td></td></tr>
<tr><td>其他</td><td>人</td><td>工作成员签字</td></tr>
<tr><td></td><td>人</td><td></td></tr>
<tr><td></td><td>人</td><td></td></tr>
<tr><td></td><td>人</td><td></td></tr>
<tr><td colspan="4">检修前准备
• 资料准备。
• 熟悉检修安全注意事项。
• 掌握拆装方法，熟悉各部件结构、检修工艺及质量标准</td></tr>
<tr><td colspan="4">工具材料准备</td></tr>
<tr><td colspan="4">安全措施</td></tr>
<tr><td colspan="4">工作步骤</td></tr>
<tr><td colspan="4">技术标准</td></tr>
</table>

2. 决策

根据锅炉检修作业指导书核对各组检修工单。

3. 实施

（1）填写燃烧器检修工作票。

（2）在模拟电厂锅炉检修场景下，各检修学习小组进行燃烧器的检修。

续表

4. 检查及评价

考评项目		自我评估 20%	组长评估 20%	教师评估 60%	小计 100%
素质考评 20	劳动纪律 5				
	积极主动 5				
	协作精神 5				
	贡献大小 5				
总结分析 20					
工单考评 60					
总分					

任务 2　空气预热器检修

【教学目标】

知识目标：

（1）掌握空气预热器的作用、结构、工作原理；

（2）掌握空气预热器低温腐蚀危害、机理、影响因素及预防措施；

（3）掌握空气预热器的检修项目、工艺要求及质量标准。

能力目标：

（1）能讲解空气预热器的作用及结构形式；

（2）能判断空气预热器设备故障，会分析原因及其危害，能维修处理；

（3）会空气预热器检修。

态度目标：

（1）能主动学习，在完成任务过程中发现问题、分析问题和解决问题；

（2）能与小组成员协商、交流配合完成本次学习任务，养成分工合作的团队意识；

（3）严格遵守安全规范，爱岗敬业、勤奋工作。

【任务描述】

班级学生自由组合为若干个检修学习小组，各检修学习小组自行选出作业组长，并明确各小组成员的角色。在模拟电厂锅炉检修场景下，各检修学习小组按照 DL/T 748.8—2001《火力发电厂锅炉机组检修导则　第 8 部分：空气预热器的检修》中空气预热器检修的要求，进行空气预热器的检修。

【任务准备】

工作任务	空气预热器检修			学时	6	成绩	
姓名		学号		班级		日期	
课前预习相关知识部分，独立回答下列问题： （1）空气预热器的作用有哪些？ （2）比较回转式空气预热器与管式空气预热器的异同点。 （3）简述锅炉尾部容易发生低温腐蚀的主要原因有哪些。影响低温腐蚀的因素主要有哪些？ （4）如何减轻和防止锅炉尾部受热面的低温腐蚀现象							

【相关知识】

一、理论咨询

（一）空气预热器的作用和分类

空气预热器是利用锅炉尾部烟气热量来加热燃烧及制粉所需要的空气的热交换设备，其作用包括：

（1）利用空气吸收烟气热量，降低了排烟温度，提高锅炉效率，节省燃料。随着蒸汽参数的提高，回热循环中用汽轮机抽汽加热的给水温度越来越高，单用省煤器难以将锅炉排烟温度降到合适的温度，使用空气预热器可进一步降低排烟温度，减少排烟热损失，提高锅炉效率。排烟温度每降低 15℃，可使锅炉热效率提高约 1%。

（2）由于燃烧空气温度的提高，改善燃料着火条件和燃烧过程，降低不完全燃烧热损失，提高锅炉效率。空气温度每升高 100℃，可使理论燃烧温度上升 35～40℃。

（3）用热空气干燥煤粉，有利于制粉系统工作。

（4）改善引风机的工作条件。由于排烟温度的降低，使引风机的工作温度和电耗降低，提高了其工作的可靠性和经济性。

现代电厂锅炉的空气预热器按传热方式的不同，可分为传热式和蓄热式（再生式）两种。传热式空气预热器用金属壁面将烟气和空气隔开，烟气和空气有各自的通道，热量由烟气侧连续通过传热面传给空气侧。蓄热式空气预热器是烟气和空气交替地通过受热面，热量由烟气传给受热面金属，被受热面金属积蓄起来，然后空气通过受热面，受热面金属将蓄热量传给空气，这样连续不断地反复交替。

（二）管式空气预热器

管式空气预热器属于传热式空气预热器，如图 4-7 所示，按布置形式可分为立式和卧式两种；按材料可分为钢管式、铸铁管式和玻璃管式等几种。管式空气预热器具有结构简单，制造、安装、检修方便，工作可靠，漏风小等优点；但其结构尺寸及金属用量大，给大型锅炉尾部受热面的布置带来困难。因此管式空气预热器一般用在中、小容量的锅炉上。通常，300MW 及以上的机组就不再采用管式空气预热器。

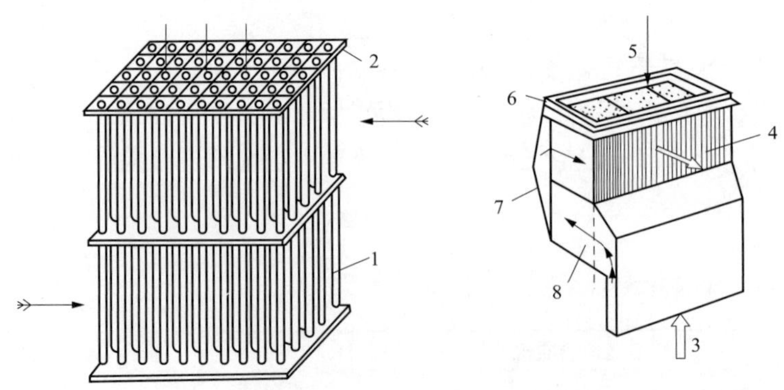

图 4-7 管式空气预热器

1—烟管管束；2—管板；3—冷空气入口；4—热空气出口；5—烟气入口；6—膨胀节；7—空气连通罩；8—烟气出口

（三）回转式空气预热器

随着电厂锅炉蒸汽参数和机组容量的加大，管式空气预热器由于受热面的加大而使体积和高度增加，给锅炉布置带来困难。因此现在大机组都采用结构紧凑、质量小的回转式空气预热器。回转式空气预热器按转动部件的不同分为受热面回转式空气预热器（又称容克式）和风罩回转式空气预热器（又称缪勒式）两种形式。

受热面回转式空气预热器和风罩回转式空气预热器的主要区别是：前者的传热元件组在运行中旋转，其风烟道固定不动；而后者与前者相反，后者的传热元件组固定不动，其上、下风罩在运行中旋转。

回转式空气预热器与管式空气预热器相比较有以下特点：

（1）回转式空气预热器结构紧凑、占地小，体积为同容量管式空气预热器的1/10，因而布置灵活方便，使锅炉本体更容易得到合理的布置。

（2）质量小，因管式空气预热器的管子壁厚为1.5mm，而回转式空气预热器的蓄热板厚度为0.5～1.25mm，布置相当紧凑，所以回转式空气预热器金属耗量约为同容量管式空气预热器的1/3。

（3）在相同的外界条件下，回转式空气预热器因受热面金属温度较高，低温腐蚀的危险较管式空气预热器轻些。

（4）回转式空气预热器的漏风量比较大，一般管式空气预热器不超过5%，而回转式空气预热器在状态好时为8%～10%，密封不良时可达20%～30%。

（5）回转式空气预热器的结构比较复杂，制造工艺要求高，运行维护工作多，检修也较复杂。

1. 受热面回转式空气预热器

受热面回转式空气预热器的左、右两半部分分别为烟气和空气通道。当烟气流经转子时，烟气将热量释放给蓄热元件，烟气温度降低；当蓄热元件旋转到空气侧时，又将热量释放给空气，空气温度升高。如此周而复始地循环，实现烟气与空气的热交换。按进风仓的数量可以分为二分仓和三分仓两种，不同之处在于一、二次风在受热面回转式空气预热器中是否已分开。

受热面回转式空气预热器由外壳、转子、传动装置、密封装置、润滑油系统、吹灰装置、清洗装置及冷端、热端连接板等组成，如图4-8所示。

（1）外壳。外壳由外壳圈筒、上/下端板、上/下扇形板组成，将转子受热面与外界环境隔离开。上、下端板都相应地留有风烟道的开孔，分别与风道和烟道相连接。上、下扇形板分别装在上、下端板的内侧，正好与转子端面相应构成密封区。图4-9所示为一三分仓受热面回转式空气预热器外观图。

（2）转子。转子由轴、中心筒、外圆筒、仓格板和传热元件等组成。轴中间段有实心的，也有空心的，但两端都是实心的，轴外套着中心筒，或者就用中心筒做空心轴，两端接上实心轴。转子的最外层是外圆筒，中心筒与外圆筒之间有很多径向的仓格板，将整个转子均匀分成若干个扇形仓格。仓格中还有几块切向隔板，再将每个仓格分若干个小仓格，这样，轴、中心筒、外圆筒、仓格板、隔板就组成了一个有很多小仓格组成的转子整体。在每个小仓格中设置传热元件，通常由厚0.5～1.25mm钢板制成的波形板和定位板组成。波形板和定位板相间放置，其上的斜波纹与气流方向呈30°角，目的是增强气流扰动，改善传热效果。定位板不仅起着受热面的作用，而且将波形板相互间固定在一定的距离，保证气流有一定的流通截面。

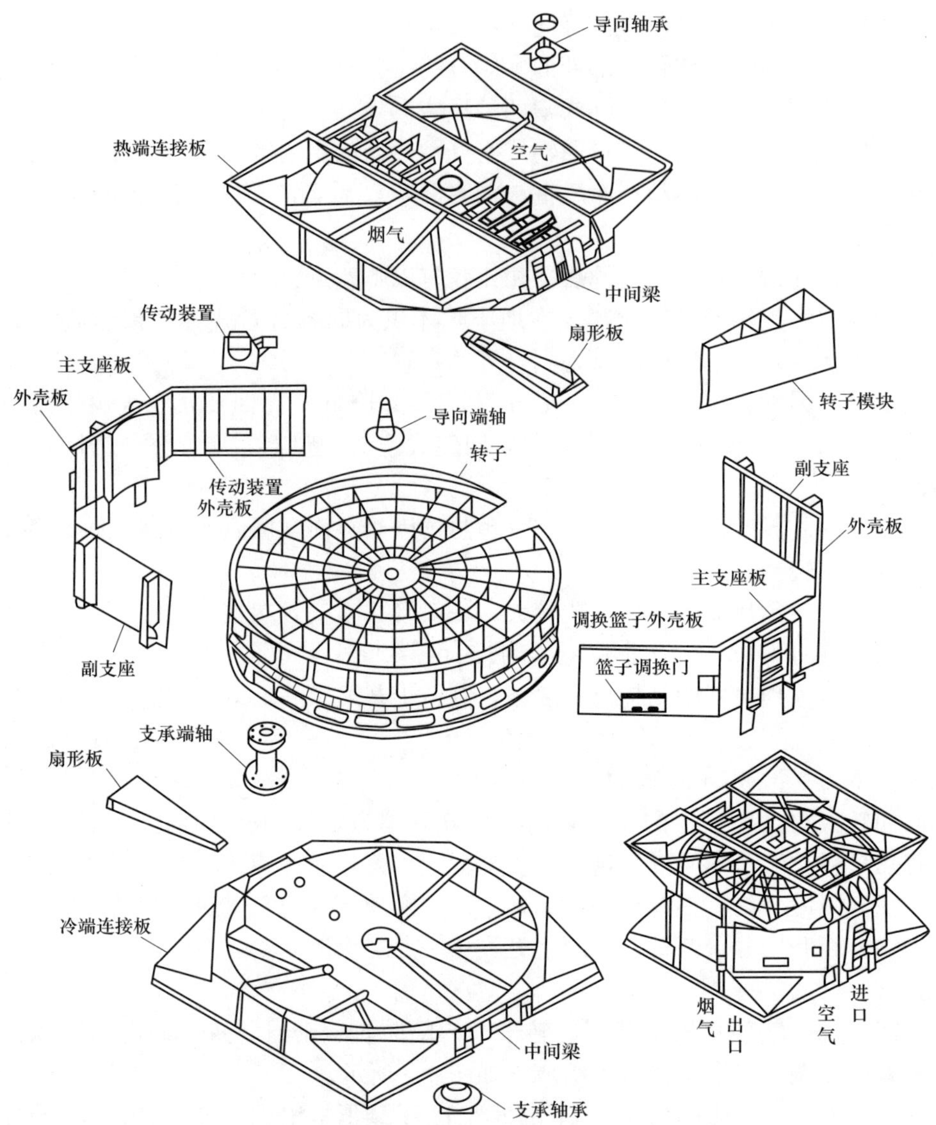

图 4-8 受热面回转式空气预热器结构部件

传热元件按烟气流动方向可以分为热段、中间段、冷段。在大容量锅炉机组中，将传热元件做成框盒式组合件，检修时各端传热元件盒全部抽屉式从侧面检修门孔处抽出，安装、更换非常方便。

转子横截面被分成烟气和空气两个流通区域，两个流通区域之间由密封区（过渡区）隔开。由于烟气的容积容量比空气大，故烟气流通区占转子总截面的 50%左右，而空气流通区占 30%～40%，其余部分为两者之间的密封区。

（3）冷端、热端连接板。冷端、热端连接板由烟风道接头和中间梁组成。烟风道接头分别由两行 90°罩壳和中间板组成。冷端、热端连接板法兰分别与外壳的上、下法兰连接，中间梁腹板与主支座外壳板上的悬吊板连接，其中间梁与副支座连接。

热端连接板中间梁两端装有扇形板提升装置和扇形板密封调节装置（根据需要有些空气预热器配制漏风调节控制系统），冷端连接板中间梁设置检修用的吊耳和平台。

（4）传动装置。传动装置是驱动转子转动的动力部件，主要部件有电动机、液力耦合器、减速器、传动齿轮、传动装置支承。空气预热器的传动采用中心传动，由电动机通过减速机减速器带动一个小齿轮，小齿轮同装在转子外圆筒圆周上的围带销啮合，带动转子转动。整个传动装置都固定在外壳上，在齿轮与围带销啮合处有罩壳与外界隔绝。空气预热器的转子转动的速度很低，一般为1～4r/min。受热面回转式空气预热器都配装辅助传动装置，当主动传动装置出现设备故障或设备检修时使用。

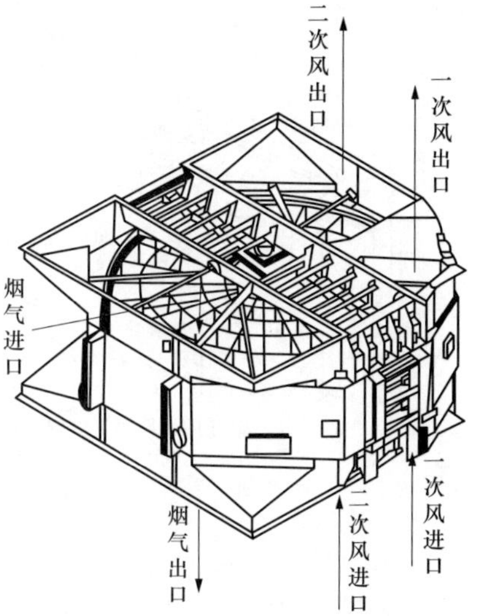

图4-9　三分仓受热面回转式空气预热器外观图

（5）密封装置。受热面回转式空气预热器比较突出的问题是漏风，漏风可分为携带漏风和密封漏风两种。携带漏风是由于受热面的转动将留存在受热元件流通空间中的空气带入到烟气中，转子旋转越快，携带漏风量越大。但总的来说，携带漏风量是不大的，一般不超过1%，常可忽略。

密封漏风是由于空气预热器动静部分之间的空隙的漏风。回转式空气预热器是一种转动机械，因此动静部件之间总要留有一定的间隙。流经空气预热器的空气是正压，烟气是负压，其间存在一定的压差。空气在这种压差的作用下会通过这些间隙漏到烟气中去。为了减小漏风量，空气预热器安装了各种密封装置。受热面回转式空气预热器密封装置主要包括径向密封、轴向密封、环向密封和中心筒密封，如图4-10～图4-12所示。

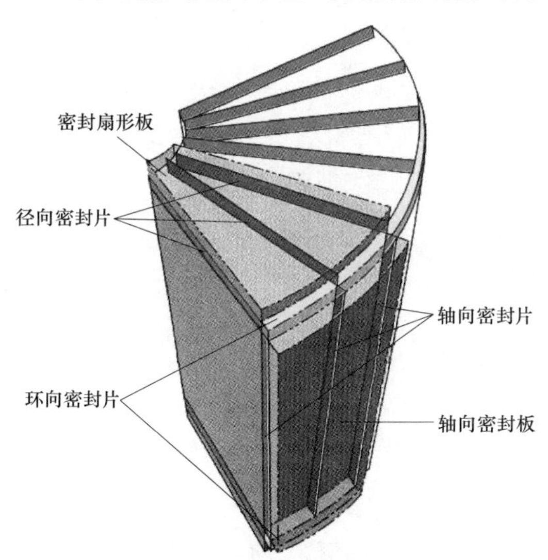

图4-10　回转式空气预热器三向密封图

1）径向密封。在各项漏风中尤以径向漏风为最，径向密封是指转子径向隔板上的径向密封片与连接板中间梁内的扇形板组成的密封结构。其作用是防止空气从空气通道穿过转子与扇形板之间的密封区漏入烟道。密封的方法是在每块仓格的上、下端都装有带密封头或不带密封头的弹性钢片，任一块仓格板经密封区时弹簧钢片就与外壳上的扇形板组成密封。为避免噪声和电动机功率过大，弹性钢片与扇形板不直接接触，留有很小空隙。

2）轴向密封。轴向密封是指在转子外圆壳体上，轴向隔板上的轴向密封片与主支座板内侧的轴向密封板组成的密封结构。其作用是当外环向密封环不严密时，防止空气通过转子与外壳间的空隙漏入烟侧。密封的方法是沿着一圈空隙在外壳上装置很多的折角板，折角板的端部与转子外圆接触。

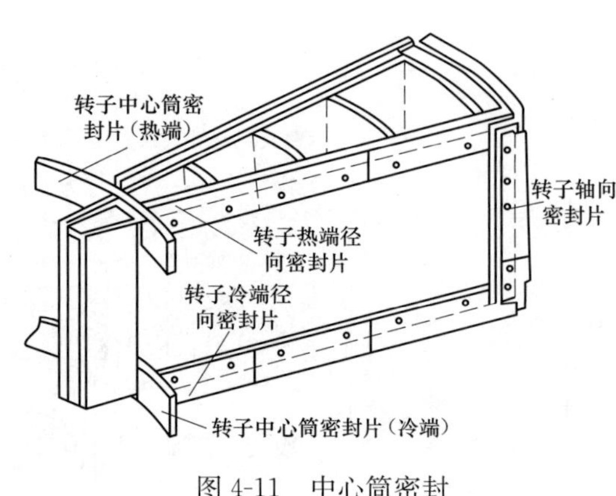

图 4-11 中心筒密封

3）环向密封。环向密封是指转子外圆壳体上、下端的T形钢平面处与空气预热器外壳内圆侧的旁路密封角钢上的旁路密封片组成的密封结构，又称旁路密封。环向密封分外、内环向密封两种，外环向密封是防止空气通过转子外圆筒的上、下端面漏入外圆筒与外壳圆筒之间的空隙，再沿这个空隙漏向烟气侧；内环向密封是防止空气通过中心筒的上、下端面漏入烟气侧。

4）中心筒密封。在每一个转子径向隔板内侧的热端和冷端都装有中心筒密封片，中心筒密封环绕热端和冷端转子中心筒周围。在运行期间，中心筒密封紧贴着空气预热器连接板内围绕中心筒的导向和支承端轴的静密封卷筒，中心筒密封开槽并固定在径向隔板的内端，密封无论在径向还是在轴向（靠近或者远离热端或冷端静密封卷筒）在安装时都可以调节安装。中心筒密封一般不需要更换。

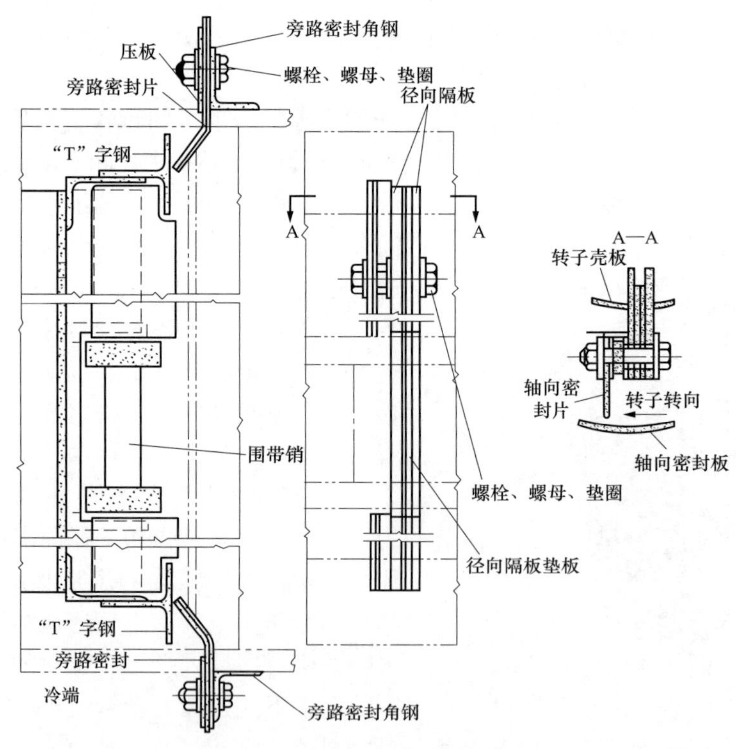

图 4-12 轴向和环向密封示意图

2. 风罩回转式空气预热器

大型电厂锅炉的受热面回转式空气预热器的直径在10m以上，质量可达270～600t，为了避免转动笨重的受热面，便产生了风罩回转式空气预热器。

风罩回转式空气预热器的结构如图4-13所示，主要部件有定子、上/下风罩、传动装置、上/下烟道、密封装置和吹灰装置等。受热面固定不动，称为定子。定子外壳与上、下烟道相连。在烟道内装有“8”字形上、下风罩，通过中心轴将它们连成一体。在下风罩外圈上装有环形齿条，传动机构通过齿条带动上、下风罩以1～2r/min的转速同步旋转。受热面圆形截面被分为两个烟气流通区、两个空气流通区。它们之间被过渡区隔开。一般烟气流通截面占50%～60%，空气流通截面占35%～45%，过渡区（密封区）占5%～10%。空气自下而上由固定风道进入旋转风罩，分成两股进入受热面，加热后的热风经上风罩汇集后由热风道引出。烟气自上而下分成两股流过风罩以外的受热面加热传热元件。这样，风罩每旋转一圈进行两次热交换。因此，风罩回转式空气预热器的转速相对较低。

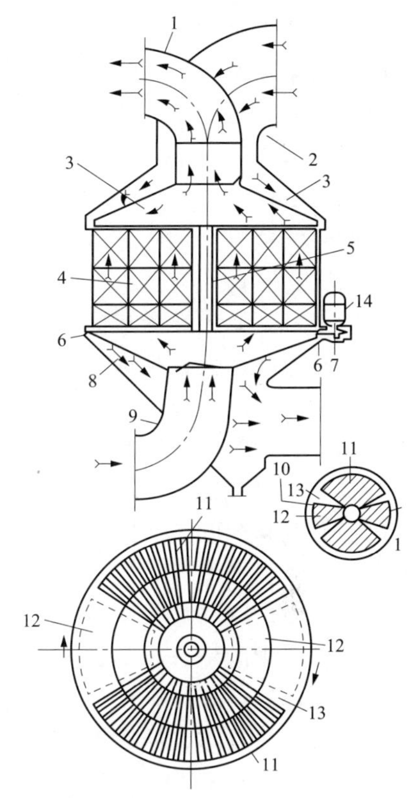

图4-13　风罩回转式空气预热器的结构图

1—上风道；2—上烟道；3—上风罩；4—受热面定子；5—中心轴；6—齿条；7—齿轮；8—下风罩；9—下风道；10—下烟道；11—烟气流通截面；12—空气流通截面；13—过渡区；14—电动机

（1）定子。风罩回转式空气预热器定子的构造与受热面回转式空气预热器的转子构造相同。其传热元件组件的构造相同，波形板的形状也基本相同。

（2）外壳。风罩回转式空气预热器外壳由上、下烟道和上、下风道等部件组成。

（3）旋转风罩。旋转风罩由上回转风罩、下回转风罩、主轴、上轴承组、下轴承组、下风罩外圈的传动围带等部件组成。

（4）传动装置。风罩回转式空气预热器的传动装置与受热面回转式空气预热器的传动装置相同，其传动过程、动力传递程序均相同；在选型、转速、功率、安装位置等方面有所不同，这与每种型号的锅炉设计参数要求有关。

（5）密封系统。回转风罩的密封结构主要为上、下回转风罩与固定风道之间的动静连接。密封滑块用螺栓装在固定的风道上，密封滑块的下端紧贴风罩的密封法兰，风罩转动，滑块在法兰上滑动。因滑块螺孔为长槽形，可以允许上、下移动，以达到风罩与密封法兰的紧密接触，起到密封作用。该结构中的弧形板也有一定的密封效果。

（四）低温腐蚀

1. 低温腐蚀及危害

当受热面壁温低于烟气露点时，烟气中的硫酸蒸汽凝结在受热面上所造成的腐蚀称为低温腐蚀，也称硫酸腐蚀。低温腐蚀一般发生在烟温较低的低温空气预热器的冷端，甚至会扩展到烟道、除尘器和引风机。低温腐蚀带来的危害主要有：

（1）导致受热面破坏泄漏，使大量空气漏入烟气中，既影响锅炉燃烧，又使引风机负荷增大、电耗增加。

（2）在产生腐蚀的同时，还会出现低温黏结积灰，积灰使排烟温度升高，引风机阻力增加，锅炉出力降低，甚至强迫停炉清灰。

（3）腐蚀严重还将导致大量受热面更换，造成经济上的巨大损失。

2. 低温腐蚀产生的原因

在燃烧过程中生成的SO_2，其中一部分会进一步氧化生成SO_3，SO_3会与烟气中的H_2O结合生成硫酸蒸汽。烟气进入低温受热面，当受热面温度低于烟气露点温度（硫酸蒸汽开始凝结的温度）时，硫酸蒸汽就会凝结成为酸液而腐蚀受热面，使受热面穿孔、损坏，严重的只要三四个月就要更换受热面，对锅炉的正常运行影响很大，也增加了金属和资金的消耗。同时，液态硫酸还会黏结烟气中的飞灰使其沉积在潮湿的受热面上，形成不易被吹灰清除的低温黏结灰，从而造成堵灰现象，使烟道通风阻力增加，排烟温度提高，甚至被迫停炉，极大地影响了锅炉的安全性和经济性。

3. 影响低温腐蚀的因素

影响低温腐蚀的主要因素是烟气中SO_3的含量。这是因为烟气中SO_3含量的增加，一方面会使烟气露点上升，另一方面会使硫酸蒸汽含量增加。前者使受热面结露引起腐蚀，后者使腐蚀程度加剧。烟气中SO_3的含量与下列因素有关：

（1）燃料中的硫分越多，则烟气中的SO_3越多。

（2）火焰温度高，则火焰中的原子氧增多，因而SO_3增多；过量空气系数增加也会使火焰中的原子氧增多，使SO_3增多。

（3）Fe_2O_3或V_2O_5等催化剂含量增加时，烟气中SO_3量增加。

4. 减轻低温腐蚀的措施

（1）燃料脱硫。燃料中的黄铁硫可以在燃料进入制粉系统前利用其重力与煤粉不同而分离出来，但不能完全分离出，而且有机硫很难除去。

（2）低氧燃烧。低氧燃烧即在燃烧过程中用降低过量空气系数的方法来减少烟气中的剩余氧气，以使SO_2转化为SO_3的量减小，但是低氧燃烧必须保证燃烧的安全，否则会降低燃烧效率，影响经济性。另外，减少锅炉漏风也是减少烟气中剩余氧气的措施。

（3）采用降低酸露点和抑制腐蚀的添加剂。将粉末状的石灰石（$CaCO_3$）或白云石（$MgCO_3$）作为添加剂混入燃料中或直接吹入炉内燃烧，它们会与烟气中的SO_3发生作用而生成$CaSO_4$或$MgSO_4$，从而减少了烟气中SO_3的含量，减轻低温腐蚀。但是烟气中将增加大量粉尘，使受热面积灰增多，故应加强吹灰和清扫。

（4）提高空气预热器受热面的壁温是防止低温腐蚀最有效的措施，通常可以采用热风再循环或暖风器两种方法。暖风器是利用汽轮机抽汽来加热空气预热器入口冷空气，提高进风温度。热风再循环是将一部分空气预热器出口的热空气再引到送风机与一次风机入口，以提高空气预热器进风温度。

（5）回转式空气预热器结构中常用抗腐蚀的措施。采用回转式空气预热器本身就是一个减轻腐蚀的措施，因它在相同的烟温和空气温度下，烟气侧受热面壁温较管式空气预热器高，这对减轻低温腐蚀有好处；同时回转式空气预热器的传热元件沿高度方向都分为三段，即热段、中间段、冷段，冷段最易受低温腐蚀。从结构上将冷段和不易受腐蚀的热段和中间段分开的目的是简化传热元件的检修工作，降低维修费用，当冷段的波形板被腐蚀后，只需更换冷段的蓄热板。另外，为了增加冷段蓄热板的抗腐蚀性常采用耐腐蚀的低合金钢，而且较厚，一般为1.2mm。另外在回转式空气预热器中，烟气和空气交替冲刷受热面。当烟气流过受热面时，若壁面温度低于烟气露点，受热面上将有硫酸凝结，引起低温腐蚀。但当空气流过受热面时，因空气中没有硫酸蒸汽，且空气中水蒸气的分压力低，则凝结在受热面上的硫酸将蒸发。因此当空气流经受热面时，硫酸的凝结量不但不增加，反而减少，从而降低腐蚀。

(6) 运行中防止低温腐蚀的措施。

1) 采用低氧燃烧。可以将烟气中的 SO_3 大量降低，烟气露点下降，腐蚀速度减小，不完全燃烧热损失有所增加，排烟热损失减少，锅炉效率稍有增加。

2) 控制炉膛燃烧温度水平，减少 SO_3 的生成量。

3) 定期吹灰，利于清除积灰，又利于防止低温腐蚀。

4) 定期冲洗。如空气预热器冷段积灰，可以用碱性水冲洗受热面清除积灰。冲洗后一般可以恢复至原先的排烟温度，而且腐蚀减轻。

5) 避免和减少尾部受热面漏风。漏风会使受热面温度降低，腐蚀加速。特别是空气预热器漏风，漏风处温度大量下降，导致严重的低温腐蚀。

二、实践咨询

以受热面回转式空气预热器为例介绍检修工作。

1. 检修前的准备工作

(1) 有关检修项目、工艺程序、质量标准及施工技术措施已组织有关人员学习和掌握。

(2) 施工中的安全措施已制定，并落实到每个有关人员。

(3) 有关检修技术记录卡、图表等已准备齐全。

(4) 检修所用的工具、器具、标准校验直尺等专用测量工具及起吊机具已准备到位。设备的备品备件已采购结束，并验收合格。

(5) 热力检修工作票已送至运行岗位，并办理有关手续。允许开工的通知签证已确认。

(6) 确认送风机、引风机和一次风机已停役，并已隔绝电源及挂安全警告牌。

(7) 确认空气预热器的传动装置电源已隔绝，电源线已拆除。

(8) 确认漏风控制系统的装置已解列，电源已隔绝，并已拆除电源线。

(9) 上、下轴承的润滑油泵已解除，油泵电源已隔绝并拆除，冷油器水源已隔绝。

(10) 吹灰器及清洗系统的汽源、水源、电源已可靠隔绝，并已挂上警告牌，防误操作的措施已安排可靠。

2. 材料、工具准备

卷扬机、电动磨光机、测振仪、测温仪、电子氧量计、扭矩扳手、千斤顶、手动葫芦、活动扳手、钢丝绳、梅花扳手、榔头、框式水平仪、角度尺、千分尺、游标卡尺、钢直尺、塞尺、弹性块、油封、O形密封圈、内侧径向密封片、外侧径向密封片、外侧密封调节片、轴向密封片、传热元件、支承轴承、导向轴承等。

3. 空气预热器清灰

(1) 开启空气预热器各人孔门。

(2) 检查传热元件及其他部位积灰、堵灰情况并做好记录。

(3) 检查密封元件及密封间隙情况，做好记录并分析原因。

(4) 清理空气预热器灰斗，清理排灰管，排出灰斗积灰。

(5) 用消防水清洗或碱洗装置并进行受热面清灰。

(6) 清洗后用透光方法进行初步检查，确认合格后再分层抽箱进行检查。抽箱方法参见“传热元件检修中的传热元件更换”。

(7) 开启烟风系统各挡板风门，自然通风干燥或用压缩空气吹干受热面。

(8) 转动清洗时，严禁人员进入空气预热器内。受热面应清洗干净，无任何残留积灰。锈蚀、积灰堵塞严重无法清通的应予更换，及时干燥传热元件，防止锈蚀。

4. 传热元件检修

(1) 检查或抽查热段、冷段、中间段传热元件是否堵死、锈蚀、烧坏等，进行修理或更换。

(2) 传热元件更换。

1) 冷端元件盒更换。

① 拆卸轴向密封片。

② 拆开转子外壳上的冷端元件盒装卸门。

③ 转动转子使元件盒与开口对齐（用专用工具人工盘动）。开孔尺寸以最大元件盒能吊出为原则。

④ 拆出转子上的盖板，用钩子取出元件盒。

⑤ 将清洗、修复后的元件盒或新的元件盒按相反顺序装入扇形仓中。

⑥ 在盖板内侧涂以密封剂或密封衬垫后，再将盖板装复。

⑦ 按上述步骤更换其他扇形仓内冷端元件盒。

2) 热端与热端中间层元件盒的更换。

① 拆卸所换扇形仓的热端径向密封片及周向密封片。

② 在热端烟道风罩及上连接板部位划线并用火焰切割足够大尺寸的开孔，开孔位置最好位于烟道长边中心。

③ 安装吊轨和提升机构。

④ 转动转子使扇形仓与开孔及吊轨对齐。

⑤ 用一个厚度为6mm左右的直角两通道吊钩，插入元件盒支承杆的下面，从转子隔仓内取出元件盒，并吊运至空气预热器的外部。注意不要改变波形板的排列顺序。

⑥ 将新元件盒装入扇形仓内，然后转动转子到另一扇形仓，重复上述步骤直到所有元件盒更换完为止。

⑦ 重新装复径向、周向密封片，调整间隙。

⑧ 卸除吊轨和提升机构，恢复焊封开孔。

(3) 传热元件的检修。

1) 根据须检修传热元件尺寸制作相应尺寸的检修压紧机构。

2) 割开元件盒，松开内部传热波形板，进行检修和清洗。

3) 将波形板整理整齐，进行压紧。

4) 紧至原标准尺寸时，焊接元件盒。

5. 转子轴承检修

(1) 转子轴承检修前的准备。

1) 轴承拆卸前要准备好必需的工具、清洗剂和润滑油等。

2) 当需要拆卸时，必须先拆卸和装配支承轴承及导向轴承，在这些轴承装配完成后，才能拆其他部件，为的是保持轴承与转子总是对准的。

3）轴承拆卸中各零件应标记配合记号，以免将零件弄错。

（2）支承轴承的拆卸。

1）在支承轴承下面为检修准备工作场地和空间，将热端扇形板提升至最高位置。

2）轴承箱放油。拆去油循环管道、温度控制器、油标尺管等，管端应加堵头封好。从静密封卷筒上拆下螺栓，取下可拆卸部分，以便靠近转子中心筒的下端板。

3）清除积灰。

4）拆下防水罩和轴承箱盖（分界面应打好标记）。

5）选择4个100t的千斤顶安放在冷端中心杵架上。升起千斤顶，直至与中心筒下支承端板接触，再升3mm，以卸去支承轴承载荷。用三个ϕ100的圆钢或100mm×100mm的方钢，作为支承块装在千斤顶附近支住转子，油压千斤顶仍保留原位，以协助过后取出支承块。

6）拆去固定支承端轴和连接座的螺栓。

7）割去支承轴承箱体和中心杵架的固定块，松开轴承箱的固定螺栓，这时用顶压螺栓分离连接座和支承端轴的同时，边松开螺栓下落轴承约20mm。

8）装起重设备，将轴承箱体、轴承和连接座作为一个整体拆下来（支承轴承箱的质量约为7t）。

9）用顶压螺栓将连接座从轴承上拆下来。拆下轴承内圈和滚子。

10）用顶压螺栓将支承轴承外圈从轴承箱体中取出来。检查更换推力向心球面滚子轴承。

（3）支承轴承的安装。

1）重新安装轴承之前，用油彻底清洗轴承与轴承箱内表面。

2）按拆卸相反的程序安装。

3）将精密水平仪放在轴承箱体上，检查箱体水平度，如有必要，重新调垫板。

4）转子重力落到轴承上后，拆掉支承块和油压千斤顶，重新装上拆下来的静密封卷筒弓形块。

5）支承轴承的连接座与轴承内圈，轴承外圈与轴承箱体配合，如需热压，使用透平油，油温为80℃，最高不得超过120℃。

6）按照“支承轴承总图”装固定块。

7）装复油管道。

8）安装完毕，用油清洗。

（4）导向轴承的拆卸。

1）清理导向轴承的场地。

2）用临时支撑件支住转子外壳，使转子不会倾倒。在转子中心筒上端板上安装厚度为16mm的垫板支住导向轴承固定卷筒装置，使热端扇形板不会下落。

3）在导向轴承上方安装起重设备（应先制作安装支架）。

4）拆除油管道和温度控制器，轴承箱放油。

5）拆下轴承箱盖和轴承箱的连接螺栓，用启动设备拆卸下轴承箱盖。卸下外壳套筒顶部固定导杆的螺母和垫圈，取出套筒并保管好，以备装复。

6）拆去锁紧螺栓的限位块（该螺栓将止退帽固定在端轴的顶部），拧松螺栓，退出9mm。拆下端轴中心的管堵，接上一个压力为34.3～68.7MPa的油泵（或液压缸），用液压使紧固套筒松动，然后拆下锁紧螺栓和止退帽。

7）用一个起重设备和外套上的吊环螺栓，卸下作为一个组装件的紧固套、轴承和外套。

8）清洗检查并测量轴承间隙，判定是否需更换轴承。

9）轴承如需更换，应先拆下用螺栓固定在外套上的轴承止动板，拆下SKF锁紧板，并将锁紧螺母拧退约5mm，然后将一个压力软管接到紧固套端部螺孔上，利用液压使轴承和紧固套之间配合松动。

10）一旦轴承已松动则取下锁紧螺母，从紧固套和外套上拆下轴承。

（5）导向轴承的装配。

1）装配前彻底清洗轴承和轴承箱。

2）按与拆卸程序相反顺序装配。

3）新轴承装于紧固套之前，测量并记录径向间隙：将轴承垂直安放在一个平面上，使轴承的外圈和内圈平行，用塞尺测量最上面的滚子和外圈之间的间隙，用塞尺测量时不要用力，轻轻地垂直插入。

4）用锁紧螺母将新轴承压进紧固套上，同时如果需要的话，利用油泵的压力使最初的径向间隙减小到0.152mm，用锁紧板固定好螺母。

5）将紧固套、轴承组件装到外套上，用轴承止动板压紧，在端轴锥面上涂上轴油。

6）用起重设备将轴承组件吊至端轴正上方，确保外套上的孔对准导杆。

7）下放轴承组件于端轴之上，装端轴顶部的止退帽。利用螺栓压紧止退帽，使紧固套向端轴施加一个力，按规定的扭矩（1105～1139N·m）拧紧螺栓，然后装焊限位块。

8）用螺母、垫圈和套筒将导杆固定在外套上。

9）装复箱盖，接好油循环管道。拆除临时支撑，调轴承箱使转子垂直，并装限位块。

10）将润滑油注入轴承箱到正常油位，投入油循环设备，观察压力表，一旦压力下降，尽快停运油循环设备，加油至正确油位，重复此步骤直至压力与油位保持稳定。

6. 传动装置检修

（1）变速箱解体检修。

1）拆主、辅电动机地脚螺栓。

2）拆离合器及液力耦合器。

3）变速箱放油。

4）拆变速箱上盖螺栓，拆下上箱盖，记录垫子数据。

5）拆输出大齿轮密封盖板，测量大齿轮与传动围带销轴和径向与轴向膨胀间隙，做好记录。

6）松开大齿轮轴套上的紧定螺钉，拆下轴套与大齿轮的收紧螺栓。

7）安装轴套与大轮锥面松卸工具。

8）支好大齿轮，拆下轴套。

9）拆下大齿轮。

10）吊出变速箱输出轴。

拆开的各零部件摆放有序，重要部件的工作面及密封面应用布保护好，测量详细、准确，记录清楚。

（2）清洗检查及修理。

1）用汽油或煤油清洗箱体内部，内部各部件清洗干净、无油污。

2）清洗拆下来的锥齿轮输出轴。

3）清洗轴承，测量轴承游隙及轴向间隙，做好记录。拆下轴承端盖并清洗，测量并记录各端盖垫厚度。

4）清洗并检查各啮合齿轮情况，有无裂纹、麻坑及划痕，用油石修磨。

5）检查各结合面表面质量，各结合面无裂纹、麻坑及划痕。

6）修复或更换已损坏的部件。轴承变色脱皮，保持架有明显摩擦痕迹应更换，齿轮牙齿磨损超过 1/4 更换。

7）更换游隙超标的轴承，更换时可采用加热法，温度不超过 120℃，用铜棒敲击。轴承游隙标准不大于 0.25mm。

8）检查各轴承与轴颈的配合尺寸，保证配合紧力。各轴承与轴颈配合紧力为 0.02～0.15mm。

9）更换各密封环。

10）根据齿面情况确定修磨。

（3）传动围带检修。

1）检查测量围带及各销轴的磨损、变形、损坏情况。

2）使用专用销轴安装工具更换损坏的销轴。

（4）液力耦合器检修。

（5）摆线针轮减速机检修。

（6）变速箱装复。

1）装输出轴下轴压盖及油封毡圈、T 形油封；装输出轴上部大锥齿轮；装下轴承外圈，吊装输出轴。

2）调整轴承轴向间隙，使轴向间隙为 0.05mm。调整锥齿轮轴轴向位置。

3）检查锥齿轮副啮合情况，涂红丹粉检查并调整好。

4）装主输入轴、齿轮轴和辅输入轴，调整好齿轮啮合情况。

5）用压铅丝法检查各轴承径向间隙、轴向间隙，并配制垫子做好记录，轴承原始游隙也做好记录。

6）输入轴、输出轴的上、下轴承加足够的锂基润滑脂。盖好上箱盖，装复各轴承端盖。各密封面不漏油，可涂 7304 密封胶。

7）将大齿轮、轴套的配合面彻底清洗，擦去毛刺，将收紧螺栓的螺纹及垫圈涂上 MD 型水剂石墨润滑剂。

8）装复大齿轮、轴套，收紧螺栓拧紧力矩为 550～580N・m，四只螺栓对称拧紧。

9）调整大齿轮与传动围带销轴和径向与轴向膨胀间隙。

10）密封板及压缩空气管路恢复。调整主、辅电动机并就位，收紧地脚螺栓。减速箱加油至规定油位。电动机与减速机同轴度允许差为 0.03mm。电动机旋向应先试转，绝对不能反向驱动减速机，否则会损坏减速箱。

7. 密封装置检修

(1) 径向密封片的检修。

1) 检查径向密封片磨损、变形、脱松及损坏情况，判断是否需要进行更换。

2) 拆除需更换的密封片、夹紧条板、外端密封板和隔板密封件等，注意不得拆除径向板衬条，螺栓松不动时，可气割或拧断。

3) 新密封片的安装应从外端开始，将装上垫圈和径向隔板密封板的螺栓插入外侧密封的外端和内端螺栓孔中。螺栓应从径向隔板的后缘插入，安装径向密封件、外端板条和夹紧条，并用螺母和垫圈固定。先不必拧紧螺栓，以便调整。安装剩下的螺栓和垫圈。重复上述步骤安装其余径向密封片。内端与中心筒相配时可修正内端密封件。

4) 安装密封校正装置。用平直的槽钢做一个标准检查尺，将它安装在内、外两侧的支架上（先暂不固定）。

5) 转动转子，使一个径向隔板或模式扇形仓的密封片位于扇形板的边缘，用塞尺将内侧和外侧的密封间隙调整到规定值。热端密封间隙为外侧 3mm、中心处 3mm。冷端密封间隙为外侧 24mm、中心处 0mm。拧紧密封片固定螺栓，然后调整中间段的密封，并拧紧螺栓。转动转子使其密封位于相对称的扇形板的边缘，从扇形板的内侧和外侧检查间隙，如果间隙变化不大于±0.5mm，可不需重新调整；如果大于±0.5mm，则应重调。

6) 转动转子，使调好的这一组密封片转至校正装置的下面，调整校正装置使其刚好与密封片接触，然后固定校正装置。

7) 转动转子，使径向密封片位于校正装置的下面。调整密封片，使其刚好接触校正装置，固定密封片。重复上述步骤，直到所有密封片全部调好为止。

8) 拆除密封校正装置，保存起来。

(2) 轴向密封片的检修。

1) 拆除装在主座架每侧的密封检修孔的盖。

2) 检查轴向密封片有无脱松、磨损、变形及损坏，判断是否要进行更换。

3) 拆下需更换或修复的密封片和成型的夹紧条。尽可能不要拆卸圆周上固定模式扇形仓和垫片的螺栓。

4) 安装轴向密封校正装置，用螺栓固定在槽钢上。

5) 调整校正装置，使热端、冷端 T 形钢径向最大跳动点的距离为 4.8mm，再校核围带法兰处最小间隙是否为 4.8mm，如小于 4.8mm 应重调，固定好校正装置。

6) 安装成型的夹紧条和密封片，用螺栓和垫片固定，先不拧紧。转动转子，使其轴向密封片正对校验装置，调整密封片使其刚好与密封校验装置接触，并加以紧固。

7) 同样的方法安装和校正其他轴向密封片。拆除密封片校验装置。

8) 转动转子，使一块轴向密封片正对着轴向密封板的边缘，进行检查和重新校正轴向密封板。

9) 密封板调整：用主座架外面的调节器移进或移出轴向密封板，使密封间隙满足要求。用塞尺检查热端、冷端轴向密封间隙，如果变化不超过±0.5mm，则不必调整。热端密封间隙为 9.5mm，冷端密封间隙为 5.2mm。

10) 重新封闭轴向密封检查孔。

(3) 环向密封检修。

1）检查环向密封片的变形、松脱、磨损及损坏情况，确定是否需要更换。

2）拆除需更换的密封片，保留压板。

3）密封片可安装，安装时内、外两层要错开槽缝，调正密封片和T形钢的密封间隙及相对高度位置。密封片的顶部与T形钢下缘应为19～25.4mm。热端密封间隙为5mm，冷端密封间隙为1.1mm。

4）紧固环向密封片。

（4）转子中心筒密封片检修。

1）检查中心筒密封片是否损坏、松脱，密封间隙是否符合要求。

2）必须更换时，可拆除密封焊在径向隔板与凸座上的密封片，并磨去原焊缝。

3）安装新密封片，新密封片是由每端四块90°的圆弧板制成，并在径向隔板的内侧端相配合开槽然后插入。

4）调整密封间隙符合要求。密封片与扇形板密封表面间隙为6mm，与垂直密封表面之间的间隙为1.6mm。焊接密封片之间拼缝，并将密封片固定焊接在径向隔板与凸耳板上。

8. 漏风控制系统检修

（1）扇形板及传感器的外观检查。扇形板无明显变形、磨损，密封面平整，传感器完好无松动。

（2）检查执行机构提升杆的波纹管密封装置，无损坏、不漏风、不漏灰。

（3）检查传感器压缩空气管道及阀门应无堵塞、卡涩。压缩空气供给可靠。

（4）解体检查执行器各轴承、蜗轮与蜗杆啮合面及螺栓无损坏，调整蜗杆轴向间隙，更换润滑脂。各部件完好无损坏，蜗杆轴向间隙为0.1～0.2mm，转动自如。

（5）转向器轴承检查，润滑脂更换，轴承轴向游隙调整。各轴承轴向游隙为0.05mm。

（6）减速器检修。

1）卸下减速器，松开输入端盖，将它与输入轴一起从壳体中取出，从轴上取下波纹管。

2）取出刚轮。

3）清洗刚轮、柔性滚动轴承和轮齿部。各部件无明显损伤与磨损。

4）齿部和轴承填充润滑脂。

5）装复并试转灵活。

（7）联轴器检查。

1）十字滑块联轴器外观检查，滑盘内孔及滑槽配合面涂上7014-1号润滑脂，旋紧十字滑块上的螺钉。

2）尼龙柱销联轴器检查，取下联轴器两侧挡板，取出尼龙销并清洗干净，尼龙销完好无损伤，则涂上润滑脂装复。

9. 润滑油系统检修

（1）三螺杆油泵的检修。

1）卸下对轮，拆下键，卸掉内六角螺栓。

2）卸前端盖，取出动密封、挡油胶圈，卸掉后端盖，检查主杆与从杆之间的间隙。

3）抽出主、从杆，卸掉轴套、衬套，清洗检查各零部件有无损坏，进行修复。

4）按相反顺序装复油泵，用手转动轴应无卡涩。静密封间隙不大于0.28mm，轴向窜动量不大于0.5mm。零部件完好、无裂纹，传动齿无严重磨损，磨损量小于1.5mm。轴转动灵活，密封面无渗漏。

(2) 滤油器检修。

1) 松开上端盖螺栓，抽出滤芯，用汽油清洗干净。

2) 检查滤芯有无损坏，是否需要更换新件。

3) 装入芯子，紧固上盖。滤网干净无杂物，滤芯无损坏，封闭严密不漏油。

(3) 冷油器检修。

1) 打开冷油器的前、后端盖，清洗油管部分。

2) 检查铜管胀口是否损坏，损坏时应进行更换或修复。

3) 堵死或更换漏水铜管。

4) 冷油器水压试验，试验压力为1.5MPa。水压试验合格，无渗漏点。

5) 更换密封垫，装复端盖。

(4) 管道的检查与连接。各连接管件、阀门无渗漏点，管道膨胀自由无阻碍，阀门开关灵活到位。

(5) 注油并试循环。

1) 向系统内注油。通过油标尺开孔向支承轴承箱和导向轴承箱加油，直至油位达到油标尺上的油位标记，断开温控系统，接通油循环系统并加满油，观察压力表，油压降低则补油至标记位，直到油位稳定为止。油位标示清晰准确，加油量适当。

2) 油循环试运行。电气控制柜置“手动”位，启动油泵运行。检查轴承箱油表面是否有泡沫产生，如有则应检查所有管接头，阀门油泵填料盖可能漏气，进行密封处理。

10. 消防、清洗及其他部件检修

(1) 消防系统检修。

1) 检查消防管道是否严重磨损，各喷嘴是否堵塞，并清理畅通。

2) 消防管道及阀门检修。

(2) 水清洗系统检修。

1) 碱洗水泵检修。

2) 碱洗水箱清洗。

3) 水清洗系统阀门的检修。

4) 水清洗热端和冷端喷嘴的检查与清灰。

(3) 空气预热器灰斗检修。

1) 清理灰斗及下灰管内积灰。

2) 检查灰斗有无变形、腐蚀及裂纹，是否漏风、漏灰，对灰斗进行焊补。

3) 箱式水封冲灰器检修。

(4) 检查与修理空气预热器进、出口波形膨胀伸缩节，确保无严重变形、磨损及腐蚀，严密无漏风、漏灰现象。

11. 试运转

(1) 检查空气预热器内脚手架、检修工具、电缆等是否清理拆除，传动机构、轴承润滑油是否足够。

(2) 按空气预热器启动程序启动试运行。

（3）检测减速器、电动机的振动与温度符合标准要求，监听转子转动无摩擦卡涩声音。电动机振动小于0.1mm，轴承温度小于65℃；转动无异常声音和卡涩现象。

（4）试投密封跟踪系统正常，无卡涩、摩擦或异常情况。

【任务实施】

工作任务	空气预热器检修			学时	6	成绩	
姓名		学号		班级		日期	

1. 计划

（1）岗位划分。

岗位 / 组别	作业组长	组员	组员	组员	组员	组员	组员	组员

（2）制定空气预热器检修工单。

<table>
<tr><th colspan="2">人员要求</th><th>检修作业名称</th><th rowspan="2">工作负责人签字</th></tr>
<tr><td>专责工</td><td>人</td><td rowspan="6">空气预热器检修</td></tr>
<tr><td>检修工</td><td>人</td><td></td></tr>
<tr><td>其他</td><td>人</td><td>工作成员签字</td></tr>
<tr><td></td><td>人</td><td></td></tr>
<tr><td></td><td>人</td><td></td></tr>
<tr><td></td><td>人</td><td></td></tr>
<tr><td colspan="4">检修前准备
• 资料准备。
• 熟悉检修安全注意事项。
• 掌握拆装方法，熟悉各部件结构、检修工艺及质量标准</td></tr>
<tr><td colspan="4">工具材料准备</td></tr>
<tr><td colspan="4">安全措施</td></tr>
<tr><td colspan="4">工作步骤</td></tr>
<tr><td colspan="4">技术标准</td></tr>
</table>

续表

2. 决策
根据锅炉检修作业指导书核对各组检修工单。
3. 实施
(1) 填写空气预热器检修工作票。
(2) 在模拟电厂锅炉检修场景下，各检修学习小组进行空气预热器的检修。
4. 检查及评价

考评项目		自我评估 20%	组长评估 20%	教师评估 60%	小计 100%
素质考评 20	劳动纪律 5				
	积极主动 5				
	协作精神 5				
	贡献大小 5				
总结分析 20					
工单考评 60					
总分					

项目 5

锅炉辅助设备检修

【项目描述】

主要培养学生认识和理解电厂锅炉辅助设备的结构特征、工作原理，熟悉锅炉辅助设备检修项目的检修工艺及质量标准，会办理检修工作票、准备主要工器具、制订并实施安全措施，能检测和修复一般设备缺陷。

【教学目标】

(1) 能说明制粉系统各设备所处的位置及作用；
(2) 能讲解制粉系统工作流程；
(3) 能正确画出制粉系统图；
(4) 能填写锅炉辅助设备检修工作票，会办理工作票手续；
(5) 能判断磨煤机、给煤机设备故障，会分析原因及其危害，能维修处理；
(6) 会磨煤机、给煤机检修；
(7) 会编制锅炉辅助设备检修作业指导书。

【教学环境】

锅炉检修实训场、锅炉设备模型室、多媒体课件、锅炉教学视频、锅炉设备系统图纸。

任务 1 磨煤机检修

【教学目标】

知识目标：
(1) 掌握制粉系统的工作过程以及所包括的设备、管道及各自的作用；
(2) 熟悉直吹式制粉系统图、中间储仓式制粉系统图；
(3) 了解制粉系统的作用、类型及工作特点；
(4) 熟悉磨煤机的分类、作用、工作原理及特性；
(5) 掌握磨煤机的结构及磨煤机的检修项目、工艺要求及质量标准。
能力目标：
(1) 能说明制粉系统各设备所处的位置及作用；
(2) 能讲解制粉系统工作流程；
(3) 能正确画出制粉系统图；
(4) 能判断磨煤机设备故障，会分析原因及其危害，能维修处理；
(5) 会磨煤机检修。

态度目标：

（1）能主动学习，在完成任务过程中发现问题、分析问题和解决问题；

（2）能与小组成员协商、交流配合完成本次学习任务，养成分工合作的团队意识；

（3）严格遵守安全规范，爱岗敬业、勤奋工作。

【任务描述】

班级学生自由组合为若干个检修学习小组，各检修学习小组自行选出作业组长，并明确各小组成员的角色。在模拟电厂锅炉检修场景下，各检修学习小组按照 DL/T 748.4—2001 中磨煤机检修的要求，进行磨煤机的检修。

【任务准备】

<table>
<tr><td>工作任务</td><td colspan="2">磨煤机检修</td><td>学时</td><td>8</td><td>成绩</td><td></td></tr>
<tr><td>姓名</td><td></td><td>学号</td><td>班级</td><td></td><td>日期</td><td></td></tr>
<tr><td colspan="7">课前预习相关知识部分，独立回答下列问题：
（1）什么是制粉系统？制粉系统分为哪两类？
（2）画出中间储仓式制粉系统图，并说明其工作流程。
（3）画出直吹式制粉系统图，并说明其工作流程。
（4）说明制粉系统各设备的作用。
（5）说明低速磨煤机结构及工作原理。
（6）说明双进双出磨煤机结构及工作原理。与单进单出磨煤机比较双进双出磨煤机有哪些特点？
（7）说明中速磨煤机结构特点及工作原理。
（8）风扇磨煤机结构有何特点？其工作原理是什么？
（9）磨煤机常见问题有哪些</td></tr>
</table>

【相关知识】

一、理论咨询

（一）制粉系统流程及分类

制粉系统是指将原煤磨制成煤粉，然后送入锅炉炉膛进行悬浮燃烧所需的设备和连接管道的组合。其主要任务是对原煤进行磨制、干燥与输送。对中间储仓式系统来说，还有煤粉的储存与调剂任务。

为适应不同煤种、不同类型磨煤机、不同负荷特性的锅炉，制粉系统的繁简程度和连接方式不同，一般分为直吹式和中间储仓式两大类。直吹式制粉系统中原煤经磨煤机磨成煤粉后直接吹入炉膛进行燃烧，而中间储仓式制粉系统是将原煤磨成煤粉后储存在煤粉仓中，然后根据锅炉负荷的需要，由给粉机送入炉膛进行燃烧。

一次风：指制粉系统中输送煤粉经燃烧器进入炉膛并满足挥发分燃烧需要的空气。二次风：指从热风管直接引来经燃烧器二次风口进入炉膛起助燃和扰动作用的空气。三次风：指在中间储仓式热风送粉的制粉系统中，排入锅炉炉膛的剩余磨煤机乏气（干燥剂）。

1. 直吹式制粉系统

直吹式制粉系统是指磨煤机磨制的煤粉被直接吹入炉膛燃烧的系统。其特点是在运行过程中，制粉量在任何时刻都与锅炉的燃料消耗量一致，即制粉出力随锅炉负荷变化而变化。磨煤机干燥剂（磨煤通风量）既是输粉介质，又是进入炉膛的一次风，制粉系统与锅炉之间需随时保持燃料的供需平衡。所以，直吹式制粉系统宜采用变负荷运行特性较好的磨煤机，如中速磨煤机、高速磨煤机、双进双出钢球磨煤机。由于单进单出钢球磨煤机低负荷或变负荷运行时是不经济的，因此一般不适用直吹式制粉系统，仅在锅炉带基本负荷时才考虑采用。

（1）中速磨煤机直吹式制粉系统。中速磨煤机直吹式制粉系统，根据排粉机（或一次风机）安装的位置不同，即磨煤机工作压力不同，可分为正压直吹式系统和负压直吹式系统两种连接方式。而正压系统又分为冷一次风机系统和热一次风机系统。

1）负压直吹式制粉系统。按制粉系统工作流程，排粉机在磨煤机之后，整个系统处于负压下工作，称为负压直吹式制粉系统，如图 5-1 所示。

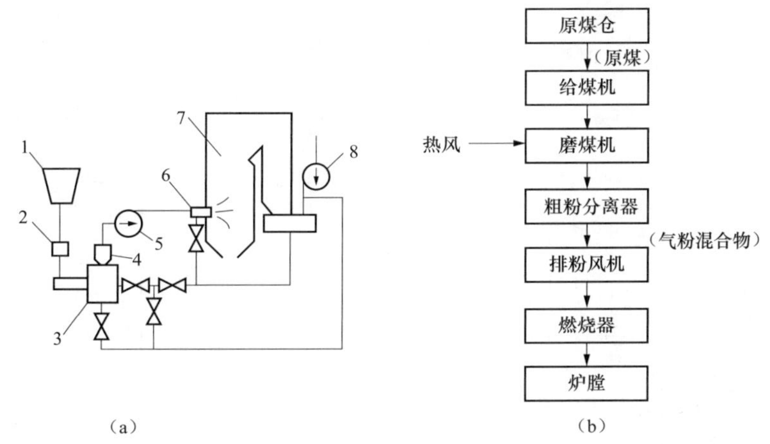

图 5-1　负压直吹式制粉系统

（a）系统图；（b）流程图

1—原煤仓；2—给煤机；3—中速磨煤机；4—粗粉分离器；5—排粉机；6—燃烧器；7—炉膛；8—送风机

负压直吹式制粉系统中磨煤机处于负压状态，不会向外喷粉，工作环境比较干净。但是，由于燃烧所需的全部煤粉都通过排粉机，使排粉机叶片磨损严重，这不仅降低排粉机效率，增加运行电耗，同时经常更换叶片使运行费用增加，系统工作的可靠性降低，维修工作量加大。此外，负压系统漏风量较大，为了维持一定的炉膛过量空气系数，势必减少流经空气预热器的空气量，结果使排烟温度升高，排烟热损失增加，锅炉效率降低。漏入的冷空气还会降低制粉系统的干燥能力，减少磨煤机出力，使制粉系统的经济性也降低。故该系统目前已很少采用。

2）正压直吹式制粉系统。按制粉系统工作流程，排粉机（一次风机）在磨煤机之前，整个系统处于正压下工作，称为正压直吹式系统，中速磨煤机热一次风和冷一次风正压直吹式制粉系统如图 5-2 和图 5-3 所示。

图 5-2 所示系统中，热一次风机装在空气预热器和磨煤机之间，一次风机输送的是高温热风。由于空气温度高，比体积大，因此轴承易损坏，运行可靠性差，风机效率也因此而下降。

图 5-3 所示的制粉系统是目前我国大机组普遍采用的制粉系统。该系统中，一次风机布

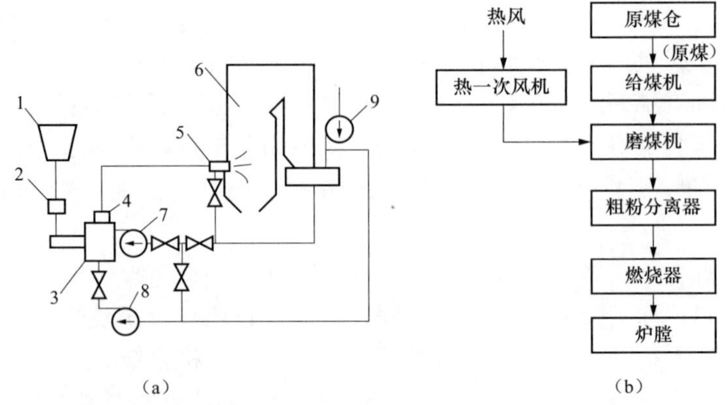

图 5-2 中速磨煤机热一次风正压直吹式制粉系统

(a) 系统图；(b) 流程图

1—原煤仓；2—给煤机；3—中速磨煤机；4—粗粉分离器；5—燃烧器；6—炉膛；7—高温风机；8—磨煤机轴封风机；9—送风机

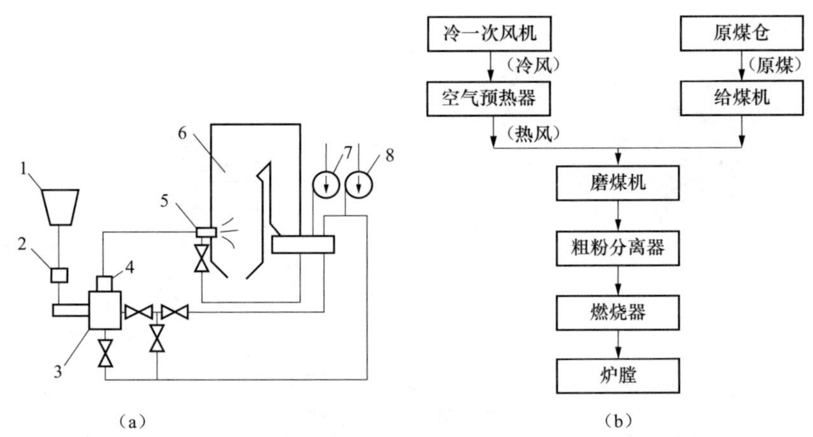

图 5-3 中速磨煤机冷一次风正压直吹式制粉系统

(a) 系统图；(b) 流程图

1—原煤仓；2—给煤机；3—中速磨煤机；4—粗粉分离器；5—燃烧器；6—炉膛；7—二次风机；8—高压送风机

置在空气预热器之前，通过风机的介质为冷空气，使风机的工作条件大为改善，且因冷空气比体积小，通风电耗也降低。但由于冷一次风机的风压比二次风机的风压高得多，故要求采用三分仓空气预热器（回转式），将一、二次风流通、加热区域分开，这又将导致空气预热器结构复杂化和造价提高。

正压直吹式制粉系统中，一次风机输送的是洁净的空气，不存在风机叶片磨损问题，冷空气也不会漏入系统，因此锅炉和制粉系统运行的经济性都比负压系统高。但磨煤机应采取密封措施，否则向外冒粉不仅污染环境，还可能引起煤粉自燃爆炸的危险。

（2）风扇磨煤机直吹式制粉系统。风扇磨煤机直吹式制粉系统如图 5-4 所示。风扇磨煤机适用于高挥发分、高水分、磨损性不强的褐煤。

对于水分高的褐煤采用热风作为干燥剂，如图 5-4（a）所示。对于磨制水分较高的褐煤，可采用热空气加炉烟作为干燥剂，以利于燃料的干燥和防爆，如图 5-4（c）所示。在抽取炉

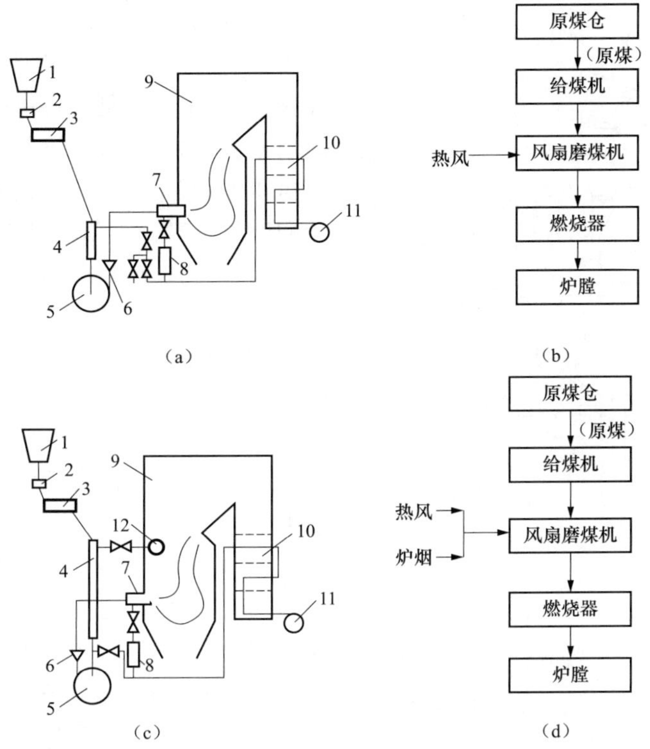

图 5-4 风扇磨煤机直吹式制粉系统

(a) 热风干燥系统图；(b) 热风干燥流程图；(c) 热风-烟气干燥系统图；(d) 热风-烟气干燥流程图

1—原煤仓；2—自动磅秤；3—给煤机；4—下行干燥管；5—磨煤机；6—粗粉分离器；7—燃烧器；8—二次风箱；9—锅炉；10—空气预热器；11—送风机；12—抽烟口

烟时，可以根据干燥和防爆的要求来决定抽取高温炉烟（炉膛出口）还是低温炉烟（除尘器后），或是高、低温混合炉烟。抽取炉烟作为干燥剂的突出优点是当燃料水分变化较大时，可利用高温烟气来调节制粉系统的干燥能力，稳定一次风温度和一、二次风的比例，减少对燃烧过程的影响。此外，较大的炉烟比例可降低燃烧器附近的炉膛温度以防结渣，这对灰熔点较低的褐煤是很重要的。

由于风扇磨煤机没有专门风机，仅靠自身的提升压头克服管道阻力，为减小烟风道阻力，磨煤机应尽量安装在炉膛附近。在炉烟抽出管道上应装设挡板，以便在磨煤机停运时与炉膛隔离。在粗粉分离器上装设防爆门。

（3）双进双出钢球磨煤机直吹式制粉系统。双进双出钢球磨煤机一般也采用正压直吹式制粉系统，分离器和磨煤机组成一体的系统称为双进双出磨煤机整体布置系统，分离器和磨煤机分开布置的称为双进双出磨煤机分体布置系统。图 5-5 所示为采用冷一次风机的双进双出钢球磨煤机正压直吹式制粉系统，系统由两个相互对称又彼此独立的系统组合在一起组成。

系统流程如下：煤从原煤仓经刮板式给煤机落入混料箱，与进入混料箱的高温旁路风混合，在落煤管中进行预干燥，之后进入中空轴，由螺旋输送装置送入磨煤机筒内，进行粉碎。空气由一次风机送入空气预热器，加热后进入热风管道，一部分作为旁路风，一部分作为干燥剂，经中空轴内的中心管进入磨煤机筒体，与对面进入的热空气流在筒体中部相对冲

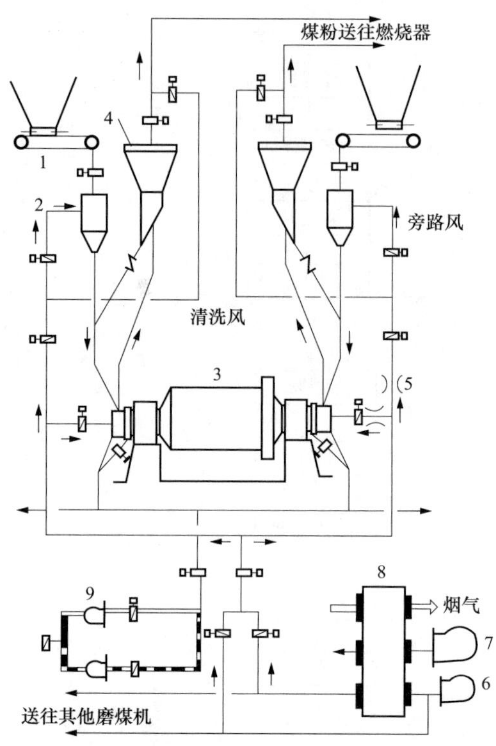

图 5-5　采用冷一次风机的双进双出钢球磨煤机正压直吹式制粉系统

1—给煤机；2—混料箱；3—双进双出钢球磨煤机；4—粗粉分离器；5—风量测量装置；6—一次风机；7—二次风机；8—空气预热器；9—密封风机

后，向回折返，携带煤粉从空心轴的环行通道流出筒体。煤粉空气混合物与落煤管出口煤预热旁路空气混合，进入粗粉分离器，分离出来的粗粉经返料管与原煤混合，返回磨煤机重新磨制。圆锥形粗粉分离器上部装有导向叶片，改变导向叶片倾角可以调节煤粉细度。从分离器出来的一次风气粉混合物经煤粉分配器后进入一次风管道，经燃烧器被送入炉内燃烧。停机时应用清洗风吹扫一次风管道和燃烧器。

双进双出钢球磨煤机正压直吹式制粉系统与中速磨煤机直吹式制粉系统比较，具有以下优点：

1）煤种适应性广。特别适用于磨制高灰分、强磨损性的煤种，以及挥发分低、要求煤粉细的无烟煤，同时对煤中杂质不敏感。

2）备用容量小。钢球磨煤机结构简单、故障少，在钢球磨损时无需停机即可添加，保证系统正常供粉。中速磨煤机则需 20%左右的备用容量。

3）响应锅炉负荷变化性能好。系统以调节磨煤机通风量方法控制给粉量，响应锅炉负荷变化的迟延时间极短。应用双进双出钢球磨煤机直吹式制粉系统的锅炉，负荷变化率可达 20%/min。

4）负荷调节范围大。一台磨煤机的两路制粉系统彼此独立，可两路并用或只用一路，大大增加了系统的负荷调节范围。

5）钢球磨煤机的煤粉细度稳定，不受负荷变化的影响。负荷低时，煤粉在筒内停留时间长，磨制的煤粉更细，能改善煤粉气流着火和燃烧性能，使锅炉能在更低的负荷下稳定运行，锅炉负荷调节范围扩大。

6）煤粉浓度高。双进双出钢球磨煤机直吹式制粉系统与中速磨煤机直吹式制粉系统和风扇磨煤机直吹式制粉系统相比，一次风的煤粉浓度高，有利于低挥发分煤的燃烧。

当锅炉需采用分级燃烧或热风送粉时，可以采用半直吹式制粉系统。双进双出钢球磨煤机半直吹式制粉系统如图 5-6 所示。

2. 中间储仓式制粉系统

中间储仓式制粉系统中，原煤经磨制、分离后，符合一定规格的煤粉先储存在煤粉仓中，然后根据锅炉燃烧的需要，再从煤粉仓经给粉机送入炉膛燃用。因此采用这种系统时，锅炉运行过程中磨煤机的运行方式可以有一定的独立性，使制粉系统可以在最佳工况下运行，从而提高了锅炉运行的可靠性和经济性。由于气粉分离与煤粉储存、转运和调节的需要，系统中增加了煤粉仓、细粉分离器、给粉机、排粉机和螺旋输粉机等

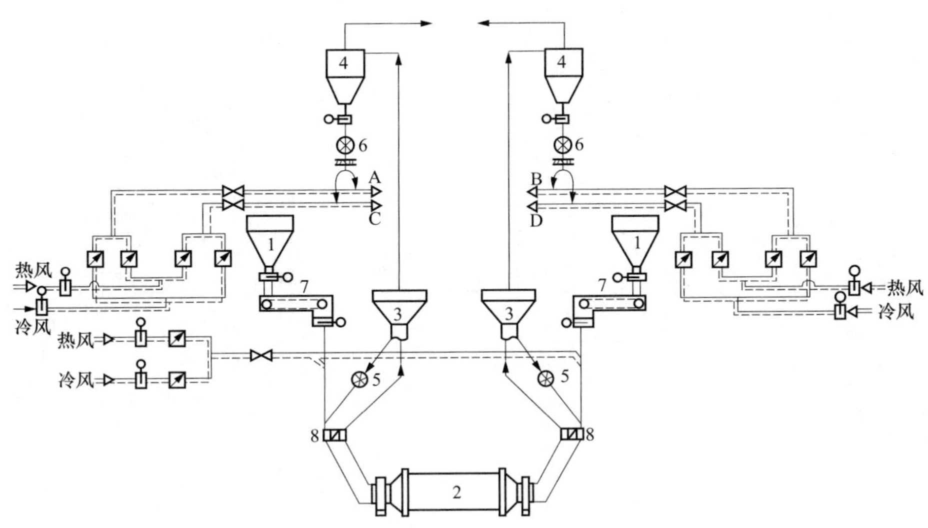

图 5-6 双进双出钢球磨煤机半直吹式制粉系统

1—原煤斗；2—双进双出钢球磨煤机；3—粗粉分离器；4—细粉分离器；5—粗粉旋转锁气器；6—细粉旋转锁气器；7—给煤机；8—旁路挡板

设备。

中间储仓式制粉系统分为干燥剂送粉系统和热风送粉系统两种。

(1) 干燥剂送粉系统。干燥剂送粉的钢球磨煤机中间储仓式制粉系统如图 5-7 所示。

图 5-7 (a) 所示系统适用于热空气作为干燥剂的制粉系统。当原煤水分低时，采用乏气再循环管，其目的是提高钢球磨煤机中的干燥介质速度和降低钢球磨煤机前入口的干燥剂温度。

图 5-7 (b) 所示系统适用于水分高的煤。在这种系统中为了提高干燥剂的温度，在干燥剂中添加了从炉膛中抽出的烟气。这种系统一般不需装设再循环管道。

为了提高煤粉制备的干燥能力，可采用图 5-7 (c) 所示系统。用烟气和热风混合物在干燥管中将燃料预先干燥，在磨煤机中用热风对燃料进行最后干燥。这种系统的优点是大大提高了磨煤设备的出力；缺点是系统复杂，并增加了制粉所消耗的电能，所以很少采用。

(2) 热风送粉系统。热风送粉的带钢球磨煤机中间储仓式制粉系统如图 5-8 所示，它是采用空气预热器出口的热风作为向锅炉送粉的一次风。为此可专设一台高温一次风机；也可不设高温一次风机，而直接引自空气预热器出口。制粉系统内的干燥剂乏气作为三次风排入炉膛。

热风送粉系统适用于低挥发分贫煤、无烟煤或多水分、多灰分的劣质烟煤。此外，若要求炉膛内达到较高的燃烧温度（如液态排渣炉和旋风炉），也可采用热风送粉系统，以利于煤粉迅速着火。热风温度为 350℃左右。

3. 两种制粉系统的比较

(1) 直吹式制粉系统简单、设备部件少、布置紧凑、耗钢材少、输粉管道短、初投资少、运行电耗较低、占地面积小；中间储仓式制粉系统相反，系统复杂、耗钢材多、输粉管道长、初投资多、运行电耗较高、占地面积大，而且煤粉易于沉积，自燃、爆炸和漏

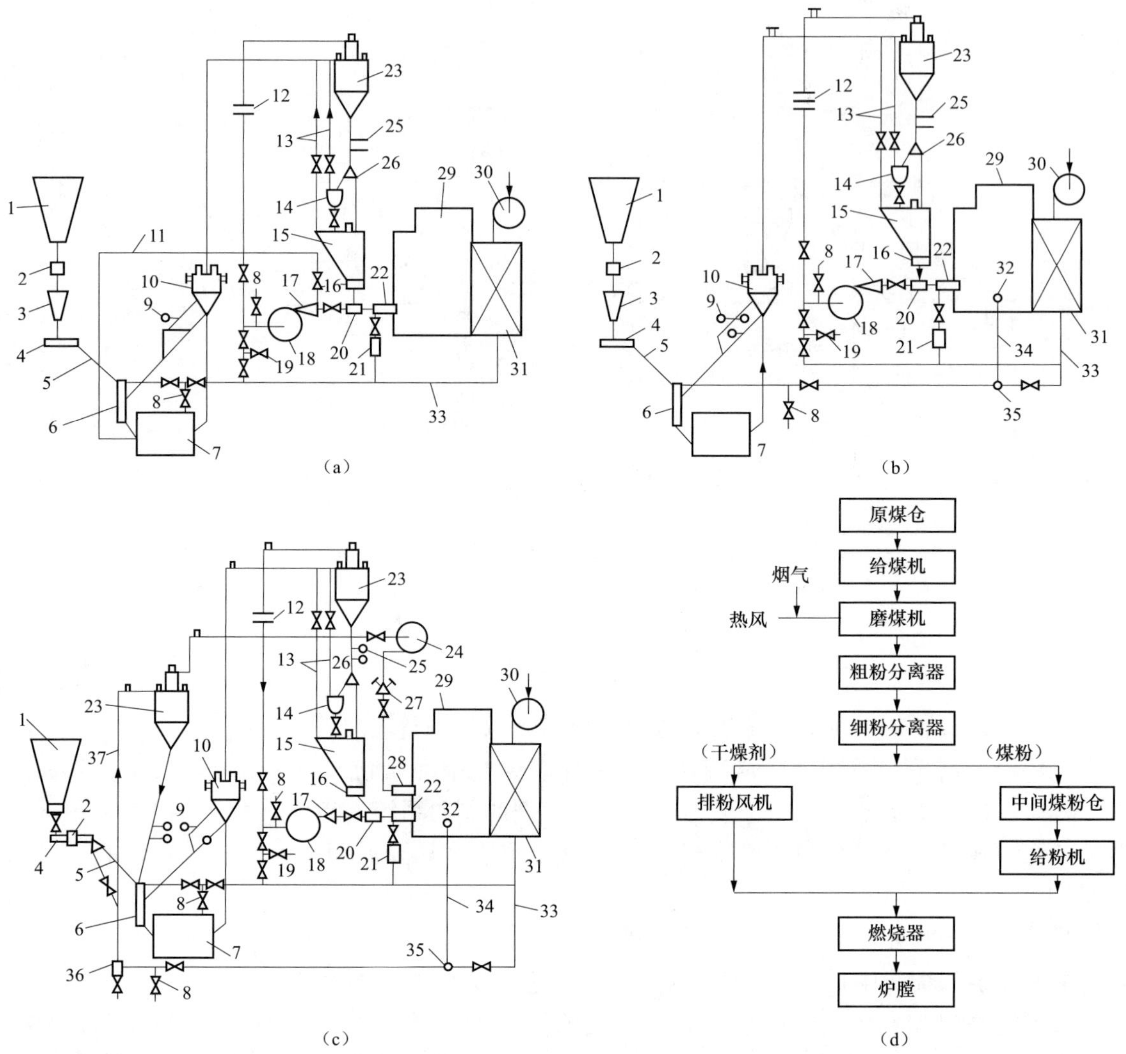

图 5-7　干燥剂送粉的钢球磨煤机中间储仓式制粉系统

(a) 用热空气作为干燥剂的系统图；(b) 用热空气和烟气混合物作为干燥剂的系统图；(c) 带干燥管的预先干燥设备的系统图；(d) 流程图

1—原煤斗；2—自动磅秤；3—称量斗；4—给煤机；5—落煤管；6—落煤干燥装置；7—磨煤机；8—冷风门；9—锁气器；10—粗粉分离器；11—再循环管；12—测量孔板；13—吸潮管；14—螺旋输粉机；15—煤粉仓；16—给粉机；17—一次风箱；18—排粉机；19—大气门；20—混合器；21—二次风箱；22—燃烧器；23—细粉分离器；24—干燥剂风机；25—锁气器；26—换向阀；27—干燥管；28—喷气门；29—锅炉；30—送风机；31—空气预热器；32—抽烟气口；33—空气管道；34—烟道；35—混合风箱；36—杂物分离器

风也较严重。

(2) 直吹式制粉系统的出力受锅炉负荷的制约，制粉系统的故障直接影响锅炉的正常运行，供粉的可靠性较差，要求磨煤机的备用容量较大，负压直吹式系统的排粉机磨损严重对制粉系统工作安全影响较大；中间储仓式制粉系统供粉可靠，运行工况对锅炉运行的影响相对较小，磨煤机可在经济工况下运行。

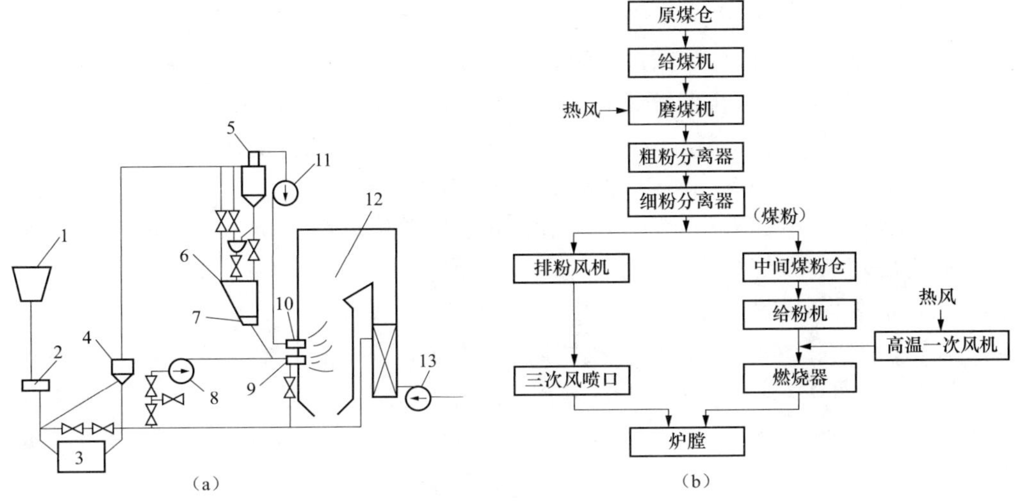

图 5-8 热风送粉的带钢球磨煤机中间储仓式制粉系统

(a) 系统图；(b) 流程图

1—原煤仓；2—给煤机；3—钢球磨煤机；4—粗粉分离器；5—细粉分离器；6—中间储粉仓；7—给粉机；8—高温风机；9—燃烧器；10—三次风喷口；11—排粉风机；12—炉膛；13—送风机

(3) 当锅炉负荷变动时，中间储仓式制粉系统有煤粉仓储存煤粉，并可通过螺旋输粉机在相邻制粉系统间调剂煤粉，只要调节给粉机就能适应需要，调节灵敏方便；而直吹式制粉系统则需从改变给煤量开始，经整个系统才能达到改变煤粉量的目的，调节惰性较大。

(二) 磨煤机的作用、分类和常用概念

1. 磨煤机的作用

磨煤机是制粉系统中的主要设备，其作用是将原煤磨成煤粉并干燥到一定程度。煤在磨煤机中被磨制成煤粉，主要是受到撞击、挤压、碾磨三种力作用的结果。撞击原理是利用燃料与磨煤部件相对运动产生的冲力作用；挤压原理是利用煤在受力的两个碾磨部件表面间的压力作用；碾磨原理是利用煤与运动的碾磨部件间的摩擦力作用。实际上，任何一种磨煤机的工作原理并不是单独一种力的作用，而是几种力的综合作用。

2. 磨煤机的分类

磨煤机的形式很多，通常按磨煤部件的工作转速不同，电厂用的磨煤机分为三种类型。

(1) 低速磨煤机：转速为 16～25r/min，常用的是筒式钢球磨煤机，简称球磨机。

(2) 中速磨煤机：转速为 50～300r/min，通常有中速平盘磨煤机（LM 型）、中速碗式磨煤机（RP 型、HP 型）、中速球环式磨煤机（ZQM 型或 E 型）及轮式磨煤机（ZGM 型或 MPS 型）等。

(3) 高速磨煤机：转速为 500～1500r/min，如风扇磨煤机、锤击磨煤机等。

不同的制粉系统配置不同形式的磨煤机，直吹式制粉系统一般选用中速磨煤机或高速磨煤机，也选用双进双出钢球磨煤机，中间储仓式制粉系统大多选用低速筒式钢球磨煤机。

3. 常用概念

(1) 磨煤机出力 B_m：指单位时间内，在保证一定煤粉细度的条件下，磨煤机所能磨制的原煤量，单位为 t/h。

（2）干燥出力 B_g：制粉系统在单位时间内所能干燥的原煤量，单位为 t/h。

（3）通风出力 V_{tf}：制粉系统输送一定量的煤粉所需的通风量，单位为 m^3/h。

（4）磨煤单位电耗 E_m：磨煤机消耗的电网功率除以相应的磨煤机出力。

（5）通风单位电耗 E_{tf}：制粉系统中，担任煤粉气力输送任务的风机（排粉机或一次风机）消耗的电网功率除以相应的磨煤机出力。

（6）制粉系统单位电耗 E_{zf}：磨煤单位电耗和通风单位电耗之和。

（三）低速磨煤机

1. 单进单出钢球磨煤机

（1）型号表示法。钢球磨煤机型号是用筒体直径 D（cm）和长度 L（cm）来表示，分子表示直径，分母表示筒身长度。直径以钢瓦波纹的中心线计，长度是指圆筒部分的内部尺寸。如 250/320 型磨煤机，即表示筒体直径是 250cm、筒体长度是 320cm 的钢球磨煤机。

（2）结构。单进单出钢球磨煤机结构如图 5-9 所示。主要组成部件包括：

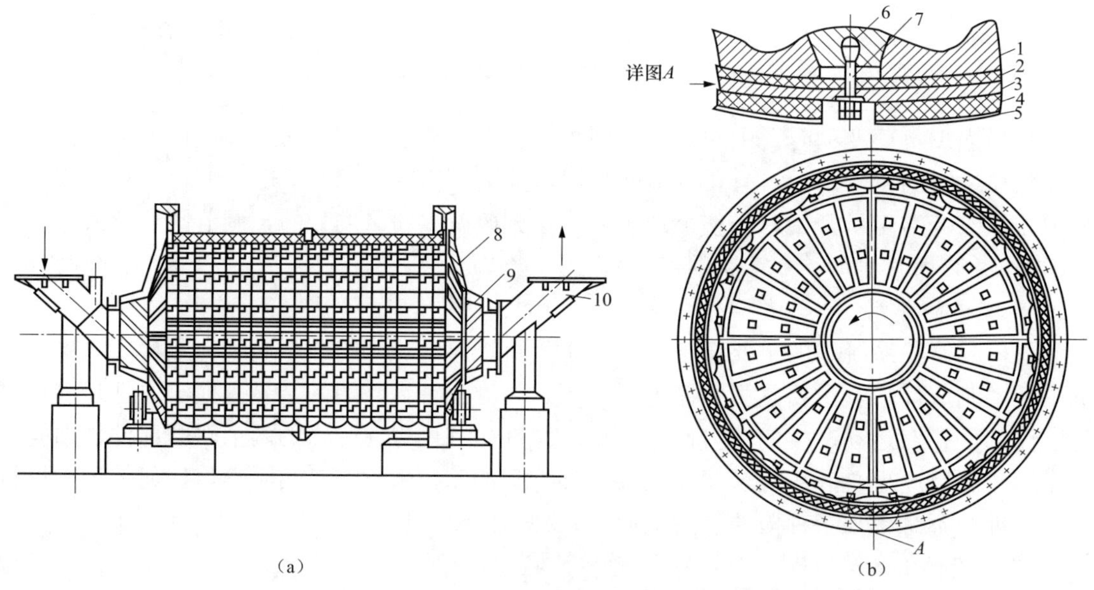

图 5-9 单进单出钢球磨煤机结构图

（a）纵剖图；（b）横剖图

1—波浪形护甲；2—石棉层；3—筒身，4—隔音毛毡；5—薄钢板外壳；6—压紧用的锲形块；7—螺栓；8—端盖；9—空心轴颈；10—短管

1）筒体。筒体为圆柱形，直径一般为 2～4m，长 3～10m，由厚钢板卷制而成，筒内装有许多直径为 25～60mm 的钢球。圆筒自内到外共有五层：第一层是由锰钢制的波浪形钢瓦组成的护甲，用埋头螺钉固定，其作用是增强抗磨性并将钢球带到一定高度；第二层是绝热石棉层，起绝热作用；第三层是筒体本身，它是由 18～25mm 厚的钢板制作而成的；第四层是隔音毛毡，其作用是隔离并吸收钢球撞击钢瓦产生的声音；第五层是薄钢板制成的外壳，其作用是保护和固定毛毡。圆筒两端各有一个端盖，其内面衬有扇形锰钢钢瓦，端盖中部有空心轴颈，整个钢球磨煤机重力通过空心轴颈支承在大轴承上。两个空心轴颈的端部各

接一个倾斜45°的短管，其中一个是原煤与干燥剂的进口接管，另一个是气粉混合物的出口接管。筒体内干燥剂的流速一般为1～3m/s。

2）护甲。它通常由锰钢铸造而成，其形状有波浪形和阶梯形两种。

3）轴承座。轴承座用来支持筒体，筒体两端的轴颈支架在轴承座的大瓦上，使其自由转动。

4）传动机构。传动机构主要由两大部分组成，即传动齿轮和变速箱。传动齿轮通常安装在筒体进口侧顶端。由电动机通过齿轮变速箱的小齿轮带动大齿轮，从而使筒体转动。

5）钢球。钢球一般球径为25～60mm，装在筒体内，是主要碾磨件。根据不同煤质粒度采用不同的直径。

（3）工作原理。钢球磨煤机及驱动装置俯视图如图5-10所示。煤和钢球都在筒体内，电动机通过变速箱驱动筒体低速旋转。在离心力与摩擦力作用下，护甲将钢球与燃料提升至一定高度，然后借重力自由下落，煤主要被下落的钢球撞击破碎，所以撞击作用在钢球磨煤机内是主要的。同时，煤还受到钢球之间、钢球与护甲之间的挤压、碾磨作用。原煤与热空气从一端进入磨煤机，磨好的煤粉被气流从另一端输送出去。热空气不仅是输送煤粉的介质，同时还起干燥原煤的作用，因此进入磨煤机的热空气被称作干燥剂。

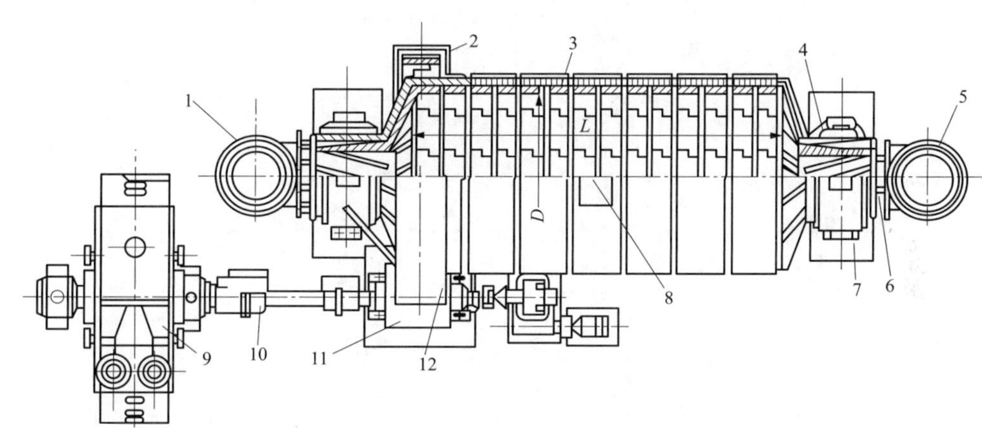

图5-10　钢球磨煤机及驱动装置俯视图

1—进煤连接管；2—齿轮轮缘；3—筒体；4—轴承座；5—煤粉出口连接管；6—密封装置；7—轴承座基础；8—检查孔；9—电动机；10—联轴器；11—传动小齿轮；12—传动齿轮外罩

（4）特点。钢球磨煤机的主要特点是：适应煤种广，能磨制任何煤，尤其适合磨制其他磨煤机不宜磨制的煤种，特别是硬度大、磨损性强的煤及无烟煤、高灰分或高水分的劣质煤等。钢球磨煤机对煤中混入的铁块、木屑和硬石块都不敏感；又能在运行中补充钢球，延长了检修周期。因此，钢球磨煤机能长期维持一定出力和煤粉细度可靠地工作，且单机容量大，磨制的煤粉较细。

其主要缺点是：设备庞大笨重、金属消耗量大、占地面积大、初投资及运行电耗、金属磨损都较高。特别是它不适宜调节，低负荷运行不经济。此外还存在运行噪声大、磨制的煤粉不够均匀的缺点。所有这些使钢球磨煤机的应用受到一定限制，一般在其他类型磨煤机不能应用的场合选用钢球磨煤机。

2. 双进双出钢球磨煤机

(1) 简介。双进双出钢球磨煤机是传统钢球磨煤机的改进形式，也是钢球磨煤机的一种。其本体结构与传统钢球磨煤机差异不大，只是在通风口和进煤口有所改进，重要的是将原来的单面进单面出的方式演变成了两面进和两面出的方式，即从磨煤机的两侧同时进煤和热风，又同时送出煤粉，“双进双出”由此而来。

双进双出钢球磨煤机的采用相对于传统钢球磨煤机而言，系统相对简单且维修方便，而与中速磨煤机相比，运行可靠性好，特别在钢球磨制高灰分、高腐蚀性煤，以及要求煤粉细度较细的情况下，有其独特的优势。

(2) 结构。双进双出钢球磨煤机结构如图 5-11 所示。

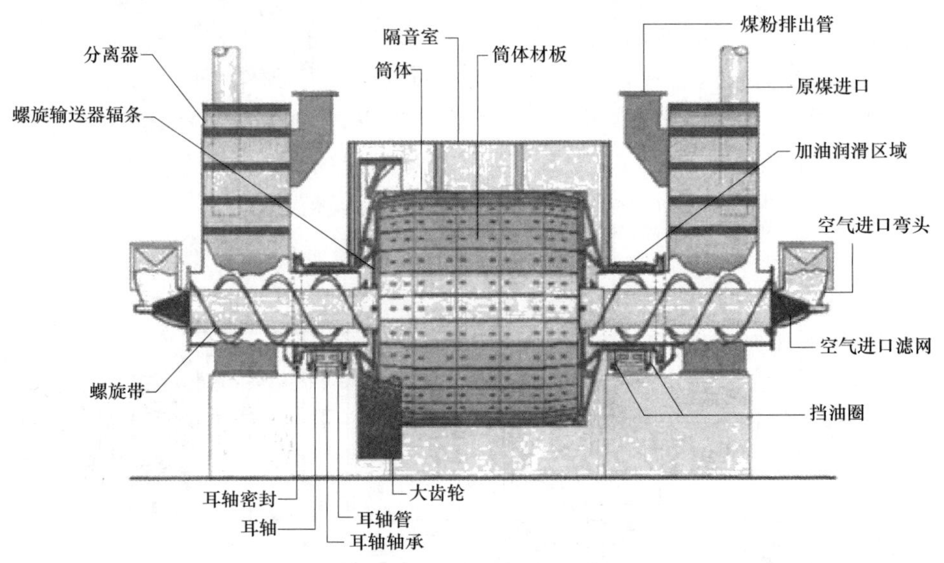

图 5-11 双进双出钢球磨煤机结构图

双进双出钢球磨煤机包括两个对称的研磨回路。与传统钢球磨煤机不同的是滚筒两端的中轴内有一空心圆管，圆管外绕有弹性固定的螺旋输送装置，它连同空心管随筒体一起转动。此磨煤机主要由筒体（包括筒身、护甲、轴颈、隔声石棉等）、轴承座、传动齿轮、变速箱、钢球、输煤绞笼、中心管、落煤管、粗粉分离器等组成。

1) 输煤绞笼。输煤绞笼装在轴颈内，与筒体同步旋转，从落煤管落下的原煤及粗粉分离器分离下来的回粉，通过绞笼输入筒体内，而被碾磨的煤粉及气流逆绞笼内的给煤方向进入粗粉分离器。

2) 中心管。在绞笼中心设置中心管，干燥介质从中心管进入筒体。

3) 落煤管。落煤管设在粗粉分离器中心，原煤由落煤管进入绞笼。

4) 粗粉分离器。在绞笼进口端上方，两端各设一只粗粉分离器，磨制的煤粉与干燥介质沿绞笼逆给煤方向进入分离器，不合格的粗粉（回粉）落入绞笼，与原煤一起又被送入筒体。

(3) 工作原理。双进双出钢球磨煤机的工作原理：原煤通过给煤机经混料箱落入空心轴底部，再经螺旋输送装置将煤从两端空心轴外端送入滚筒内的。依靠旋转筒体将钢球带到一定高度落下，将煤击碎。温度较高的干燥剂从设在空心轴两端的热风箱通过空心圆管进入滚筒，对煤进行干燥。两股方向相对的干燥剂在钢球磨煤机筒体中部对冲反向，并携带煤粉从中心管与空心轴颈之间的环形通道将煤粉从筒体带出，进入磨煤机上部的分离器内。粗颗粒的煤粉被分离出来经回粉管落到中空轴入口并与原煤混合后重新进入磨煤机内磨制，合格的煤粉由分离器出口直接送至燃烧器。

（4）优点。

1）可靠性高、灵活性显著、可用率高。国外运行情况表明，包括给煤机在内的此种钢球磨煤机制粉系统的年事故率仅为1%，而且磨煤机本身几乎不出事故。

2）维护简便、维护费用低。与中、高速磨煤机相比，此种钢球磨煤机维护最简便，维护费用也最低，只需定期更换大齿轮油脂和补充钢球。

3）出力稳定，能长期保持恒定的容量和要求的煤粉细度。

4）能有效地磨制坚硬、腐蚀性强的煤。

5）储粉能力强，它的筒体像一个大的储煤罐，有较大的煤粉储备能力，相当于磨煤机运行10～15min的出粉量。

6）在较宽的负荷范围内有快速反应能力。试验表明，此种钢球磨煤机直吹式制粉系统对锅炉负荷的响应时间几乎与燃油和燃气炉一样快，其负荷变化率每分钟可以超过20%，即每15s可改变锅炉负荷5%。它的自然滞留时间是所有磨煤机中最少的，只有10s左右。

7）煤种适应能力强。双进双出钢球磨煤机对煤中的杂物不敏感，但是对于钢球磨煤机两端的螺旋输送器，对煤中杂物的限制比一般磨煤机严格。

8）能保持一定的风煤比。

9）低负荷时能增加煤粉细度。

10）无石子煤泄漏。

（5）与传统磨煤机的主要区别。

1）结构上，“双进双出”两端均有转动的螺旋输送器，“单进单出”的没有螺旋输送器。

2）从风粉混合物流向看：“双进双出”正常运行是进煤出粉在同一侧，“单进单出”则是一端进煤，另一端出粉。

3）在磨煤出力相同（近）时，单进单出钢球磨煤机比双进双出钢球磨煤机的长度要长，占地面积大。

4）一般情况下，在磨煤出力相同（近）时，单进单出钢球磨煤机的电动机容量比双进双出钢球磨煤机的电动机容量要大，即单位磨煤电耗高。

5）双进双出钢球磨煤机的热风、原煤是分别从端部进入，在磨煤机内混合，而单进单出钢球磨煤机的热风、原煤在磨煤机的入口即混合。

（四）中速磨煤机

1. 中速磨煤机的工作原理

中速磨煤机的碾磨部件由辊（球）与磨环（碗或盘）两部分组成。虽然各型号中速磨煤机的磨煤部件形式不同，但其磨制煤粉的基本原理相同，都是经过磨煤部件的相对运动，将煤挤压碾磨成煤粉。因磨碗（盘或磨环）的旋转，煤粉被甩至边缘风环处。从风环下面吹上来的干燥介质将它们携带至碾磨区上部的分离器，经分离后合格的煤粉送至燃烧器（或经细粉分离器后送入粉仓）。被分离后的粗粉则返回磨煤机内重磨。混杂在煤中的黄铁矿、矸石、铁件和其他难以磨碎的杂物，因其颗粒直径和密度较大，风环的风力不足以托起而落下，至下磨碗（盘或磨环）底部风室，并由随磨碗（盘或磨环）一道旋转的刮板扫至石子煤排放口，从磨煤机排出。因驱动磨碗（盘或磨环）的主轴是垂直的，故中速磨煤机有“立轴式磨煤机”之称。

2. 中速磨煤机的类型及结构

我国目前制造的中速磨煤机主要有以下四种：辊-盘式，即平盘中速磨煤机，如 LM 型磨煤机；辊-碗式，即碗式中速磨煤机，如 RP 型、HP 型磨煤机；球-环式，即球环式中速磨煤机，如 E 型、ZQM 型磨煤机；辊-环式，又称 MPS 型中速磨煤机。其中，国内大型电厂锅炉上应用最多的三种中速磨煤机为 RP 型（改进型为 HP 型）、E 型和 MPS 型磨煤机。

（1）辊-碗式（RP 型或 RPS 型）中速磨煤机。

1）型号表示法。辊-碗式中速磨煤机用 RP×××× 来表示，用于负压系统时采用 RPS×××× 表示，前几位数表示磨盘节圆直径（单位为 in，1in＝0.0254m），最后一位数字为磨辊数目。磨辊一般均为 3 个，例如 RP943 表示磨盘节圆径为 94in，3 个磨辊。

2）主要组件。图 5-12 和图 5-13 所示为两种不同加载方式的 RP 型中速磨煤机结构图。

RP 型磨煤机主要由磨辊、磨盘、喷嘴环、加载装置、齿轮箱和传动装置、石子煤排放设备等组成。

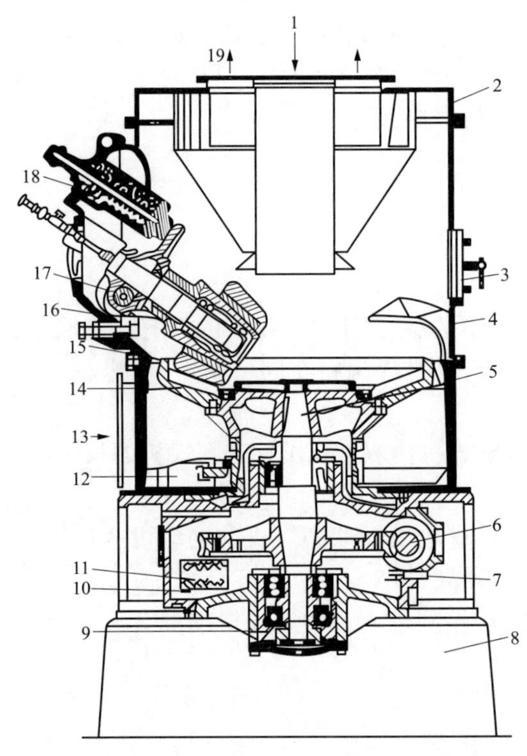

图 5-12 RP（RPS）型中速磨煤机结构图

1—煤进口；2—分离器；3—检查门；4—导流罩；5—主轴；6—蜗杆；7—蜗杆传动装置；8—基础；9—油泵；10—油槽；11—油冷却器；12—刮板；13—热气体进口；14—浅沿钢碗；15—辊套；16—磨辊；17—减振机构；18—弹簧；19—出粉口

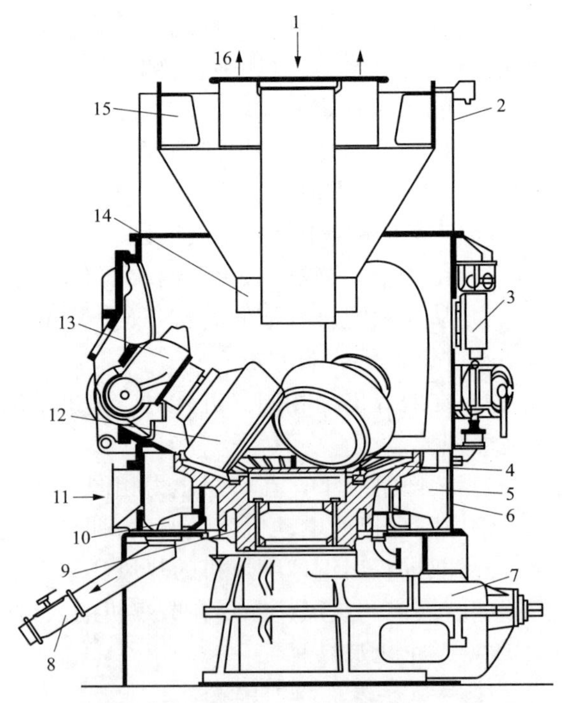

图 5-13 RP1043 型中速磨煤机结构图

1—煤进口；2—分离器；3—加压系统；4—磨盘衬板；5—进风导流叶片；6—磨室底部；7—传动装置；8—排石子煤的隔绝门；9—密封；10—刮板；11—热气体入口；12—辊套；13—磨辊；14—粗粉返回管；15—分离器折向门；16—煤粉出口

RP磨煤机具有下列优点：出力调节范围大，煤粉细度可以做线性调节；两碾磨件无接触，能空载启动，启动力矩小，安全平稳；噪声小，密封性能好；更换磨损件方便，停机时间短；单位电耗小，磨煤电耗为7～8kW·h/t，通风电耗为7kW·h/t；结构紧凑，占地面积小。

（2）球-环式（E型）中速磨煤机。

1）型号表示法。在我国球-环式中速磨煤机是以磨环节圆直径（cm）加拼音字母组成。如ZQM158，ZQM表示中速球-环式磨煤机，158表示节圆直径（cm）。

国外产品统称E型磨煤机，并有两种型号表示方法：节圆直径小于70in，在节圆直径前冠以E或EM表示，并用短横线与数字相连，如E-44，即表示节圆直径为44in的E型磨；节圆直径大于或等于70in，则在字母E前冠以节圆直径除以10来表示，如10E，表示节圆直径为100in的E型中速磨煤机。

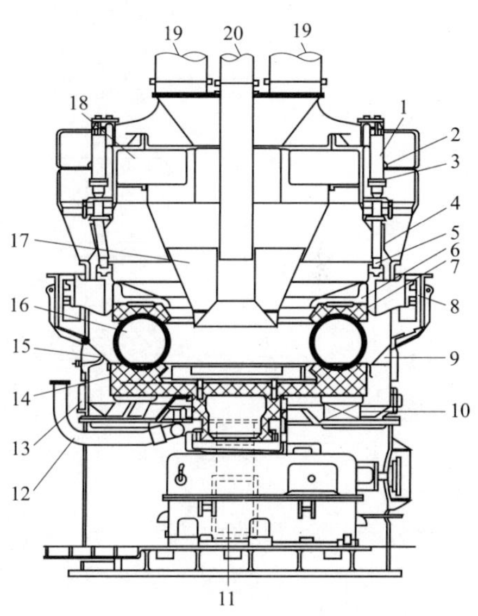

图5-14 E型磨煤机结构图

1—气动缸；2—氮气入口；3—油入口；4—挠性波形橡胶套；5—推动杆；6—压紧环；7—上磨环；8—导块；9—喉板；10—刮扫刷子；11—石子煤箱；12—密封空气管；13—检查门；14—下磨环；15—活门；16—空心钢球；17—粗粉回粉斗；18—折向门；19—煤粉出口；20—煤进口

2）主要组件。E型磨煤机主要由传动装置、碾磨件、加载装置、粗粉分离器和壳体等组成，其结构如图5-14所示。

E型磨煤机具有磨损均匀、金属利用率高、使用寿命延长等优点，同时球在机壳内不需要润滑，密封可靠性好。

（3）辊-环式（MPS型）中速磨煤机。

1）型号表示法。辊-环式磨煤机型号用MPS加数字表示，其中，M表示磨煤机，P表示钟摆式磨辊，S表示碗形磨盘。

2）主要组件。MPS型磨煤机主要由传动装置、磨辊、磨环、加载装置、壳体、分离器及石子煤排放装置等组成。碾磨所需的压紧力是由三组液压装置施加于弹簧传力的压环上，其结构如图5-15所示。

MPS型磨煤机的磨煤出力高于其他中速磨煤机，运行可靠，维修方便，单位电耗低，适应煤种广。

3. 中速磨煤机的特点

中速磨煤机的优点是：中速磨煤机与分离器装配成一体，结构紧凑、占地面积小、质量轻、金属消耗量小、投资省；磨煤电耗低，特别是低负荷运行时单位电耗量增加不多；运行噪声小；空载功率小，适宜变负荷运行，煤粉均匀性指数较高。因此，在煤种适宜条件下应优先采用中速磨煤机。

中速磨煤机的缺点是结构复杂，磨煤部件易磨损，需严格地定期检修，不宜磨硬煤和灰分、水分大的煤。

（五）高速磨煤机

1. 风扇磨煤机的结构特点

高速磨煤机指的是风扇磨煤机，风扇磨煤机的结构类似风机，如图5-16所示。它由叶

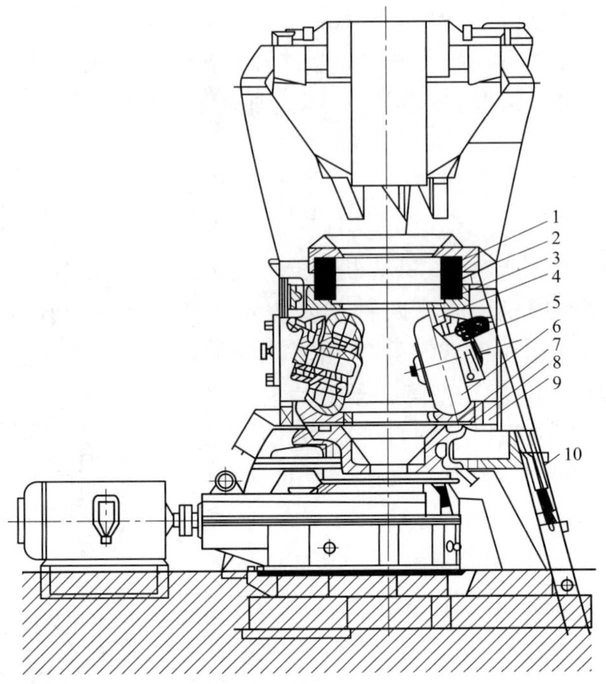

图 5-15 MPS 型磨煤机结构图

1—弹簧压紧环；2—弹簧：3—压环；4—滚子；5—压块；6—磨辊；7—磨环；8—磨盘；9—喷嘴环；10—拉紧钢丝绳

轮、外壳、轴和轴承箱等组成。叶轮上装有 8～12 块用锰钢制的冲击板；外壳形状像风机的外壳，其内表面装有一层翼护板，它们都由耐磨的锰钢材料制成。风扇磨煤机相当于一台经过加固的风机，叶轮以 500～1500r/min 的速度旋转，具有较高的自身通风能力。原煤从磨煤机的轴向或切向进入磨煤机，在磨煤机中同时进行干燥、磨煤和输送三个工作过程。进入磨煤机的煤粒受到高速旋转的叶轮的冲击而破碎，同样又依靠磨煤机的鼓风作用将用于干燥和输送煤粉的热空气或高温炉烟吸入磨煤机内，一边强烈地进行干燥，一边将合格的煤粉带出磨煤机，经燃烧器喷入炉膛内燃烧。风扇磨煤机集磨煤机与鼓风机于一体，并与粗粉分离器连接在一起，使制粉系统十分紧凑。

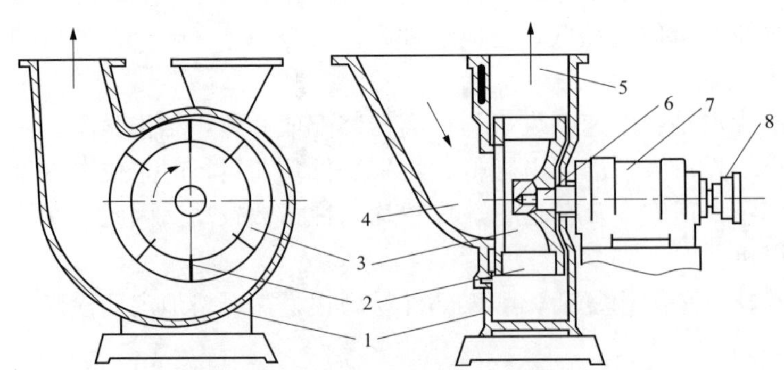

图 5-16 风扇磨煤机结构图

1—外壳；2—冲击板；3—叶轮；4—风、煤进口；5—气粉混合物出口（接分离器）；
6—轴；7—轴承箱；8—联轴节（接电动机）

2. 风扇磨煤机的运行特点

与中速磨煤机一样，风扇磨煤机的功率消耗随出力的增加而增加，因此它可以比较经济地在低负荷下运行，这一点是钢球磨煤机不及的。风扇磨煤机在高于额定出力的负荷下运行时，不仅功率消耗增大，而且更重要的是受到磨煤机内储煤量增加而堵塞以及叶片严重磨损，磨出的煤粉也较粗。因此，风扇磨煤机不宜磨制硬煤、强磨损性煤及低挥发分煤，一般适合磨制褐煤和烟煤。

风扇磨煤机工作时能产生一定的抽吸力，因可省掉排粉风机。它本身能同时完成燃料磨制、干燥、吸入干燥剂、输送煤粉等任务，因此而大大简化了系统。风扇磨煤机还具有结构简单、尺寸小、金属消耗少、运行电耗低等优点；其主要缺点是碾磨件磨损严重，机件磨损后磨煤出力明显下降，煤粉品质恶化，因此维修工作频繁。此外，磨出的煤粉较粗而且不够均匀。由于风扇磨煤机提供风压有限，因此对制粉系统设备及管道布置均有所限制。

目前，燃用褐煤的锅炉都采用了具有不同结构形式的风扇磨煤机制粉设备。

（六）磨煤机类型的选择

磨煤机类型的选择主要应考虑以下几个方面：燃料的性质（特别是煤的挥发分）、可磨性系数、碾磨细度要求、运行的可靠性、磨损指数、投资费、运行费（包括电耗、金属磨损、折旧费、维护费等）以及锅炉容量、负荷性质，必要时还需进行技术经济比较。原则上当煤种适宜时，应优先选用中速磨煤机；燃用多水分的褐煤时，应优先选用风扇磨煤机；对于煤质较硬的无烟煤、贫煤以及杂质较多的劣质煤可考虑选用钢球磨煤机。

（七）磨煤机常见问题

对磨煤机运行过程中出现的异常及时做出判断并处理，是对磨煤机维护者的基本要求。表5-1是磨煤机常见故障及其处理。

表5-1　磨煤机常见故障及其处理

序号	故障现象	原因分析	预防及处理
1	磨煤机运转不正常	（1）碾磨件间有异物。 （2）磨盘内无煤或煤量少。 （3）导向板磨损或间隙过大。 （4）碾磨件损坏。 （5）蓄能器中氮气过少或气囊损坏	（1）停运磨煤机，清除异物，检查磨煤机内部件是否脱落。 注意：当磨煤机进入铁块等高硬度异物时，应及时消除否则会损坏碾磨件。 （2）检查给煤机或敲打落煤管更换或调整间隙。 （3）更换。 （4）停止磨煤机和液压油站运行，充气检查蓄能器
2	磨煤机一次风和密封风间差压小	（1）密封风机入口滤网堵。 （2）密封风管道止回阀门板位置不准确。 （3）密封风管道漏气或损坏。 （4）密封件失效。 （5）密封风机故障	（1）停运磨煤机，清洗滤网。 （2）将门板调至正确位置。 （3）修理或更换。 （4）修理或更换。 （5）消除故障
3	辊套断裂	（1）磨煤机运行中出现过剧烈振动。 （2）停运磨煤机后机壳检查门打开过早，冷风激冷造成	（1）消除振动来源。 （2）停运磨煤机后不要过早打开机壳检查门，避免磨辊受较大温差影响；更换辊套

续表

序号	故障现象	原因分析	预防及处理
4	运行期间磨煤机分离器出口温度太低或太高	（1）一次风温控制装置故障。 （2）一次风量控制装置失灵。 （3）磨煤机内着火	（1）将一次风、冷/热风门切手动控制，并联系热工消除故障。 （2）应紧急停止磨煤机运行，打开消防蒸汽门直至磨煤机内温度将低
5	磨辊油温度高	（1）油少。 （2）轴承损坏。 （3）磨辊密封风管道故障或磨穿	（1）补油。 （2）停运磨煤机，更换轴承。 （3）修理或更换
6	刮板脱落	紧固螺栓脱落或折断	停运磨煤机，更换紧固螺栓或刮板
7	石子煤排量过多	（1）紧急停运磨煤机或磨煤机刚启动。 （2）煤质较差。 （3）磨辊、衬瓦、喷嘴磨损严重。 （4）运行中磨煤机出力增加过快，一次量偏少（即风煤比失调）	（1）启动磨煤机或紧急停磨煤机引起的石子煤增多属正常情况。 （2）对于喷嘴磨损引起的石子煤增多，应及时更换喷嘴。 （3）及时调整一次风量
8	气动排渣关断门密封不严	（1）气动排渣关断门密封面磨损。 （2）气动排渣关断门关闭时卡有物体	（1）检修时修理密封面。 （2）反复开关几次
9	一次风从机座密封处泄漏	（1）密封风量不足。 （2）密封磨损	（1）检查密封风系统是否有泄漏的地方，发现问题及时联系处理；检修密封风机。 （2）更换密封
10	减速机推力瓦油箱油温超过正常值	（1）供油流量不足。 （2）冷却器冷却效果不好。 （3）冷却器油中进水。 （4）受机座密封处漏出的一次热风影响	（1）检查油泵流量，阀门是否节流，分油管是否堵塞，系统是否泄漏。 （2）检查冷却阀门和冷却水量。 （3）检查冷油器内部铜管是否泄漏、堵塞和结垢。 （4）处理漏风
11	减速机推力瓦损坏	（1）磨煤机频繁启停或剧烈振动。 （2）供油量少或断油时报警系统未报警。 （3）冷油器油中进水，油质不合格和长期使用变质	（1）尽量避免磨煤机频繁启动，消除振动。 （2）热工要定期检查报警装置。 （3）按润滑油要求换滑油。 （4）更换推力瓦
12	减速机噪声超过正常值	（1）减速机内有杂物。 （2）轴承和齿轮磨损或损坏。 （3）联轴器中心不正。 （4）联轴器传动销损坏	（1）取出异物。 （2）更换轴承和齿轮。 （3）重新找正。 （4）更换传动销

（八）制粉系统其他设备

1. 粗粉分离器

粗粉分离器的作用是将过粗的煤粉分离出来，送回磨煤机再进行碾磨，保证煤粉细度合格，减少不完全燃烧热损失；调节煤粉细度以保证煤种改变时能维持一定的煤粉细度。

（1）离心式粗粉分离器。普通型离心式粗粉分离器结构如图 5-17（a）所示，是由两个空心锥体组成的。来自磨煤机的煤粉气流从底部进入粗粉分离器外圆锥体内，由于锥体内流通截面积增大，气流速度降低，在重力的作用下，较粗的粉粒得到初步分离，随即落入外锥体下部回粉管。然后气流经内筒上部沿整个周围装设的折向挡板切向进入粗粉分离器内圆锥体，产生旋转运动，粗粉在离心力的作用下被抛向圆锥内壁而脱离气流。最后，气流折向中心经活动环由下向上进入分离器出口管，气流改变方向时，气流受到惯性力的作用，再次得到分离。被分离下来的粗粉落入内圆锥体下部的回粉管内，而合格的细煤粉则被气流从出口管带走。

由于粗粉分离器分离出来的回粉中难免夹带有少量合格的煤粉，这些合格细粉返回磨煤机后就会磨得更细，这就增加了过细的煤粉，使煤粉的均匀性变差，同时也增加了磨煤电耗。为此，国内许多发电厂将普通型粗粉分离器改进为如图 5-17（b）所示的结构。改进型粗粉分离器的特点是取消了内圆锥体的回粉管，代之以可上、下活动的锁气器。由内圆锥体分离出来的回粉达到一定量时，锁气器打开使回粉落到外圆锥体中，从而使其中的细粉又被吹起，这样可以减少回粉中的合格细粉，提高粗粉分离器的效率，达到增加制粉系统出力、降低电耗的目的。

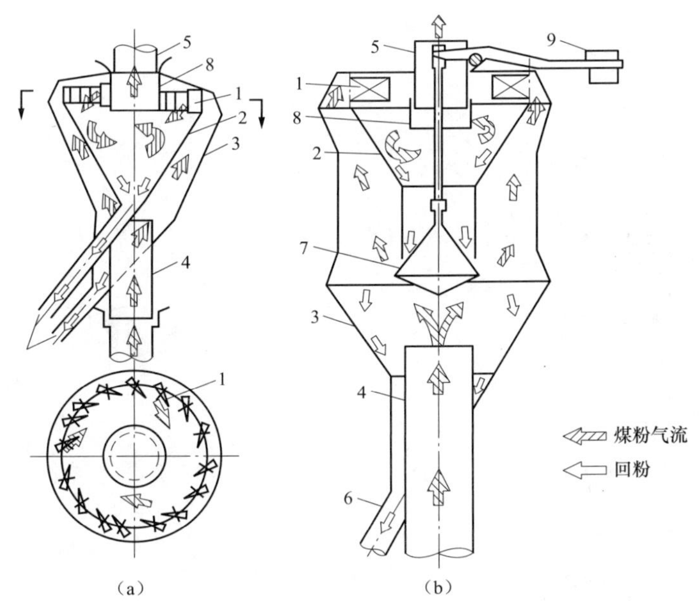

图 5-17 离心式粗粉分离器结构图

（a）普通型；（b）改进型

1—折向挡板；2—内圆锥体；3—外圆锥体；4—进口管；5—出口管；6—回粉管；7—锁气器；8—出口调节筒；9—平衡重锤

改变折向挡板的开度可以调整煤粉细度，开度大小可用挡板与切线方向的夹角来表示。关小折向挡板的开度，进入内圆锥体气流的旋流强度增大，分离作用增强，分离出的煤粉变细；反之，折向挡板开度越大，分离出的煤粉就越粗。应当指出，当挡板开度大于 75°并继续开大时，由于气流旋流强度变化不大，实际对煤粉细度已无影响。当挡板开度小于 30°时，气流阻力过大，部分气流从挡板上、下端短路绕过，离心分离作用反而减弱，煤粉变粗。改变出口调节筒的上、下位置可改变惯性分离作用大小，也可达到调节煤粉细度的目的。此外，通风量的变化对煤粉细度也有影响，通风量增大，气流携带煤粉的能力增强，带出的煤粉也较粗。

（2）回转式粗粉分离器。回转式粗粉分离器结构如图 5-18 所示。它也有一个空心锥体，锥体上部安装了一个带叶片的转子，由电动机带动旋转。气流由下部引入，在锥体内进行初步分离，进入锥体上部后，气流在转子叶片带动下做旋转运动，在离心力的作用下大部分粗粉被分离出来，气流最后通过转子进入分离器出口时，部分粗粉被叶片撞击而脱离气流。这种分离器最大的特点是可通过改变转子转速来调节煤粉细度，转子速度越高，离心作用和撞击作用越强，分离后气流带走的煤粉颗粒越细。

回转式粗粉分离器尺寸小，通风阻力小，煤粉细度调节方便，适应负荷的能力较强。尤其在高出力、大风量条件下，仍能获得较高的煤粉细度。但回转式粗粉分离器增加了转动机构，维护和检修工作量较大。

2. 细粉分离器

细粉分离器用于中间储仓式制粉系统，其作用是将风粉混合物中的煤粉分离出来，储存于煤粉仓中，风经由排粉机做一次风或三次风用，送入炉膛。常用的细粉分离器结构如图 5-19 所示。

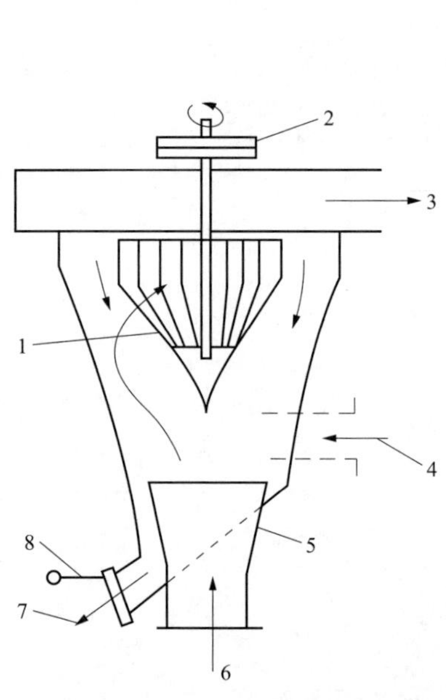

图 5-18 回转式粗粉分离器结构图

1—转子；2—皮带轮；3—细粉空气混合物切向引出口；4—二次风切向引入口；5—进粉管；6—煤粉空气混合物进口；7—粗粉出口；8—锁气器

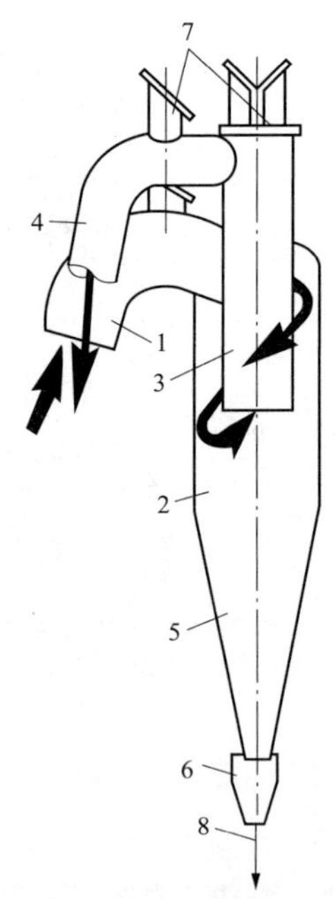

图 5-19 细粉分离器结构图

1—气粉混合物入口管；2—分离器筒体；3—内筒；4—干燥剂引出管；5—分离器圆锥部分；6—煤粉斗；7—防爆门；8—煤粉出口

细粉分离器也称为旋风分离器，它的工作原理是利用气流旋转所产生的离心力，使气粉混合物中的煤粉与空气分离开来。从粗粉分离器来的气粉混合物由切向进入细粉分离器，在筒内形成高速的旋转运动，煤粉在离心力的作用下被甩向四周，沿筒壁落下。当气流折转向上进入内套筒时，煤粉在惯性力作用下再一次被分离，分离出来的煤粉经锁气器进入煤粉仓，气流则经中心筒引至出口管。中心筒下部有导向叶片，它可使气流平稳地进入中心筒，不产生漩涡，因而避免了在中心筒入口形成真空，将煤粉吸出而降低效率。这种分离器的效率高达90%～95%。

3. 给粉机

给粉机是由煤粉仓向一次风管供给煤粉的设备，它用于中间储仓式系统和半直吹式系统，常置于煤粉仓下面，常用的有螺旋给粉机和叶轮式给粉机两种。

（1）螺旋给粉机。图5-20所示为螺旋给粉机结构。其螺旋杆起始端直径是不等的，否则只有第一节螺旋进粉，煤粉仓内将形成空穴，一旦煤粉崩落，可使给粉机出力在短时间内猛增。由于煤粉流动性极佳，即使给粉机不转时，在煤粉仓内粉位高度所形成的压力下，煤粉仍会自动流出（称为自流现象）。因此，螺旋杆最后几道螺距应减少一些，以增大流动阻力。给粉不匀对于高挥发分燃料会引起火焰脉动，但不至于影响燃烧，对于低挥发分燃料，则可能引起着火不稳定。

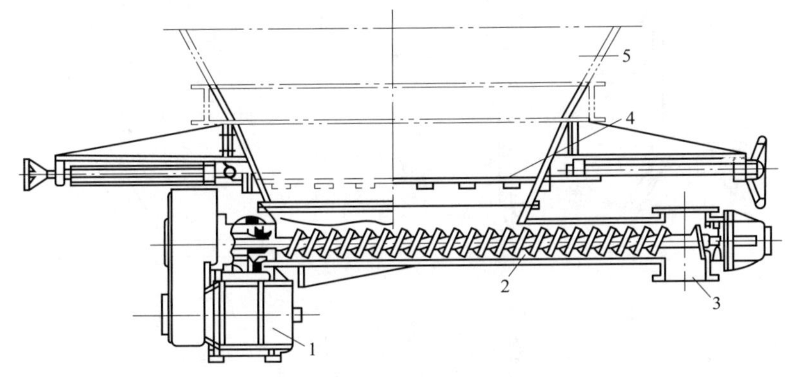

图5-20 螺旋给粉机结构图

1—电动机；2—螺旋杆；3—出口；4—闸门；5—煤粉仓

（2）叶轮式给粉机。图5-21所示为叶轮式给粉机结构。叶轮式给粉机有两个带拨齿的叶轮，叶轮和搅拌器由电动机经减速装置带动。煤粉由搅拌器拨至左侧下粉孔，落入上叶轮，再由上叶轮拨至右侧的下粉孔落入下叶轮，再经下叶轮拨至左侧出粉孔。改变叶轮的转速可调节给粉量。

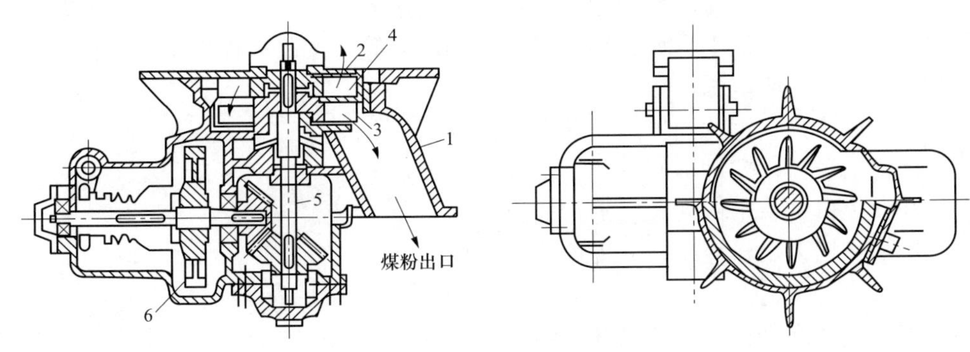

图5-21 叶轮式给粉机结构图

1—外壳；2—上叶轮；3—下叶轮；4—固定盘；5—轴；6—减速器

叶轮式给粉机优点是给粉均匀，严密性好，不易发生煤粉自流，又能防止一次风倒冲入煤粉仓；其缺点是结构较为复杂，且易被木屑等杂物所堵塞，甚至损坏机件。

4．锁气器

锁气器是一种只允许煤粉通过而不允许气流通过的设备，装设在粗粉分离器回粉管、细粉分离器下粉管等处，防止气流随着煤粉一齐通过，破坏制粉系统的正常工作。

常见的锁气器有翻板式和草帽式两种，如图5-22所示，它们都是按杠杆原理工作的。当翻板或草帽顶上积聚的煤粉超过一定的质量时，翻板或活门被打开，放下煤粉，随后在平衡重锤的作用下自行关闭。为了避免下粉时气流反向流动，锁气器总是两个一组串联在一起使用。

草帽式锁气器动作灵敏，下粉均匀，严密性好，但活门容易被卡住而且不能倾斜布置，只能用于垂直管道上。

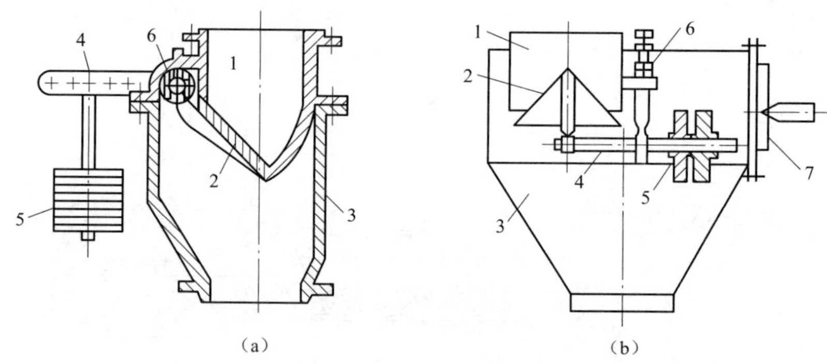

图5-22 锁气器结构图

(a) 翻板式；(b) 草帽式

1—煤粉管；2—翻板或活门；3—外壳；4—杠杆；5—平衡重锤；6—支点；7—手孔

二、实践咨询

（一）钢球磨煤机检修

1．检修前的准备工作

(1) 检修前应测量、记录转动部分的振动数据、温升及其他缺陷。

(2) 整理缺陷明细，制定处理方案。

(3) 准备各起重工具，对所用的起重工具（顶大罐的液压千斤顶、油泵、油箱、拆装钢瓦的专用起重工具以及其他工具如倒链、滑轮、钢丝绳等）按照规程规定进行检查试验。

(4) 布置施工及照明电源，接好行灯。

(5) 安排堆放、筛选钢球的场地，并做必要的围栏。

(6) 整理检修场地，安排拆卸下的零部件放置地点。

(7) 打开磨煤机进、出口人孔门进行通风。

(8) 停炉前将罐内煤粉抽净，办理检修工作票。

2．材料、工具准备

电动葫芦、电动磨光机、手提式电动泵、测振仪、测温仪、小齿轮轴承、大人字齿轴承、小人字齿轴承、螺旋推进器轴承、框式水平仪、角度尺、千分尺、游标卡尺、钢直尺、塞尺、扭矩扳手、千斤顶、手动葫芦、活动扳手、钢丝绳、梅花扳手、榔头等。

3. 钢球磨煤机本体部分的检修

（1）拆卸并检修进、出口斜管。拆除进、出口斜管地脚的连接螺丝、轴颈密封压板及填料，用起吊工具将进、出口斜管拆下，检查斜管内部的磨损情况，同时检查螺旋管的磨损。发现进、出口斜管的耐磨衬板磨损大于1/2厚度或局部发生碎裂、裂纹时，应进行焊补或更换耐磨衬板；短管磨损大于1/2厚度时，应更换新短管。

（2）筛选钢球。筛选钢球工作，在新装钢球运行3000h左右或在一个检修周期内，结合大、小修进行，一般小修时对钢球进行筛选，从中筛去直径小于25mm的小钢球。

筛选钢球可采用图5-23所示的装置。安装筛选钢球装置时，分几件从空心轴送进并装于大罐中。它由三部分组成：支撑与斗子两端焊于衬板上；导流锥体的一端与斗子用螺栓连接，另一端与内锥体用螺栓连接；外锥体及内锥体以临时支撑支住在空心轴内侧。与运行人员联系送电，启动磨煤机进行卸钢球。当磨煤机转动时，大罐每转一周，斗子就能撮起部分钢球，在旋转中带入高位，钢球便进入导流锥体并沿其流出。在流经有条状筛孔的内锥体时，直径小于25mm的小钢球就被筛出落入外锥体，然后流出；内锥体中的大钢球便流入导流槽引至附近临时围成的池子中存起来。

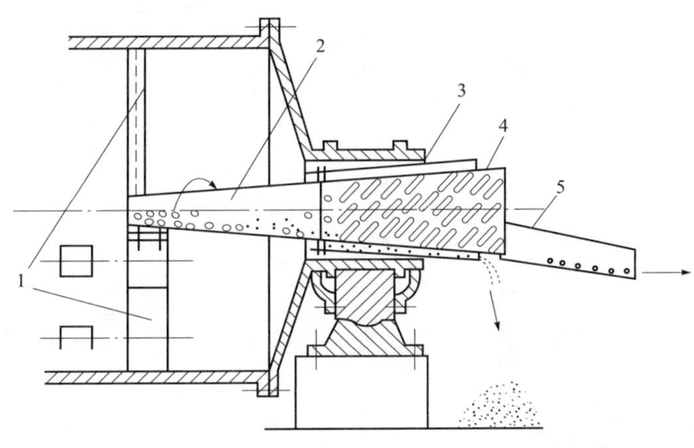

图5-23 从磨煤机中卸出钢球的机械

1—支撑与斗子；2—导流锥体；3—外锥体；4—内锥体；5—导流槽

（3）拆联轴器螺栓。钢球筛选完后，检查确认电动机已切断电源，将联轴器保护罩和联轴器螺栓拆除。拆前在联轴器上做好装配记号，以便在配螺丝时螺丝孔不错乱，保证装配质量。拆下的螺丝螺母应配装在一起，确保装配螺丝时不错乱。

（4）检查磨煤机进、出口螺旋管。检修进、出口螺旋管（空心轴内套管）的工艺要点包括：

1）检查螺旋管及螺旋线的磨损情况，若磨损超过其原厚度的60%时，应进行更换；检查坚固螺栓是否齐全牢固，如有断裂和脱落者必须更换或修补。

2）更换螺旋管，拆下紧固螺栓并妥善保存，用专用顶丝顶出螺旋管，吊下放稳于指定地点。

3）如要对螺旋管进行修补，应按图纸要求进行修补加工，然后安装就位。如要更换螺旋管，应校对新螺旋管的配合尺寸，螺孔位置无误后方可安装。

4）吊起螺旋管，在各结合面上涂黑铅粉，然后安装就位。拧牢紧固螺栓并加止退垫圈。

5）在安装螺旋管前，要注意加石棉布或石棉绳。

6）回装紧固螺栓要对称紧固3、4个螺栓，使螺旋管平稳均匀推进，防止掉角错位。

（5）检查筒体衬板、固定（拧紧）楔及其紧固螺丝。这些部件是钢球磨煤机的易损件，大、小修时都要认真检查。检查衬瓦、端衬板、楔子的磨损情况，有无脱落，个别损坏严重者要进行更换。衬瓦的紧固螺丝用手锤逐个检查，对于松动的螺丝要进行紧固，损坏者应更换。

1）拆卸衬板。衬瓦、端衬板磨损大于60％厚度时，要进行更换或根据磨损情况进行部分更换。首先要将旧衬瓦、端衬板拆除，筒体内部清理干净。然后按图纸对新衬瓦、端衬板、楔子逐块进行材质检查、尺寸校核和外观检查，要求达到全部合格。

以下介绍一种具有四排楔形衬板的拆卸程序，如图5-24所示。

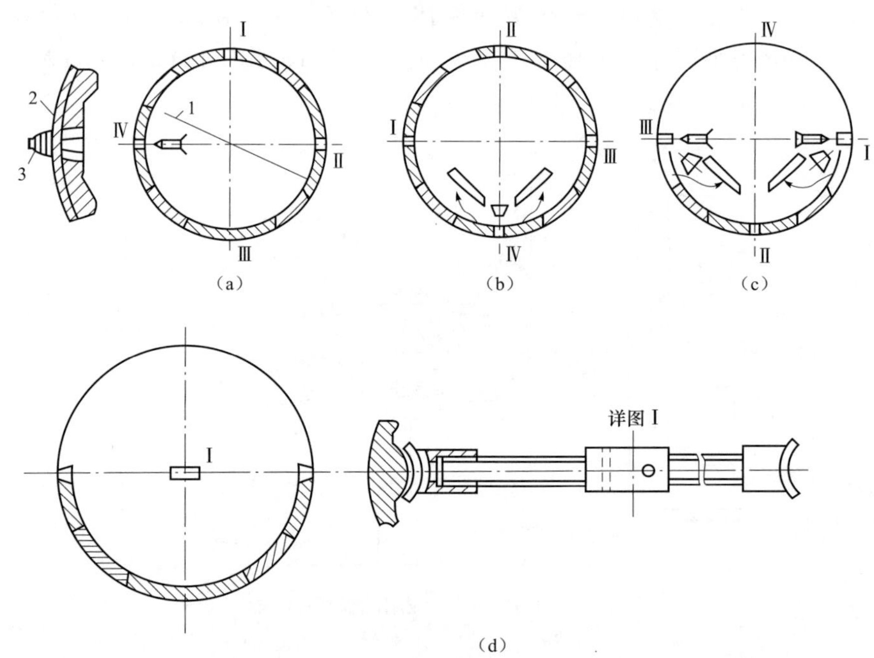

图5-24 具有四排楔形衬板的拆卸程序

（a）步骤一；（b）步骤二；（c）步骤三；（d）顶衬工具

1—顶衬板工具；2—楔形衬板；3—方头螺栓

① 转动大罐使任意一排楔形衬板位于大罐轴心线同一水平面上，用图5-24所示的顶衬工具将衬板顶牢，再卸掉楔形衬板的连接螺栓，如图5-24（a）所示。

② 将大罐转90°，使卸下螺栓的楔形衬板位于下方，并采取措施将大罐固定住，拆掉顶衬板工具，用撬棍撬出楔形衬板，再轻轻地撬出其两侧共半圈地衬板，如图5-24（b）所示。

③ 将大罐再转180°，剩下的半圈衬板位于下方，可自高而低地卸掉这半圈衬板和最后一块楔形衬板，如图5-24（c）所示。如此逐圈地拆卸，可将整个大罐的衬板全部拆卸掉。

④ 拆卸大罐端部的扇形衬板，只要将连接螺栓拆掉，便可将扇形衬板取下。

2）更换衬板。更换时一般先更换端衬板，后更换筒体的衬瓦。端衬板的更换比较容易，先在端盖上铺放 8～10mm 厚的石棉板，再将扇形衬板一块一块地用螺栓紧固在端盖上。安装时，要注意螺丝头露出不应过长，过长的螺栓应截短。

筒体衬板的更换步骤如下：

① 先装大罐正下方一排楔形衬板，再将固定螺栓穿上而不拧紧，如图 5-25 所示。

② 从楔形衬板两侧对称地向两边铺装衬板，衬板与大罐间要铺放 8～10mm 厚的石棉板。衬板的安装应半圈半圈地进行，装满半圈就在两边顶上各安装一块楔形衬板，并将这两块和正下方的一块楔形衬板的螺丝都拧紧，这样大罐下半圈衬板即完全铺满，如图 5-25（b）所示。

③ 将大罐转过 90°，并采取措施稳住大罐，防止因重心偏向一侧而产生转动。然后用同样方法自下而上再逐渐铺装 1/4 衬板，如图 5-25（c）所示。最后将最末一排衬板沿大罐长度（纵向）方向临时固定住（可用型钢从对面支撑住）。

④ 再将大罐转动 90°，铺装其余 1/4 圈衬板和最后一排楔形衬板（已处于侧面位置），如图 5-25（d）所示。同样逐渐进行，直至全部装好后，再一次紧固每一排楔形衬板的螺栓，里面用大锤敲打固定楔，外面紧固螺丝。最后拆除衬板的临时支撑或固定物。

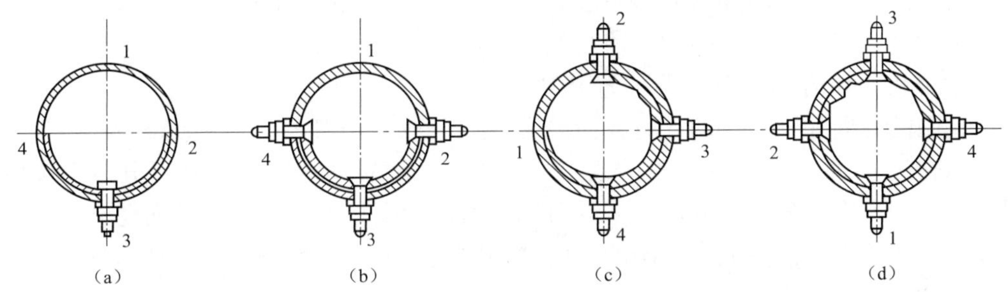

图 5-25　筒体衬板的更换步骤

（a）步骤一；（b）步骤二；（c）步骤三；（d）步骤四

在衬瓦拆装过程中，必须有安全可靠的措施，防止衬瓦脱落掉下，造成人身事故。

3）紧固衬板螺丝。

① 装好衬板后紧螺丝。

② 空转 1～2h 后，检查紧固螺丝。

③ 装球后，第一次运转不允许超过 0.5h，检查紧固螺丝，运转 4h 后再检查；8h 后又一次热紧；运转一周后，停下再次检查紧固螺丝。

（6）拆除并清理大齿轮密封罩。用链条葫芦吊好大齿轮密封罩，然后拆卸螺丝，吊下密封罩，再清除内部的油污。

（7）检查大牙轮。拆卸护罩连接螺丝，吊下防护罩。将大、小齿轮的轮齿清洗干净，检查齿轮有无裂纹、断齿等缺陷。用样板或齿轮卡尺测量轮齿的磨损情况，根据测量结果决定齿轮是否翻身或更换。测量大、小牙轮的齿顶、齿侧间隙，检查大、小齿轮中心线平行度，用色印法检查大、小齿轮的啮合程度。检查两半大齿轮结合面的接触情况及连接螺丝是否有松动、脱落现象。检查大牙轮与筒体法兰的连接螺丝是否有松动、脱落、断裂现象，螺丝如有松动或损坏，应给予紧固或更换。

检查大、小齿轮并对齿轮工作面硬度进行硬度测量，硬度测量不合格的齿轮应进行表面淬火。大牙轮在喷焰淬硬时，材料内部结构发生变化，但材质的成分是没有变化的。

更换大齿轮或齿轮翻身：

1）根据大齿轮及大罐质量，选取起吊工具。将两半大齿轮的结合面转至水平位置，用倒链或卷扬机吊住大齿轮的上半部，拆卸紧固螺栓，打出定位销，做好标记，吊下上半部齿轮，放置在指定地点。

2）用卷扬机将罐体旋转180°，吊下另一半大齿轮，清理筒体法兰的结合面。

3）将需要更换的各件进行全面的校验，并做详细记录。将清理干净的大齿轮及组件在平整的地面或平台上预装，用红丹油检查两半齿轮结合面的接触情况和定位销与圆柱孔的接触率等。

4）按照图纸要求校核新齿轮各部尺寸，用齿轮卡尺或样规测量齿形和齿距。

5）大齿轮安装。将大齿轮一半（或1/4）就位带上螺栓，转180°（或90°），再将其余部分就位带上螺栓，装入销钉后紧螺栓。

6）更换新大齿轮或大齿轮翻身使用时，均应进行大/小齿轮啮合度、齿顶间隙、齿侧间隙的检查与测量，并要达到标准。

7）用百分表测量大齿轮的轴向及径向晃动值。若晃动不符合要求，则进行相应调整。

测量晃动度：在大齿轮圈附近的适当位置，用支架固定三块百分表，百分表测头分别接触齿顶（第一块）和齿侧（在对称位置装两块）。转动大罐时，根据百分表上读数的变化，测量大齿轮圈的径向和轴向晃动。将大齿轮圈一周分成若干等份（一般为8等份），然后转动罐体，每转过45°时，记下一次百分表上的读数。大罐转动一周，观察百分表上读数的变化情况和记下的8次百分表上的读数，就可知道大齿轮圈是否有径向和轴向晃动。如果百分表上的读数变化不大，说明大齿轮圈的径向和轴向晃动很小。大齿轮圈的轴向晃动不得大于2.5mm，径向晃动不得大于1mm。

调整晃动量：径向晃动量如超过允许值就应调整，调整方法是将晃动量大的部位转至上方，松去定位销，然后将齿圈与大罐间的连接螺丝全部略微旋松，并在上方用链条葫芦吊住大齿轮圈，根据大齿轮圈径向晃动程度使大齿轮圈做适量的移动。调整好后，重新拧紧各连接螺丝。

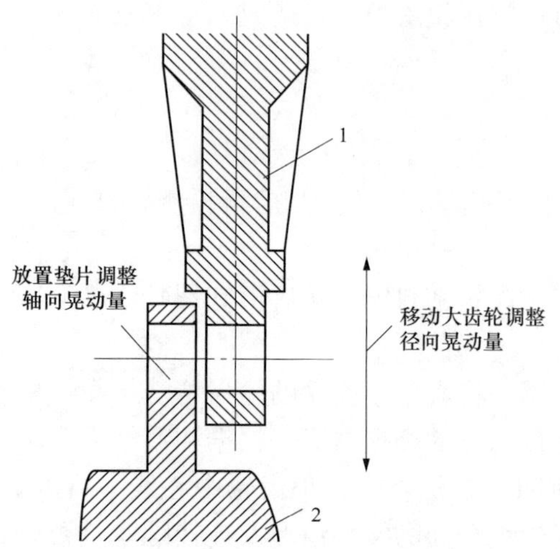

图5-26 大齿轮晃动调整

1—大齿轮；2—大罐

轴向晃动量超过允许值也应调整，可通过在大齿轮圈与大罐端盖的结合面间放置垫片的方法来调整，如图5-26所示，或用专门的装置将大齿轮圈与大罐端盖的结合面削平。

调整好后，重新测量其径向、轴向间隙直至合格。最后打入定位销，如定位销孔位偏移（不同心），致使定位销打不进时，可将原孔适当铰大，重新配置合适的定位销。

8）待轴向、径向晃动值均调整到符合要求后，紧固各大牙轮与筒体法兰的连接螺丝，然后打入大牙轮与筒体法兰的四只定位销。若销孔不合适则应重新铰孔。

9）逐个检查紧固螺栓，拧紧后加装螺母。

10）最后复装大、小齿轮的防护罩。

（8）检修主轴承。主轴瓦是钢球磨煤机的主要部件，只有在磨煤机油温异常、烧瓦后或更换轴瓦时才进行主轴瓦的检修工作。

1）顶罐的条件。顶罐前必须将进、出口连接管拆除，拆吊轴瓦上盖，测量轴瓦与空心轴各部检修前的装配间隙，并做好记录。放置好顶罐用的专用工具。

2）顶升大罐。一切准备就绪后，用千斤顶将大罐顶起，顶罐过程中，4个千斤顶同时同步上顶。各千斤顶顶起高度应保持一致，使之能同时平稳上顶，当顶起10mm后停下检查，确认各千斤顶无下沉，各处无不安全因素后方可继续顶起。顶罐过程中4个千斤顶的升起速度要一致，使进、出口空心轴两侧与轴瓦的间隙始终保持一样，否则将损坏轴瓦的乌金。当顶起高度达85mm时，停止顶罐，用枕木将罐体垫牢，并用槽钢支撑在罐体，使罐体固定。

3）检查主轴承。用钢丝绳和倒链沿空心轴表面将轴瓦翻转180°，然后吊下放置在专用托架上。翻瓦过程中，防止轴瓦偏斜以免损伤乌金。在钢丝绳与空心轴表面之间加垫一定厚度的石棉板，防止空心轴表面损伤。用煤油或汽油将轴瓦清洗干净，检查轴瓦乌金有无裂纹、砂眼及烧损现象。用小锤轻敲乌金，听其声音（如发出嘶哑而不清脆的声音，则乌金与瓦壳可能脱离），以判断其是否有脱壳现象。一般在接触角内乌金脱落不超过其表面积的30%时，其表面有裂纹、凹坑等缺陷时，可进行局部补焊；乌金脱落超过其表面积的30%或乌金脱壳时，应重浇乌金。补焊和重浇乌金后的轴瓦，经加工修整后再进行接触面的检查与研制。对轴承座的冷却水室应清洗干净，必要时要做水压试验，水压要高于冷却水压。

4）调整间隙。轴瓦与轴颈的两侧间隙应为1.25～1.50mm，中间部分应比两端部分刮得大一些（大约为0.2mm），以防止运行中润滑油向两端流散。空心轴轴肩与轴瓦端部的轴向间隙：承力轴承端为15～20mm，推力轴承端一般为0.6～0.8mm。必要时可通过修刮轴瓦端面的方法来解决。

（9）检查空心轴颈。用桥规仔细地测量空心轴颈的外径，以确定空心轴颈的椭圆度和圆锥度是否在规定范围内。若空心轴颈表面有小面积伤痕且深度小于0.3mm时，则可利用研磨法来消除，如图5-27所示。

（10）大罐就位。主轴承检修好后，即可将大罐落下就位。在落大罐进程中，4个千斤顶的下降速度必须同步，做到平稳无损伤。当空心轴颈接近轴瓦时千斤顶的下降速度要更缓慢，下降时必须保持大罐轴颈的水平，轴颈柔和地落在轴瓦上。大罐就位后，测量轴瓦和轴颈各部间隙，测量大罐水平度，其数值应在规定范围之内。然后装轴颈处的轴封垫料，在轴颈的上部加适量润滑油，最后装主轴承盖并拧紧结合面螺栓。

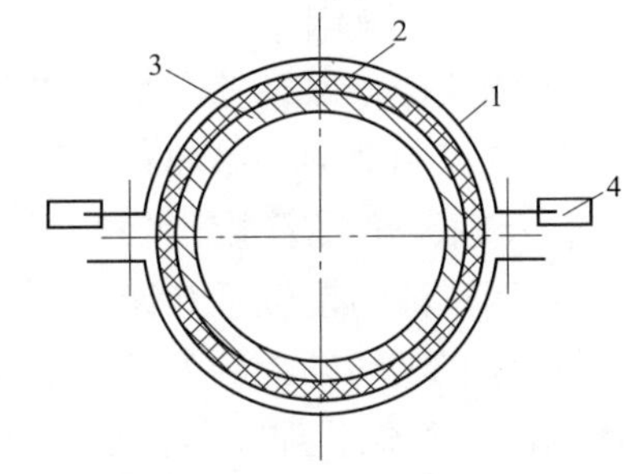

图5-27 空心轴颈的研磨
1—抱箍；2—毛毡；3—空心轴；4—手柄

（11）装钢球。大罐内所装钢球应无直径小于25mm的钢球及其他杂物。钢球装载量必须准确做好记录。

图 5-28 所示为往磨煤机中装钢球的机械。它由轻便式斗链输送机、漏斗和导流槽组成。使用时，启动斗链输送机，用人工将钢球运至漏斗，斗链运送机的小斗便将钢球提升运至导流槽中，利用导流槽坡度钢球流入大罐。

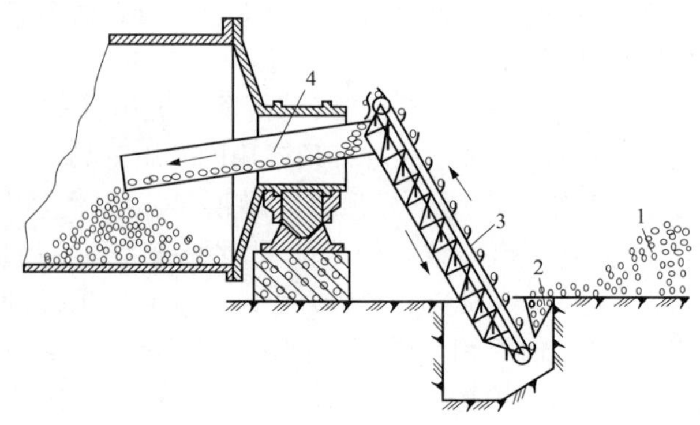

图 5-28 往磨煤机中装钢球的机械
1—存放在地面上的钢球；2—漏斗；3—轻便式斗链输送机；4—导流槽

（12）装进、出口斜管及密封装置。进、出口斜管法兰及人孔处的垫料应严密不漏，进、出口斜管伸入空心轴内套管部分与内套管的径向间隙两侧应相等，上部间隙应较下部间隙大1mm 左右。轴向间隙在大罐承力轴承一端一般应比大罐的膨胀值大 3～5mm，在大罐推力轴承一端应不小于 3mm。间隙调整正确后，在斜管和内套管之间填入涂以黑铅粉的石棉绳，然后均匀地拧紧地脚螺栓。

4. 传动装置部分的检修

（1）小牙轮的检修。先拆卸传动机轴承盖，做好标记。当传动机的轴承为滑动轴承时，用塞尺测量轴与轴瓦的侧间隙，用压铅丝法测量轴与轴瓦的顶部间隙，用百分表或塞尺测量轴的轴向窜动间隙（即轴瓦的推力间隙）。若为滚动轴承，则应按滚动轴承的检查方法对轴承进行质量检查。用压铅法测量大、小齿轮的啮合间隙。

吊下小牙轮，放在支架下，用柴油清洗齿轮、轴承等；检查齿轮的磨损情况，有无断裂、裂纹、变形等缺陷，否则齿的啮合不良、振动增大，应根据情况予以修复或换新。如果小齿轮磨损超过齿厚的 30%～40%时，可用堆焊法补齿或换新，也可根据结构情况，翻转180°继续使用。

（2）减速器解体检修。

1）减速器解体。

① 拆除棒销联轴器、防护罩及油管道。

② 放尽润滑油，吊起减速机上盖放于指定的地点。测量轴承各部原始间隙，然后吊出大齿轮及轴齿轮放于指定的检修位置。

③ 用汽油清洗轴承和齿轮，对变速箱壳体进行清理。

④ 检查滚动轴承的内/外圈、保持架滚动体有无起皮、麻点、裂纹、伤痕等缺陷。检查轴承内圈与轴颈、外圈与轴承座之间有无滑动现象，测量各轴承的游隙。

⑤ 检查和修理齿轮：检查人字形齿轮及轴齿轮有无裂纹、麻点及断齿等缺陷，对边缘处的棱背应进行修理。

⑥ 减速箱大齿轮与轴齿轮的组装就位后，用塞尺或压铅丝的方法测量两齿轮啮合的齿顶间隙和齿背间隙。在轴齿轮的轮齿工作面上涂以红丹油，检查两齿轮的啮合情况。吊起减速箱上盖，用压铅丝的方法测量轴承的顶部间隙，根据顶部间隙的要求确定齿轮箱的结合面是否加垫片。装复上盖，然后测量各轴承的轴向间隙，装复轴承端盖，恢复油管道。

2）减速器装配。

① 零件和组件必须安装在规定位置，不得装入图样上未规定的垫圈、衬套之类零件。

② 在轴线之间应该有正确的相对位置，如平行度、垂直度等。

③ 啮合零件的啮合应符合技术要求。

④ 旋转件必须能灵活地转动，轴承游隙合适，润滑良好，不漏油。

⑤ 连接固定处不松动，各密封、结合处不松动。

（3）联轴器找正。联轴器检查：做好装配标记，拆除螺栓，检查主动轴、被动轴的联轴器孔洞，除去毛刺；拆下联轴器时可用风焊枪加热；装复时可用机油加热；检查联轴器紧固螺栓；紧固连接螺栓时，要根据要求使用扭矩扳手。

5. 润滑油系统检修

（1）将各连接管头、活节、阀门清洗干净，系统恢复后不得有渗油、漏油现象。

（2）各类阀门（单向阀、安全阀等）解体检修。

6. 冷却水系统检修

（1）检查冷却水管有无结垢、泄漏、堵塞等情况。

（2）检查冷却水室是否结垢及锈蚀，如结垢应清除，必要时应做水压试验。

（3）修复和更换不严密的法兰和阀门。

7. 电动机找正

电动机找正是为了使两转轴的中心线在一条直线上，保证转子的运转平稳且不振动。找正具体方法为：

（1）找正时一般以转动机械为基准，待转动机械固定后，再进行联轴器找正。

（2）调整电动机，使两联轴器端面间隙在一定范围内，端面间隙大小应符合有关技术规定。

（3）用钢直尺放在联轴器圆周平面上进行初步找正。

（4）用一只联轴器螺丝将两只联轴器连接起来，再装找正夹具和量具（百分表）。旋转联轴器，每旋转 90°，用塞尺测量一次卡子与螺钉间的径向、轴向间隙或从百分表上直接读出，并做好记录。一般先找正联轴器平面，后找正外圆。

（5）确定电动机各底角下垫片的厚度，可根据相似三角形进行计算。加垫片时应注意以下事项：将垫片及底座基础清理干净，调整加垫时，厚的放在下面，薄的放在中间，较薄的放在上面，加垫数量不允许超过 3 片。

8. 钢球磨煤机的试运行

检修工作结束后，应按规程要求清理现场，清除磨煤机周围的杂物，将设备各处擦拭干净，然后准备进行试运行。

（二）中速磨煤机检修

中速磨煤机的检修包括本体检修、传动装置检修、润滑油系统检修三个方面。其中传动装置检修、润滑油系统检修与钢球磨煤机的检修大致相同，此处不再重复。由于中速磨煤机种类很多，但主要是碾磨部件的结构不同，因此，下面将以 E 型磨煤机为例，重点讲述其碾磨部件的检修。

1. 碾磨部件的检查

(1) 检查、测量钢球与上、下磨环的磨损程度以及上磨环的降落量:

1) 检查钢球、上/下磨环有无裂纹、重皮、破碎。钢球和上、下磨环应无裂纹、破碎。当发现有重皮时，应根据重皮太小和位置判断其对运行有无重大影响，以确定是否更换。

2) 测量钢球直径，求得每个球的平均外径，再求得各个球平均值并做好记录。

3) 测量上、下磨环的磨损程度，通常是在磨环弧形滚道上选择 4～6 个点，测量断面形状，求得最小壁厚并做好记录。

4) 上磨环的降落量实际上是钢球和上、下磨环磨耗的总和。测量上磨环降落量，通常以人孔盖开口部或壳体凸缘面为标准，装料设备所带指示装置的批示值可作为降落量的参考。测量上磨环降落量为弹簧加载装置调节弹簧紧度时提供依据，在两次加紧弹簧的间隔中，该降落量即为弹簧松弛高度，即为该次需加紧的弹簧的压缩数值。

5) 钢球和上、下磨环的磨损以及下磨环的降落量中有一项超过规定值，则需更换，其标准均按制造厂的规定。

(2) 检查测量壳体和轴瓦、控制杆和活塞的间隙。当上磨环降落到制造厂规定值时，壳体和轴瓦、控制杆和活塞杆便开始接触，实际上由于存在着制造、安装上的误差，因此，需要检查测量其间隙，间隙应大于零。

(3) 检查测量转体的磨损情况，当转体磨损量大于 5mm 时须进行更换。更换转体时，必须同时更换与其相配合的拉条盖板挡板，并测量拉条盖板挡块与拉制杆之间的间隙，其间隙不小于 10mm。

2. 碾磨部件的更换

(1) 碾磨部件拆卸顺序。

1) 将加载装置与碾磨部件解列。

2) 从分离器检修孔进入磨煤机内部，拆卸分离器上、下漏斗（即内锥体）连接螺栓。

3) 拆卸煤粉出口管、落煤管法兰螺栓并将其吊下。

4) 按次序拆出磨煤机出口挡板、分离器外壳和分离器内部的上/下漏斗、上磨环的十字压紧环、上磨环、钢球、风环和下磨环。

(2) 检查新钢球、磨环。

1) 新钢球、磨环应符合图纸尺寸及公差的要求。

2) 新钢球、磨环表面应光洁，无裂纹、重皮等缺陷。

3) 新钢球、磨环表面硬度应符合要求，磨环表面硬度应略低于钢球表面硬度。

4) 必要时应检验新钢球材质及金相组织并符合要求。

(3) 钢球的排列。更换钢球或当钢球磨损到接近填充球直径需要补充一只填充球时，必须注意钢球的排列。因为钢球直径彼此之间总是存在差异，钢球排列于磨环滚道上的顺序应当是：直径最大的一只钢球（1 号）置于中间，其次一只（2 号）置于其右侧，再次一只（3 号）置于左侧，第四只（4 号）在右侧，第五只（5 号）在左侧，依此类推。这样排列，直径就从最大一只钢球，逐渐向右或向左减小，因此最小一只钢球就在最大一只钢球的对面，使钢球与磨环均匀接触。当顺序排列错时，会造成某些钢球与磨环不接触，从而造成严重的不均匀磨损，并影响磨煤效率。

（4）碾磨件回装顺序。与拆卸顺序相反，回装时要注意以下配合：

1）当下磨环重新组装时，下磨环与上轭的结合面应配合良好，结合面内侧防止煤粉窜入，其间的密封圈应换新。

2）上、下磨环键与磨环的配合公差应符合制造厂要求，键与键槽两侧不允许有间隙，其顶部间隙应不大于0.3～0.6mm。

3）下磨环应保持水平，其偏差应符合制造厂要求。

4）上磨环与十字压紧环应接触良好，其接触面积不小于80%。

5）碾磨部件回装后，上、下磨环应转动灵活，钢球在上、下磨环滚道上能任意滚动。

【任务实施】

工作任务	磨煤机检修		学时	8	成绩	
姓名		学号		班级		日期

1. 计划

（1）岗位划分。

岗位 组别	作业组长	组员	组员	组员	组员	组员	组员	组员

（2）制定磨煤机检修工单。

人员要求		检修作业名称	工作负责人签字
专责工	人	磨煤机检修	
检修工	人		
其他	人		工作成员签字
	人		
	人		
	人		

检修前准备

· 资料准备。

· 熟悉检修安全注意事项。

· 掌握拆装方法，熟悉各部件结构、检修工艺及质量标准

工具材料准备

安全措施

工作步骤

技术标准

续表

2. 决策
根据锅炉检修作业指导书核对各组检修工单。
3. 实施
(1) 填写磨煤机检修工作票。
(2) 在模拟电厂锅炉检修场景下，各检修学习小组进行磨煤机的检修。
4. 检查及评价

考评项目		自我评估 20%	组长评估 20%	教师评估 60%	小计 100%
素质考评 20	劳动纪律 5				
	积极主动 5				
	协作精神 5				
	贡献大小 5				
总结分析 20					
工单考评 60					
总分					

任务2 给煤机检修

【教学目标】

知识目标：
(1) 掌握给煤机的作用和分类；
(2) 掌握给煤机的结构和工作原理；
(3) 掌握给煤机的检修项目、工艺要求及质量标准。
能力目标：
(1) 能讲解给煤机的作用及结构形式；
(2) 能判断给煤机设备故障，会分析原因及其危害，能维修处理；
(3) 会给煤机检修。
态度目标：
(1) 能主动学习，在完成任务过程中发现问题、分析问题和解决问题；
(2) 能与小组成员协商、交流配合完成本次学习任务，养成分工合作的团队意识；
(3) 严格遵守安全规范，爱岗敬业、勤奋工作。

【任务描述】

班级学生自由组合为若干个检修学习小组，各检修学习小组自行选出作业组长，并明确各小组成员的角色。在模拟电厂锅炉检修场景下，各检修学习小组按照 DL/T 748.4—2001 中给煤机检修的要求，进行给煤机的检修。

【任务准备】

<table>
<tr><td>工作任务</td><td colspan="3">给煤机检修</td><td>学时</td><td>4</td><td>成绩</td><td></td></tr>
<tr><td>姓名</td><td></td><td>学号</td><td></td><td>班级</td><td></td><td>日期</td><td></td></tr>
<tr><td colspan="8">课前预习相关知识部分，独立回答下列问题：
(1) 给煤机的作用是什么？
(2) 火力发电厂常用的给煤机有哪几种？
(3) 简述给煤机检修的项目。
(4) 给煤机常见的设备故障有哪些？</td></tr>
</table>

【相关知识】

一、理论咨询

(一) 给煤机的作用和分类

给煤机装在原煤仓下面，其作用是根据磨煤机或锅炉负荷的需要，向磨煤机供给原煤。给煤机容量通常按磨煤机出力的120%选取。对于直吹式制粉系统，通过给煤机控制给煤量，以适应锅炉负荷的变化。因此要求给煤机应能满足供煤量的需要，具有良好的调节特性，能连续、均匀地给煤，保证制粉系统的经济运行和锅炉燃烧的稳定。

由于煤质、原煤粒度、制粉系统和磨煤机形式的不同，给煤机也有各种形式，通常有圆盘式、皮带式、刮板式和电磁振动式4种。我国各类电厂应用较多的给煤机有刮板式给煤机、皮带式给煤机、电磁振动式给煤机。

1. 刮板式给煤机

刮板式给煤机结构如图5-29所示。它主要由链轮、链条、刮板、上/下台板、导向板、煤层厚度调节板及转动装置等组成。

煤从进煤管落到上台板，通过装在链条上的刮板，将煤带到左边并落在下台板上，再将煤刮至右侧落入出煤管送往磨煤机。刮板式给煤机可以用煤层厚度调节板来调节给煤量，调节板越高，煤层越厚，给煤量越大；调节板越低，给煤量越小。另外，也可用改变链条转动速度来调节给煤量。

刮板式给煤机调节范围大，不易堵煤，密闭性能较好，煤种适应性广，水平输送距离大，在电厂得到广泛应用。但链条磨损后易造成“爬链”或被煤块卡死等问题。

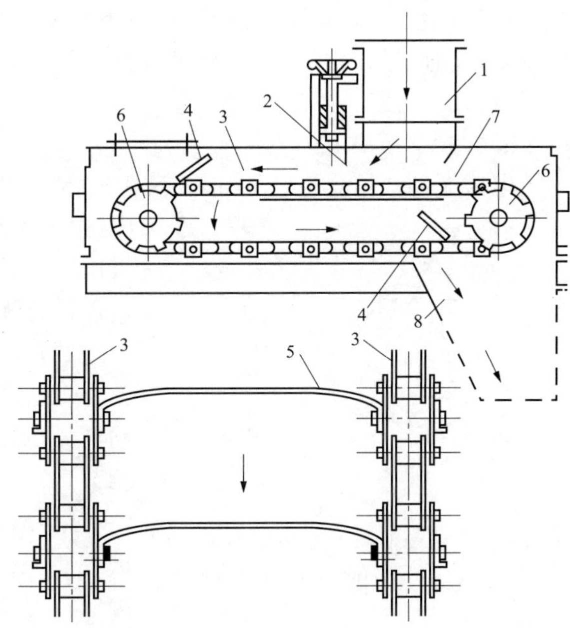

图5-29　刮板式给煤机结构图

1—进煤管；2—煤层厚度调节板；3—链条；4—导向板；5—刮板；6—链轮；7—上台板；8—出煤管

2. 皮带式给煤机

皮带式给煤机结构如图 5-30 所示。皮带式给煤机实际上是小型皮带输送机，它可用调节煤闸门开度改变煤层厚度和调节皮带速度等方法调节给煤量。皮带式给煤机带有自动称煤装置，称煤的计量装置有机械方式和电子方式两种。称煤装置的输出信号经过比较和放大，去控制煤闸门的开度或给煤机的转速，以控制给煤量在给定值。

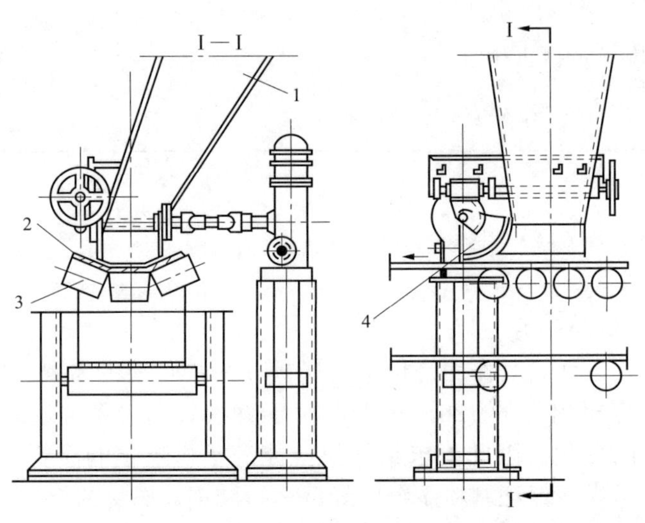

图 5-30　皮带式给煤机结构图

1—下煤管；2—皮带；3—辊子；4—扇形挡板

皮带式给煤机可适应各种煤种，不易堵煤，水平输送距离大。新型皮带式给煤机最大的特点是自动计量、累计和调节，计量精度可达 0.5%以内，为锅炉技术管理和热效率试验提供了极大的方便。

3. 电磁振动式给煤机

电磁振动式给煤机结构如图 5-31 所示，它有一个形如簸箕的给煤槽，给煤槽后部连着电磁振动器，整个组件用弹簧减振器支吊于原煤斗下。煤由煤斗落入给煤槽内，振动器按 50 次/s 的频率推动给煤槽往返振动。由于振动器振动方向与给煤槽平面有一定的角度，所以煤在给煤槽内呈抛物线形向前跳动，整个煤层有如流水一样最后落入落煤管中。调节电磁振动器的电压或电流，可改变振动器的振幅实现给煤量的调节。

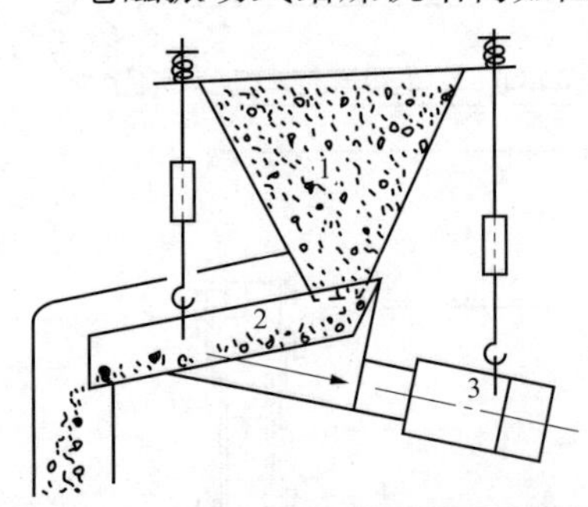

图 5-31　电磁振动式给煤机结构图

1—煤斗；2—给煤槽；3—电磁振动器

电磁振动式给煤机无转动部件，结构简单、调节维护方便、耗电量较小、给煤均匀、体积小、质量轻、造价低。但不能输送过湿或过干的煤，水平输送距离较短。

（二）给煤机常见问题

1. 减速箱温度过高

机体振动，减速箱内油位低，蜗轮、蜗杆等部件磨损或减速箱内进入杂质等都是造成油温过高的主要原因。处理时应停机将油放出，将减速箱解体检查，磨损部件更换，注入合格机油。

2. 整机振动

地脚螺栓松动，传动部分运行出现异常，是造成整体振动主要因素。处理方法是先紧定地角螺栓，并逐步检查传动部分。

3. 漏粉、漏风

机壳、检修门及各法兰密封部位易漏风、漏粉。机壳出现裂纹时采用挖补或补焊措施，检修门及各法兰密封部位处理时，将密封螺丝紧固或重新添加密封材料。

4. 皮带跑偏

拧松皮带张紧螺母，使皮带达到最大垂度，调整辊轮组支架，调整皮带张紧力，对正皮带导向装置，直到不跑偏为止。

5. 链条卡涩或折断

当链条出现卡涩现象或有跳动及碰撞声时，应仔细检查。如有链条折断或链条卡住时，要停机处理。调整链条要注意平行度和松紧度。

6. 出力不足

皮带式给煤机入口闸板卡涩，皮带跑偏撒煤，皮带张紧力不够，滚辊空转，入口挡板开关卡涩都是造成出力不足的原因。刮板式给煤机煤层间板不合适，入口挡板开关不灵，链条卡涩及原煤斗蓬煤都会造成出力不足，应逐项检查、处理。

二、实践咨询

以刮板式给煤机为例介绍给煤机检修工作。

1. 检修前的准备工作

（1）煤仓原煤已全部烧空，给煤机中无积煤。

（2）准备好现场的照明工具，经试验合格的导链、千斤顶。

（3）关闭给煤机进口下煤插管门。

（4）办理好给煤机检修开工工作票。

（5）通知电气人员拆除电动机电源线，热工人员拆除断链、断煤保护控制线。

2. 材料、工具准备

电焊机、割刀、行灯线及行灯变压器、测振仪、测温仪、手动葫芦、梅花扳手、活动扳手、内六角扳手、榔头、大锤、钢丝绳、卷尺、钢尺、塞尺、螺栓、螺母等。

3. 刮板式给煤机本体部分的检修

（1）检修给煤机链条及刮板。

1）拆去前、后端盖板，放于指定位置。各零部件、螺栓摆放整齐有序。

2）盘车检查链条、刮板有无弯曲、变形、断裂，若变形不严重，可用火焊重新调正刮板；若刮片严重变形或链条磨损严重，则予以更换。

刮板节距为400mm，每隔两件矩形刮板焊一件防漂刮板；链条节距为200mm，链条应有足够的调整度，松紧调整适当；两侧刮片工作面应平直，误差为1～2mm；刮片在下面允许上翘$0°\sim0.5°$，刮板与箱体侧间隙为10mm。

3）检查前、后链轮的磨损，链轮磨损不大于 5mm。

（2）箱体检查。

1）检查箱体的磨损情况，机壳和托板均无磨穿现象，且平均厚度大于或等于 5mm；磨损严重的部分可用挖补的方法进行电焊补焊检查。

2）检查主箱体观察孔盖板密封情况。主箱体观察孔盖板无变形，橡胶无老化，密封良好。

3）检查上、下防磨导轨的磨损变形情况，导轨磨损大于或等于 5mm，且无脱落变形；磨损严重的予以更换。

4）检查后端的防堵煤弧板及防漏煤板的磨损情况。

5）对各磨损部位测量并记录。

（3）检查前、后轴承。

1）拆除轴承端盖，用汽油清洗前/后轴承、轴承座，检查轴承情况，轴承表面应光滑，无裂纹、麻点、锈斑等现象，润滑情况良好。

2）测量轴承的游隙并记录。新轴承径向游隙不得超过 0.2mm，旧轴承游隙大于 0.5mm 应予更换。

3）检查后轴的调节链轮装置，调节丝杆有无脱丝断牙现象。

（4）链轮轴承的更换。

1）拆前、后导轮处箱体上的紧固螺栓，解开链条，抽出箱体外，将拆卸的链轮和箱体上连接板及螺栓运至指定地点。

2）拆轴承座，取出轴承。

3）拆链轮的密封环。

4）对轴进行表面检查，测量各部配合尺寸，测量新轴承游隙。

5）链轮检查测量并组装。

6）将轴承装入轴承座内，然后装密封环。

7）将轴承用机油加热至 120℃，然后装在轴颈上。

8）上紧轴承座的连接螺栓。

9）加油脂，装轴承端盖。

10）装靠背轮。

前、后轴的各部尺寸符合检修工艺要求：与链轮配合处为 $\phi140\pm0.0125$mm，与轴承配合处为 $\phi120^{+0.025}_{+0.003}$；链轮内孔为 $\phi140^{+0.04}_{+0.00}$；轴承内圈靠紧轴肩，轴承型号朝外，轴承与轴有 0.01～0.03mm 的配合紧力；轴承转动灵活，无漏油、渗油现象。

4. 刮板式给煤机减速器的检修

具体检修工艺及质量标准同本项目任务 1 钢球磨煤机检修中的减速器解体检修，此处不再重复。

5. 组装

（1）装复链条。链条结头处销柱插到底，点焊牢固，链条松紧调整适当。

（2）装前箱板。前、后箱板装复时应加石棉垫。

（3）调整链条松紧，调整尾部防漏煤托板并锁紧。防漏煤托板与上箱底距离为 10cm。

（4）装复后箱板及防堵煤弧形板。

（5）校验电动机和减速机对轮并组装，装复对轮护罩。从动轴与箱体垂直，不偏斜；电动机对轮与减速机对轮不同心度不大于0.05mm。

6. 试车

（1）变速箱加注新机油至正常油位。

（2）联系电气人员接好电动机电源线，联系热工恢复断煤、断链保护装置。

（3）联系运行启动试车。

（4）试转2h，检查确认无异常现象。刮板、链条与机壳两侧无摩擦；减速箱无漏油，运转平稳，无冲击、振动；滚动轴承温度不高于60℃。

（5）现场卫生清理，收工作票，检修工作结束。

【任务实施】

工作任务	给煤机检修		学时	4	成绩	
姓名		学号		班级		日期

1. 计划

（1）岗位划分。

岗位 / 组别	作业组长	组员	组员	组员	组员	组员	组员	组员

（2）制定给煤机检修工单。

人员要求		检修作业名称	工作负责人签字
专责工	人	给煤机检修	
检修工	人		工作成员签字
其他	人		
	人		
	人		
	人		

检修前准备

· 资料准备。

· 熟悉检修安全注意事项。

· 掌握拆装方法，熟悉各部件结构、检修工艺及质量标准

工具材料准备

安全措施

工作步骤

技术标准

续表

2. 决策

根据锅炉检修作业指导书核对各组检修工单。

3. 实施

（1）填写给煤机检修工作票。

（2）在模拟电厂锅炉检修场景下，各检修学习小组进行给煤机的检修。

4. 检查及评价

考评项目		自我评估 20%	组长评估 20%	教师评估 60%	小计 100%
素质考评 20	劳动纪律 5				
	积极主动 5				
	协作精神 5				
	贡献大小 5				
总结分析 20					
工单考评 60					
总分					

项目 6

锅 炉 运 行

【项目描述】

主要培养学生熟悉锅炉风烟系统的组成和转动机械连锁及跳闸保护试验操作，掌握锅炉汽水系统组成和运行操作，掌握锅炉启动前应投入的系统，能进行锅炉启动前系统检查和操作，进行锅炉滑参数启停和正常参数启停，会调整锅炉运行参数，办理锅炉运行操作票。

【教学目标】

（1）能进行锅炉辅机连锁试验；

（2）能进行锅炉水压试验；

（3）能进行锅炉冷、热态启停操作；

（4）能进行锅炉运行参数的调节；

（5）能正确填写锅炉运行操作票。

【教学环境】

锅炉运行仿真室、锅炉设备模型室、多媒体课件、锅炉教学视频、锅炉设备系统图纸。

任务 1 锅 炉 启 动

【教学目标】

知识目标：

（1）熟悉给水系统、送风系统、引风系统、制粉系统、蒸发系统、过热系统、再热系统、燃油系统及工作流程；

（2）熟悉给水系统及设备的作用、类型及工作特点；

（3）熟悉送引风机的作用、类型及工作特点；

（4）掌握锅炉的启动方式及特点；

（5）掌握汽包锅炉启动步骤、方法及注意事项；

（6）掌握直流锅炉启动步骤、方法及注意事项。

能力目标：

（1）能识读给水系统图、送风系统图、引风系统图、制粉系统图、蒸发系统图、过热系统图、再热系统图、燃油系统图；

（2）能正确填写锅炉运行操作票；

（3）能进行汽包锅炉冷态滑参数启动操作；

（4）能进行直流锅炉冷态滑参数启动操作。

态度目标：

（1）能主动学习，在完成任务过程中发现问题、分析问题和解决问题；

（2）能与小组成员协商、交流配合完成本次学习任务，养成分工合作的团队意识；

（3）严格遵守安全规范，爱岗敬业、勤奋工作。

【任务描述】

班级学生自由组合为若干个运行学习小组，各运行学习小组自行选出运行组长，并明确各小组成员的角色。在模拟电厂锅炉运行场景下，各运行学习小组按照 GB 26164.1—2010、《300MW 级火力发电机组集控运行典型规程》、DL/T 611—1996《300MW 级锅炉运行导则》、DL/T 852—2004《锅炉启动调试导则》、《600MW 级火力发电机组集控运行典型规程范本》、DL/T 332.1—2010《塔式炉超临界机组运行导则 第 1 部分：锅炉运行导则》、《防止电力生产重大事故的二十五项重点要求》的要求，进行锅炉启停操作。

【任务准备】

工作任务	锅炉启动		学时	12	成绩	
姓名		学号		班级		日期	

课前预习相关知识部分，独立回答下列问题：

（1）锅炉启动前，应对汽水系统进行哪些具体检查？

（2）锅炉启动前应做哪些准备工作？

（3）锅炉启动前的上水方式有哪些？对上水时间、温度和汽包水位有什么要求？

（4）为什么点火前需对炉膛进行吹扫？

（5）在锅炉的启动、升压过程中，对升压速度有什么要求？为什么？

（6）锅炉启动过程中，如何保护省煤器、水冷壁和过热器？

（7）为何直流锅炉点火前需进行循环清洗？

（8）直流锅炉启动前建立一定的启动压力和流量的目的是什么？

（9）什么是直流锅炉工质膨胀？启动过程中如何控制？

（10）直流锅炉切除启动分离器之前及切除过程中，应注意哪些问题

【相关知识】

一、理论咨询

锅炉运行是电力生产过程中一个十分重要的环节，实践性很强。锅炉运行由燃料燃烧过程、烟气与工质间的热交换过程、锅内过程组成，这些过程相互联系，共同影响锅炉负荷、蒸汽参数、锅炉经济性以及安全性。锅炉形式、机组在电网中所带负荷不同，锅炉运行方式也不相同。

锅炉运行工况包括启动、停运、带固定负荷或变负荷运行。尤其在锅炉启停过程中，其部件在热变形下产生的附加热应力可能达到危险界限。

（一）汽包锅炉的启动

锅炉启动是指锅炉从未运行状态过渡到运行状态的过程，实质就是投入燃料对锅炉加热，是一个极不稳定的变化过程。

启动过程中，锅炉各部件的受热不均匀，金属内部存在温差，因而产生热应力，特别是

厚壁部件，严重时甚至导致部件损坏。启动初期，特别是自然循环锅炉，受热面内部工质的流动尚不正常，工质的流量、流速较小，甚至出现断续流动现象，对受热面金属的冷却作用较差，水冷壁管、过热器管、再热器管以及暂停供水的省煤器管等均有可能超温。锅炉点火后，投入的燃料少，炉内温度低，炉膛热负荷分布不均匀，易产生燃烧不完全、不稳定，可能出现灭火和爆炸事故。所以，锅炉启动原则上应在确保安全的条件下，尽可能缩短启动时间，节约燃料和工质，使锅炉尽早投入运行。

寻求合理的启动方式，是锅炉运行的一项重要任务。所谓合理的启动方式就是在锅炉的启动过程中，使锅炉各部件得到均匀加热，使各部温差、胀差、热应力和热变形等均在允许的范围内变化，尽可能地缩短机组总的启动时间，使锅炉的启动经济性最高。

1. *启动方式分类及主要特点*

（1）根据汽轮机在启动前的金属温度 T（内缸或转子表面金属温度）高低分类，启动方式分为冷态启动和热态启动。而热态启动可进一步分为温态、热态和极热态启动。所谓冷态启动就是锅炉处于室温状态下的启动。例如检修后蒸汽锅炉的启动，或是停炉备用时间较长，汽压已降到零状态的启动。热态启动就是指短时间停炉备用的锅炉由于停炉时间不长，锅炉还有一定的汽压，炉内还蓄有大量热量状态的锅炉启动。冷态启动和热态启动的内容、步骤基本是相同的，只不过热态启动是在冷态启动已经运行了若干过程基础上的启动。因此，熟悉了冷态启动的过程，自然就掌握了热态启动。

1）冷态启动。停机 72h 以上，汽轮机高压或中压转子金属的初始温度 $T<121℃$情况下的启动。

2）温态启动。停机 10～72h，汽轮机高压或中压转子金属的初始温度 $121℃\leqslant T<260℃$情况下的启动。

3）热态启动。停机小于 10h，汽轮机高压或中压转子金属的初始温度 $260℃\leqslant T<450℃$情况下的启动。

4）极热态启动。停机 2h 以内，汽轮机高压或中压转子金属的初始温度 $T\geqslant 450℃$情况下的启动。

（2）根据汽轮机启动过程中主要蒸汽参数变化的特点分类。

1）额定参数启动。额定参数启动是指启动时锅炉蒸汽参数已达额定值，然后再进行汽轮机冲转、升速、并列带负荷，升负荷直至满负荷。由于额定参数启动时，采用高参数的蒸汽加热管道和汽轮机，容易使金属部件产生很大的热应力和热变形。为了设备的安全，在这种条件下只能将蒸汽的进汽量控制得很小。但即使如此，新蒸汽管道、阀门和机体的金属部件仍然产生很大热应力、热变形和热冲击，使转子和汽缸的胀差增加，对金属部件的寿命影响较大。因此，对于采用额定参数下启动的汽轮机，必须延长升速和暖机的时间，启动所需的时间长，降低发电厂的经济效益，所以额定参数启动仅用于母管配汽的机组，而不适用于单元制的大容量发电机组。

2）滑参数启动。单元制机组锅炉一般采用滑参数启动，又称为联合启动。图 6-1 所示为单元制机炉配合。在锅炉点火、升温、升压过程中，利用低参数蒸汽进行暖管、冲转、发电机并列带负荷，然后随蒸汽参数的提高进一步提升机组负荷，当锅炉出口蒸汽参数达到额定状态时，发电机也达到额定出力。由于汽轮机自动主汽阀前的蒸汽参数（温度和压力）是随着机组转速或负荷的变化而滑升的，故这种启动方式称为滑参数启动。

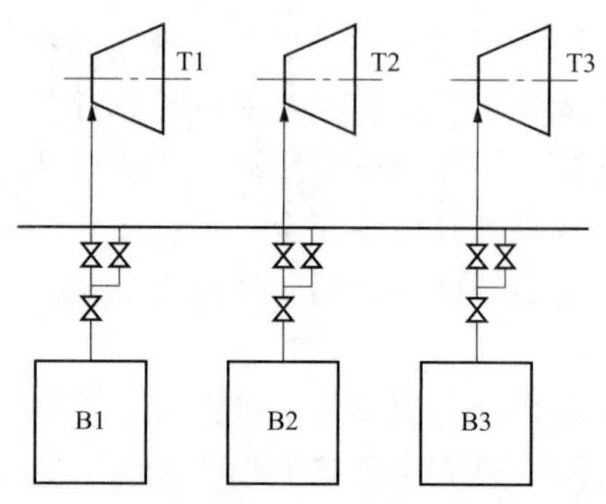

图 6-1 单元制机炉配合

按冲转时主汽阀前的压力大小，滑参数启动又可分为真空法滑参数启动和压力法滑参数启动。

① 真空法滑参数启动。采用真空法滑参数启动时，先将锅炉与汽轮机之间主蒸汽管道上的阀门全部打开，包括汽轮机的主汽阀和调节阀，而空气阀和直通疏水阀全部关闭，包括汽包和过热器上的空气阀。然后用盘车装置转动汽轮机转子，再投用抽气器。当真空达到 40～53kPa 时，锅炉开始点火，产生的蒸汽即进入汽轮机。当主蒸汽管道内压力呈正压时，开启管道最低点的几个疏水阀进行疏水，同时切断过热器至凝汽器的疏水。因为汽轮机早已用盘车装置带动，所以在汽压不到 0.1MPa 时转子就能由蒸汽驱动升速。当汽轮机转速接近临界值时，可关小主蒸汽管道上的一个阀门，等阀门前汽压适当升高后再将它开大，其目的是使汽轮机很快越过临界转速。当汽轮机达到全速时，汽轮机前的压力可能只有 0.5～0.6MPa。在升压过程中，逐渐关闭管道上的疏水阀。当汽轮机带初始负荷（额定负荷的 5%～10%）时，新蒸汽温度最好在 250℃左右。此后按照汽轮机要求，锅炉继续增加负荷和升温、升压，直到正常运行为止。

采用滑参数真空法启动操作简单，启动热损失小。但是汽轮机冲转后的升速是通过调节锅炉燃烧来控制的，而启动初期的燃烧控制比较困难，所以该启动方式不利于机组的升速控制。同时，由于启动初期汽轮机的高压缸排汽温度较低，也不利于提高再热蒸汽温度。真空法滑参数启动多用于中小容量的单元机组，而现代大型单元机组通常采用压力法滑参数启动。

② 压力法滑参数启动。与真空法相比，压力法滑参数启动的主要特点是凝汽器抽真空时汽轮机主汽阀是关闭的。锅炉点火后产生的蒸汽除暖管外可直接通过旁路系统经减温、减压后进入凝汽器，等汽轮机主汽阀前汽压高至一定压力（一般为 3～8MPa）和温度时，才开启主汽阀冲转汽轮机。在汽轮机升速过程中，为了使汽压和汽温基本稳定，锅炉燃烧不宜做过大的调整。在汽轮机主汽阀全开后，其余步骤与真空法滑参数启动相似。

采用压力法滑参数启动，冲转时蒸汽压力和温度较高，且具有一定的过热度，因而有利于机组的升速控制；同时也有利于再热蒸汽温度的提高，特别是对高、中压合缸结构的汽轮机，由于再热蒸汽温度和过热蒸汽温度接近，可大大减小汽缸的热应力。但是由于启动前锅炉出口的不合格蒸汽需经旁路排入凝汽器以调节蒸汽参数，增加了启动过程的热量损失。目前，大容量机组通常都采用压力法滑参数启动。

2. 启动过程中锅炉的安全保护

（1）汽包热应力的分析及其保护。锅炉启动过程中，汽包壁产生的热应力主要由汽包上、下壁温差和内、外壁温差造成的。如果升温、升压过快，汽包壁温差就过大，热应力增大，过大的热应力将致使汽包寿命损耗增加。

1）汽包壁上、下壁温差。在升温、升压过程中，汽包上、下壁温差表现在汽包壁上部温度比下部温度高，造成这种现象的原因为：

首先，升压过程中汽包壁金属温度低于工质温度，形成工质对汽包的加热。汽包下部为水对汽包壁对流放热，汽包上部为蒸汽对汽包壁凝结放热。后者的表面传热系数比前者大，所以汽包上半部壁温升比下半部壁温升快。

其次，上部饱和蒸汽温度与压力在升压过程中是单一的关系，温度与压力同时上升。汽包蒸汽空间的蒸汽只会在压力下降时过热而不会欠热。下部水温的上升需要靠工质的流动与混合，上升迟缓。升压速度越快，汽包上、下壁工质温差就越大。

最后，在启动开始阶段，蒸发区内的水自然循环尚不正常，汽包内的水流动缓慢或局部停滞，此处水温明显偏低。

汽包上部壁温高，金属膨胀量大，下部壁温低，金属膨胀量相对较小。上部金属的膨胀受到下部的限制，上部产生压缩应力，下部产生拉伸应力，如图 6-2 所示。上、下壁温差越大，则热应力越大。为了防止汽包壁产生过大的热应力，一般规定汽包上、下壁金属的温差不超过 50℃。

2）汽包壁内、外壁的温差。在锅炉启动过程中，汽包金属从工质吸收热量，其温度逐渐升高，并不断通过保温层向外界散热。因此，汽包壁的内表面温度较高，外表面温度较低，从而产生热应力。应力部位在内、外表面最大，内表面金属承受压应力，外表面金属承受拉应力。

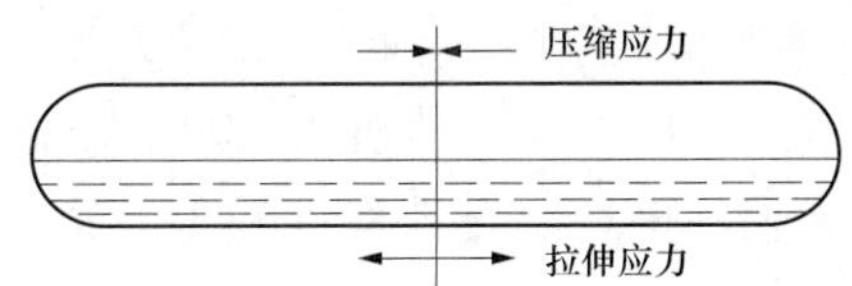

图 6-2　汽包上、下壁应力示意图

3）内压所产生的应力。随着锅炉内部工质压力的升高，汽包筒壁将承受越来越大的机械应力。

温差应力的高低与温差大小成正比，温差的大小在很大程度上取决于工质的温升速度，温升速度越大则温差越大。一般规定：汽包内工质的平均温升速度应不超过 1.5～2℃/min。

在开始阶段，汽包内的压力很低，筒壁金属主要承受由温差引起的热应力，此时温差往往很大，故温升速度应该小些；压力越低升高单位压力的相应饱和温度上升值越大，因此，开始阶段升压应特别缓慢。在这个阶段内，应采取各种措施促进水冷壁管内的水循环，加强汽包内水流动，以减小汽包的上、下壁温差。此后，水循环逐渐正常，汽包上、下壁温差逐渐减小。当压力接近额定值时，汽包壁金属的机械应力接近设计值，所以仍应限制升压速度。

（2）水冷壁的保护。自然循环锅炉在启动初始阶段，水冷壁受热缓慢，管内含汽量少，水循环不正常，这时投入的燃烧器数目少，水冷壁受热和水循环有较大的不均匀性。如果同一联箱上并列管子的金属温度有差别时，就会产生一定的热应力，严重时会使下联箱变形或管子损伤。对于膜式水冷壁，尤其应注意此类受热不均的问题。

正确选择和适当轮换点火油喷嘴或燃烧器，可使水冷壁受热较均匀。根据下联箱的位移指示，可了解水冷壁膨胀和受热情况。对于膨胀较小的水冷壁管，可从其下联箱适当放水，目的是要将汽包中温度较高的水引来加热管子，并促进水循环。加强水循环和放水都能增加汽包内水的流动，从而减小汽包上、下壁温差。将邻炉蒸汽引入下联箱，在启动过程中能促进水冷壁管中的水循环。

对于控制循环锅炉，由于点火前已启动炉水循环泵并建立了正常水循环，水冷壁安全性较高。

（3）过热器与再热器的保护。过热器、再热器受热面的金属温度是锅炉受热面中最高的，与材料的许用温度很接近。在正常运行中，过热器和再热器管内有蒸汽不断流过，依靠蒸汽的冷却，管壁金属不致超温。而在锅炉启动过程中，工质对过热器与再热器的冷却条件较差，保证其管壁金属不超温是锅炉启动中的一个重要问题。

锅炉点火后，在未产生蒸汽以前，过热器处于无蒸汽冷却的状态，而这时烟气却在对过热器进行加热，管壁温度很快升高到接近流过的烟气温度。为了防止管壁金属超温，应当限制进入过热器的烟气温度，使之不高于过热器管壁金属最大允许温度。因此，点火时投入燃料量的增长速度不能太快。

在锅炉点火一段时间后，炉水受热温度升高，并逐渐有蒸汽产生。但在点火升压的初期，由于燃料燃烧放出的热量很大一部分要消耗于加热水和受热面金属，而用于炉水蒸发的热量比例还不大，因而产生的蒸汽量很少。当过热器的蒸汽流量很小时，容易导致各管子中蒸汽流量不均。同时，点火升压初期，由于炉温低，燃烧不够稳定，火焰不能充满炉膛，流经过热器的烟气分布不均。这样，对于蒸汽流量小而受烟气加热强的管子，便可能产生超温现象。所以在启动初期，除了限制过热器进口烟温外，还应尽可能保持稳定的燃烧工况，使火焰不偏斜，充满程度较好，以避免发生烟气分布不均而使过热器管子受到局部强烈的加热。

此外，锅炉在冷态启动时，直立的过热器管内特别是屏式过热器管内常有积水现象。而立式蛇形管内的积水不能靠自身重力排放，在锅炉启动初期的低压阶段，积水可能会在管内形成水塞，阻碍蒸汽流动，管内没有蒸汽流过，管壁金属温度接近烟气温度。另外，平行并列蛇形管中的积水往往是不均匀的，这将引起各并列蛇形管内蒸汽流量不均匀，造成汽温的偏差和管内蒸汽流量少的管壁温度接近管外烟气温度。因此，启动初期必须及时将蛇形管内的积水疏尽。

在启动初期，过热器与再热器采取的保护措施有：放掉过热器、再热器中的积水，启动初期各级疏水阀应开启；汽轮机冲转前，要保证过热器、再热器内蒸汽的流动，包括开向空排气阀、开疏水阀、开汽轮机旁路；限制受热面的进口烟气温度，防止管壁金属温度超过材料的允许温度；控制烟温手段主要是限制燃烧率或调节炉内的火焰中心位置。

机组并网后的升负荷阶段，随着汽包内工质压力的升高，蒸汽流量增大，受热面管壁得到较好的冷却，这时可逐渐提高烟气温度。但此时燃烧未调整至最佳状态，燃烧中心偏高、热偏差较大、燃料投入量与蒸汽流量不匹配等都是常见的情况，这些都会造成受热面壁温偏高，甚至超过材料的允许温度。因此，这个阶段仍应采取有效的措施防止管壁超温，例如，降低燃烧火焰中心的位置，使炉膛出口烟温下降，从而使受热面壁温下降；投运的燃烧器均匀对称或定期投切燃烧器，减少炉内烟气的温度偏差和传热偏差，防止局部烟温过高；合理使用喷水减温器，使用喷水减温器的目的是降低受热面壁温和调节蒸汽温度。

（4）省煤器的保护。汽包锅炉水容积大，在启动和停运过程中的一段时间内，由于产汽量很少，不需要给水或只要间断给水。在停止给水时省煤器内无水流动，有可能发生汽化，并且产生的蒸汽停滞不动，局部管壁金属可能超温。间断给水时，省煤器内水温间断变化，管壁金属将产生交变热应力，影响管子尤其是焊缝的强度。因此，在启动和停运过程中要求省煤器内有连续流动的水流，通常采用省煤器再循环法和连续进放水法。

自然循环锅炉省煤器再循环系统是在汽包和省煤器进口联箱之间接一根再循环管，并装有再循环阀。当锅炉停止给水时，给水阀关闭，再循环阀开启，省煤器与再循环管间由于工质密度差而形成循环流动。但是，再循环回路中循环压头很低，不易建立正常水循环。

连续进放水法是小流量给水经省煤器进入汽包，同时通过连续排污或定期排污系统放水维持一定的汽包水位。此方法克服了省煤器再循环方法的缺点，常应用于经常启动与停运的锅炉，但是放水将造成工质和热量的损失。为了在整个启动过程中使省煤器得到较好的冷却，并且回收工质和热量，有些锅炉采用在省煤器出口至除氧器或疏水箱之间加装一根带阀门的回水管的方法来保护省煤器。

（二）直流锅炉的启动

由于直流锅炉的结构和工质的流动特性与汽包锅炉相比存在较大的差异，因此直流锅炉的启停和运行调节与后者不同。

1. 直流锅炉的启动特点

与汽包锅炉相比，直流锅炉的启动有以下特点：

（1）启动阶段应进行清洗。对于运行中的直流锅炉，给水中的杂质除了一部分溶于过热蒸汽被带出之外，其余部分都沉积在受热面上。因此，直流锅炉除了对给水品质严格要求外，还应在启动阶段进行冷水和热水的清洗。清洗的污垢主要由两部分组成：一部分是锅炉本身和循环系统在停运期间生成的腐蚀产物；另一部分是运行中受热面上的盐垢。

（2）启动系统的操作。直流锅炉必须配置带有分离器的启动旁路系统，启动过程中还需要进行从启动过程到正常运行工况的切换操作。外置分离器在启动过程中要进行切除，内置分离器则由湿态转换到干态运行。如果分离器的操作有误，将会造成过热器出口蒸汽流量和温度的剧烈变化，影响锅炉和汽轮机的安全运行。

（3）启动流量和启动压力要求。直流锅炉启动时，因为不存在自然循环，所以直流锅炉从开始点火就必须不间断地向锅炉进水，并保持一定的流量和工作压力，以保证受热面得到正常的冷却。启动过程中的工质流量和压力的选择，直接关系到启动过程的安全性和经济性。

在一定的启动压力下，启动流量越大，则工质流过受热面的流速越大，这对受热面的冷却、水动力的稳定性和防止汽水分层等都有利。但启动流量过大，则启动时间延长，启动中工质和热量的损失增大，同时启动旁路系统设计容量也要增大。因此，在保证受热面可靠冷却和工质流动稳定的前提下，启动流量应尽可能选得小一些。通常直流锅炉的启动流量确定为25%～30%额定蒸发量。

在一定的启动流量下，启动压力高，则汽水密度差小，因而对改善水动力特性及防止脉动、停滞和减少启动时的膨胀量等都有利。但启动压力高会导致给水泵的电耗增加，加速给水阀的磨损，并引起振动和噪声。在阀门质量允许的条件下，启动压力可尽量选高一些。

（4）启动中短暂的膨胀现象。直流锅炉启动点火后，水冷壁内工质温度逐渐升高，当到饱和温度后开始汽化，这时比体积突然增大很多。汽化点以后的水将从锅炉内被挤出并排入启动分离器，进入启动分离器的工质流量要比给水量大得多，这种现象称为启动中的膨胀现象，如图6-3所示。当分离器前受热面出口温度也达到饱和温度时，膨胀过程就会结束。膨胀发生前、后锅炉内部工质储量的变化量称为膨胀量，如果瞬时的膨胀量过大，分离器的水位和压力将难以控制。为防止引起满水或超压，在膨胀

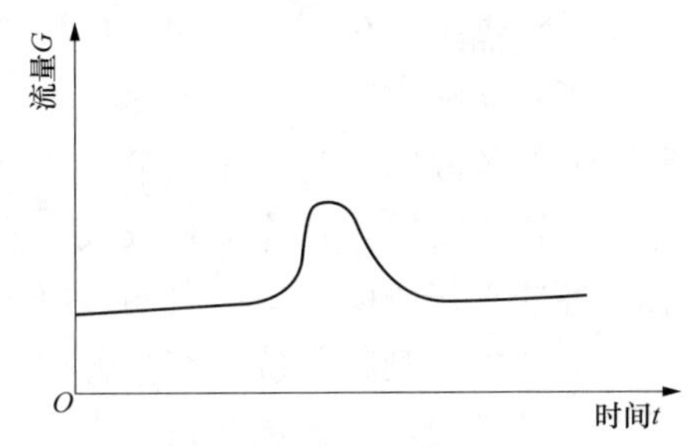

图6-3 启动中的膨胀现象

过程中必须注意控制锅炉的燃烧率。

产生膨胀的原因是在加热过程中中部工质首先汽化，体积突然增大，引起局部压力升高，猛烈地将后面的工质推向锅炉出口，造成锅炉排出工质量大大超过锅炉给水量。所以，膨胀产生的根源在于蒸汽与水的比体积不同。

直流锅炉受热面中汽水膨胀的开始点即为工质达到饱和温度发生汽化的起始点，其位置与锅炉受热面的结构和吸热工况有关。膨胀开始点一般出现在炉膛的下辐射区，也可能出现在中辐射区，甚至上辐射区。汽化一旦开始，很快会有大量工质从锅炉的出口排出，最初排出过冷水，随出口水温逐渐升高并达到饱和温度，最后排出含汽率逐渐增大的汽水混合物。

影响工质膨胀的因素很多，主要有以下几点：

1）启动分离器的位置。膨胀发生时，汽水混合物的排出量以及膨胀持续的时间都与汽水分离器前的蓄水量有关。汽水分离器越靠近锅炉水冷壁出口，则参与膨胀的受热面越少，分离器前的蓄水量越少，总的膨胀量就小，膨胀持续时间就越短。汽水分离器距离锅炉水冷壁出口越远，膨胀量越大。

2）启动压力和启动流量。汽水比体积不同是引起工质膨胀的物理原因。启动压力高，汽水比体积差小，膨胀量也小。相反，启动压力低，则膨胀量大。另外，启动压力低时，饱和温度也低，汽化开始点前移，因而膨胀开始得较早，膨胀量加大。在启动压力、给水温度和燃料量一定时，启动流量越大，则膨胀量越大。

3）给水温度。在启动过程中，给水温度是逐渐升高的，而给水温度的高低影响膨胀到来的迟早。因为给水温度越高，越接近饱和温度，所以水冷壁出口的工质越早地达到饱和温度，即膨胀开始得越早。此外，给水温度升高的时间和速度对膨胀的发生也有一定影响。

4）燃料投入速度。当燃料量投入速度快时，炉内的热负荷高，工质温升快，因而膨胀时间提早，汽化点前移。汽化点前移又标志着其后受热面的存水量多，总的膨胀量就大。同时，燃料投入速度加快时，由于蒸发受热面内产汽量多，局部压力升得快，因而瞬时的最大工质排出量也大。

二、实践咨询

（一）汽包锅炉的冷态滑参数启动

汽包锅炉的冷态滑参数启动主要包括启动前的检查和准备、锅炉上水、锅炉点火及锅炉升温、升压等。

1. 启动前的检查和准备

检查内容包括炉外检查、炉内检查、汽水油系统检查、燃烧系统检查、仪表控制系统和电气检查、辅助设备检查和试运转等。

（1）锅炉本体及其附属区域场地完整、清洁，通道畅通无阻，各部沟孔盖板、扶梯、平台及栏杆完整牢固。锅炉本体及各类管道完整，保温齐全，支吊架牢固。膨胀指示器刻度清晰，无卡涩或影响膨胀的杂物，并做好零位记录，烟风管道膨胀节完好。各防爆门严密完整，无妨碍防爆门动作的积灰及障碍物。汽包水位计完整，刻度正确、清晰，汽水阀开关灵活。各处工作照明、事故照明良好。吹灰器和烟温探针在退出位置。消防水系统已投入，锅炉燃油系统、制粉系统、空气预热器消防设施齐全可靠。

（2）燃烧室及烟道内的积灰、积渣及各类杂物已清理完毕，确认无人工作，关闭各人孔、检查孔及观火孔。燃烧器、油枪应完好，位置端正。燃烧器口和油枪头部应无焦渣堵塞，燃烧器摆动装置动作灵活。各固定卡子、挂钩应完好。所有仪表的引出端不应有堵塞和破裂现象。吹灰器及管道应完整，位置正确。烟道及挡板应无裂缝、严重磨损或腐蚀现象，各风烟挡板完整，运转灵活。

（3）汽水油系统各管道、阀门完整，标志、编号正确、齐全。各手动、电动、气动阀门已调试完毕，开关方向正确。阀门门杆无弯曲锈涩现象。法兰螺栓齐全、盘根完好。远方控制传动装置完整牢固。管道支吊架完整牢固，无拉脱现象。各安全阀完整良好，无妨碍动作的积灰及杂物。汽水取样和加药设备完整。

（4）各油枪、点火器、推进器、快关阀、三通阀等完好齐全，位置正确，油枪进退正常。燃烧器执行机构传动装置良好，无积灰及杂物卡涩。各风、烟道完整，无积粉、积油、积灰且无破漏，各风门挡板完整。

（5）集控室和就地各控制盘、柜完整，各种指示记录仪表、报警装置、操作控制开关完整并能正常使用。所有就地测量装置一、二次门开启，表计指示正确。基地式调节装置调试完毕，确定设定值正确并投入自动。

（6）检查引风机、送风机、一次风机、电除尘器、制粉系统等主要辅助设备及其电动机并进行试转，锅炉各辅机润滑油系统投入正常。

（7）机组检修后还须做空气预热器、引风机、送风机、一次风机、磨煤机、火检冷却风机、给煤机、锅炉甩负荷（RB）等连锁保护试验，确认合格并能正常投入。如果受热面大面积更换，还须做水压试验，检查汽水系统严密性。

准备工作的主要内容有：各种有关的操作电源、控制电源、仪表电源等均应送上且正常，备用电源良好；厂用仪表压缩空气系统已投入正常；炉底水封投入良好，溢水正常；电除尘及灰渣系统具备投运条件；投入汽包各水位计，投入水位计电视监视系统；输煤系统具备投运条件，原煤仓有一定的储煤量；除盐水量、燃油储量能满足机组启动需求；辅助蒸汽系统已投运，蒸汽压力、温度正常。

2. 锅炉上水

锅炉检查和试验完毕，确认具备启动条件后，启动给水泵、凝结水泵或补水泵向锅炉上水。

由于点火后炉水将受热膨胀和汽化，水位会逐渐上升。对汽包锅炉来说，点火前汽包进水高度一般只需加到水位计的最低可见水位，以免启动过程中由于水位太高而大量放水。上水结束后，如水位有上升或下降的现象，则应检查给水阀、排放阀和排污阀的开关状态以及严密性，异常情况必须予以消除。进水过程中还应注意汽包上、下壁温差和受热面膨胀情况是否正常。进水前、后均应记录各部的膨胀指示值，若发现异常情况，须查明原因并予以消除。锅炉上水时，省煤器再循环阀应处于关闭状态，停止上水时应开启。

锅炉上水时，应严格控制上水温度和上水速度，一般规定冷炉进水温度不得超过 90℃，但也不应低于 30℃，由给水旁路上水。当水流经省煤器和连接管道进入汽包时，最初的温度为 70℃左右。上水速度也不能太快，夏季不少于 2h，冬季不少于 4h。因为锅炉汽包为承压厚壁部件，进水时温水与汽包壁接触而加热汽包，使汽包壁受热不均而形成汽包内、外壁温差和上、下壁温差。内、外壁温差使汽包内壁受压缩应力、外壁受拉伸应力；上、下壁温差使汽包上部受拉伸应力、下部受压缩应力，过大的热应力会影响汽包寿命。

对于自然循环锅炉，为迅速建立稳定可靠的水循环，缩短冷炉启动时间，在上水完毕后应投入炉底蒸汽加热，使受热面金属和炉墙构件得到预热。通常利用辅汽联箱来的压力为0.8～1.2MPa的蒸汽，通入水冷壁下联箱来加热炉水，使其升至一定温度和压力时再点火。投炉底加热时，应维持锅炉汽包水位低于正常水位，这是因为在加热过程中炉内水空间含汽量不断增加，造成汽包水位不断上升。此外，还应控制炉水温升率，使加热过程缓慢进行，以防升压过程中锅炉汽包壁各点温差过大，保证锅炉各受热部件均匀膨胀。为此，加热过程中，应严格监视锅炉汽包壁的温差和水冷壁下联箱的膨胀情况，发现温差有超限趋势时，应及时采取措施。另外，加热过程中严禁通风。

3. 锅炉点火

为确保锅炉点火成功，点火前必须投入锅炉的各种保护和火焰检测系统，炉前油系统泄漏试验合格。另外，点火前启动回转式空气预热器，以使空气预热器的转子在点火后有烟气通过，能受到均匀加热，防止受热不均发生严重变形。

为防止点火时炉膛内残存的可燃物发生爆燃和烟道二次燃烧，点火前还应对炉膛和烟道进行吹扫。启动送、引风机，通风量大于30%额定风量，炉膛负压为50～100Pa，吹扫时间不少于5min。

锅炉点火时，应首先投入下层油枪，并根据升温、升压的需要，按自下而上的原则投入其他燃烧器。对于直流燃烧器，点火时要同时对角投入两只油枪稳定燃烧，使炉膛受热较均匀，并使烟道两侧烟气温度均匀。

4. 锅炉升温、升压

锅炉点火后，随着燃烧的加强，蒸汽升至工作压力和工作温度。由于水和蒸汽在饱和状态下温度和压力之间存在一定的对应关系，故蒸发设备的升压过程即是升温过程。因此，常以控制升压速度来控制升温速度的大小。

锅炉升温、升压的主要手段就是加强燃烧，高、低压旁路系统作为汽轮机冲转前的汽温、汽压辅助调节。点火后，逐渐投入油枪，提高炉膛温度。当条件满足时，可启动制粉系统。由于煤粉燃烧器的送粉量较大，为了防止炉膛温度升高过快，在油枪投运后，应根据燃烧工况、各部温度情况和燃煤性质等条件，经过一定时间后再投入煤粉燃烧器。在投入煤粉燃烧器之前应启动一次风机，对煤粉一次风管进行吹扫，每根风管吹扫时间为2～3min。投粉时应先投入油枪上面或靠近油枪的煤粉燃烧器，然后逐次自下而上投入。投粉以后，如发生炉膛熄火、或炉膛5s内不能引燃，应立即停止送粉，并对炉膛进行适当通风，然后重新点火，以免未点燃的煤粉突然燃烧，形成爆燃而损坏设备和伤人。

受锅炉汽包和受热面热应力及汽轮机金属零部件热应力的限制，锅炉的升温、升压过程不是随意进行的，而是根据锅炉受热面的受热情况和汽轮机启动各阶段对蒸汽参数的要求，通过启动试验确定启动中各阶段的升温、升压速度，并做出相应的升温、升压曲线，锅炉的升温、升压速度应严格按升温、升压曲线进行。

对于自然循环锅炉的升压初期，由于只有少量点火器投入运行，燃烧较弱，炉膛火焰的充满程度差，对蒸发面的加热不均程度较大。另外，由于受热面和炉墙的温度较低，燃料燃烧放出的热量中用于使炉水汽化的热量并不多，且压力越低，汽化热越大，故水循环不稳定，不能从内部来促使受热面均匀受热。这样就容易使蒸发受热面产生较大的热应力。所以，升压过程初始阶段的速度较缓慢。此外，根据水和蒸汽的饱和温度与压力间的规律可知：压力越高，饱和温度随压力变化的数值越小；压力越低，饱和温度随压力而变化的数值越大。因此，在低压阶段若升压过快会引起饱和温度较大的变化，因而将造成温差过大、传热应力过大。所以为避免这种情况，在低压阶段升压过程持续时间就应比较长。

压力升高之后，虽然汽包上、下壁和内、外壁温差已大为减小，升压速度可以比低压阶段快些，但由于工作压力的升高产生的机械应力较大，因此，升压速度也不应超过规定值。

图 6-4 所示为亚临界压力 600MW 汽包锅炉冷态启动曲线。在升压的初始阶段，升压的速度很慢，在 1.5h 内过热蒸汽压力升高为 6MPa。过热蒸汽压力升至 6.0MPa，温度升到 340℃时，开始冲转汽轮机。以后锅炉的升压升温则根据汽轮机的需要进行。过热蒸汽压力稳定不变，汽轮机完成升速、暖机、并网、带初负荷、低负荷暖机。随后升压速度大幅提高，在 1.5h 内汽压从 6MPa 升高为 17.6MPa。当压力升到额定值时，汽轮机负荷已带到 600MW。该锅炉从点火开始直至锅炉带到额定负荷，总共需要 6h。

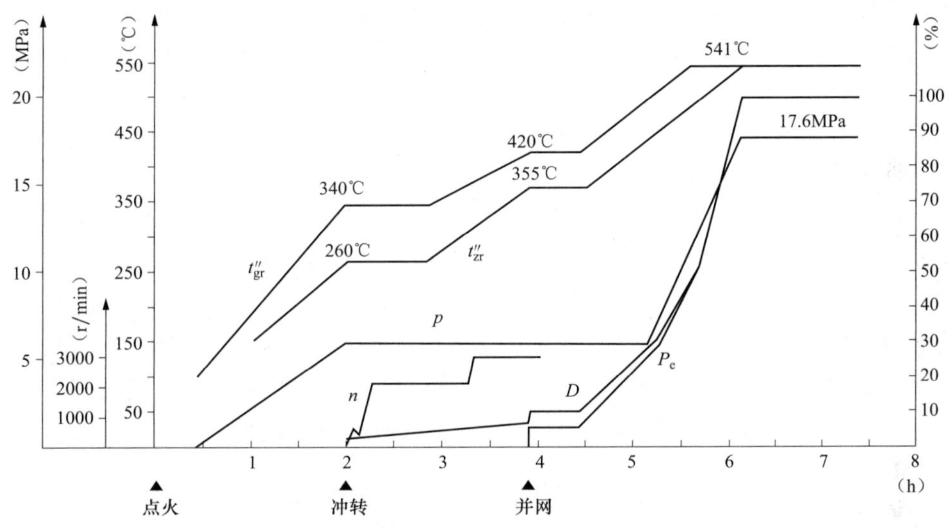

图 6-4 亚临界压力 600MW 汽包锅炉冷态启动曲线

t''_{gr}—过热蒸汽温度；t''_{zr}—再热蒸汽温度；p—过热蒸汽压力；D—锅炉蒸汽流量；P_e—汽轮发电机功率

锅炉点火以后，随着压力的逐渐升高，锅炉运行人员应按一定的要求，在不同的压力下进行有关定期操作。

当汽压升至 0.15～0.2MPa 时，汽水系统中的空气已排完，为减少蒸汽的损失，关闭向空排气阀。

当汽压升至 0.1～0.3MPa 时，应冲洗汽包水位计一次。冲洗前、后应仔细核对水位，以保证指示正确。

当汽压升到 0.5MPa 时，应冲洗水位计一次，通知热工冲洗表管，热紧螺丝，防止螺丝在受热膨胀后可能松动，失去连接的紧密性。

当升压至 0.8～1.0MPa 时，关闭过热器各部疏水阀，冲洗水位计一次。

当汽压升至接近额定值之前，还应对锅炉机组进行一次全面性的检查，确保其正常运行时的安全。

（二）直流锅炉的冷态启动

单元机组直流锅炉多采用压力法滑参数启动，由于设备形式的不同，各种系统的启动程序也有差异。直流锅炉的冷态滑参数启动过程通常由启动前的检查与准备、上水和建立启动循环流量、点火升压和热态清洗、分离器切换、直流运行至额定值等主要操作内容组成。

1. 启动前的检查与准备

直流锅炉启动前的检查与准备与汽包锅炉相似。

2. 上水和建立循环流量

将温度约为104℃的除氧水送入锅炉，建立启动流量，进行冷态清洗。清洗过程中不合格的水排至地沟，合格的水进入凝汽器或除氧器。冷态清洗结束后，保持启动流量。

3. 点火升压和热态清洗

点火操作与汽包锅炉相似。点火后，继续维持启动流量。随着吸热量的不断增加，工质发生膨胀，膨胀过程中要注意防止水冷壁及启动分离器超压，避免分离器安全阀起座。此时，必须合理地控制燃料投入速度，不宜过快、过大，在膨胀到来前，适当减小燃料量，可以减小膨胀高峰时的膨胀量。在膨胀过程中应开大分离器进口阀和放水阀，以保持锅炉内压力和分离器水位的基本稳定。

当水中的含铁量超过规定时，应进行热态清洗。热态清洗时，水温较高冲洗效果较好。但水温也不能过高，通常锅炉本体汽水系统出口水温不宜超过290℃。因为铁的氧化物在高温水中的溶解度很小，水温太高时，热负荷较大的水冷壁或顶棚过热器管、包覆管中容易发生水中氧化铁重新沉积的现象。因此，通常要求水冷壁出口热态清洗水温为150～260℃。在此期间，保持水温稳定，不合格的水排至地沟，少量蒸汽排至凝汽器或除氧器，直至水质合格，结束热态清洗。

对于外置式启动旁路系统（见图6-5），当分离器的压力上升到一定值后，开启过热器截止阀向过热器通汽，并进行暖管、冲转汽轮机及低速暖机等操作。

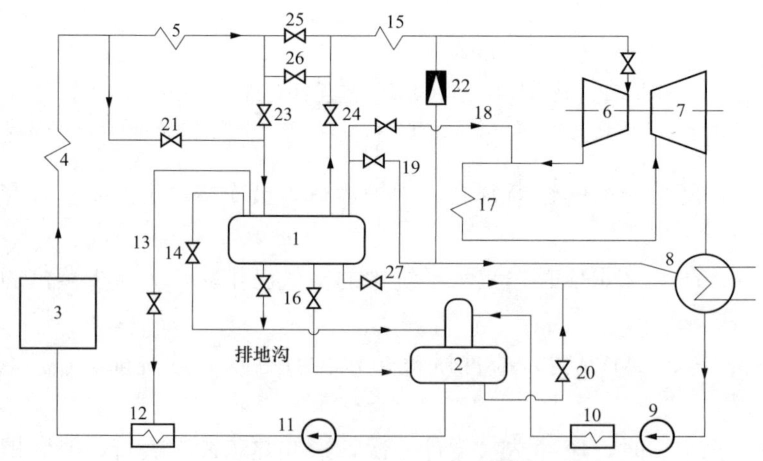

图6-5 外置式启动旁路系统示意图

1—启动分离器；2—除氧器；3—锅炉；4—水冷壁、顶部过热器、包覆过热器；5—低温过热器；6—汽轮机高压缸；7—汽轮机中、低压缸；8—凝汽器；9—凝升泵；10—低压加热器；11—给水泵；12—高压加热器；13—分离器至高压加热器的汽管路；14—分离器至除氧器的汽管路；15—高温过热器；16—分离器至除氧器的水管路；17—再热器；18—分离器至再热器的汽管路；19—分离器至凝汽器的汽管路；20—除氧器至凝器的放水门；21—启动调节门；22—大旁路；23—低温过热器出口入分离器的调节门；24—分离器出口入高温过热器的通汽门；25—低温过热器出口门；26—低温过热器出口门的旁路门；27—分离器至凝汽器的水管路

4. 分离器切换

切除启动分离器是直流锅炉启动过程中的一项重要操作。

对于外置分离器的直流锅炉，在机组并网带负荷后，应及时平稳地切除启动分离器，使锅炉转入纯直流运行。为了保证切换操作时过热蒸汽温度不会有较大的下降，通常采用等焓切换，如图6-6所示。

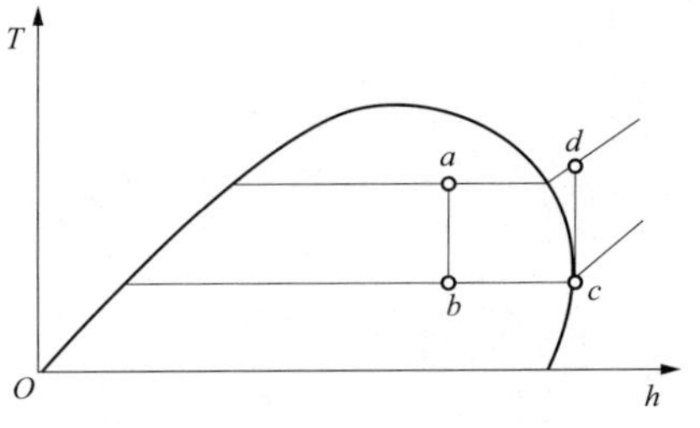

图6-6 等焓切换示意图

a—低温过热器进口状态；*b*—分离器进口状态；*c*—分离器出口状态；*d*—低温过热器出口状态

切换操作的具体方法是适当增加燃料量，调节低温过热器出口进入分离器的调节阀，使其工质的焓值尽量接近分离器内蒸汽的焓值，以免在切换时汽温突然下降。然后逐渐关闭低温过热器出口进入分离器的调节阀，开启低温过热器出口旁路阀，分离器各排出管道逐渐解列，加热器和除氧器切换至正常汽源。

对于内置式启动旁路系统（见图6-7），随着锅炉逐步增加燃料量及给水量，继续升温、升压，进入分离器的工质干度逐渐增大，直至进入分离器的工质为微过热蒸汽时，分离器中的水位消失。此时可全关分离器排水阀，启动分离器转为干态运行，仍作为蒸汽通道中的一个容器而不被切除。

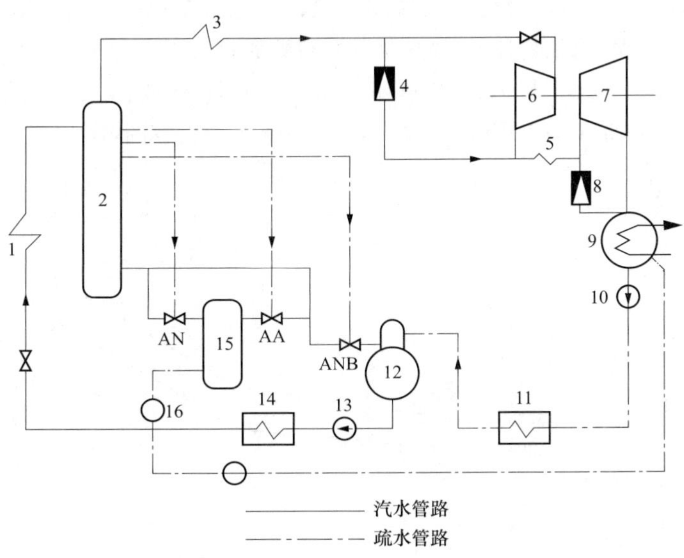

图6-7 内置式启动旁路系统示意图

1—水冷壁；2—启动分离器；3—过热器；4—高压旁路减温减压阀；5—再热器；6—汽轮机高压缸；7—汽轮机中、低压缸；8—低压旁路减温减压阀；9—凝汽器；10—凝升器；11—低压加热器；12—除氧器；13—给水泵；14—高压加热器；15—疏水扩容器；16—疏水箱

湿态运行时，锅炉的控制方式为分离器水位控制及最小给水流量控制，其控制相当于汽包锅炉控制方式。干态运行时，锅炉的控制方式转为温度控制及给水流量控制。要平稳地实现这个转换，必须首先增加燃料量，而给水流量保持不变，这样过热器入口焓值随之上升，当过热器入口焓值上升到定值时，温度控制器参与调节使给水流量增加，从而使蒸汽温度达到与给水流量的平衡（煤水比控制蒸汽温度）。

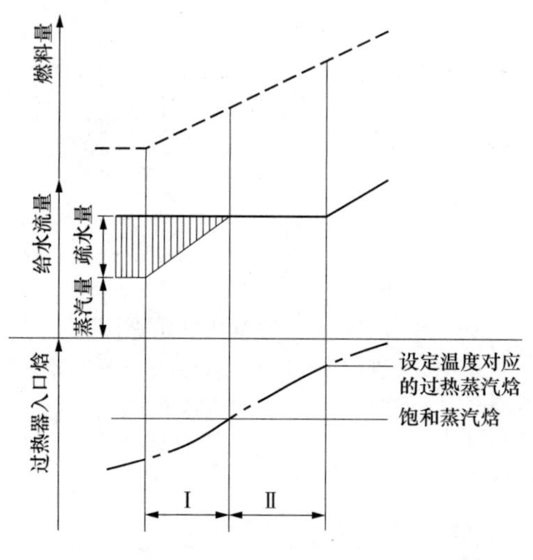

图 6-8　分离器的干、湿态转换过程

分离器干、湿态转换过程如图 6-8 所示。

第一阶段，保持最小给水流量，燃料量逐渐增加，使分离器出口饱和蒸汽产量也随之增加，疏水量逐渐减少，过热器入口蒸汽的焓值增加。当水冷壁出口蒸汽焓值升至饱和蒸汽焓，即蒸汽干度为 1，此时纯饱和蒸汽进入汽水分离器，因没有疏水被分离而使分离器的疏水阀关闭，汽水分离器仅是起到通道的作用。

第二阶段，给水流量仍保持最小流量，随着燃料量的进一步增加，汽水分离器中的蒸汽逐渐过热，过热器入口蒸汽焓继续上升，但还没达到设定值。此时大部分燃料的增加已不是用以增加产汽量，而是用来使过热器入口蒸汽焓上升至设定值。其后，增加燃料量，使蒸汽温度超过设定值，温度控制器动作参与调节，使给水量增加，即温度控制器投入运行。

5. 直流运行至额定值

分离器切换之后，锅炉呈直流运行，继续升温、升压、升负荷，直至锅炉额定负荷运行。

图 6-9 所示为 600MW 超临界压力锅炉冷态滑参数启动曲线。锅炉开始上水流量低于 180t/h，直到贮水箱水位为 5～6m，投入炉水循环泵运行。调整省煤器入口流量至 200～250t/h，进行冷态清洗。当省煤器入口水质含铁量小于 50μg/L，分离器出口含铁量小于 100μg/L 时，锅炉冷态清洗完成。

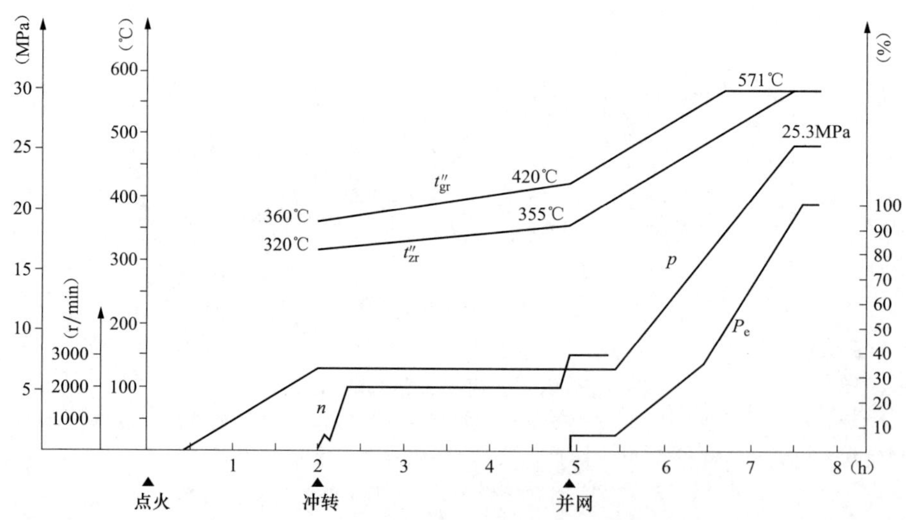

图 6-9　600MW 超临界压力锅炉冷态滑参数启动曲线

t''_{gr}—过热蒸汽温度；t''_{zr}—再热蒸汽温度；p—过热蒸汽压力；P_e—汽轮发电机功率

锅炉点火后投入油枪的过程中注意维持贮水箱水位，汽水膨胀时应停止继续投入油枪，待汽水膨胀结束，储水箱水位恢复正常后再投入其他油枪。储水箱水位由于汽水膨胀上升，可通过开启溢流阀排水到锅炉疏水扩容器。

当分离器温度达到180～210℃时，控制给水流量为100～150t/h，锅炉进行热态清洗。贮水箱排水含铁量小于100μg/L，热态清洗结束。热态清洗结束后保持过热蒸汽、再热蒸汽同步升温。随着蒸发量增加，相应增加给水流量，始终保持省煤器入口流量大于或等于35%BMCR流量。

主蒸汽压力为7.0MPa、温度为360℃时，汽轮机冲转并进行中速暖机，升至额定转速后发电机并网带初负荷。

负荷升至300MW（50%额定负荷）时，分离器进行湿态与干态转换运行，停止再循环泵，锅炉转入纯直流运行。严格按升压曲线控制汽压稳定上升，当过热蒸汽压力为25.3MPa、温度为571℃时，锅炉升至额定负荷，汽轮发电机组功率为600MW。

【任务实施】

<table>
<tr><td>工作任务</td><td colspan="3">锅炉启动</td><td>学时</td><td>12</td><td>成绩</td><td></td></tr>
<tr><td>姓名</td><td></td><td>学号</td><td></td><td>班级</td><td></td><td>日期</td><td></td></tr>
</table>

1. 计划

（1）岗位划分。

岗位 / 组别	主值	值班员	值班员	值班员	值班员	值班员	值班员	值班员

（2）制定锅炉冷态启动工单。

<table>
<tr><td colspan="2">人员要求</td><td>运行作业名称</td><td rowspan="2">工作负责人签字</td></tr>
<tr><td>主值</td><td>人</td><td rowspan="6">锅炉冷态启动</td></tr>
<tr><td>值班员</td><td>人</td><td></td></tr>
<tr><td></td><td>人</td><td>工作成员签字</td></tr>
<tr><td></td><td>人</td><td></td></tr>
<tr><td></td><td>人</td><td></td></tr>
<tr><td></td><td>人</td><td></td></tr>
</table>

运行前准备 • 资料准备。 • 熟悉启动安全注意事项。 • 掌握锅炉冷态启动方法，熟悉各系统的组成、工作流程、启动操作及注意事项
仿真运行准备
安全措施
工作步骤
技术标准

续表

2. 决策
根据锅炉运行相关规程核对各组启动工单。
3. 实施
(1) 填写锅炉启动操作票。
(2) 在模拟电厂锅炉运行场景下，各运行学习小组进行锅炉的启动。
4. 检查及评价

考评项目		自我评估 20%	组长评估 20%	教师评估 60%	小计 100%
素质考评 20	劳动纪律 5				
	积极主动 5				
	协作精神 5				
	贡献大小 5				
总结分析 20					
工单考评 60					
总分					

任务2 锅炉运行调整

【教学目标】

知识目标：
(1) 熟悉汽包锅炉的静态特性；
(2) 熟悉汽包锅炉的动态特性；
(3) 熟悉直流锅炉的运行特性；
(4) 掌握汽包锅炉汽压的影响因素和调节方法；
(5) 掌握汽包锅炉汽温的影响因素、标准及调节方法；
(6) 掌握汽包水位的影响因素、标准及调节方法；
(7) 掌握直流锅炉压力和温度的调节特点；
(8) 掌握锅炉燃烧调节方法。
能力目标：
(1) 会调节汽包锅炉汽压；
(2) 会调节汽包锅炉的过热蒸汽温度和再热蒸汽温度；
(3) 会调节汽包水位；
(4) 会调节直流锅炉出口压力和温度；
(5) 会调节优化锅炉燃烧。
态度目标：
(1) 能主动学习，在完成任务过程中发现问题、分析问题和解决问题；
(2) 能与小组成员协商、交流配合完成本次学习任务，养成分工合作的团队意识；
(3) 严格遵守安全规范，爱岗敬业、勤奋工作。

【任务描述】

班级学生自由组合为若干个运行学习小组，各运行学习小组自行选出运行组长，并明确各小组成员的角色。在模拟电厂锅炉运行场景下，各运行学习小组按 GB 26164.1—2010、《300MW 级火力发电机组集控运行典型规程》、DL/T 611—1996、DL/T 852—2004、《600MW 级火力发电机组集控运行典型规程范本》、DL/T 332.1—2010、《防止电力生产重大事故的二十五项重点要求》、DL/T 435—2004《电站煤粉锅炉炉膛防爆规程》的要求，进行锅炉运行参数的调整。

【任务准备】

<table>
<tr><td>工作任务</td><td colspan="3">锅炉的运行调整</td><td>学时</td><td>8</td><td>成绩</td><td></td></tr>
<tr><td>姓名</td><td></td><td>学号</td><td></td><td>班级</td><td></td><td>日期</td><td></td></tr>
<tr><td colspan="8">课前预习相关知识部分，独立回答下列问题：
(1) 锅炉运行调节的主要任务是什么？
(2) 影响汽压变化的因素有哪些？如何判断内扰或外扰？
(3) 影响锅炉出口汽温的因素有哪些？如何调节锅炉出口汽温？
(4) 如何判断锅炉的送风量是否合适？送风量如何调整？
(5) 炉膛负压变化对锅炉工作有什么影响？如何调节？
(6) 影响汽包水位变化的因素有哪些？如何调整汽包水位？
(7) 虚假水位是如何形成的？
(8) 锅炉燃烧器投停的原则是什么？
(9) 直吹式制粉系统燃料量如何调节？
(10) 直流锅炉的汽压和汽温如何调节</td></tr>
</table>

【相关知识】

一、理论咨询

锅炉工况是锅炉工作状况的简称，它以一系列的运行参数作为特征，如锅炉负荷、工质压力和温度、烟气温度和燃料量等。一定的运行工况对应着确定的运行参数。

在运行过程中，锅炉的蒸发量、工质的温度和压力、烟气量、燃料量等运行参数保持不变的工况称为稳定工况。锅炉效率最高的某一稳定工况称为最佳工况，此时锅炉的负荷为经济负荷。

若上述运行参数中有一个或几个发生变化，则称为锅炉变工况。在稳定工况下，锅炉运行参数之间的相互变化关系称为锅炉的静态特性。静态特性可通过热力特性试验来确定，作为运行调节的依据。锅炉由某一稳定工况过渡到另一稳定工况的变动过程称为动态过程或过渡过程。动态过程中各参数之间变化的相互关系称为锅炉的动态特性。动态特性可通过动态特性试验来确定，与锅炉的结构、变动前的工况、变动的原因和扰动量等有关。

(一) 汽包锅炉的静态特性

锅炉是按照额定负荷来设计的，设计时预定了一些工作条件的指标，如燃料性质、过量空气系数、各项热损失等。而在实际运行中，其工作条件很少完全符合设计的情况，相对于设计工况而言各参数数值会偏离设计值，而每一个运行参数的变化均会对锅炉和其他运行参数产生影响。因此，锅炉运行人员应该充分了解工况变动对锅炉的工作及其主要参数的影响，才能更好地进行调节和选择工况，确保锅炉的安全、经济运行。

为了便于分析，下面就锅炉负荷、给水温度、过量空气系数和燃料性质变动时对锅炉工况的影响进行定性分析。

1. 锅炉负荷变动

锅炉在运行过程中，随着外界负荷的变动，锅炉的负荷（蒸发量）也在一定范围内变动，将对锅炉的工作产生一定的影响。

(1) 对燃料消耗量的影响。在不考虑锅炉排污、自用饱和蒸汽和中间再热等情况下，根据热平衡关系，锅炉的燃料消耗量计算式为

$$B=\frac{D(h''_{gr}-h_{gs})}{Q_r\eta} \tag{6-1}$$

式中 D——锅炉蒸发量，k/s；

h''_{gr}——过热器出口蒸汽焓，kJ/kg；

h_{gs}——给水焓，kJ/kg；

Q_r——相对于1kg燃料输入炉内的热量，kJ/kg；

η——锅炉效率，%。

如 h''_{gr}、h_{gs}、Q_r、η 都不变，则燃料消耗量与锅炉负荷成正比关系，即

$$\frac{B_2}{B_1}\approx\frac{D_2}{D_1} \tag{6-2}$$

实际上负荷变动时，η 是要变化的。当负荷低于经济负荷时，随负荷的增加，燃料消耗量增加比（B_2/B_1）略小于负荷增加比（D_2/D_1）；而在高于经济负荷时，随负荷的增加，燃料消耗量增加比略大于负荷增加比。在一定的负荷范围内，锅炉效率变化不大，锅炉的燃料消耗量与负荷接近成正比的关系。

(2) 对炉内辐射传热的影响。锅炉负荷变动影响燃料消耗量的变动。当送入炉膛的燃料量变动时，炉膛温度和燃料在炉内的停留时间将发生变化，从而影响炉内的辐射换热。

燃料量变化时，炉膛出口烟温也将改变。当燃料量变化不大时，炉膛出口烟温的变化可由下式做定性分析

$$\theta''_1=\frac{\theta_a+273}{M\left(\frac{\sigma_0\psi_{pj}F_1\alpha_1T_a^3}{\varphi B_jVc_p}\right)0.6+1}-273\ ℃ \tag{6-3}$$

$$T_a=\theta_a+273$$

式中 θ_a——燃烧产物的理论燃烧温度，℃；

M——考虑火焰最高温度相对位置的参数，与燃烧的性质、燃烧方式、燃烧器布置的相对高度等因素有关；

σ_0——黑体的辐射常数，5.67×10^{-11}kW/（$m^2\cdot K^4$）；

ψ_{pj}——炉内受热面的辐射有效角系数；

F_1——炉墙面积，m^2；

α_1——炉膛黑度；

T_a——燃烧产物的理论燃烧温度，K；

φ——炉膛保温系数；

B_j——计算燃料消耗量，kg/s；

Vc_p——每千克燃料烟气平均热容量，kJ/（kg·K）。

对于运行锅炉，如果只是燃料量的少量变动，而其他条件都保持不变，则炉膛出口烟温 θ''_1 可作为燃料量 B_j 的单值函数。

对应于1kg燃料量的炉内辐射传热量 Q_1^f

$$Q_1^f = \varphi(Q_1 - H_1'') \tag{6-4}$$

式中 Q_1——随 1kg 燃料送入炉内的热量，kJ/kg；

H_1''——对应于 1kg 燃料炉膛出口烟气焓，kJ/kg；

φ——炉膛保温系数。

由此可知，由于锅炉负荷增加而燃料量增大时，炉膛出口烟温升高，炉膛出口烟气焓也相应增大，但随 1kg 燃料送入炉内的热量并未发生变化，故对应于 1kg 燃料量的炉内辐射传热量 Q_1^f 减小了。而随着炉内温度水平的提高，炉内总的辐射传热量是增加的。

（3）对对流传热的影响。由于负荷改变而变更燃料量时，离开炉膛进入对流传热区的烟气流量和烟气温度均发生变化，对流区内各处的烟速、烟温和传热量也有变动。

对应于 1kg 燃料的对流传热量为

$$Q_d = \frac{KA\Delta t}{1000B} \tag{6-5}$$

式中 K——传热系数，W/(m² • ℃)；

A——对流传热面积，m²；

Δt——传热温差，可看作烟气平均温度与工质平均温度之差；

B——锅炉实际燃料消耗量，kg/s。

当燃料量 B 增加时，炉膛出口烟温升高且烟气量增大，传热温差 Δt 和传热系数 K 增大，且 $K_2\Delta t_2/(K_1\Delta t_1) > B_2/B_1$，因此对应于 1kg 燃料量的对流传热量增大。

实际上当燃料量变动不大时，锅炉效率可以假定不变，这时的燃料量 B 与锅炉蒸发量 D 成正比。即提高锅炉负荷时，单位工质在对流区中的吸热量增多，这就是通常所说的锅炉对流传热特性，它同辐射传热特性恰好相反。

当锅炉升负荷时，工质的对流吸热量增加，预热空气温度将有所提高，这会提高燃料的理论燃烧温度，但影响不大，对炉膛出口烟温影响也不大。即当负荷增加时，炉膛出口烟温的升高主要是由于燃料量的增加。

（4）对锅炉效率的影响。锅炉负荷增加时，燃料量相应增加，若保持过量空气系数不变，产生的烟气量增加，炉膛出口烟温升高，排烟温度也升高，造成排烟热损失有所增加。另外，由于炉温提高、烟气气流扰动增强，减少了固体和气体不完全燃烧热损失。q_3、q_4 的减少值大于 q_2 的增加值，故此时的锅炉效是随负荷增加而提高的。负荷增加到某一值时，q_2、q_3、q_4 相加值为最小，锅炉效率达到最高值。这一经济负荷通常为额定负荷的 75%～85%。当负荷超过这一定值时，则因可燃物炉内停留时间过短，q_3、q_4 不仅没有减少，甚至反而会大，此时 q_2 增加较明显，故锅炉效率随负荷的增加而低，如图 6-10 所示。

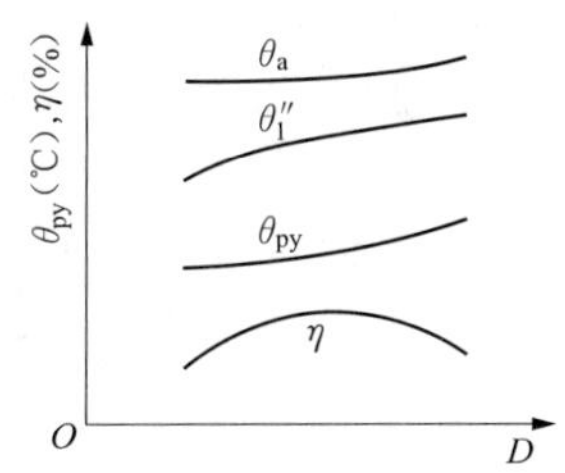

图 6-10 炉效率、烟气温度与锅炉负荷的关系曲线

θ_a—理论燃烧温度；θ_1''—炉膛出口烟温；θ_{py}—排烟温度；η—锅炉效率

2. 给水温度变动

锅炉的给水是由除氧器经过给水泵、高压加热器送来的。当高压加热器停用或单元机组负荷降低时，都会引起给水温度下降。由式（6-2）可知当给水温度下降时，在汽温保持不变，给水温度变化对锅炉效率影响忽略不计的情况下，则给水温度的变化只引起蒸发量 D 或燃料

量 B 的变化。这时，如果保持燃料量 B 不变，锅炉的蒸发量 D 将减小，因而 B/D 值增大。

当给水温度降低时，要维持锅炉蒸发量不变，就必须增加燃料量。燃料量的增加，一方面会使炉膛出口烟温比同样负荷时高些，烟速增加，1kg 燃料在对流传热区的传热量 Q_d 增加；另一方面，比值 B/D 增大，1kg 工质在对流受热面中的吸热量 BQ_d/Q 就必然增加。汽包锅炉的运行实践证明，给水温度降低时，对流过热器的吸热量增多，必须加大蒸汽侧的减温水量。此外，给水温度降低使省煤器的传热温差加大，因而会增加省煤器的吸热量和降低其出口烟温。至于排烟温度和预热空气温度下降的程度，则视省煤器之后空气预热器受热面积的大小而定。

排烟温度下降会使排烟热损失减小，故锅炉效率会有所提高，但锅炉效率的提高抵消不了在相同负荷下燃料的增加和凝汽损失的增大（高压加热器停用时排入凝汽器的蒸汽量将增大），所以对整个电厂来说，经济性仍是降低的。

3. 过量空气系数变动

炉内过量空气系数是指炉膛出口处的过量空气系数 α_1''。炉内保持最佳过量空气系数时，锅炉的各项损失最小，锅炉效率最高。过量空气系数偏离最佳值时，锅炉效率降低。当炉内过量空气系数 α_1''增加时，燃烧生成的烟气量增大，排烟热损失增大。在一定的范围内过量空气系数的增加有利于燃烧，不完全燃烧热损失 q_3 和 q_4 有所减小。故当变动不大时，锅炉效率可能略有升降或近于不变。但当过量空气系数 α_1''过大时，锅炉效率必将显著降低。

与燃料量增加相似，炉内过量空气系数 α_1''增加时，对应于 1kg 燃料而言的炉内辐射传热量减小而对流传热量增大，并使所有的对流受热面内工质焓增有所增加。

锅炉漏风的影响相对过量空气系数增大的影响来说，对锅炉的运行工况影响将更大。燃烧器附近或炉膛下部漏风，可能影响燃料的着火和燃烧，漏入的冷空气会导致理论燃烧温度有一定程度的降低，而且会降低炉膛出口烟温；炉膛上部或炉膛出口漏风，对燃烧和辐射传热的影响较小，但会使炉膛出口烟温降低很多。

对流烟道的漏风将降低漏风点的烟气温度，使该段烟道的传热温差和传热量减小。至于离开该段的烟温可能比不漏风时更高或更低些。如果漏风点在炉膛出口附近，则排烟温度往往要比不漏风时更高；如果漏风点接近排烟出口处，则排烟温度可能低于原来的温度。但漏风总会增加锅炉的排烟热损失，越靠近炉膛，对传热和锅炉效率的影响越严重。

4. 燃料性质变动

燃料性质的变动对锅炉工作有多种不同的影响，下面主要分析灰分和水分变动的影响。

（1）灰分变动。燃料中灰分含量及其性质的变化将影响不完全燃烧热损失、受热面污染、结渣、磨损以及污染物的排放等。燃料中灰分增加时，如保持燃料量不变，由于燃料中的可燃物减少，燃料在炉内的总放热量减少，因而锅炉的蒸发量降低，同时炉膛出口烟温降低导致对流受热面的传热温差减小，从而对流受热面的吸热量降低。如保持锅炉蒸发量不变，则必须增加锅炉燃料量，由于灰分的增加将影响燃料的着火和锅炉各处烟温，因此将影响锅炉的各运行参数。燃料中灰分增加还会加剧受热面的磨损和积灰。

如果燃料灰分的变形温度低，在燃烧调整时，应注意降低炉膛出口烟温，防止发生结焦。

（2）燃料水分变动。燃料中水分增加时，不仅会影响燃料的着火和燃烧，还会使锅炉各区段的烟温和换热量发生变化。燃料中水分增加时，由于燃烧生成的烟气容积增大，其中的水蒸气将带走大量的热量，使排烟热损失增大；水分增加，煤粉气流的着火热增加，也会影响燃料的着火和燃烧，使不完全燃烧损失增大，锅炉效率降低。图 6-11 表示燃料折算水分对锅炉工作的影响，燃料中水分增加时，烟气容积增大，炉内理论燃烧温度降低。由于水分的比热容比空气的比热容大得多，因而影响程度更为严重。

燃料水分增加时，若保持负荷不变，则需增加燃料量。锅炉排烟温度和容积增大，排烟热损失进一步增大，锅炉效率下降。另外，烟速提高将导致对流受热面传热增强，对流受热面出口工质温度提高，同时，对流受热面的磨损也加剧。燃料水分增加，还有可能对制粉系统造成困难，发生给煤堵塞和中断。

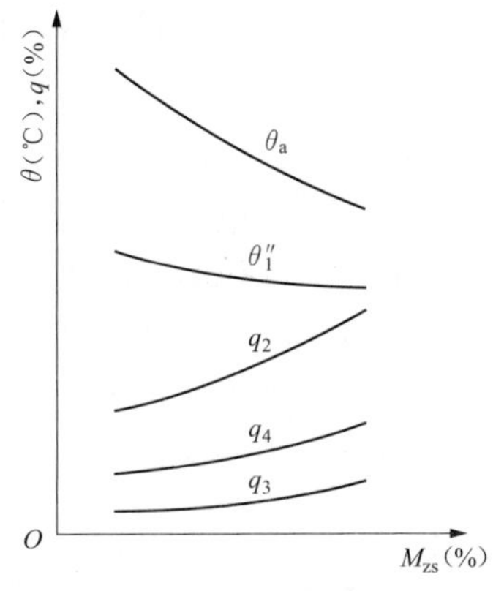

图 6-11 燃料折算水分对锅炉工作的影响

（二）汽包锅炉的动态特性

1. 蒸汽压力的变化

蒸汽压力是锅炉运行的重要监控参数之一。运行中如汽压波动过大，则会直接影响到锅炉和汽轮机的安全与经济运行。汽压降低，会减少蒸汽在汽轮机中膨胀做功的焓降，汽耗增大，机组的循环热效率下降，甚至限制汽轮机的出力。一般来说，蒸汽压力每降低额定值的5%，汽轮机的汽耗量将增加1%。汽压过高，机械应力过大，将危及机炉和蒸汽管道的安全运行。当汽压高到安全阀动作时，会造成大量的排汽损失，同时还会引起汽包水位发生较大的波动，并影响送往汽轮机的蒸汽品质。若压力调节不当或操作失误，也容易引起锅炉满水或缺水事故。因此，运行中应严格监视锅炉汽压并维持其稳定。

（1）影响蒸汽压力变化的因素。从物质平衡角度来看，汽压变化反映了锅炉的蒸发量与外界负荷所需蒸汽量之间的平衡关系。当锅炉的蒸发量正好满足汽轮机所需要的蒸汽量时，汽压就能保持正常和稳定；而当锅炉蒸发量大于或小于汽轮机所需要的蒸汽量时，则汽压就升高或降低。

影响汽压变化的因素可归纳为两方面：一是锅炉外部的因素，称为外扰；二是锅炉内部的因素，称为内扰。

1）外扰。外扰主要是指机组外界负荷的正常增减及事故情况下的甩负荷，它反映在进入汽轮机的蒸汽量的变化上。此外，运行中高压加热器工况的变化也会影响汽压的变化。图 6-12 所示为负荷变化对汽压的影响。

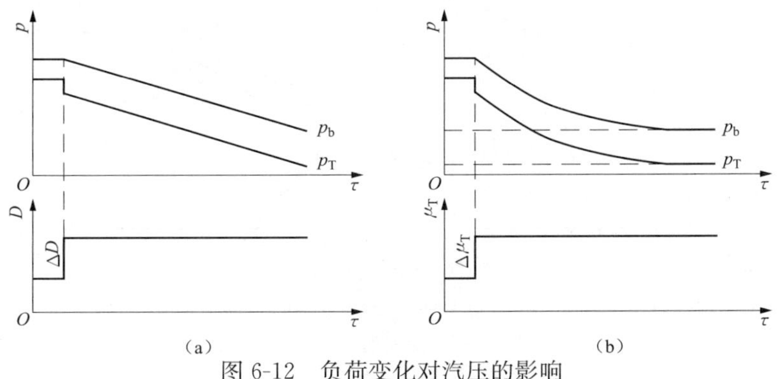

图 6-12 负荷变化对汽压的影响

（a）汽轮机用汽量变化时汽压的响应曲线；（b）汽轮机调节阀开度变化时汽压的响应曲线

p_b—锅炉汽包压力；p_T—汽轮机主汽阀前蒸汽压力

图 6-12（a）为汽轮机用汽量变化时汽压的响应曲线。当汽轮机用汽量突然增加时，由于燃料量没有发生变化，即用汽量始终大于蒸发量，物质平衡被破坏。扰动一开始，主汽压立即下降，然后一直等速下降。

图 6-12（b）为汽轮机调节阀开度变化时汽压的响应曲线。当汽轮机进汽阀开度突然增大时，汽轮机进汽量增加，主蒸汽压力下降。由于燃料量不变，用汽量的增加使主蒸汽压力缓慢下降，汽包压力也缓慢下降，并导致用汽量逐渐减少，最终回到扰动前的数值。在响应过程中，用汽量的暂时上升是靠消耗储存在汽包、水冷壁、过热器受热面和管道中的热量获得的。由于蓄热量被消耗一部分，稳定后的压力较以前低。

运行中高压加热器的工况变化，如高压加热器因故障退出运行，将引起给水温度大幅下降，使锅炉蒸发量减少。当锅炉蒸发量的降低与汽轮机抽汽量的减少不平衡时，也会引起汽压变化。

2）内扰。内扰主要是指在外界负荷不变的情况下，炉内燃烧工况的变动。当燃烧工况稳定时，汽压的变化不大。当燃烧工况不稳定或失常时，炉内换热量和蒸发受热面吸热量将发生变化，从而引起汽压的变化。燃烧加强时，汽压升高；反之，则汽压下降。对于煤粉锅炉，煤质、燃料量和煤粉细度的变化及风煤配合不当、炉内受热面积灰和结渣、漏风等，都会引起汽压的变化。对于燃油锅炉，燃油的油压、油温和油质发生变化或风量变化，也会导致汽压的变化。

在燃料量变化时，调节汽轮机的调节阀，保持进汽量不变，汽压变化响应曲线如图 6-13（a）所示。当燃料量突然增加时，炉膛热负荷增加，汽水循环加强直至汽压上升需要有一个过程，所以汽压变化一开始有迟延，以后直线上升需这是由于燃料量增加后燃烧放出的热量始终大于蒸汽带走的热量，其差值不变，这部分热量以压力能的方式储存。

在燃料量突然增加，保持汽轮机进汽阀开度不变时，所得的汽压曲线如图 6-13（b）所示。与保持用汽量不变所得的汽压响应曲线相比，前面的延迟过程一样。但由于汽轮机调节汽阀开度不变，汽压升高使得蒸汽流量也相应增加，蒸汽带走的热量也相应增多，反过来自发地限制了汽压的升高，汽压上升的速度变慢。当蒸汽带走的热量与燃料增加后燃烧产生的热量相平衡时，汽压稳定不变，动态过程结束。

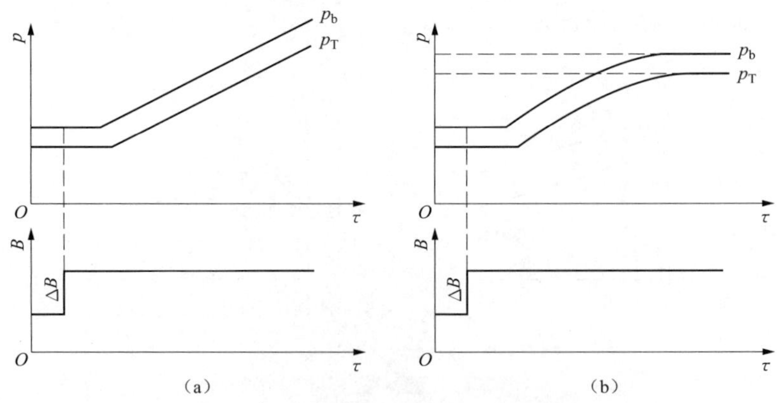

图 6-13　燃料量变化对汽压的影响

（a）燃料量变化时的汽压变化响应曲线；（b）燃料量增加时的汽压变化响应曲线

p_b—锅炉汽包压力；p_T—汽轮机主汽阀前蒸汽压力

3）内扰和外扰的判断。不论是内扰还是外扰，汽压的变化总是与蒸汽流量的变化密切相关。因此，在锅炉运行过程中，可根据汽压和蒸汽流量的变化来判断引起汽压变化的原因。若发现运行中汽压与蒸汽流量的变化方向相反，即蒸汽流量增大，而汽压降低，或蒸汽流量减少，汽压升高，则汽压的变化是由于外扰引起的；若发现运行中汽压与蒸汽流量的变化方向相同，则一般是由于内扰的影响所致。这种判断内扰的方法对母管制并列运行的锅炉是毫无问题的。但对于单元机组，判断内扰的方法仅适于工况变化的初期，即汽轮机调节汽阀未动作以前。当调节汽阀动作以后，汽压与流量的变化方向则是相反的。

（2）影响汽压变化速度的因素。汽压的变化速度反映了锅炉机组保持或恢复汽压的能力。汽压的变化速度主要取决于机组负荷变化速度、锅炉蓄热能力、燃烧设备惯性以及运行人员的控制调节水平等。

1）机组负荷变化速度。机组负荷变化速度越快，则汽压的变化速度越快。对单元机组来说，汽轮机负荷的变化幅度会直接影响汽压的变化幅度。外界负荷变化对汽压的影响与机组负荷的调节方式有关。采用定压运行的单元机组，其负荷的调节方式主要有锅炉跟随方式、汽轮机跟随方式和机、炉协调方式三种。

在锅炉跟随运行方式下，外界负荷变化时，首先改变汽轮机调节汽阀，改变进汽量，以满足外界负荷的需要。随汽轮机进汽量的变化汽压发生变化，而锅炉则根据汽压的变化调整其燃料、给水和配风。但由于锅炉和燃烧设备具有惯性，因而在负荷变动过程中，汽压的变动较大。

在汽轮机跟随运行方式下，外界负荷变化时，首先由锅炉调节燃烧改变蒸发量，以适应外界负荷对蒸发量的需要。而汽轮机则根据机前压力的变化改变调节汽阀。由于调节汽阀控制汽压，响应特性较好，因而在负荷变动过程中汽压的变动较小。

在机、炉协调方式下，外界负荷变化时，机组的目标负荷指令同时送至锅炉和汽轮机的主控系统，同时调节锅炉的燃料、给水、配风及汽轮机的进汽量，另外，还根据汽压偏离给定值的情况适当限制汽轮机调节汽阀的开度和加强锅炉的调节作用。这种调节方式综合了锅炉跟随和汽轮机跟随的优点，既能充分利用锅炉蓄热，以较好的适应负荷变化，又能在负荷变化时维持汽压的稳定。

2）锅炉蓄热能力。锅炉蓄热能力是指当外界负荷变化而燃烧工况不变时，锅炉能够吸收或放出热量的大小。锅炉的蓄热能力越大，则汽压的变化速度越慢；锅炉的蓄热能力越小，则汽压的变化速度越快。大容量高参数锅炉的相对蓄热能力低于小容量低参数的锅炉，所以汽压变化的速度较大。

3）燃烧设备惯性。燃烧设备惯性是指从燃料开始变化到炉内建立起新的热负荷所需要的时间。燃烧设备的惯性越大，机组负荷变化时恢复汽压的速度越慢；反之，恢复汽压的速度越快。

燃烧设备惯性与调节系统灵敏性、燃料种类和制粉系统形式有关。燃油比燃煤迅速，调节惯性小。直吹式制粉系统从改变给煤量到进入炉内的煤粉量发生变化的时间较长，因而惯性较大；而中间储仓式制粉系统因只改变给粉机转速即可改变进入炉内的煤粉量，故惯性较小。

2. 蒸汽温度的变化

过热蒸汽温度是锅炉安全、经济运行的另一个重要指标。汽温过高会加快金属材料的蠕变，还会使过热器、蒸汽管道、汽轮机高压部分等产生额外的热应力，因而缩短设备的使用寿命。当过热蒸汽发生严重超温时，甚至会造成过热器管爆破。因而，汽温过高对设备的安全有很大的威胁。蒸汽温度过低会造成汽轮机低压缸末级的蒸汽湿度增加，对叶片的侵蚀作用加剧。当汽温严重偏低时，还会发生水冲击，威胁汽轮机的安全。而且，当压力固定时汽温降低，蒸汽的焓值减小，因而蒸汽在汽轮机中的做功能力减小，汽轮机的汽耗量就必然要增加。如蒸汽初压为 11.76～24.5MPa 时，过热蒸汽温度每降低 10℃，会导致循环效率降低约 0.50%。所以，汽温过低除影响汽轮机安全外，还会造成发电厂经济性的降低。

（1）影响过热蒸汽温度变化的因素。饱和蒸汽在过热器中被加热，温度提高后即变成过热蒸汽。根据热量平衡有下列关系

$$(h''_{gr}-h'_{gr}+\Delta h_{jw})D=BQ \tag{6-6}$$

式中 h''_{gr}——过热器进口蒸汽的焓，kJ/kg；

h'_{gr}——过热器出口蒸汽的焓，kJ/kg；

B——锅炉燃煤量，ks/s；

D——蒸汽流量，kg/s；

Q——对应于 1kg 燃料的传热量，kJ/kg；

Δh_{jw}——单位蒸汽量的减温焓降，kJ/kg。

式（6-6）左侧表示将蒸汽温度过热到预定温度所需要的热量，公式右侧表示同一时间内烟气传给蒸汽的热量。显然，汽温是否变化取决于流经过热器的蒸汽量（包括减温水量）的多少和同一时间内烟气传给它热量的多少。

由上述可知，引起汽温变化的基本原因有两个方面：一是烟气侧传热工况的改变；二是蒸汽侧吸热工况的改变。

1）烟气侧的影响因素。烟气侧的影响因素主要是炉内燃烧工况变化和受热面的清洁程度。运行中炉内燃烧工况的变化，如燃料性质、空气量、配风、燃烧器运行方式等变化，均会影响炉内的传热工况，而导致过热蒸汽温度发生变化。

燃料量增加，炉膛出口烟温和烟气量都增加，过热器的传热温差和传热系数也增大，所以传热量增加，结果汽温升高。

燃料挥发分含量降低、灰分含量增加、煤粉过粗、炉膛结渣、炉膛负压增大等均会使炉膛出口烟温升高，汽温上升。

燃料水分含量增加时，煤的发热量减少，为了保证锅炉蒸发量不变，必须增加燃煤量。一方面，由于炉内水分蒸发和燃煤量的增加，生成的烟气量增加而导致传热系数的增大；另一方面，烟气量的增加使烟气在炉膛内的上升速度增加，导致炉膛出口烟温的升高。传热系数的增大和炉膛出口烟温的升高导致了过热蒸汽温度的升高。

送风量或漏风量增加，一方面，炉内过量空气系数增大，低温的空气会导致炉膛温度下降，炉内辐射传热强度减弱，从而炉膛出口烟温升高；另一方面，空气量增加，烟气量增加，传热系数增大。总之，在一般情况下，风量增加时，辐射过热器汽温将有所下降，而对流过热器汽温升高。

当燃烧器从上排运行切换至下排运行时，炉膛火焰中心位置下移，汽温下降；反之，汽温将上升。对于直流煤粉燃烧器，在保持入炉总风量不变的情况下，适当改变各排二次风量的配比，也会使火焰中心的位置发生变化，从而对过热蒸汽温度产生影响。摆动式燃烧器的角度发生变化，对流过热器的汽温也随之变化，受热面距离炉膛出口越近影响越明显。

运行中受热面积灰、结渣和管内结垢，将会使受热面换热量变化，从而引起汽温发生变化。当过热器前的受热面结渣、积灰或管内结垢时，过热器的传热温差增大，汽温升高。当

过热器本身积灰结垢时，过热器的传热系数减小，汽温下降。

2）蒸汽侧的影响因素。蒸汽侧的影响因素主要是锅炉负荷、给水温度、饱和蒸汽湿度、减温水量或水温等的变化。

锅炉负荷变化时，汽温的变化特性与过热器和再热器的形式有关。辐射式过热器的汽温变化特性是负荷增加时汽温降低，负荷下降时汽温升高；而对流式过热器的汽温变化特性是负荷增加时汽温升高，负荷降低时汽温降低。

大容量、高参数的电厂锅炉过热器和再热器的布置大多采用联合式过热器，若布置合理，则可在较大负荷变化范围内得到较平稳的汽温特性。而在其他负荷区，联合式过热器的汽温特性一般趋向对流特性。

锅炉负荷不变，给水温度发生变化时，由于工质在锅炉中的焓增发生变化，因而必须相应调整燃料量，以适应加热给水所需热量的变化。当给水温度降低时，从给水加热到饱和蒸汽需要的热量增加，如不增加燃料量，蒸发量将要下降。如要维持蒸发量不变，必须增加燃料量，这必将使过热器烟气侧的传热量增加，导致过热汽温升高。

从汽包出来的饱和蒸汽总是带有少量的水分。锅炉正常运行时，从汽包引出的饱和蒸汽湿度一般变化很小。当锅炉运行工况不稳定，尤其是水位过高或负荷突增，而汽包内汽水分离设备的分离效果又不佳时，饱和蒸汽的湿度大大增加，饱和蒸汽增加的水分在过热器内要吸收汽化热，从而使汽温降低。蒸汽若大量带水，将引起汽温急剧下降。

在采用减温器的过热器系统中，当减温水量或减温水温发生变化时，将引起蒸汽在过热器内总吸热量的变化，汽温就会相应地发生变化。

（2）影响过热蒸汽温度变化速度的因素。从以上分析可知，影响汽温变化的因素较多，这些因素的变动都会使汽温发生变动。但在发生变动时锅炉出口汽温并不是立即变化，而是有一段时滞 τ_z，如图 6-14 所示，汽温的变化不是阶跃而是由慢到快，再由快到慢。这种扰动过程中的参数从初值到终值的变化曲线称为飞升曲线。从曲线拐点所作的切线与初越值线和终值线的两相交点之间的时间，称为时间常数 τ_c。

过热蒸汽温度变化的快慢与过热器系统的储热量有关。如果由于扰动导致汽温下降时，过热器的金属温度也将下降，并放出一部分蓄热，使出口汽温下降延缓。蒸汽压力越高，过热器管子和联箱的壁厚越大，金属的蓄热就越多，相应的出口汽温变化速度也就更为缓慢。

过热蒸汽温度的变化时滞还同扰动方式有关。烟气侧和蒸汽侧流量的扰动通常在几秒钟甚至更短的时间内，能使整个过热器受到影响，这时汽温变化的时滞较小。进口蒸汽焓或喷水量的变动对出口汽温的影响则较缓慢，这时出口汽温变化的时滞与扰动点至过热器出口之间的蒸汽容积成正比，而与蒸汽流速成反比。

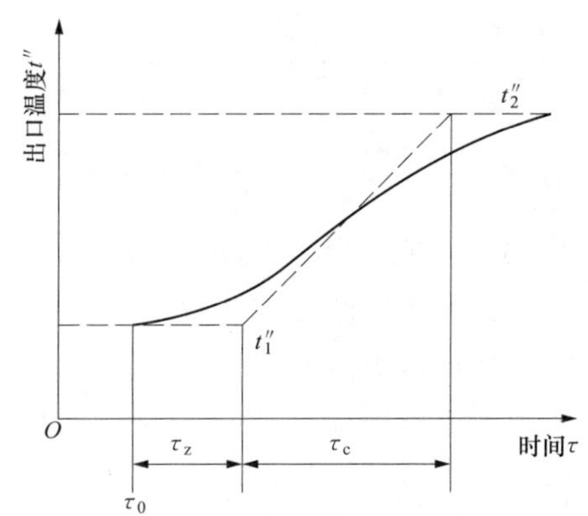

图 6-14 扰动过程中汽温变化曲线

与过热蒸汽温度相似，再热蒸汽温度偏离额定值也会影响机组运行的经济性和安全性，引起再热蒸汽温度变化的原因与引起过热蒸汽温度变化的原因相似。再热器多布置为对流式，因此再热蒸汽的汽温特性也呈现明显的对流特性。但由于再热蒸汽压力低、比热容小、汽温变化大，而且还受汽轮机工况变化的影响，因此再热蒸汽温度受工况变化的影响比过热蒸汽温度复杂，运行中再热蒸汽温度的波动也比过热蒸汽温度要大。

3. 汽包水位的变化

保持汽包内的正常水位是保证锅炉和汽轮机安全运行最重要的条件之一。汽包水位的过高、过低都将危及锅炉和汽轮机的安全运行。当水位过高时，蒸汽空间缩小，会使蒸汽中水分增加，蒸汽品质恶化，易造成过热器管内积盐、超温和汽轮机通流部分结垢；汽包严重满水时，还会造成蒸汽大量带水，引起主蒸汽温度急剧下降，甚至造成管道和汽轮机水冲击。水位太低又可能造成下降管进汽，以至破坏水循环，造成水冷壁超温爆管。汽包严重缺水时，还会引起大面积爆管事故发生。此外，汽包水位过低还会使控制循环锅炉的炉水循环泵进口汽化而引起泵组剧烈振动。

锅炉运行中，汽包水位是经常变化的。引起汽包水位变化的根本原因在于给水量与蒸发量之间的物质平衡遭到破坏或者工质状态发生改变，具体原因主要是锅炉负荷、燃烧工况、给水压力的变化等。

(1) 锅炉负荷变化。机组负荷正常变化时，锅炉燃烧和给水若能及时调整，锅炉汽包水位一般不会发生很大变化。但当负荷骤变时，特别是锅炉跟随方式下，汽压的大幅度变化会引起汽包水位迅速波动。下面以机组负荷骤增为例来说明对水位的影响。

当机组负荷骤增时，如果燃料量和给水量不变，蒸发量大于给水量，汽包内物质平衡被破坏，水位下降，如图 6-15 中的曲线 1 所示。蒸汽压力迅速下降，一方面使汽包内汽水混合物的比体积增大；另一方面使汽包内工质的饱和温度降低，蒸发设备中的水和金属放出蓄热量，产生附加蒸发量，使汽包水容积中的含汽量增加，炉水体积膨胀，促使水位上升，如图 6-15 中的曲线 2 所示，形成虚假水位。实际的水位变化是曲线 1 与 2 的叠加，如图 6-15 中实线所示。虚假水位是暂时的，随机组负荷的增大，炉水消耗量增加，炉水中气泡逸出水面后，汽水混合物的体积收缩，且随燃烧的加强，汽压逐渐恢复，若此时给水量未及时调整，则汽包水位将迅速下降。机组负荷骤降时，水位的变化情况与此相反。

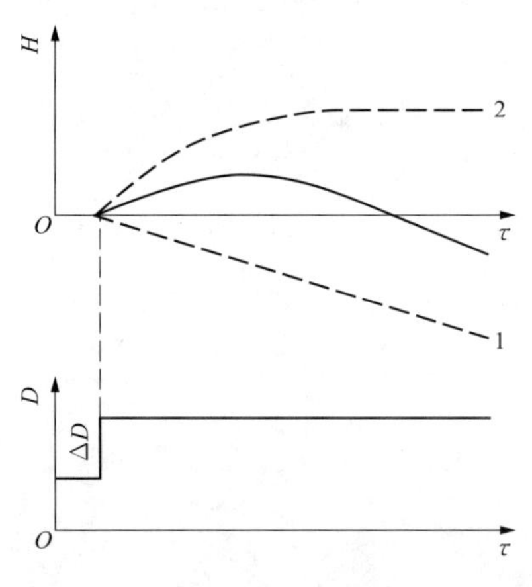

图 6-15 负荷变化对汽包水位的影响

运行中应注意虚假水位，当机组负荷大幅变化时，应首先调节燃料和风量，恢复汽压，以满足机组对蒸发量的需求。如虚假水位严重，不加限制会造成锅炉满水或缺水时，则应先适当减小或增加给水量，同时调节燃烧，恢复汽压；当水位停止变化时，再适当加大或减小给水量，维持汽包正常水位。

(2) 燃烧工况变化。对单元制机组，在外界负荷和给水量不变的情况下，燃烧工况的变动也会导致汽包内物质平衡的破坏和工质状态的变化，从而对水位产生显著影响。燃烧工况的变动多是由于煤质变化、燃料量变化、炉内结焦等因素造成的。当燃量料增加时，炉内放热量增加，蒸发设备中含汽量增多，炉水体积膨胀，水位上升，但蒸发量的增加又使汽压上升，提高了蒸发设备中工质的饱和温度，水位就会逐渐下降，如图 6-16 所示。当汽压升高时，若保持外界负荷不变，则必须关小调节阀，此时若不及时调节燃烧，则汽压会进一步升高，水位继续下降。燃料量减少时，对水位的影响与上述情况相反。

燃烧工况变动对水位的影响大小，取决于燃烧工况变化的程度和运行调节的是否及时。

（3）给水压力变化。其他条件不变，给水系统压力变化时，将引起给水量变化，破坏物质平衡，引起水位变化。如给水压力增加时，给水量增加，蒸发量不变，水位上升，如图 6-17 中虚线 1 所示。但给水压力高，汽包压力升高，炉水中含汽量减少，水位下降，如图 6-17 中虚线 2 所示。最终变化结果是两种作用的叠加，使得水位上升，如图 6-17 中实线所示。

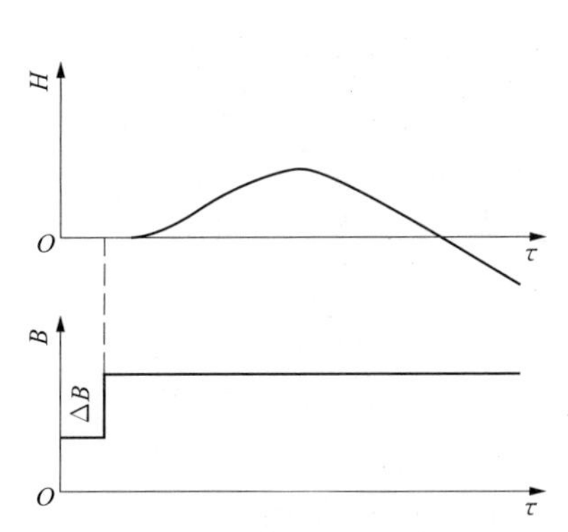

图 6-16 燃料量变化对汽包水位的影响

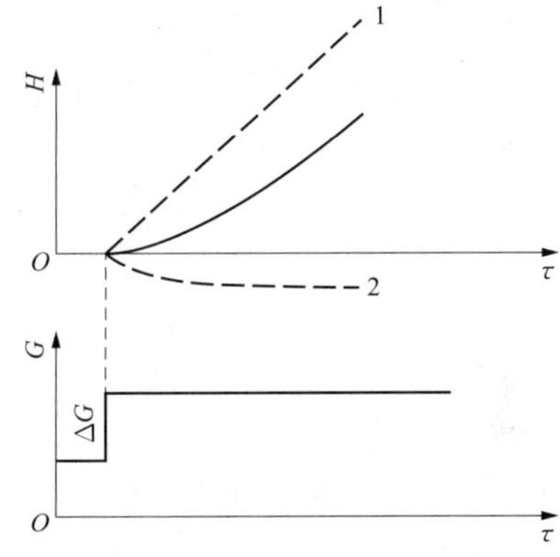

图 6-17 给水量变化对汽包水位的影响

此外，运行中若发生高压加热器、水冷壁、省煤器等设备泄漏，也会破坏物质平衡，使汽包水位下降。运行中应及时注意给水压力的变化，并及时调整，以维持汽包水位。

（三）直流锅炉的运行特性

1. 直流锅炉的静态特性

不同工况下，直流锅炉运行参数变化具有以下特点：

（1）直流锅炉汽温、汽压的调节过程相互影响较大。

（2）直流锅炉蒸发区与过热区之间没有固定的界限，当燃料量和给水量失调时，过热区受热面积就会改变，将会导致汽温发生很大变化。

在直流锅炉中，负荷变化时，应同时变更给水量和燃料量，并严格保持其固定比例，否则给水量、燃料量的单独变化或给水量、燃料量不按比例的同时变化都会导致过热蒸汽温度的大幅度变化。这是因为直流锅炉的加热、蒸发和过热三区段的分界点有了移动，即三区段受热面长度（或受热面积）发生变化，因而必然会引起过热蒸汽温度的变化。

例如，给水量不变而燃料量增加时，由于各区段受热面的吸热量增加，开始汽化点和开始过热点都提前，使加热和蒸发区段缩短，而过热区段变长，过热蒸汽温度升高；相反，给水量不变而燃料量减少时，过热蒸汽温度降低。再如，燃料量不变而给水量增加时，由于工质总需要热量增多，以致开始汽化点和开始过热点都推后，使加热段和蒸发段延长，而过热段缩短，因而过热蒸汽温度降低；相反，燃料量不变而给水量减少时，过热蒸汽温度升高。

在稳定工况下，不考虑锅炉排污、自用饱和蒸汽和中间再热等情况，过热蒸汽的焓值可以表示为

$$h''_{gr}=h_{gs}+\frac{BQ_{ar,net}\eta}{G} \tag{6-7}$$

式中 h''_{gr}——过热器出口蒸汽焓，kJ/kg；

h_{gs}——锅炉给水的焓，kJ/kg；

η——锅炉效率；

B——锅炉燃料量，kg/s；

$Q_{ar,net}$——燃料低位发热量，kJ/kg；

G——工质流量（给水流量），kg/s。

当给水焓、燃料低位发热量、锅炉效率保持不变时，过热蒸汽温度只取决于燃料量 B 与给水流量 G 的比值。一般来说，只要 B/G 有变化，过热蒸汽温度就有变化。当 B/G 增加时，过热蒸汽温度上升；B/G 减小时，过热蒸汽温度下降。

（3）直流锅炉的蓄热能力小，所以任何工况的扰动对汽温、汽压的影响要比汽包锅炉大得多。

汽包锅炉的水容积比较大，又有厚壁汽包及下降管等，因而工质与金属的蓄热能力较大。锅炉的蓄热能力就是当运行工况改变时，锅炉在一定的时间内自行保持平衡的能力。例如，压力降低时，锅炉放出蓄热，从而产生附加蒸发量，以暂时平衡蒸发量的不足，减缓压力下降的速度；压力上升时，锅炉增加蓄热而起着减少蒸发量的作用。

直流锅炉采用薄管壁、小管径的管子，没有厚壁汽包、下降管，水容积小，工质与金属的蓄热能力较小，只有汽包锅炉的 1/4～1/2，故直流锅炉自行保持平衡的能力较差。因此，当运行工况发生相同的变化时，直流锅炉运行参数的变化速度比汽包锅炉要快得多，直流锅炉对自动调节设备及系统在可靠性、灵敏度、稳定性等方面的要求比汽包锅炉高。

蓄热能力小有不利的一面，但也有有利的一面。正由于蓄热能力小，当主动调节时，参数变化比较迅速，能很快适应工况的变动。

（4）直流锅炉出口汽温的变化同汽水通道上所有中间截面工质焓值的变化是相互关联的。当锅炉工况变动时，首先反映出来的是过热器入口汽温变动，然后是过热器各中间截面汽温逐渐向后变动，最后导致出口汽温的变动。

2. 直流锅炉的动态特性

直流锅炉的工况变动主要是由给水量、燃料量的改变所引起的。这些量配合不当，蒸汽参数就要偏离规定值。只有了解直流锅炉的动态特性，才能在工况变动时进行正确的调节。

图 6-18 所示为直流锅炉在汽轮机调节阀开度、燃料量和给水量阶跃变化时的动态特性，现分述如下：

（1）调节阀开度变化。当调节阀开度突然增大时，蒸汽流量急剧增加，锅炉压力将迅速降低。如果给水压力和给水阀开度不变，给水流量就会自动增加。汽压降低使锅炉金属和工质释放蓄热，产生附加蒸汽量。随后，蒸汽流量逐渐减少，最终与给水流量相等，保持平衡。同时汽压降低速度也逐渐缓慢，最终达到一稳定值。

因为燃料量保持不变，而给水量略有增加，故过热器出口汽温稍微降低。如果只从燃料量与工质的热平衡考虑，在最初阶段，蒸汽流量显著增大时，汽温应显著下降，但由于过热

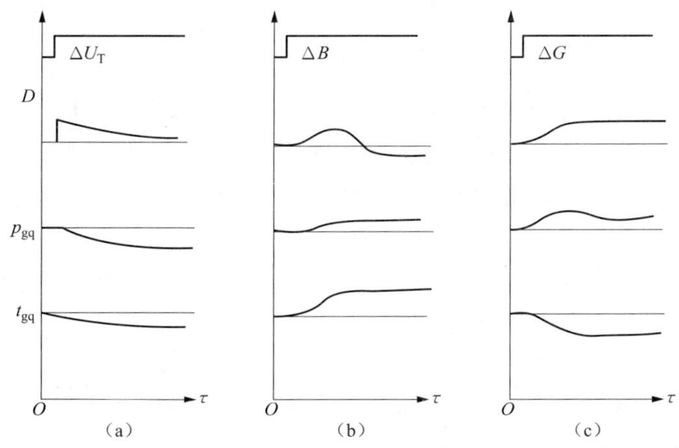

图 6-18 直流锅炉在汽轮机调节阀开度、燃料量和给水量阶跃变化时的动态特性

(a) 调节阀开度变化（$\Delta\mu_T$）；(b) 燃料量变化（ΔB）；(c) 给水量变化（ΔG）

D—蒸发量；p_{gq}—过热蒸汽压力；t_{gq}—过热蒸汽温度；τ—时间

器金属释放蓄热所引起的补偿作用，故出口汽温虽然下降但变化较为缓和。

(2) 燃料量变化。燃料量突然增大时，蒸发量在短暂延迟后将发生一次向上波动，随后再向下并稳定下来与给水流量保持平衡。蒸发量变化的迟缓主要受到传热和金属蓄热的影响。波动过程中超过给水量的额外蒸发量是由于加热段和蒸发段的缩短。随着蒸汽量的增加，锅炉压力也逐渐升高，故给水量自动减小。

燃料量与给水量的比值即使只有很小的改变，汽温也会发生明显的改变。但在过渡过程的初始阶段，由于蒸发量与燃料在炉内的放热量近似按比例变化，再加上管壁金属蓄热所引起的延缓作用，所以过热蒸汽温度要经过一定的时滞后才逐渐变化。在过热器起始部分，汽温变化的时滞较小，其变化速度较大；在过热器出口，汽温变化的时滞较大，其变化速度较小，过渡过程的延续时间较长，如图 6-18（b）所示。如果燃料量增加的速度和幅度都很急剧，则有可能使加热段末端发生突然膨胀的现象，锅炉瞬间排出大量蒸汽。在这种情况下，汽温将首先下降，然后再逐渐上升。所以，为了维持锅炉出口汽温的稳定，可以将在过热器区段某一点的温度作为超前信号。

蒸汽压力在短暂延迟后逐渐上升，最后稳定在较高的水平。最初的压力上升是源于蒸发量的增加，随后压力保持在较高水平是因为汽温升高，蒸汽容积膨胀。

(3) 给水量变化。给水量突然增加时，蒸汽流量也会增大。但由于燃料量不变，加热段和蒸发段都要延长。这时锅炉内部工质的蓄热量将增加，所以在开始阶段蒸汽流量虽然上升，但小于给水流量。最终蒸汽流量必然等于给水量，达到新的平衡。由于金属蓄热的延缓作用，汽温的变化与燃料量变化时相似，在过热器起始部分和出口端也有一定的时滞，然后逐渐变化到稳定值。

过热蒸汽压力由于蒸汽容积流量增加而升高，当汽温下降，容积流量减小时，压力又有所降低，最后稳定在稍高水平。

燃料量与给水量共同变化时的动态特性，是燃料量、给水量两个单独作用的动态特性的叠加。当燃料量与给水量按比例变化时，可使蒸发量很快稳定在一个新水平上，而过热器出口汽温也可维持不变。直流锅炉运行调节的关键就是严格控制煤水比。

二、实践咨询

单元制机组是锅炉、汽轮机、电气串联构成不可分割的整体，其中任何环节运行状态的变化都将引起其他环节运行状态的改变，因此锅炉、汽轮机、电气的运行与调整是相互联系的。在正常运行中各环节的工作有其不同的特点：锅炉侧重于调整，汽轮机侧重于监视，电气侧重于与单元机组的其他环节以及外界电网的联系。电厂锅炉的产品是过热蒸汽，因此，锅炉运行的任务就是要根据用户的要求，提供用户所需的一定压力和温度的过热蒸汽，同时锅炉机组本身还必须做到安全与经济的运行。

对运行锅炉进行监视和调节的主要任务包括：

（1）保证蒸发量，以满足外界负荷的需要。

（2）保持汽包的正常水位。

（3）保证蒸汽品质，保持正常的汽压、汽温。

（4）保持良好燃烧，尽量减少各种热损失，提高锅炉效率。

（5）及时进行正确的调节操作，消除各种异常、障碍和隐患，保持锅炉的安全运行。

（6）尽量减少厂用电消耗。

为此，锅炉运行人员必须熟悉锅炉的设备特性，充分了解各种因素对锅炉工作的影响，掌握锅炉运行变化规律和实际操作技能，根据设备的特性及各项安全、经济指标，严格按照运行规程进行监视和调节工作。

（一）汽包锅炉的运行参数调整

1. 蒸汽压力的调节

锅炉在额定负荷下定压运行时，一般应维持蒸汽压力在规定值的±0.2MPa范围内。

锅炉蒸发量与外界负荷相适应，汽压就可稳定在某一数值。蒸发量的大小取决于燃料燃烧的放热状况，在一般情况下，无论是外扰还是内扰引起汽压的变化，均可用调节燃烧的办法进行调节。当汽压降低时，应增加燃料量和风量，强化燃烧，反之，则减弱燃烧。在异常的情况下，当汽压急剧升高，只靠调节燃烧来不及时，则可开启过热器疏水阀或向空排汽阀排汽，以尽快降压。

只有当锅炉蒸发量超限或锅炉出力受限时，才采用改变机组负荷的方法来调节压力。

2. 蒸汽温度的调节

电厂锅炉过热蒸汽温度的允许波动范围一般不得超过额定汽温的－10～＋5℃。

由于过热蒸汽温度的变化是由蒸汽侧和烟气侧工况变动所引起的，因而汽温的调节也从这两方面进行。电厂锅炉过热蒸汽温度的调节一般以蒸汽侧调节为主，同时配合烟气侧的调节。

（1）蒸汽侧调温。喷水减温是蒸汽侧最常用的调温方法，也是电厂锅炉过热蒸汽温度的主要调节方法。电厂锅炉的过热器一般都设有两级或三级减温。以两级减温器布置为例：一级减温水设置在屏式过热器进口，保护屏式过热器不致超温，对汽温粗调；二级减温水设置在高温过热器之前，对汽温细调。当汽温升高时，增大减温水量；反之，减少减温水量。在采用喷水减温调节汽温时，应缓慢进行，并注意减温后汽温的变化，以防造成汽温大幅波动。

电厂多采用过热蒸汽温度自动调节系统，常见的有串级汽温控制系统、采用导前微分信号的汽温控制系统、分段汽温控制系统。图6-19所示为分段汽温控制系统，将整个过热器分段，各段之间设置减温器，分别控制各段的汽温，而保证主蒸汽温度等于给定值。

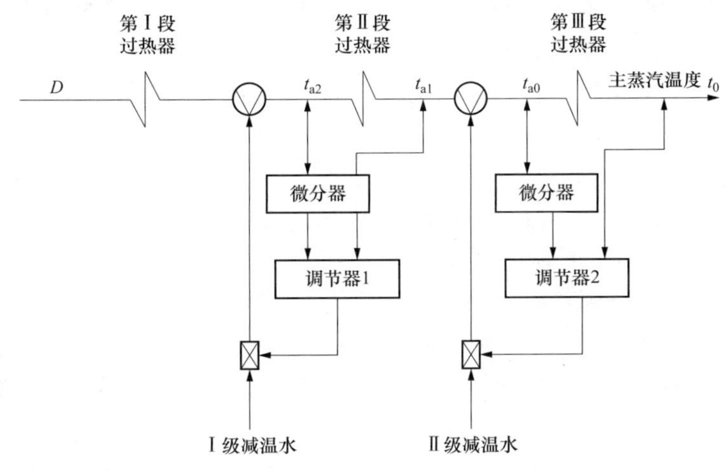

图 6-19 分段汽温控制系统

(2) 烟气侧调温。当通过蒸汽侧调节不能满足调温需要时，应配合烟气侧进行调整。烟气侧的主要调温方法是改变火焰中心位置，也可采用改变烟气量的方法。

1) 改变火焰中心位置。对具有摆动式燃烧器的锅炉，可通过改变燃烧器的倾角来调节火焰中心位置，也可采用改变燃烧器组合方式或运行燃烧器的位置、增大或减少各层燃烧器二次风量的方法等。当汽温偏低时，适当提高火焰中心位置；反之，就要适当降低火焰中心位置。

在采用改变燃烧器倾角的方法调节火焰中心时，应注意燃烧器倾角的调节范围不可过大，一般为±20°。若向下倾角过大，可能会造成水冷壁下部或冷灰斗结渣；若向上倾角过大，则会增大不完全燃烧热损失，并造成炉膛出口的屏式过热器结渣；低负荷时，若向上倾角过大，还可能造成锅炉灭火。

2) 改变烟气量。改变流经过热器的烟气量，从而改变烟气对过热器的放热量。增大烟气量时，烟气流速增大，对流换热表面传热系数增大，烟气对过热器的放热量增加，过热蒸汽温度升高；反之，过热蒸汽温度降低。

改变烟气量的常用方法有烟气再循环和烟气旁路法。此外，在调节汽温时，还应配合受热面的吹灰。当汽温偏低时，应加强对过热器的吹灰；汽温偏高时，则应加强对水冷壁和省煤器的吹灰，并在确保燃烧完全的前提下尽量减少风量。

再热蒸汽温度的调节与过热蒸汽温度不同，通常以改变火焰中心位置和改变烟气量为主要调节手段，而以喷水减温作为辅助调节和事故调节手段。因为采用喷水来调节再热蒸汽温度是不经济的，水喷入再热蒸汽后，增加了汽轮机中、低压缸的蒸汽流量，即增加了中、低压缸的功率，在外界负荷不变的情况下，就必须限制汽轮机高压缸的出力，即减少高压缸的蒸汽流量，这相当于用低压蒸汽循环代替了高压蒸汽循环，降低了整个机组的热经济性。

采用改变火焰中心位置来调节再热蒸汽温度与用该方法调节过热蒸汽温度的方法相同。但采用改变火焰中心位置调节再热蒸汽温度时，尽管具有调节灵敏、调节幅度大、惯性小的优点，但若操作不当，会造成炉膛出口或冷灰斗处结渣。同时，对过热蒸汽温度的影响也较大。

汽温调节中还应注意：运行中应严密监视汽温，并根据锅炉运行工况的变化分析汽温的变化趋势和造成汽温变化的主要原因，尽量做到超前调节，以免造成汽温的大幅波动。应特别注意过热器中间点汽温的监视。调节汽温时操作要平稳均匀，要兼顾过热蒸汽温度、再热蒸汽温度和锅炉燃烧，并注意汽温偏差。

现代大型电厂锅炉均设有汽温的自动调节，运行人员除应熟悉汽温的变化特性外，还应熟悉自动控制系统的性能和调节特性。

3. 汽包水位的监视和调节

自然循环锅炉汽包的正常水位一般在汽包中心线下 100～200mm，运行中通常将其水位波动范围限制在±50mm 内。控制循环锅炉运行时，汽包的正常水位比自然循环锅炉的低。

为准确监视汽包水位，现代电厂锅炉除在汽包上装有一次水位计外，还在中央集控室装有二次水位计或水位电视。运行中对锅炉水位的监视，原则上应以装在汽包上的一次水位计为准。对于大、中型锅炉，由于采用给水自动调节系统，装在仪表盘上的二次水位计的准确和可靠性已能满足运行的要求。

运行中应定期校对一、二次水位计的指示情况。当一次水位计的汽水连通管结垢，汽侧阀、水侧阀、放水阀泄漏时，会引起水位计指示不准确，因此，应定期对水位计进行检修和冲洗。运行中还需注意观察蒸汽流量、给水流量和减温水量，观察它们的数值之差是否在正常范围内，否则应进行分析和检查。

一般可通过改变给水调节阀的开度或改变给水泵的转速来改变给水量，从而实现汽包水位的控制调整。现代大型电厂锅炉正常运行时，一般通过改变给水泵的转速来调节汽包水位。而锅炉启动时，汽包水位由旁路给水调整阀和电动给水泵分程调节。目前，大容量单元机组均采用了较成熟的全程锅炉给水自动调节系统，如图 6-20 所示。机组启动时，由于汽水流量不平衡，故采用单冲量调节，此时仅引入水位信号，根据水位变化调节给水量。正常运行时，采用三冲量调节，此时引入蒸汽流量做前馈信号、给水流量作反馈信号进行粗调节，汽包水位作为校正信号。

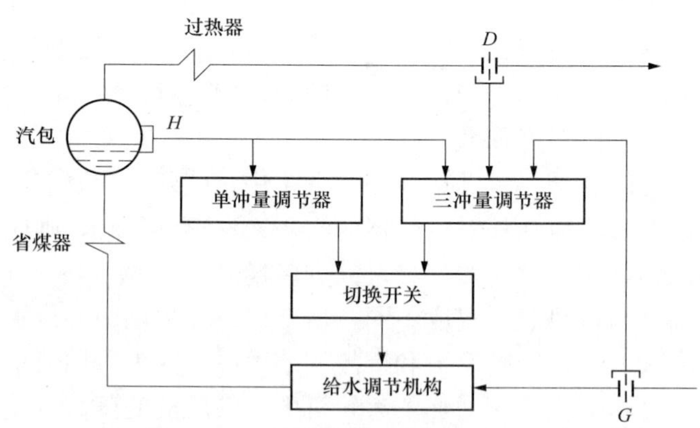

图 6-20 全程锅炉给水自动调节系统

运行中发现锅炉汽包水位偏差增大时，应观察水位、蒸汽流量及给水流量的变化情况，分析水位的变化趋势和引起水位变化的原因。若水位在规定的报警范围内，可不必切至手动控制方式，着重分析引起水位变化的原因。若发现水位变化是由于机组负荷突变所致，应尽力恢复机组的负荷，否则应控制燃料量、风量以维持水位。若发现水位偏差过大，则应在手动控制方式下恢复水位，严重时应立即停炉。

4. 锅炉燃烧调节

锅炉燃烧调节的目的是在满足汽轮机对蒸汽流量和参数要求的前提下，调整燃烧器各层的煤粉分配及一、二次风的分配，使炉膛热负荷均匀、炉膛受热面不结渣、火焰不冲刷水冷壁，减少不完全燃烧热损失，尽量减少污染物的生成，使锅炉在最安全、经济条件下稳定运行。

现代大容量锅炉普遍采用燃烧自动控制系统，其主要任务是维持锅炉的蒸汽压力为设定值或使锅炉的蒸发量满足负荷要求，保证燃烧过程的经济性和炉膛负压等于设定值。燃烧自动控制系统由燃料控制系统、风量控制系统和炉膛负压控制系统组成。当锅炉负荷要求变化时，这三个控制系统协调工作，使燃料量、送风量、引风量同时协调地改变，既适应负荷变化的需要，又维持汽压、过量空气系数、炉膛负压为一定数值。图 6-21 所示为燃料自动调节系统。每个调节器改变一个调节量，维护一个被调量，三个调节器可以相互替换而组成不同形式的控制系统。图中不同的线条表示三种可能的控制系统。系统的组合与锅炉运行方式、燃料种类、煤粉制备、燃烧方式等因素密切相关。

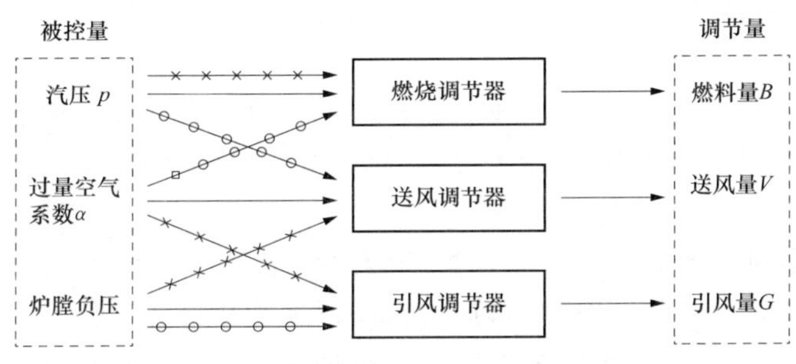

图 6-21 燃烧自动调节系统

(1) 燃料量的调节。在现代锅炉中，蒸汽主要是从炉内辐射受热面水冷壁中产生的。因此，可近似认为锅炉的蒸发量与送入炉内的燃料量成正比。燃料量的调节方式与锅炉负荷的变化幅度及制粉系统、给煤机或给粉机的形式有关。

1) 中间储仓式制粉系统。当锅炉负荷变化不大时，一般只改变运行给粉机的转速，从而改变进入一次风管的煤粉量；当锅炉负荷变化较大，已超出给粉机的转速调节范围时，可以通过改变投、停燃烧器的数目和运行给粉机的台数来较大幅度地改变煤粉量。由此可知，投、停燃烧器个数属于粗调节，而改变给粉机转速则为细调节。

在调节给粉机的转速时，给粉量的增减要缓慢，且调节范围不要太大。若转速过高，则有可能因煤粉浓度过大而堵塞一次风管和燃烧不完全；若转速过低，则在低负荷时会因煤粉浓度太低而影响着火。调节给粉机转速时，应力求使各给粉机转速均匀；降低给粉机转速时，应先降低高转速给粉机的转速。

2) 直吹式制粉系统。制粉系统的出力将直接影响锅炉蒸发量的大小。当锅炉负荷变化不大时，一般只改变运行给煤机的转速，改变制粉系统的出力，即改变给煤量。当锅炉负荷变化较大，超出给煤机的转速调节范围时，需通过改变运行制粉系统的套数来较大幅度地改变燃煤量。

在调节给煤机转速时，也应注意调节均匀且调节范围不要太大。在调节燃煤量的同时，还要注意调节风量。如锅炉负荷增加时，可先开大排粉机的进风挡板，增加磨煤机的通风量，以利用磨煤机的少量存粉作为增负荷时的缓冲调节，然后再增加给煤量，同时开大相应的二次风门；锅炉负荷减少时操作则相反。

（2）风量的调节。锅炉负荷改变时，送入炉内的风量必须与送入的燃料量相适应，同时必须对引风量进行相应的调节。

1）送风量的调节。锅炉仪表盘上装有氧量表，运行人员可直接根据其指示来调节风量。除用表计指示来判断燃烧情况外，还要注意分析飞灰、灰渣中可燃物的含量，观察炉内火焰颜色等，依此来综合分析炉内燃烧工况。如果火焰亮白刺眼，表示送风量偏大，同时氧量计指示偏高；如果火焰暗红不稳，氧量表指示偏低，则说明送风量偏小。

送风量的调节因送风机的形式不同而不同。对离心式风机，通常采用改变其进口导向挡板或通过变频器改变转速来调节风量；现代大型电厂锅炉为适应大流量通风的要求，普遍采用轴流式风机，其风量的调节是通过电动或液动执行机构改变其动叶安装角的大小来调节风量。

大容量锅炉通常都装有两台送风机，调节送风量时一般应同时改变两台送风机出力或进口导向挡板开度，以使烟道两侧的空气流通工况均匀。对于二次风，还需要通过调节二次风挡板来合理配风。

锅炉负荷增加时，一般是先增加送风量，再增加燃料量，保证炉内有一定过量空气。若负荷增加较快，为维持汽压，可先增加燃料，再增加送风量。锅炉负荷降低时，一般是先减燃料，后减风量。

2）炉膛负压及引风量的调节。电厂锅炉绝大多数都采用平衡通风方式，炉膛负压是锅炉燃烧是否正常的重要运行参数。炉膛负压过大会增加炉膛漏风，特别是在低负荷时，炉膛漏风过大易造成灭火。反之，若炉膛负压变正，则炉内火焰、炉灰会冒出炉外，不仅恶化工作条件，还可能危及人身和设备的安全。

引风量根据送风量与燃料量来进行调节。若锅炉装有两台引风机，则与送风机一样，需根据锅炉负荷的大小和风机的工作特性来综合考虑合理的引风机运行方式。负荷变动时，根据规定的炉膛负压值变化范围来调节引风机。正常运行时炉膛负压值一般保持为50～100Pa。受热面吹灰前，炉膛负压值应保持高些。

（3）燃烧器的调节和运行方式。

1）燃烧器的一、二、三次风配比。不同燃料和不同结构的燃烧器对一、二、三次风的风速与风率的要求各不同。合理的风速与风率应考虑到燃烧过程的稳定性及整个机组运行的安全可靠性与经济性。各种燃烧器一、二、三次风速的推荐值和一次风率的推荐值见表6-1和6-2。

表6-1　各种燃烧器一、二、三次风速的推荐值　m/s

燃烧器形式	煤种	无烟煤	贫　煤	烟　煤	褐　煤
旋流燃烧器	一次风	12～16	16～20	20～26	20～26
	二次风	15～22	20～25	30～40	25～35
直流燃烧器	一次风	20～25	20～30	25～35	25～40
	二次风	40～55	45～55	40～60	40～60
	三次风	50～60	55～60	35～45	35～45

表 6-2 **一次风率的推荐值**

煤 种	无烟煤	贫 煤	烟 煤		褐 煤
			$20\%\leqslant V_{daf}\leqslant 30\%$	$V_{daf}>30\%$	
乏气送粉	—	20～25	25～30	25～35	20～45
热风送粉	15～20	20～25	25～40	25～45	40～45

2）燃烧器出口风速及风率的调节。对于不同形式的燃烧器，其出口风速和风率的调节方法有所不同。

对于轴向叶轮式旋流燃烧器，其一次风速也只能借助改变一次风量来进行调节，其二次风出口的切向速度或旋流强度的改变可根据煤种和工况变化，通过调节二次风机叶轮的位置来实现。叶轮位置向炉外方向移动时，旋流强度减弱，叶轮向炉内方向移动时，旋流强度增强。

对于四角布置的直流燃烧器，由于其燃烧方式是靠四股气流组织的，所以一、二次风量及风速的选择是决定炉膛良好空气动力工况的基本条件。因此，不适当的一、二次风分配都会破坏气流的正常混合与扰动，从而造成燃烧的恶化。一、二次风出口速度调节方法有：改变一、二次风量；改变各层燃烧器的风量分配或投停部分燃烧器；具有可调的二次风出口风速挡板的直流燃烧器，改变风速挡板的位置即可调节其出口风速，而保持风量基本不变。

3）燃烧器的运行方式。炉内燃烧工况的好坏，不仅受一、二次风配风工况的影响，而且也与炉膛内的炉膛热负荷以及燃料在炉内的分布情况有关，即与燃烧器的负荷分配及投停方式有关。锅炉运行中，为保证火焰中心位置，防止火焰偏斜，应使各运行燃烧器承担均匀的负荷，即各燃烧器的给粉量和风量应保持一致。有时为适应锅炉负荷和煤种改变，减少过热器、再热器的热偏差，需要有意识地改变各运行燃烧器的负荷分配。对四角布置的直流燃烧器，为防止火焰偏斜和结焦，当四角气流不对称时，可适当将一侧或相对两侧的风粉降低，也可以通过改变上、下排燃烧器的给粉量或二次风量来调节火焰中心的位置，以满足燃烧和汽温调节的需要。

低负荷时，一般是少投燃烧器，采用较高的煤粉浓度，以保持稳定燃烧和防止灭火。同时避免风速过大的变动，对燃烧工况不太好的燃烧器更应加强监视。高负荷时，一般是多投燃烧器，采用较低的煤粉浓度，以保持炉内均匀的热负荷和稳定燃烧，还应设法降低火焰中心位置或缩短火焰长度，同时力求避免或消除结渣。正常运行时，应尽可能将最大数量的燃烧器投入运行。

为了保持燃烧器一、二次风出口速度，有时要停用部分燃烧器，尤其在低负荷时。燃烧器的投运一般可参考下述原则：

① 只有在为了稳定燃烧以适应锅炉负荷需要和保证锅炉参数的情况下才停用燃烧器。

② 停上投下可降低火焰中心位置，有利于完全燃烧。

③ 采用四角布置的燃烧方式时，燃烧器宜分层停用，必要时可对角停用，定时切换，以利于水冷壁的均匀受热，此外不允许缺角运行。

④ 燃烧器需要切换时，应先投入备用的，以防止中断或减弱燃烧。

⑤ 在投停或切换燃烧器时，必须全面考虑其对燃烧、汽温等方面的影响，不可随意进行切换。

在投、停燃烧器或改变燃烧器的负荷过程中，应同时注意风量与粉量的配合。对于停用的燃烧器，要通以少量空气进行清扫和冷却，以保证喷口的安全。运行中，当需投入备用燃烧器时，应先开启一次风门至所需开度，对一次风管进行吹扫，待风压正常后再送粉。当需停用燃烧器时，应先停用其相应的给粉机及二次风，一次风吹扫数分钟后再关闭。燃烧器停用后，有时需保持其一、二次风有适当的开度，以冷却其喷口。

（二）直流锅炉的运行参数调整

稳定直流锅炉的参数主要取决于两个平衡：汽轮机功率与锅炉蒸发量的平衡；燃料量与给水量的平衡。第一个平衡能稳定汽压，第二个平衡则可稳定汽温。但由于直流锅炉的加热、蒸发、过热三个区段无固定界限，所以它的汽压、汽温和蒸发量之间又是互相依赖和紧密相关的，一个调节手段不仅仅只影响一个被调参数。实际上汽压和汽温这两个被调参数的调节是不能分开的，只是一个调节过程的两个方面。直流锅炉除了被调参数的相关性外，还具有蓄热能力小，运行工况一旦被扰动蒸汽参数变化很快且很敏感的特点。

1. 过热蒸汽压力的调节

过热蒸汽压力调节的任务实质上是要经常保持锅炉蒸发量和汽轮机所需蒸汽量的平衡。在汽包锅炉中，蒸发量的改变是依靠调节燃烧来达到，与给水量无直接关系，给水量是根据汽包水位来调节的。在直流锅炉中，炉内放热量的变化并不直接引起蒸发量的改变，而只有当给水量改变时才会引起锅炉蒸发量的变化，这是因为直流锅炉的蒸发量等于进入锅炉的给水量。因此，直流锅炉的蒸发量首先应由给水量来保证，然后燃料量做相应的调节以保持其他参数稳定。当手动操作时，因为改变燃料量同时要求调节风量而使调节较为复杂，通常首先用给水量作为调节手段稳住汽压，而后调节减温水量来保持汽温。

2. 过热蒸汽温度的调节

在直流锅炉在运行过程中，锅炉负荷的变化以及给水量、燃料量、过量空气系数、受热面结渣等情况的变化，都会引起蒸汽温度较大的波动。

直流锅炉的过热蒸汽温度只决定于燃料量 B 与给水量 G 的比值。如果比值 B/G 保持一定，则可维持出口汽温不变。因此，在直流锅炉中，汽温的调节主要是通过给水量和燃料量的调节来实现。考虑到其他原因对过热蒸汽温度的影响，在实际运行中要精确地保持比值 B/G 也是不容易的。所以除了采用调节比值 B/G 作为粗调节手段外，还必须采用汽水通道上装置几级喷水减温器作为细调节手段。当汽温偏低时，首先应适当增加燃料量或减少给水量，使汽温升高，然后通过喷水精确保持汽温。当汽温偏高时，首先应适当减少燃料量或增加给水量，使汽温降低，然后再通过喷水量来调节汽温。

由于直流锅炉蒸发管内的不稳定动态过程中交变区内交变工质（水变汽）的变化以及过热器管壁金属蓄热的影响，过热蒸汽温度变化有较大的迟延，而且越接近过热器出口迟延时间越大。所以，若用过热器出口汽温作为调节煤水比的信号，则调节过迟，不可能保持稳定的汽温，必须用中间点汽温作为超前调节信号，使调节操作提前。调节时只要利用调节煤水比手段来保持中间点温度在一定值，相当于汽包锅炉过热器入口端固定。而中间点至过热器出口之间，则采用喷水减温器来适应过热器的工况变化及维持规定的过热器出口汽温。中间点的位置越靠近过热器入口，则汽温调节的灵敏度越高，但应保持中间点工质状态在规定负荷内处于微过热蒸汽状态，因而不宜过于提前，应选择合理的位置。

综上所述，直流锅炉在带稳定负荷时，由于压力波动很小，因此主要调节任务是汽温调节。在变负荷时，汽温与汽压的调节必须同时进行。当汽轮机负荷增加而引起汽压降低时，就必须加大给水量来提高压力，同时燃料量必须随给水量相应地增加，才能在调压的过程中同时稳定汽温，即“给水调压，燃料配合给水调温，抓住中间点，喷水微调”，以这种调节方法来达到直流锅炉蒸汽参数的稳定。

直流锅炉再热蒸汽温度的调节方法与汽包锅炉的调节方法相同。

【任务实施】

工作任务	锅炉的运行调整		学时	4	成绩	
姓名		学号		班级		日期	

1. 计划

(1) 岗位划分。

岗位 组别	主值	值班员	值班员	值班员	值班员	值班员	值班员	值班员

(2) 制定锅炉运行参数调整工单。

人员要求		运行作业名称	工作负责人签字
主值	人	锅炉的运行调整	
值班员	人		
	人		工作成员签字
	人		
	人		
	人		

运行前准备

- 资料准备。
- 熟悉运行调整安全注意事项。
- 掌握锅炉运行参数的要求、引起变化的原因、调节方法及注意事项

仿真运行准备

安全措施

工作步骤

技术标准

2. 决策

根据锅炉运行规程核对各组运行参数工单。

3. 实施

(1) 填写锅炉运行参数调整操作票。

(2) 在模拟电厂锅炉运行场景下，各运行学习小组进行锅炉的运行参数调整。

续表

4. 检查及评价

考评项目		自我评估 20%	组长评估 20%	教师评估 60%	小计 100%
素质考评 20	劳动纪律 5				
	积极主动 5				
	协作精神 5				
	贡献大小 5				
总结分析 20					
工单考评 60					
总分					

任务3 锅 炉 停 运

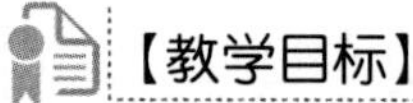

【教学目标】

知识目标：

（1）掌握锅炉停运的方式及特点；

（2）掌握锅炉停运步骤、方法及注意事项；

（3）掌握紧急停炉和申请停炉的条件；

（4）掌握锅炉停运后的保养方法。

能力目标：

（1）能正确填写锅炉运行操作票；

（2）会汽包锅炉冷态滑参数停运操作；

（3）会直流锅炉冷态滑参数停运操作。

态度目标：

（1）能主动学习，在完成任务过程中发现问题、分析问题和解决问题；

（2）能与小组成员协商、交流配合完成本次学习任务，养成分工合作的团队意识；

（3）严格遵守安全规范，爱岗敬业、勤奋工作。

【任务描述】

班级学生自由组合为若干个运行学习小组，各运行学习小组自行选出运行组长，并明确各小组成员的角色。在模拟电厂锅炉运行场景下，各运行学习小组按照 GB 26164.1—2010、《300MW 级火力发电机组集控运行典型规程》、DL/T 611—1996、DL/T 852—2004、《600MW 级火力发电机组集控运行典型规程范本》、DL/T 332.1—2010、《防止电力生产重大事故的二十五项重点要求》的要求，进行锅炉停运操作。

【任务准备】

<table>
<tr><td>工作任务</td><td colspan="3">锅炉停运</td><td>学时</td><td>8</td><td>成绩</td><td></td></tr>
<tr><td>姓名</td><td></td><td>学号</td><td></td><td>班级</td><td></td><td>日期</td><td></td></tr>
<tr><td colspan="8">课前预习相关知识部分，独立回答下列问题：
（1）正常停炉前需做哪些准备工作？
（2）滑参数停炉的步骤有哪些？
（3）停炉时对原煤仓煤位有什么规定？为什么？
（4）什么情况下紧急停炉？什么情况下申请停炉？
（5）锅炉长期停运和短期停运的保护方法有哪些</td></tr>
</table>

【相关知识】

一、理论咨询

（一）汽包锅炉的停运

锅炉停运是指由锅炉运行状态过渡到停止运行状态的过程，实质就是停投燃料对锅炉冷却。锅炉停运是一个冷却过程，同样存在着设备部件的安全问题。如果冷却速度过快，也可能产生危险的热应力而损坏设备。

对单元制机组，锅炉的停运方式与整个单元机组的停运方式有关，一般分为正常停炉和事故停炉两种。正常停炉是指按检修计划或调度安排，将锅炉从运行状态逐渐停止燃烧、降温、降压和冷却。事故停炉是指由于锅炉或单元机组的其他部分发生故障，需停止锅炉运行的非计划停炉。

1. 正常停炉

单元制机组的正常停运方式有定参数停运和滑参数停运两种。

（1）定参数停运是指在停运过程中，维持机前蒸汽参数不变，逐步关小汽轮机调节汽阀，减小进汽量，逐渐减负荷停机。锅炉也相应减负荷，逐渐降压冷却。采用定参数停运，由于只是节流降温，进入汽轮机的蒸汽温度较高，因而在停运后能维持较高的金属温度，并且采用调节汽阀控制负荷，能实现快速减负荷。对只需要短时停运且希望机组停运后能维持较高金属温度的情况，即锅炉停运后转为短期热备用时，可采用该方式。

（2）滑参数停运是指在汽轮机主汽阀、调节汽阀保持全开的情况下，通过调节锅炉燃烧，改变主蒸汽和再热蒸汽参数来逐渐降低机组的负荷，直至汽轮机停运、发电机解列及锅炉降压、冷却。采用滑参数停运，由于在机组的减负荷和降温、降压过程中，蒸汽流量大，可使汽轮机各金属部件均匀冷却，缩短停机时间，且能充分利用机组的余热发电，减少停机热损失。对以检修为目的，需较长时间备用且希望金属快速冷却的机组，可采用该方式。

2. 事故停炉

事故停炉包括紧急停炉和申请停炉两种形式。

（1）紧急停炉。锅炉的紧急停炉是指在机组发生重大事故、危及设备和人身安全时，立即停止锅炉机组的运行。锅炉遇到下列情况之一时，应紧急停止锅炉运行：

1）锅炉达到主燃料跳闸（MFT）动作条件，自动 MFT 保护拒动。

2）承压部件爆破，导致管壁严重超温，使工质温度急剧升高，无法维持锅炉正常运行或威胁设备及人身安全。

3）所有汽包水位计损坏，无法监视汽包水位。

4）锅炉蒸汽压力升高至安全阀动作压力而所有安全阀拒动。

5）汽包、过热器、再热器的安全阀动作后不回座。

6）尾部烟道发生二次燃烧。

7）所有分散控制系统（DCS）画面黑屏或DCS失灵，不能监视运行参数。

8）再热蒸汽中断。

9）锅炉油管道爆破或油系统着火，威胁设备或人身安全。

10）主要辅机故障无法恢复正常运行。

11）炉墙发生裂缝或钢架、钢梁烧红。

（2）申请停炉。锅炉发生下列情况时，应申请停炉：

1）水冷壁管、省煤器管、过热器管、再热器管等受热面发生泄漏尚能维持运行。

2）锅炉管壁温度超限，经降低负荷仍无法降至正常。

3）锅炉汽水品质不合格，经处理后仍不能恢复正常。

4）锅炉严重结焦、堵灰、堵渣，经处理后不能维持正常运行。

5）安全阀动作后不回座。

6）一台（两台）空气预热器跳闸，短时间内无法恢复。

7）控制气源失去，短时间无法恢复。

8）控制室锅炉汽包水位所有远方指示器损坏，短时间无法修复。

9）两台除尘器停电且短时间内无法恢复。

10）炉膛安全监控系统（FSSS）直流电源丧失，短时间内无法恢复。

11）锅炉厂房内发生火警，消防系统无法扑灭，严重威胁到设备安全。

12）电除尘、脱硫装置故障不能正常投运。

13）除灰（捞渣机、气力输灰）系统故障短时间内无法恢复。

申请停炉的操作过程与滑参数停炉相似。

3. 锅炉停运后的保养

锅炉停运后若不采取有效的保护措施，溶解在水中的氧以及外界漏入汽水系统的空气中所含的氧和二氧化碳，都会对金属造成腐蚀，并且停炉期间所产生的腐蚀产物会在以后的运行中造成不良影响。因此，锅炉停运后需要采取措施对锅炉汽水系统进行保护，防止腐蚀。

锅炉停运保护分为干法保护和湿法保护两类。干法保护包括带压放水余热烘干法、充氮法、充氨法等；湿法保护包括压力法、氨-联氨法、氨液法和其他药剂保护法等。

（1）干法保护。

1）带压放水余热烘干法。锅炉采用带压放水，利用余热烘干汽水系统金属内表面，需监视汽水系统出口湿度来确定其干燥状况。此外，也可单独使用具有吸潮功能的干燥剂（如无水氯化钙或硅胶）或以此作为干法保护的补充。

2）充氮法。锅炉汽水系统排空后充入含氧量少于0.01%的氮气，维护系统正压，防止氧气侵入，并定期检测氮气纯度。

3）充氨法。锅炉汽水系统排空后立即充入一定量的氨气，氨气会溶入金属表面的水珠内，在金属表面形成一层氨水保护层（NH_4OH）。该保护层具有极强烈的碱性反应，可以防止腐蚀。

（2）湿法保护。

1）压力法。压力法又可分为蒸汽压力法和给水压力法。机组停运后保持汽水系统内蒸汽有一定压力或注满除氧水，依靠其他汽源、水泵等维护系统正压。

2）氨-联氨法。联氨（N_2H_4）是较强的还原剂，联氨与水中的氧或氧化物反应后，生成不具腐蚀性的化合物，从而达到防腐的目的。停炉后，待压力降为零，锅炉汽水系统注满除氧水，同时将氨-联氨溶液加入炉水中。系统内的水应不断循环，以保证水内这些化学药品良好混合。系统内将发生以下化学反应

$$N_2H_4 + O_2 \longrightarrow N_2 + 2H_2O$$

$$N_2H_4 + 2FeO \longrightarrow N_2 + 2Fe + 2H_2O$$

$$N_2H_4 + 2CuO \longrightarrow N_2 + 2Cu + 2H_2O$$

对于大型超高压及以上汽包锅炉和直流锅炉，由于过热器系统较为复杂，汽水系统内的水不易放净，因此大都采用充氮法和蒸汽压力法。短期停运的锅炉应采用压力法；长期停运和封存的锅炉应采用干法保护、氨-联氨法、氨液法。采用湿法保护时，应注意冬季不使炉内温度低于0℃，以防冻坏设备。

（二）直流锅炉的停运

直流锅炉的停运也可以分为正常停炉和事故停炉两种。正常停炉是根据电网情况或设备检修等纳入调度计划之内的停炉。而事故停炉是指由于汽轮机故障突然甩负荷或者锅炉本身的缺陷及炉管爆破等意外事故所引起的停炉。对于单元制机组来说，机炉紧密相关、互相影响，因而在停炉操作中也必须随时注意与停机操作相适应。

与启动过程一样，为了缩短汽轮机的冷却时间，并促使汽轮机各部件得到均匀的冷却，对于凝汽式汽轮机的单元制机组的正常停用采用滑参数方式停用是最合理的。

一般规定，要求按启动曲线的相反方向进行滑参数卸负荷。必须注意的是在滑参数停炉时，锅炉的降温、降压与汽轮机调节阀的逐渐开大同时进行；待调节阀全开后，利用锅炉降温、降压，使汽轮机负荷降低。当锅炉只是短时间停用时，力求保持锅炉的压力和温度。

对于发生意外情况时的事故停炉，首要的是迅速消除事故。在事故情况下，直流锅炉的操作应进行十分迅速，为此多采用自动控制装置。

二、实践咨询

（一）汽包锅炉的停运

1. 滑参数停运

锅炉滑参数停运过程一般分为停运前的准备、滑压降负荷及机组解列、锅炉熄火和锅炉降压、冷却等几个阶段。锅炉滑参数停运时，锅炉负荷和蒸汽参数的滑降是根据汽轮发电机组的要求分阶段进行的，应严格根据滑参数停运曲线的要求进行。

（1）停运前的准备。停运前要做好五清工作，即清原煤仓、清煤粉仓、清受热面（吹灰）、清锅内（水冷壁下联箱排污）、清炉底（冷灰斗渣槽放渣一次），并且对燃油系统进行全面检查，油温、油压正常，油泵正常。同时按规定进行必要的试验，如投点火油枪的试验，以便在停炉减负荷中用来稳定燃烧。此外，对锅炉本体进行全面检查，记录运行中的设

备缺陷，以便在停炉后消除。

汽轮机、发电机做好停机准备。

（2）滑压降负荷。机组在额定工况下运行时，一般先将机组的负荷降至85%～90%额定负荷，逐渐开大汽轮机的调节阀至全开，将蒸汽温度、压力降至允许值的下限，在此条件下稳定一段时间。待金属各部件的温差减小后，开始负荷、参数的滑降。

在汽轮机调节阀全开条件下，锅炉降压、降温，机组降负荷，同时用汽轮机旁路平衡锅炉与汽轮机的蒸汽流量。在稳定负荷的情况下，调节锅炉燃烧，采用喷水减温，先降低主蒸汽温度，使其低于汽轮机第一级金属温度30～50℃。为防止金属热应力过大，一般汽温的温降速度不宜超过1.5℃/min，金属的温降速度不宜超过1℃/min。待金属温降速度减慢、主蒸汽的过热度接近50℃时，再降低主蒸汽压力，避免汽轮机低压缸后部的蒸汽湿度过大。机组的负荷随蒸汽压力的降低成比例降低。稳定一段时间后，再以同样的方法进行负荷和参数的滑降。

锅炉根据减负荷的情况，逐渐减少运行燃烧器的数目。对中间储仓式制粉系统，当运行给粉机转速减小到一定程度时，应停止运行。随锅炉负荷的减少，逐渐减少运行给粉机的台数，并保持较高的给粉机转速，以维持较高的煤粉浓度。对直吹式制粉系统，随锅炉负荷的下降，逐渐减少各运行制粉系统的给煤量，当各组制粉系统的给煤量减少到一定程度时，则停止一套制粉系统的运行。同时，应调整各制粉系统的风量，以保持一定的煤粉浓度。

在锅炉减负荷、停用制粉系统和燃烧器的过程中，应注意对磨煤机、给粉机和一次风管进行清扫。对停用的燃烧器，应保持少量通风，以冷却燃烧器。当锅炉负荷降到35%～50%额定负荷时，应及时投油枪稳燃。

（3）机组解列、锅炉熄火。机炉解列时的蒸汽参数取决于停机的目的。因检修和冷备用滑参数停运，则应尽可能降低解列时的参数，以便充分利用机组的余热，并使机组得到最大程度的冷却。

锅炉可维持最低负荷燃烧后熄火，此时汽轮机调节阀全开，利用余热发电，待负荷降至接近零时，发电机解列，汽轮机利用余热继续空转，以使通流部分充分冷却。

熄火后，送、引风机保持运行5min，对炉膛和烟道进行通风吹扫。对于回转式空气预热器，为防止转子冷却不均而变形，在锅炉熄火及送、引风机停运后，还应运转一段时间，待尾部烟温低于规定值后，再停止运行。

（4）锅炉降压、冷却。锅炉熄火后即进入降压冷却阶段。在这一阶段总的要求是保证设备的安全，控制降压和冷却速度，防止停炉过程产生过大的热应力，特别是注意汽包壁的温差。最初4～8h，关闭锅炉各处风门挡板，以免金属部件温度迅速下降。之后，开启引风机入口挡板及锅炉各人孔、检查孔，进行自然通风冷却。停炉18h后启动引风机进行冷却。当锅炉降压至零时可放掉炉水。若有缺陷，放水温度应不大于80℃。需要快速冷却时，可加快进、放水，必要时可通风冷却。

滑参数停运中应注意在考虑节约燃油量的同时，应使锅炉熄火时机组的负荷尽量低些。否则，熄火后较大的送汽量和补充水量将导致汽包压力及其相应的饱和温度下降速度加快，这可能引起汽包壁温差过大。此外，负荷较低可延长滑停时间，可以更充分地利用余热。机组释放余热是相当缓慢的，如果滑停时间过短，在汽轮机主汽阀关闭后，锅炉汽压将回升较多，回升值越大，锅炉余热利用越不充分。

2. 定参数停运

锅炉定参数停运的基本过程与滑参数停运相似，一般也分为停运前的准备、减负荷、锅炉熄火和降压、冷却等阶段。

定参数停运减负荷过程中，尽量维持较高的过热蒸汽压力和温度为定值，最大限度地保持锅炉蓄热，以缩短再次启动所需时间。开始停运后，锅炉逐渐降低燃烧强度，汽轮机逐渐关小调节阀减负荷。机炉解列时的蒸汽参数主要以机组冷却到下次启动最有利的程度为原则。手动脱扣汽轮机，同时锅炉熄火，发电机解列，可维持较高的压力、温度。

3. 紧急停炉

手动 MFT 紧急停炉，检查锅炉全部燃料已切除、燃油速断阀关闭、两台一次风机跳闸及所有磨煤机、给煤机停止运行，给煤量到零。所有着火信号消失，所有减温水阀关闭。停用其他 MFT 后应联动而未动作的设备。停止定期排污，尽量维持锅炉汽包水位，若不能维持，则立即停止上水。关闭各级减温水，防止汽温骤降。维持 30%额定风量，保持适当的炉膛负压，进行通风吹扫，通风时间一般不少于 5min。炉膛吹扫完毕复位跳闸设备。锅炉主蒸汽压力超限应降低锅炉压力。打开省煤器再循环阀，保护省煤器。

当锅炉发生尾部烟道二次燃烧时，应先灭火后再通风吹扫。

（二）直流锅炉的停运

直流锅炉的正常停炉也要经历停炉前的准备、减负荷、停止燃烧和降压、冷却等几个阶段。与汽包锅炉相比，主要的不同是当锅炉燃烧率降低到 30%左右时，由于水冷壁流量仍要维持启动流量而不能再减少，因此在进一步减少燃料、降低负荷过程中，包覆管过热器出口工质由微过热蒸汽变为汽水混合物。为了避免前屏过热器进水，锅炉必须投入启动分离器，保证进入前屏过热器的工质仍为干饱和蒸汽，防止前屏过热器管子损坏。

【任务实施】

<table>
<tr><td>工作任务</td><td colspan="3">锅炉停运</td><td>学时</td><td>6</td><td>成绩</td><td></td></tr>
<tr><td>姓名</td><td></td><td>学号</td><td></td><td>班级</td><td></td><td>日期</td><td></td></tr>
</table>

1. 计划

（1）岗位划分。

岗位 / 组别	主值	值班员	值班员	值班员	值班员	值班员	值班员	值班员

（2）制定锅炉停运工单。

<table>
<tr><td colspan="2">人员要求</td><td>运行作业名称</td><td rowspan="2">工作负责人签字</td></tr>
<tr><td>主值</td><td>人</td><td rowspan="6">锅炉停运</td></tr>
<tr><td>值班员</td><td>人</td><td></td></tr>
<tr><td></td><td>人</td><td>工作成员签字</td></tr>
<tr><td></td><td>人</td><td></td></tr>
<tr><td></td><td>人</td><td></td></tr>
<tr><td></td><td>人</td><td></td></tr>
</table>

续表

运行前准备 • 资料准备。 • 熟悉锅炉停运安全注意事项。 • 掌握锅炉停运方法，熟悉各系统的组成、工作流程、停运操作及注意事项
仿真运行准备
安全措施
工作步骤
技术标准

2. 决策
根据锅炉运行规程核对各组停运工单。
3. 实施
（1）填写锅炉停运操作票。
（2）在模拟电厂锅炉运行场景下，各运行学习小组进行锅炉的停运。
4. 检查及评价

考评项目		自我评估 20%	组长评估 20%	教师评估 60%	小计 100%
素质考评 20	劳动纪律 5				
	积极主动 5				
	协作精神 5				
	贡献大小 5				
总结分析 20					
工单考评 60					
总分					

任务 4　锅炉典型事故处理

【教学目标】

知识目标：
（1）掌握锅炉事故处理的原则；
（2）掌握锅炉满水、缺水、汽水共腾的现象、原因及处理方法；
（3）掌握锅炉水冷壁管、省煤器管、过热器管、再热器管爆破的现象、原因及处理方法；

（4）掌握锅炉灭火、烟道二次燃烧的现象、原因及处理方法；

（5）掌握磨煤机着火的现象、原因及处理方法。

能力目标：

（1）能判断锅炉水位事故，会分析原因，能正确处理；

（2）能判断锅炉受热面爆管事故，会分析原因，能正确处理；

（3）能判断锅炉燃烧事故，会分析原因，能正确处理；

（4）能判断磨煤机事故，会分析原因，能正确处理。

态度目标：

（1）能主动学习，在完成任务过程中发现问题、分析问题和解决问题；

（2）能与小组成员协商、交流配合完成本次学习任务，养成分工合作的团队意识；

（3）严格遵守安全规范，爱岗敬业、勤奋工作。

【任务描述】

班级学生自由组合为若干个运行学习小组，各运行学习小组自行选出运行组长，并明确各小组成员的角色。在模拟电厂锅炉运行场景下，各运行学习小组按照GB 26164.1—2010、《300MW级火力发电机组集控运行典型规程》、DL/T 611—1996、DL/T 852—2004、《600MW级火力发电机组集控运行典型规程范本》、DL/T 332.1—2010、《防止电力生产重大事故的二十五项重点要求》、DL/T 435—2004的要求，进行锅炉典型事故处理。

【任务准备】

工作任务	锅炉典型事故处理		学时	4	成绩	
姓名		学号		班级		日期	

课前预习相关知识部分，独立回答下列问题：
（1）锅炉发生事故时的处理原则是什么？
（2）锅炉满水时有什么现象？原因有哪些？如何处理？
（3）锅炉严重缺水时为什么禁止向锅炉上水？
（4）发生汽水共腾的原因是什么？有什么现象？如何处理？
（5）水冷壁爆管的现象有哪些？原因是什么？如何处理？
（6）省煤器爆管的现象有哪些？原因是什么？如何处理？
（7）过热器爆管的现象有哪些？原因是什么？如何处理？
（8）锅炉运行过程中炉膛负压波动大的原因是什么？
（9）如何防止炉膛发生爆燃？
（10）锅炉烟道二次燃烧的现象有哪些？原因是什么？如何处理？
（11）磨煤机着火的现象有哪些？原因是什么？如何处理

【实践咨询】

火力发电厂事故中有相当一部分是由锅炉事故引起的。锅炉发生事故时，一方面会因事故造成减负荷甚至停炉，影响发电厂的正常运行，给发电厂带来经济损失；另一方面，锅炉发生重大事故还会造成设备损坏或留下事故隐患。锅炉事故发生的原因除了设备本身缺陷外，还可能是运行人员误操作或处置不当。运行中应杜绝或减少事故，这就要求运行人员除熟悉设备、系统外，还应熟练掌握机组的运行规律和事故处理原则。一旦发生事故时，及时根据现象判断事故原因，防止事故扩大并消除事故。

锅炉事故发生时，处理的总原则是：

(1) 消除事故的根源，限制事故的发展，并解除对人身、电网和设备的威胁。

(2) 在保证人身安全和设备不受损坏的前提下，尽量保持和恢复机组运行。

(3) 保证厂用电源的正常供给，防止事故扩大。

电厂锅炉的主要事故有水位事故、受热面爆管事故、燃烧事故、制粉系统事故及其他事故，下面进行简要分析。

(一) 锅炉水位事故

锅炉水位事故是锅炉的恶性事故之一，如果处理不当，一般会停炉、停机，严重时造成炉管爆破或汽轮机进水，甚至导致锅炉爆炸和人员伤亡，所以应引起高度重视。锅炉水位事故有缺水事故、满水事故、汽水共腾事故、水位计爆破等。

1. 缺水事故

汽包水位低于规定的最低水位时称为锅炉缺水。缺水分为轻微缺水和严重缺水两种。水位低于规定的最低水位，但水位计仍能读数时称为轻微缺水。水位低到水位计无读数时称为严重缺水。

(1) 缺水事故的现象。汽包水位低或不见水位，低水位报警，给水流量不正常地小于蒸汽流量，过热蒸汽温度上升。低于最低允许水位时，MFT 动作。

(2) 锅炉缺水的原因及预防。

1) 水位测量故障或水位指示不正确。水位测量故障和水位计指示不准确，会造成给水自动调节系统和运行人员的调节错误，导致锅炉缺水。如水位计汽侧连通管堵塞或泄漏时，水位计的指示偏高；水位计的水侧连通管堵塞或泄漏时，则水位计的指示偏低。连通管堵塞主要是由于结垢造成的，运行中必须加强对水位计的监视、校对和维护工作，发现缺陷应及时消除，要经常保持各水位计动作灵敏、指示正确。

2) 给水自动调节失灵。给水自动调节装置失灵或给水阀卡死及阀头脱落都可能造成缺水事故。运行人员应保持警惕，正确判断，及时消除给水自动调节装置的缺陷。

3) 给水压力下降。给水泵故障（如汽动给水泵跳闸电动给水泵联动后，锅炉负荷太高）、给水管路破裂、并列运行锅炉抢水等，均可导致给水压力下降，锅炉进水减少，造成锅炉缺水。运行人员应严密监视，控制给水流量与蒸汽流量相适应。

4) 受热面泄漏。水冷壁和省煤器等受热面泄漏，导致大量的水汽流失，易造成锅炉缺水。如果受热面损坏泄漏严重，水位无法维持时，应立即停炉，以免事故扩大。

5) 锅炉排污不当。运行过程中若定期排污量过大、排污阀泄漏等也会造成锅炉缺水。因此，锅炉定期排污时应保持高水位，低水位时不允许排污，每次开启一组排污阀，排污时间不宜过长，一般全开时间不超过 30s，并且应及时检查排污阀的严密性。

6) 运行人员误操作。在锅炉负荷突变时，运行人员不注意虚假水位现象，操作不当，导致锅炉缺水。因此，运行人员必须熟悉掌握设备性能、汽水系统和水位变化规律，提高判断和处理事故的能力。

(3) 锅炉缺水的处理。若是轻微缺水，将给水调节切至手动，增加给水流量，停止排污，逐步恢复正常水位。若是严重缺水，锅炉的低水位保护动作 MFT，如果 MFT 未动，应手动 MFT。锅炉停止运行，停炉后严禁向锅炉进水。

2. 满水事故

汽包水位高于规定的最高水位称为锅炉满水。满水分轻微满水和严重满水两种。水位高于最高水位，但水位计仍有读数时称为轻微满水；水位高到水位计已无读数时称为严重满水。

（1）满水事故的现象。水位计水位高或不见水位，高水位报警，给水流量不正常地大于蒸汽流量，过热蒸汽温度下降。严重满水时过热蒸汽温度急剧下降，主蒸汽管道有水冲击声并发生振动，阀门、流量孔板及汽轮机法兰和轴封等处向外冒白汽，MFT 动作。

（2）锅炉满水事故的原因。与锅炉缺水事故的原因相似，对于控制循环锅炉，炉水循环泵全部跳闸也会造成汽包满水。

（3）锅炉满水的处理。若是轻微满水，应校核水位计，将给水调节切至手动，减少给水流量，必要时开启定期排污阀。汽温下降速度过快时，应立即关闭减温水阀，并开启过热器疏水阀。严重满水时锅炉的高水位保护动作 MFT，如果 MFT 未动，应手动 MFT，停止上水，开启过热器联箱和蒸汽管道的疏水阀，开事故放水阀，待汽包水位恢复正常后重新点火。

3. 汽水共腾事故

炉水含盐量达到或超过临界含盐量，汽包水面上出现很厚的泡沫层而引起水位急剧膨胀，造成蒸汽大量带水的现象称为汽水共腾。

（1）汽水共腾的现象。汽包水位正值增大且急剧波动，水位计内水位不清，过热蒸汽温度急剧下降。严重时主蒸汽管道有水击声，汽轮机法兰及轴封冒白汽。

（2）汽水共腾的原因及预防。造成汽水共腾的主要原因是给水或炉水品质不合格、锅炉负荷骤减或汽压急剧下降。因此，运行过程中应加强对汽水品质进行严格的化学监督，加强水处理和锅炉排污，控制炉水含盐量不超过规定标准。

（3）汽水共腾的处理。若判断为汽水共腾时，应立即降低锅炉负荷和汽包水位。开大连续排污阀和定期排污阀，并增大锅炉给水以加强锅炉换水。解列减温器，开启过热器疏水阀。若汽温急剧下降，还应开启汽轮机主蒸汽管道的疏水阀和向空排汽阀，以防品质恶化的蒸汽大量进入汽轮机。另外，还应通知化学人员停止向锅炉内加药，化验汽水品质。经上述处理后，若汽水共腾现象已消除，且汽水品质已合格，则可恢复正常负荷。

（二）锅炉受热面爆管事故

在锅炉事故中，水冷壁管、过热器管、再热器管和省煤器管爆破损坏事故最为常见和严重。当受热面管子爆破时，高温高压汽水喷出，不但需要停炉限电，而且容易造成人员伤亡。因此，防止和消除受热面爆管损坏事故，对保证锅炉安全、经济运行尤为重要。

1. 水冷壁管爆破事故

（1）水冷壁管爆破的现象。炉膛内有泄漏声；炉膛负压减小或变正，摆动幅度较大；炉膛不严密处向外冒烟，严重时燃烧不稳或造成灭火；锅炉两侧烟温差增大且烟温降低，蒸汽温度、压力、流量下降；汽包水位下降，给水流量不正常地大于蒸汽流量；如果风量自动调节，引风机入口导叶不正常地开大，电流上升。

（2）水冷壁管爆破的原因及预防。

1）锅炉启动、停运不符合要求。冷炉进水时，水温和进水速度不符合规定；启动时，升压、升温或升负荷速度过快；停运时，冷却过快、放水过快等，这些都会导致管壁受热和冷却不均，从而产生过大的热应力，以致水冷壁爆管。

2）水循环不正常。锅炉运行过程中负荷突然变化时，汽包压力随之突变，易引起水循环故障。燃烧调节不当，炉内热负荷分布严重不均，也易造成受热弱管子中发生循环停滞、倒流等水循环故障。长时间低负荷运行或定期排污阀泄漏会破坏水循环。对于控制循环锅炉，水冷壁入口节流圈被异物堵塞，造成水循环不良。如果循环回路长时间处于水循环不正常状态下工作，必将造成该循环回路的水冷壁管超温烧坏。

3）运行调节不当。运行中燃烧调节不当，引起火焰偏斜、冲墙，造成炉膛结渣及水冷壁管烧坏；汽包水位控制调节不当，造成锅炉缺水事故而导致水冷壁爆管。为此，应根据工况变化情况，及时合理地调节燃烧，防止火焰偏斜；监视和调节好水位；注意经常打渣、吹灰，保持受热面清洁。

4）管外磨损。燃烧器附近的水冷壁管易被煤粉磨损减薄而引起爆管。吹灰气流对水冷壁管直接长时间冲刷也会造成管外磨损。吹灰器或燃烧器安装角度不良，调整不当，会加剧对水冷壁冲刷。为此，要经常检查燃烧器的工作情况，防止煤粉气流偏斜以及吹灰气流长时间直接冲刷水冷壁管。

5）管内结垢、腐蚀。给水品质不良，炉水质量差，引起水冷壁管内结垢，致使传热热阻增大，管壁温度升高，强度减弱，以致爆管。同时，结垢处易产生垢下腐蚀，锅炉停炉备用时也容易发生氧化腐蚀。为避免管下结垢，必须加强对炉水、给水的化学监督，保证炉水质量。对水冷壁管特别是热负荷较高的水冷壁管应进行定期割管检查，以了解管内结垢、腐蚀情况，如有异常应及时换管。此外，还必须做好锅炉停用期的保养工作。

6）制造、安装或检修质量不良。钢材选用错误、焊接质量不佳、弯管不符合要求造成管壁过薄、管子受热后不能自由膨胀都会引起爆管。因此，应加强制造、安装和检修的质量监督和保证工作。

此外，打渣不及时导致炉膛大块焦渣塌落撞击水冷壁引起爆管。燃烧器附近高热强度区水冷烟气侧高温腐蚀，运行中发生汽包缺水，处理不当等也易引起水冷壁爆管。

（3）水冷壁管爆破的处理。如果爆破后的汽水泄漏不严重，能维持正常的汽包水位与炉膛负压，可减负荷运行，等待调峰停炉。在此期间必须加强监视，严密注意事故的发展情况。如果泄漏严重，无法维持正常的汽包水位或正常的炉膛负压，燃烧不稳定，应紧急停炉。停炉后保持引风机运行，抽出炉内泄漏的蒸汽，同时关闭连续排污阀，增加给水量维持汽包水位。如果水位无法维持，则应停止进水，严禁开启省煤器再循环阀。

2. 过热器和再热器爆管事故

（1）过热器、再热器爆管的现象。在过热器区有蒸汽喷出的声音，炉膛负压下降或变成正压且不稳定，炉墙、人孔等不严密处向外冒烟气或蒸汽，爆破点后烟道两侧有不正常的烟温差，过热器泄漏一侧烟温降低，爆破点前过热蒸汽温度降低，爆破点后过热蒸汽温度偏高，汽压下降，蒸汽流量不正常地小于给水流量，省煤器集灰斗内有潮湿的细灰，引风机导叶不正常的开大、电流上升。

再热器的爆管现象与过热器相似。再热蒸汽压力下降，在负荷不变情况下，主蒸汽流量增加。

（2）过热器、再热器爆管的原因。

1）管外磨损与腐蚀。管外高温腐蚀与磨损，停炉后保养不当致使蒸汽侧腐蚀等，都会使受热面管壁变薄，强度下降，严重时管壁爆破。吹灰器安装或操作不当，也会吹坏过热器管。

2）管壁超温。汽包内汽水分离不正常或炉水品质不合格，造成管内壁结垢，传热恶化，管壁超温。启动前酸洗不合理，酸洗后的杂质积存在屏式过热器等低流速区管内，引起管子通道堵塞，个别管段干烧或蒸汽质量流速过低，管壁超温。启动停运时对过热器、再热器保护不良，如高、低压旁路使用不当，再热器管壁超温。燃烧调节不好，火焰中心位置上移或炉膛受热面结渣，炉膛出口烟温过高，炉膛上部和出口处的受热面壁温升高。过热器系统设计布置不合理，前一级过热器的热偏差带入后一级过热器，偏差管可能超温爆管。

3）制造、安装与检修质量不合格，管材质量不合格。

（3）过热器、再热器爆管的处理。泄漏不严重时，应将运行方式切至“汽轮机跟随”，通知汽轮机全开调节阀，降负荷运行，并申请停炉。泄漏严重，汽温变化大，不能维持在正常范围内，且燃烧不稳，应紧急停炉，避免由破口喷出的蒸汽吹坏邻近管子，扩大事故。停炉后保持一台引风机运行，将烟气蒸汽排出后，停止引风机运行。

3. 省煤器爆管事故

（1）省煤器爆管的现象。

1）汽包水位下降，给水流量不正常地大于蒸汽流量；省煤器处烟道有异声。

2）灰斗内有滴水或湿灰；省煤器出口左、右侧烟温差增大，泄漏侧烟温偏低。

3）空气预热器出口风温下降。

4）引风机导叶调节投入自动时，引风机导叶不正常地开大、电流上升。

（2）省煤器爆管的原因。

1）给水品质不合格，管内壁发生氧腐蚀，以致损坏省煤器管。

2）飞灰对受热面的磨损，特别是在燃用高灰分煤时，省煤器管的磨损更为严重。

3）烟气侧的低温腐蚀，使省煤器管壁变薄，强度减弱。

4）经常启停的机组给水温度变化剧烈，致使管子产生热应力，热应力过大会损坏管子，特别是应力较集中的联箱易产生疲劳裂纹。

5）吹灰器安装不当或吹灰器未及时退出，吹坏省煤器。尾部烟道二次燃烧，造成省煤器管过热破坏。

6）启停过程中，未及时开启省煤器再循环阀而导致过热。

7）制造、安装及检修质量不合格，也会引起省煤器爆管。

（3）省煤器爆管的处理。

1）省煤器损坏不严重能维持汽包正常水位时，锅炉可降低负荷维持运行，等待调度停炉，同时加强监视。

2）如泄漏严重无法维持汽包正常水位时，应紧急停炉，以免事故扩大。

3）停炉后保留一台引风机运行，将炉内蒸汽抽净。

4）切除电除尘器高压电源。

5）对于有省煤器再循环的锅炉，停炉后不能开启再循环阀，防止汽包内的水经省煤器再循环管通向泄漏处漏掉。

（三）锅炉燃烧事故

常见的锅炉燃烧事故有炉膛灭火爆炸和烟道再燃烧。这些事故一旦发生，将会造成锅炉设备的严重损坏，还可能造成人员伤亡，因此必须尽力防止。

1. 炉膛灭火爆炸

炉膛灭火就是火焰突然熄灭。炉膛灭火爆炸有内爆和外爆之分。炉膛灭火，压力骤降，形成真空状态，炉墙外侧受到巨大的内向推力，称为内爆。炉膛灭火后未能及时切断燃料，进入与积存于炉内的燃料突然燃烧，炉膛压力骤升，形成正压状态，炉墙内侧受到巨大的外向推力，称为外爆。严重的内爆与外爆将导致炉墙破坏、水冷壁管破裂，这是锅炉的重大事故。

（1）炉膛灭火的现象。炉膛负压不正常地突然增大；一、二次风压下降；火焰监视器显示无火焰，火焰监视报警并且 MFT 动作；汽压、汽温、流量迅速下降，水位先下降后上升；烟温下降；氧量不正常地增大。

（2）炉膛灭火的原因及预防。

1）运行中的送风机、引风机、一次风机等故障跳闸或锅炉跳闸保护动作。

2）煤的质量太差或煤种突变。煤中灰分、水分偏高，挥发分偏低，致使着火困难；煤种突变，发热量和挥发分与设计煤种相差太大，也容易造成灭火。因此，燃用劣质煤时，应提前通知运行人员，并加强燃烧的监视和调节，以防灭火。

3）炉膛温度低。启动或低负荷运行时，过量空气系数过大、炉膛大量漏风而导致炉膛温度过低；打焦孔和其他孔、门开启时间过长也会造成炉膛温度低，使得燃料着火困难。因此，运行中应注意控制风量，保持最佳过量空气系数。正常运行时，炉膛负压不宜过大，各门、孔的开启时间不宜过长，以免漏风过大。此外，运行中锅炉负荷不能太低，若必须在低负荷下运行时，应及时投油助燃，以稳定燃烧。

4）燃烧调整不当。一次风速过低或过高，四角直流燃烧器气流方向紊乱，给粉机出粉不均匀、低负荷时风煤配比严重失调等，均会造成燃烧不稳定，甚至灭火。因此，运行中应根据锅炉负荷和燃料情况，正确调整燃烧工况。

此外，低负荷时炉膛吹灰或水冷壁爆管将火焰吹灭、炉膛负压过大、水冷壁吹灰不及时造成大面积落焦、水冷壁管爆破以及制粉系统、燃油系统故障等也会造成炉膛灭火。

（3）炉膛灭火的处理。

1）炉膛灭火后，应立即切断向炉内供应的一切燃料，停止送、引风机，关闭锅炉各门、孔。

2）注意并保持汽包水位，关闭各级减温水。

3）查明原因并消除后，开启送、引风机，调节风量大于 30%额定风量，通风 5～10min，抽出炉膛和烟道中的存粉，重新点火启动。

4）现代大型锅炉靠运行人员瞬间切断燃料是比较困难的，通常采用 FSSS 来保证炉膛的安全运行。

5）灭火后，严禁解除灭火保护用爆燃法点炉。

6）若爆炸造成设备损坏，如水冷壁弯曲、漏水、横梁弯曲、炉墙破裂、汽包移位等，则应停炉检修。

2. 烟道再燃烧

烟道再燃烧是指烟道内沉积大量可燃物质（如煤粉或油垢），在一定条件下引起复燃的现象。

（1）烟道再燃烧的现象。炉膛燃烧不稳，烟道和炉膛负压波动大或出现正压，从烟道或引风机不严密处向外冒烟或火星；引风机的轴承温度升高；烟道内烟温和排烟温度急剧上升；氧量表或二氧化碳表指示不正常，烟囱冒黑烟；过热蒸汽温度、再热蒸汽温度、省煤器出口水温、热风温度等全部或部分上升；蒸汽流量和蒸汽压力均下降；如果空气预热器发生二次燃烧，其电流不正常地摆动，外壳发热或被烧红。

（2）烟道再燃烧的原因。

1）长时间煤粉太粗、煤粉均匀度差、炉膛配风不合理、燃烧器损坏、炉膛氧量维持过低或油枪雾化不好、燃烧不完全使未燃尽的燃料积存在尾部烟道。

2）长期低负荷运行，燃烧不完全，烟速低，烟道内积存未燃尽的燃料。

3）锅炉启停时，炉膛温度低或过量空气系数偏小，容易使可燃物沉积于烟道中或受热面上。

4）另外，烟道吹灰不及时，未燃尽的可燃物在烟道中堆积，也会造成烟道再燃烧事故。

（3）烟道再燃烧的处理。

1）若排烟温度不正常升高，而汽压和蒸汽流量有所下降，则应检查燃烧情况，确认燃烧器出口喷出的煤粉是否燃尽，一、二次风配比是否适当，油喷嘴雾化是否良好。若为煤油混烧，可将油或煤粉停掉，改为单一燃料的燃烧方式。严禁增加燃料量，必要时可降低负荷运行。

2）若排烟温度骤增，应紧急停炉，停止送、引风机运行，关闭所有风门挡板、烟气挡板及其周围各门、孔，密闭炉膛和烟道，打开空气预热器的再循环风门，以冷却空气预热器。打开省煤器的再循环阀，打开过热器疏水阀，向烟道通入蒸汽进行灭火。

3）若省煤器处发生二次燃烧，停炉后应保持少量进水，冷却省煤器；若空气预热器发生二次燃烧，停炉后空气预热器继续运行，投入蒸汽吹灰，必要时应用冲洗水或消防水灭火。

4）烟道内各段烟温正常后，方可打开检查人孔门检查，确认无火源后，启动一侧引、送风机进行通风和吹扫，并加强监视；检查烟道烟温正常，设备未损坏时，方可重新启动。

（四）锅炉制粉系统事故

1. 自燃及爆炸的现象

磨煤机出口温度急剧升高；自燃处壳体烧红或内部有火星；爆炸时有响声，磨煤机外壳不严密处有烟冒出，磨煤机风压剧烈摆动，炉膛负压波动较大，炉火发暗，爆炸严重时可引起锅炉灭火。

2. 自燃及爆炸的原因

（1）磨煤机温度调节不当，磨煤机出口温度过高。

（2）原煤中含有油质或雷管等易爆物品。

（3）停运磨煤机后，磨煤机内部存煤自燃或石子煤箱内的石子煤自燃；停运磨煤机时未及时吹扫或吹扫不彻底。

3. 磨煤机自燃及爆炸处理

（1）若磨煤机出口温度高未跳闸，则关闭热风门，开打冷风门，适当增大给煤量灭火，但不要使磨煤机过负荷。

(2) 若采用上述办法仍无法解决，应立即停止磨煤机运行，关闭冷、热风调门和冷、热风隔绝门，投入蒸汽灭火装置进行灭火。同时，应立即投油助燃，增加其他磨煤机负荷，启动备用磨煤机。蒸汽灭火后，关闭蒸汽消防阀，通知检修人员对磨煤机内部进行检查，在确认各部件完整无损和火源已清除完毕后，方可投入备用。

(五) 其他事故

1. RB

(1) RB的现象。RB动作报警；主蒸汽流量下降；主、再热蒸汽温度下降；引起RB动作跳闸设备报警，跳闸设备所控制的参数发生波动；机组负荷自动快速下降至某一稳定负荷。

(2) RB的原因。两台送风机运行时，其中一台跳闸；两台引风机运行时，其中一台跳闸；两台空气预热器运行时，其中一台跳闸；两台汽动给水泵运行时，其中一台跳闸，电动给水泵未启动；运行中的直吹式制粉系统磨煤机跳闸，仅剩两台运行。

(3) RB的处理。

1) 通过FSSS自动进行燃料选择切换，否则应人工干预。

2) 检查煤粉燃烧器自动由高层向低层停止，直至保留带对应负荷运行。

3) 停燃烧器对应的直吹式制粉系统。

4) 检查给水自动是否正常，维持汽包水位。

5) 尽量维持汽温、汽压缓慢下降。

6) 尽快查明原因，待消除后重新恢复负荷。

2. 锅炉自动MFT动作

(1) 自动MFT动作的现象。锅炉MFT声光报警，火焰电视无火焰显示；锅炉各参数急剧下降；所有运行制粉系统跳闸，一次风机跳闸；锅炉油燃料跳闸（OFT）动作，燃油速断阀关闭；减温水电动总阀关闭；电除尘器跳闸；吹灰程序中断。

(2) 自动MFT动作的处理。

1) 应立即手动停止未自动跳闸的一次风机、磨煤机、给煤机。确认燃油速断阀关闭、减温水总阀关闭，否则应立即手动关闭。启动电动给水泵，维持汽包水位。

2) 烟风系统无故障，应进行炉膛吹扫。

3) 烟风系统故障跳炉，故障消除后应延长炉膛吹扫时间，若两台引风机停运，应自然通风15min后允许启动风机。

4) 对跳闸的磨煤机进行惰性处理。

5) 电除尘器未自动停止通知手动停止运行；确认吹灰程序停止，将未退出炉膛的吹灰器退出。

6) 查明MFT首出原因，及时消除故障，做好恢复机组原状态运行准备。

7) 如故障难以在短时间内消除，按常规停炉处理。

【任务描述】

工作任务	锅炉××事故处理			学时	4	成绩	
姓名		学号		班级		日期	

续表

1. 计划

(1) 岗位划分。

岗位 / 组别	主值	值班员	值班员	值班员	值班员	值班员	值班员	值班员

(2) 制定锅炉事故处理工单。

<table>
<tr><td colspan="2">人员要求</td><td>运行作业名称</td><td>工作负责人签字</td></tr>
<tr><td>主值</td><td>人</td><td rowspan="6">锅炉××事故处理</td><td></td></tr>
<tr><td>值班员</td><td>人</td><td>工作成员签字</td></tr>
<tr><td></td><td>人</td><td></td></tr>
<tr><td></td><td>人</td><td></td></tr>
<tr><td></td><td>人</td><td></td></tr>
<tr><td></td><td>人</td><td></td></tr>
<tr><td colspan="4">运行前准备
• 资料准备。
• 熟悉锅炉典型事故的现象及原因。
• 掌握锅炉典型处理的原则、操作步骤</td></tr>
<tr><td colspan="4">仿真运行准备</td></tr>
<tr><td colspan="4">安全措施</td></tr>
<tr><td colspan="4">工作步骤</td></tr>
<tr><td colspan="4">技术标准</td></tr>
</table>

2. 决策

根据锅炉运行规程核对各组事故处理工单。

3. 实施

(1) 填写锅炉××事故处理操作票。

(2) 在模拟电厂锅炉运行场景下，各运行学习小组进行锅炉××事故处理。

4. 检查及评价

考评项目		自我评估 20%	组长评估 20%	教师评估 60%	小计 100%
素质考评 20	劳动纪律 5				
	积极主动 5				
	协作精神 5				
	贡献大小 5				
总结分析 20					
工单考评 60					
总分					

项目7

锅 炉 检 修 管 理

【项目描述】

通过对火力发电厂锅炉设备检修和安全管理方面的现场管理进行阐述，并结合具体事例介绍，进行场景分析，从点检定修入手，使学生初步掌握锅炉检修从策划、组织、实施、验收、启动、总结等全过程的管理要点，能掌握锅炉检修安全管理的主要方面。

【教学目标】

(1) 能说出检修管理的历史沿革；

(2) 能掌握点检定修的内容和模式；

(3) 能根据年度检修（以下简称年修）模式确定机组检修方式，并能从管理方面策划锅炉的A级检修工作；

(4) 能掌握锅炉检修方面的安全风险，并掌握管理方面相关的控制措施。

【教学环境】

锅炉检修实训场、锅炉设备模型室、多媒体课件、锅炉教学视频、锅炉设备系统图纸。

任务1 设 备 管 理 认 知

【教学目标】

知识目标：

(1) 了解设备管理发展历程；

(2) 了解点检定修在电力行业的应用情况；

(3) 掌握点检定修的特点与内涵。

能力目标：能讲述点检定修的特点与内涵。

态度目标：

(1) 能主动学习，在完成任务过程中发现问题、分析问题和解决问题；

(2) 能与小组成员协商、交流配合完成本次学习任务，养成分工合作的团队意识；

(3) 严格遵守安全规范，爱岗敬业、勤奋工作。

【任务描述】

班级学生组合为若干个检修学习小组，各检修学习小组自行选出作业组长，并明确各小组成员的角色。在模拟电厂锅炉检修场景下，各检修学习小组按照DL/T 748.1—2001《火力发电厂锅炉机组检修导则第1部分：总则》和国家发展和改革委员会发布的DL/Z 870—

2004《火力发电企业设备点检定修管理导则》中的要求，能对点检定修的特点与内涵进行描述。

【任务准备】

工作任务	设备管理认知		学时	2	成绩	
姓名		学号	班级		日期	
课前预习相关知识部分，独立回答下列问题： （1）描述设备管理发展历程。 （2）描述点检定修在电力行业推广应用历程。 （3）描述点检定修的特点与内涵						

【相关知识】

一、设备管理发展历程

工业发展从手工业直至机械化、电气化、电子化，随着科技发展，设备现代化水平提高，维修管理方式也在不断革新和发展。尽管设备维修管理有许多学派和理论，也有不同的看法，但从设备管理发展史来看，它还是有一定规律性的。

1. 第一代：事后维修阶段 BM（breakdown maintenance，1950 年前）

这个时代分为两个阶段：兼修时代，操作工同时兼维修工；专修时代，专业进行了分工，操作工只负责操作，维修工专门维修。特点是坏了才修，不坏不修。

2. 第二代：预防维修阶段 PM（preventive maintenance，1950～1960 年）

该阶段包含以下两大体系：

（1）以苏联为首的计划预修制（含中国）。

理论根据：摩擦学、磨损理论。

优点：可以减少非计划（故障）停机，将潜在故障消灭在萌芽状态。

缺点：对经济性考虑不够。由于计划准确性的影响，可能产生维修过剩或维修不足，不注意设备的基础保养。

（2）以美国为首的预防维修制。

理论根据：摩擦学、同期检查、诊断。

优点：减少故障停机，检查后的计划维修可以减少部分维修的盲目性。

缺点：受检查手段和人员经验的制约，仍可能使计划不准确，造成维修冗余或不足。

3. 第三代：生产维修阶段 PM（productive maintenance，1960～1970 年）

以美国为代表的西方国家多采用此维修管理体制，生产维修由四部分内容组成：事后维修 BM（breakdown maintenance），预防维修 PM（preventive maintenance），改善维修 CM（corrective maintenance），维修预防 MP（maintenance prevention）。

这一维修体制突出了维修策略的灵活性，吸收了后勤工程学的内容，提出了维修预防、提高设备可靠性设计水平以及无维修设计思想。

4. 第四代：各种设备管理模式并行阶段（1970 年至今）

（1）综合工程学。该理论于 20 世纪 70 年代由英国的丹尼斯·巴克思提出，定义为“为使资产寿命周期费用最经济，将相关的工程技术、管理、财务及业务加以综合的学科。”英国政府以政府行为积极支持丹尼斯·巴克思的理论，综合工程学这一思想对其他国家也有所影响。

（2）全员生产维修 TPM（total productive maintenance）。日本在美国生产维修的基础上，吸收了英国综合工程学的思想，提出“全员生产维修”的概念。

（3）设备综合管理。该理论为 20 世纪 80 年代我国在苏联计划预修体制的基础上，吸收生产维修、综合工程学、后勤工程和日本全员生产维修的内容，提出的对设备进行综合管理的思想，这一体系尚无规范化的模式，随企业不同而各有特点。

二、点检定修在我国电力行业的应用

我国电力行业的设备管理体制，是在我国第一个五年计划期间从苏联引进设备时所引进的当时苏联的设备管理模式。采用这种管理模式，企业的管理层次多，检修的频度和强度大，因而需要大量的管理人员和维修人员，加上企业规模越建越大，既不利于企业总体效益的提高，又不能集中精力将设备真正管好。随着国民经济的快速增长，电力行业无论从设备的先进性和单机容量上都有大幅度的提升，原有设备管理体制和管理方法备受质疑，这是点检定修制进入我国电力行业的时代背景。

1. 第一阶段：试点

20 世纪 80 年代末 90 年代初，上海宝钢集团公司一期工程全套引进日本设备（包括该钢铁联合企业的自备电厂），在引进设备的同时，花费数千万美元引进全套管理软件，在设备管理上则实行点检定修制的管理。上海宝钢集团公司自备电厂原来受原电力部华东电管局管理，后来划归冶金部的上海宝钢集团公司。上海宝钢集团公司自备电厂也是中国电力企业联合会火电分会的成员厂，在两次电厂厂长的年会上他们介绍了采用点检定修制的成功经验。这些经验表明从不自觉强制实行点检定修制到比较自觉地执行这种管理方法，设备健康情况明显提高，故障减少，在提高设备可靠性（全年未停机）的同时，在降低维修费用上取得明显成效。

2. 第二阶段：学习

（1）20 世纪 90 年代初，原电力部在北京举办为期 1 个月的发电厂管理培训研讨班，邀请几位日本国发电厂的厂长，面对面研讨日本国发电厂的管理体制、管理方法和管理经验，实际上也是一次对设备实行 TPM 管理的高端培训。参加这次培训的有我国当时容量在 100 万 kW 以上或者是全省容量最大的发电厂的厂长。

（2）20 世纪 90 年代初原电力部邀请英国国家电力公司的几位厂长在北京就英国发电厂的管理作为时一周的讲座，当时电力部所属许多大型发电企业和有关研究院、所的领导均参加了这次培训。

3. 第三阶段：推广

（1）在 20 世纪 90 年代中期，对于新建电厂原电力部明确规定了新厂实行新的管理体制，人员编制大幅度减少。电厂原则上不配检修队伍，要求管理逐步与国际接轨。

（2）从 20 世纪 90 年代中期开始，原电力部在多次会议上明确在电力设备检修中要逐步推行状态检修，以后部署了有关的试点单位。

作为我国电力行业的行业协会，中国电力企业联合会火电分会根据 1997 年厂长年会上确定的管理跨越和创新的思路，认为点检定修制与电力企业深化改革相适应，即新厂新模式可以采用这种体制，老厂的改革可以借鉴这种管理模式。因此该次会议后决定将点检定修制作为重点研讨和推广的课题。

从点检定修管理在电力行业应用推广进程表（见表 7-1）中可以看到点检定修制的强大生命力，在短短六年多时间内得到了广泛的应用，目前许多大的发电公司已将其明确为设备管理的基本模式。

表 7-1　　点检定修管理在电力行业应用推广进程表

时　间	应用和推广单位	推广和应用形式	备　注
1997 年	浙江北仑电厂	继宝钢自备电厂后，第一家进行点检制试点的大型火力发电厂	先在燃料专业试点，以后逐步推广到全厂，装机容量为 300 万 kW(5×60 万 kW)
1998 年初	中国电力企业联合会火电分会和原华东电力企业协会	召开了电力行业内第一次设备点检定修管理的研讨会	由上海宝钢集团自备电厂设备管理部门作专题介绍
1998～1999 年	原华东电管局所属三省一市电力公司生产管理部门	召开各省、市所属发电企业，关于点检定修制的研讨会，推广这种先进的设备管理方法	由中国电力企业联合会火电分会有关专家专题介绍
1999 年 5 月	上海电力股份有限公司	为规范公司所属发电企业在点检定修管理上的具体做法，推出了我国第一本点检定修管理导则	由中国电力企业联合会火电分会科技服务中心协助编写上海电力股份有限公司点检定修管理导则
2001 年 12 月～2002 年 3 月	浙江省电力公司	为规范原浙江省电力公司所属发电厂（包括水电厂）在点检定修管理上的具体做法，推出了我国第一本属于省公司一级的企业标准	由中国电力企业联合会火电分会科技服务中心协助编写浙江省电力公司点检定修管理导则，本导则为企业标准
2002～2004 年	中华人民共和国国家发展和改革委员会	2002 年中国电力企业联合会标准化部上报原国家经贸委，以国经贸（电力）〔2002〕173 号文正式安排了《发电设备点检定修管理导则》行业标准的制定工作。2004 年 3 月 9 日由国家发展和改革委员会发布，并于 2004 年 6 月 1 日执行	本标准为国家电力行业标准，编号 DL/Z 870—2004，由中国电力企业联合会火电分会科技服务中心承担制定任务

三、点检定修的特点与内涵

点检定修制是以点检人员为责任主体的全员设备检修管理体制，可以使设备在可靠性、维护性、经济性上达到协调优化管理。在点检定修制中，点检人员既负责设备点检，又负责设备全过程管理。点检、运行、检修三方面之中，点检处于核心地位。

点检定修制是一套科学有序、职责明确的设备管理体系，它具有兼容性、开放性、持续改进的特点，受到世界上多数国家设备管理专家的重视。

（1）责任化：点检定修管理充分落实了设备管理责任制。点检定修管理的精髓就是形成了以点检员为核心的设备管理体制，点检员与设备一一对应。点检管理理论充分说明点检员是设备管理的第一责任人。

（2）全员化：点检定修管理是一种全员参与的设备管理体制。设备点检定修管理充分合理地运用了运行人员、专业点检员、专业技术人员、检修人员等“全员”的力量。由制度、标准或合同实现点检方、运行方和检修维护方三方间的工作关系。

（3）专业化：点检定修管理适应并体现了专业化管理格局。点检定修管理体制形成了“管就管好，修必修精”的专业化发展格局。实行点检定修制后能促进各项工作的专业化与精细化管理，专业化的发展可激发各个岗位员工的积极性、主动性和能动性。

（4）规范化：点检定修管理是一套规范和科学的现场管理操作体系。点检定修制通过“6S”（整理、整顿、整洁、整修、素养、安全）管理、“八定”（定地点、定项目、定人员、定周期、定方法、定标准、定表格、定记录）原则、“AB 角”（对每一台设备都有明确的设备点检责任人，该人即为设备的 A 角；当该责任人因故不在时的备用管理人员，为该设备的 B 角）管理、“四保持”（保持设备的外观整洁、保持设备的结构完整、保持设备的性能和精度、保持设备的自动化程度）、“三方确认”（要求设备的管理方、设备的操作方和设备的维修人员共同到现场进行确认）、W/H 点（W 点为现场见证点，H 点为不可逾越的停工待检点）的设置和验收等，使得现场管理操作规范化。

（5）标准化：点检管理是一套丰富、完整和科学的设备管理体系。通过设备技术标准、点检标准、检修作业标准、设备维护保养标准等标准的制定，使得现场的管理操作标准化。

（6）定量化：点检定修管理形成定量管理的思想和机制。点检员要清楚所管辖设备的设备管理值和设备状态量，掌握定量管理与趋势分析的方法与手段。

（7）信息化：点检定修管理使信息化技术发挥高效。通过点检定修软硬件信息化的建设，使其为点检定修的实施提供高效平台。

（8）动态化：点检定修管理形成了 PDCA（计划、实施、检查、反馈）循环动态的闭环管理模式。它通过点检作业管理“动态管理”，检修标准内容“动态管理”，设备管理目标或设备管理值“动态管理”等，形成基于 PDCA 思想的动态闭环管理模式。

（9）扁平化：点检定修管理形成精简、高效和扁平的设备管理体制，通过以点检定修管理为核心的三位一体管理体制，实现扁平化和重心下移，形成以专业主管为核心的“五制配套”管理模式（“五制配套”是指以计划值为目标，以点检定修管理为重点，落实各级设备管理人员的岗位职责，建立并推行标准化工作方法，开展以人为本的、富有创造性的、运用 PDCA 工作方法的自主管理活动）。

（10）项目化：项目管理充分应用到点检定修管理体制当中。通过对“设备管理部的点检员是项目经理”理念的认识，在检修部门推行检修项目经理负责制，形成点检定修中的项目管理制。

（11）经济化：点检定修管理下的点检员拥有了经济管理思想意识。通过培训点检员的成本管理理念，深刻掌握设备经济性分析技术等技能，使得点检定修制的真正意义是减少了大、中、小修的盲目性。

（12）人性化：点检定修管理充分体现了“以人为本”的思想。点检定修管理发展到一定程度，就是自主维护和自主管理。通过点检定修管理，逐步形成自主维护、自主管理、终身管理、民主管理的体制，充分体现“以人为本”的思想和精神。

【任务实施】

工作任务	设备管理认知			学时	2	成绩	
姓名		学号		班级		日期	

1. 资料准备

（1）查阅中华人民共和国电力行业标准 DL/T 748.1—2001；

（2）查阅国家发展和改革委员会发布的 DL/Z 870—2004。

2. 任务实施

描述点检定修的特点与内涵。

3. 评价

考评项目		自我评估 20%	组长评估 20%	教师评估 60%	小计 100%
素质考评 20	劳动纪律 5				
	积极主动 5				
	协作精神 5				
	贡献大小 5				
总结分析 20					
工单考评 60					
总分					

任务2 锅炉设备点检管理

【教学目标】

知识目标：

(1) 掌握点检管理的基本原则；

(2) 了解点检管理的分类和周期；

(3) 掌握点检管理的五层防护体系和点检优化策略。

能力目标：

(1) 能根据点检标准，编制所辖设备的点检计划；

(2) 能按照点检计划编制点检路线图。

态度目标：

(1) 能主动学习，在完成任务过程中发现问题、分析问题和解决问题；

(2) 能与小组成员协商、交流配合完成本次学习任务，养成分工合作的团队意识；

(3) 严格遵守安全规范，爱岗敬业、勤奋工作。

【任务描述】

班级学生自由组合为若干个检修学习小组，各检修学习小组自行选出作业组长，并明确各小组成员的角色。在模拟电厂锅炉检修场景下，各检修学习小组按照国家发展和改革委员会发布的DL/Z 870—2004的要求编制点检计划和点检路线图。

【任务准备】

<table>
<tr><td>工作任务</td><td colspan="3">点检计划的制订</td><td>学时</td><td>4</td><td>成绩</td><td></td></tr>
<tr><td>姓名</td><td></td><td>学号</td><td></td><td>班级</td><td></td><td>日期</td><td></td></tr>
<tr><td colspan="8">课前预习相关知识部分，独立回答下列问题：
(1) 设备点检的定义是什么？
(2) 设备点检管理的基本原则是什么？
(3) 设备点检管理的五层防护体系是什么？
(4) 什么是精密点检和倾向点检？
(5) 决定点检周期的因素与前提是什么？
(6) 点检标准的编制依据是什么</td></tr>
</table>

【相关知识】

一、理论咨询

(一) 点检管理的基本原则

点检的基本原则可以归纳为“八定”：定点、定标准、定人、定周期、定方法、定量、定业务流程、定点检要求。这不同于传统的设备巡回检查，改变了传统的设备检查业务机构层次和业务流程。

1. 定点

科学地分析、确定设备的维护点，即易发生劣化的部件。明确点检部位，同时确定各部件检查的项目和内容，如回转部位、滑动部位、传动部位、荷重支撑部位、受介质腐蚀部位以及承压部位等。

示例1：空气预热器日点检记录，见表7-2。

表7-2 空气预热器日点检记录

空气预热器日点检记录			
设备名称：＃　机组空气预热器		时间：　年　月　日　上午/　时　分——时　分　下午/　时　分——时　分	
序号	点检项目		点检标准
1	低部推力轴承温度		预警温度设置为70℃；报警温度设置为85℃
2	低部推力轴承的运行		运行声音正常，有无异常的杂音
3	低部推力支承轴承润滑油位		油位计大于2/3处
4	低部内缘环向密封		密封严实、连接螺栓紧固，无异常的摩擦声
5	导向轴承温度		预警温度设置为70℃；报警温度设置为85℃
6	导向轴承的运行		运行声音正常，有无异常的杂音
7	导向轴承润滑油位		油位计大于2/3处
8	顶部内缘环向密封		密封严实、连接螺栓紧固，无异常的摩擦声
9	导向轴承冷却水		流量指示计转动，连接管件无裂纹、无渗水
10	驱动装置振动	—	50μm
11		⊙	
12		⊥	
13	驱动装置油位		液面镜2/3处
14	空气预热器运行		运行声音正常，有无异常的摩擦声
15	空气预热器的检修人孔门		密封严实、连接螺栓紧固，无烟、气泄漏
16	空气预热器软连接		无破损、老化，密封严实，连接螺栓牢固
17	气动马达及压缩空气软管		气动马达运行声音正常，金属软管连接牢固
18	吹灰器		运行平稳，无卡涩现象，法兰连接无泄漏
备注：			

2. 定标准

按照设备技术标准的要求，确定每一个维护检查点参数（如间隙、温度、压力、振动、流量、绝缘等）的正常工作范围。

示例2：一次风机日点检记录，空气预热器冲洗水泵点检技术标准，分别见表7-3、表7-4。

表7-3 一次风机日点检记录

______月____日　至______月____日

设备名称	点检项目		标　准	星　期				
				一	二	三	四	五
2号炉B一次风机	推力轴承振动	—	小于5.5mm/s					
		⊙						
		⊥						

续表

设备名称	点检项目		标　准	星期				
				一	二	三	四	五
2号炉B一次风机	推力轴承温度		小于50℃					
	推力轴承油位		油面镜1/3～2/3处					
	承力轴承振动	—	小于5.5mm/s					
		⊙						
		⊥						
	承力轴承温度		小于50℃					
	承力轴承油位		油面镜1/3～2/3处					
	轴承冷却水		正常					
	承力轴承声音		无异声					
	推力轴承声音		无异声					
	油站供油压力		4×10^5Pa					
	油站供油温度		<42℃					
	油站滤油差压		$<5\times10^4$Pa					
	油站冷却水窗		叶轮转动，无泄漏					
	油站冷却器进水温度		<38℃					

表7-4　　空气预热器冲洗水泵点检技术标准

点检部位	点检内容	点检周期	点检方法	点检状态			点检标准
				操作工	专职点检员	维修工	
泵壳	外观检查	Y	目视		△	△	无裂纹、无变形，结合面平整
轴承	振动情况	S/D	测振仪	○	○		振动值应小于0.05mm
	温度	S/D	测温仪	○	○		小于65℃
	润滑情况	D	目测	○	○		润滑良好，润滑油无渗漏
地脚螺丝	固定情况	M	目测	○	○		固定牢固，无松动现象
叶轮	运行情况	D	听针	○	○		运转正常，无异声
	解体检查	Y	目测超声波		△	△	无裂纹、汽蚀、砂眼
	间隙	Y	仪器		△	△	叶轮口环与密封环配合应有0.23～0.3mm的间隙，超过0.5mm时应更换密封环
	端面检查	Y	仪器		△	△	叶轮两端面接触面应光滑，接触均匀，两端面平行允许误差为0.016mm，与中心垂直度允许误差为0.016mm
	叶轮校核	Y	仪器		△	△	叶轮校核时，静平衡质量不超过3g

注　点检状态标记：○—运转中点检；△—停止中点检。点检周期标记：S—班；M—月；D—天；Y—年；W—周。

3. 定人

按区域、按设备、按人员素质要求，明确专业点检员。

点检作业的核心是专职点检员的点检，点检区域和设备是固定的。点检员是经过专业培训、具有一定设备管理能力、精通本专业技术、有实际工作经验、有组织协调能力的设备管理人员。所辖点检区的设备管理者是分管设备的责任主体，一经确定，不轻易变动。点检员实行常白班工作制。

示例3：热机专业点检岗位分工，见表7-5。

表7-5　热机专业点检岗位分工

序号	职务	岗位分工
1	锅炉点检长	锅炉专业全面点检管理兼制粉系统点检管理等
2	锅炉点检	锅炉本体、燃油系统、四管防磨防爆、锅炉排污系统、压力容器，兼阀门监督管理等
3	锅炉点检	捞渣机、风烟系统、压缩空气系统等，灰渣系统及厂内、外灰管线等
4	汽轮机点检长	汽轮机专业全面管理等，兼全厂点检定修管理、振动管理
5	汽轮机点检	汽轮机本体、内冷水、真空系统、氢气系统、闭式水、补给水、蒸汽及疏水系统、除氧器系统、给水泵汽轮机本体及疏水系统，兼管理生产系统暖通空调、建（构）筑物、门窗沟盖板、道路、雨排水、保温搭架及现场文明生产等
6	汽轮机点检	主机调速油系统、润滑油系统、给水泵及高压加热器、给水泵汽轮机润滑油及调速油系统等
7	汽轮机点检	凝结水、开式水、低压加热器系统、工业水、循环水系统、综合和江边泵房内水泵及系统、汽轮机排污系统、凝汽器等
8	燃运点检工程师	燃运机务点检管理等
9	电气点检工程师	燃运电气设备点检管理等
10	金属监督专责	金属监督管理等

4. 定周期

预先确定设备的点检周期和点检状态，按照分工进行日常巡检、专业点检和精密点检。有的点可能每班检查，有的点则一日一查，有的点数日一查、一周一查或一月一查等，根据具体情况确定。

示例4：吹灰器点检周期，见表7-6。

表7-6　吹灰器点检周期

序号	维护项目	周期	标准	备注
1	对吹灰枪的起吹点进行调整	6月	更改撞销位置后运行可靠	
2	内管填料检查	1周	吹灰器运行时无渗漏	吹灰时进行检查
3	吹灰器就地检查	1天	各部件完好、无渗漏	吹灰行程调整、空气阀气密性检查触发臂、阀门弹簧、阀杆卡完好、对跑车油位进行观察、摆动块和撞销是否配合
4	蜗轮减速箱检查加油	1月	转动灵活、无卡涩	墙式吹灰器
5	油杯检查加油	1月	转动灵活、无卡涩	墙式吹灰器
6	大齿轮、控制盒齿轮、棘爪组件、阀门填料室外螺纹、驱动销定位螺控、定位螺塞、配对法兰螺柱	1月	转动灵活、无卡涩	墙式吹灰器

续表

序 号	维护项目	周 期	标 准	备 注
7	螺纹管	1月	转动灵活、无卡涩	墙式吹灰器
8	前支座轴承检查加油	1月	转动灵活、无卡涩	墙式吹灰器
9	齿轮减速箱检查加油	1月	转动灵活、无卡涩	长伸缩吹灰器
10	填料室腔内检查加油	1月	转动灵活、无卡涩	长伸缩吹灰器
11	填料室轴承检查加油	1月	转动灵活、无卡涩	长伸缩吹灰器
12	阀门启闭装置及拉杆加油	1月	转动灵活、无卡涩	长伸缩吹灰器
13	螺旋线相变装置检查加油	1月	转动灵活、无卡涩	长伸缩吹灰器
14	前支承加油	1月	转动灵活、无卡涩	长伸缩吹灰器
15	辅助托架托轮轴承座检查加油	1月	转动灵活、无卡涩	长伸缩吹灰器
16	齿条、配对法兰螺柱、阀门填料室外螺纹、螺塞、前支承螺栓、吹灰枪及法兰螺栓	1月	转动灵活、无卡涩	长伸缩吹灰器

5. 定方法

根据不同设备及点检要求，明确点检的具体方法，如用感官（视、听、触、嗅）或用仪器、工具进行监测、诊断等。

示例5：风机点检方法，见表7-7。

表7-7 **风机点检方法**

序号	点检项目	标 准	点检方法
1	轴承箱及机壳水平、轴向、垂直方向振动值测量	各部位振幅均小于0.06mm	手持式振动仪现场测量
2	电动机轴承水平、轴向、垂直方向振动值测量	各部位振幅均小于0.06mm	同上
3	引风机主轴承温度检查	轴承温度小于65℃	SIS系统查看
4	引风机电动机轴承温度检查	轴承温度小于65℃	同上
5	风机控制油站流量检查	适量	同上
6	风机电动机油站流量检查	适量	同上
7	风机控制油站冷油器清污	换热温差大于5℃	同上
8	风机电动机油站冷却器清污	换热温差大于5℃	同上
9	风机油站控制油压与润滑油压检查调整	控制油压控制在2.5～3.5MPa，润滑油压控制在0.4～0.6MPa	查看现场仪表，根据设备实际运行情况决定调整数据
10	电动机油站润滑油压检查调整	润滑油压控制在0.2～0.4MPa	同上
11	风机油站滤芯清理或更换	滤网前、后压差小于0.4MPa	SIS系统查看
12	风机电动机油站滤芯清理或更换	滤网前、后压差小于0.04MPa	同上
13	冷却风机滤网检查清理	滤网表面清洁	现场检查
14	风机叶片探伤	表面着色检查无裂纹和砂眼等	停止设备运行并解体后进行金属探伤
15	轴承箱支撑环焊道检查	表面着色检查无裂纹和砂眼等	同上
16	风机、电动机油站润滑油化验	检测油运动黏度、酸值、杂质、水分等符合此润滑油要求	每月取样一次交油化验室
17	风机控制油站、电动机油站更换润滑油	油站油位高于1/3	现场查看
18	风机控制油站、电动机油站补油	油站油位低于1/3	同上

6. 定量

在点检的同时，将技术诊断和倾向性管理方法结合起来，对有磨损、变形、腐蚀等减损量的点，用劣化倾向管理的方法进行量化管理，逐步达到通知维修的要求，实行现代设备技术同科学管理的统一。

示例 6：一次风机电动机振动超标。某台机组小修结束，一台一次风机电动机带负载投运后，点检员发现其振动值超标，标准值为 8.5 丝，且由 9.5 丝逐步增加到 13 丝。根据设备劣化的量化管理，将其投入备用。

在设备部的安排下，由锅炉专业牵头，电气专业配合，同时请厂家人员、电科院人员对其进行振动技术诊断，并进行劣化倾向分析，最确定振动是共振引起，经更换备用电动机、动平衡后，振动合格。

7. 定业务流程

明确点检作业的程序，包括点检结果的处理对策。业务流程应包括日常点检和定期点检，发现的异常缺陷和隐患凡急需处理的由点检员通知维修人员解决，其余的列入正常维修处理。

示例 7：点检作业的程序。锅炉点检员按照“上午现场点检、下午设备管理”的原则安排时间。点检员一天的时间安排如下：

（1）8：00～8：30。点检员打开电脑，分别进入缺陷管理系统、厂级监控信息系统、资产管理系统查询，了解前一天的生产操作及设备缺陷情况。

（2）8：30～8：45。各专业组碰头会，点检长安排一天的工作。

（3）8：45～9：00。安排联系检修工作，发放工单。

（4）9：00～11：30。现场点检。

（5）11：30～12：00。整理点检数据，安排处理异常。

（6）14：00～16：00。检修工作现场检查、监督、验收，设备试运等。

（7）16：00～17：00。点检数据上传、设备台账、点检日志的填写以及其他日常工作。

8. 定点检要求

做到定点记录、定标处理、定期分析、定向设计、定人改进、系统总结。

（二）点检管理的分类和周期

点检管理的分类按不同的要求通常可归纳为以下三种。

1. 按点检目的分类

（1）良否点检。检查设备的好坏，即缺陷、隐患和性能降低，判断是否要维修。

（2）倾向点检。对重点设备或已发现隐患需加强控制的设备进行劣化倾向管理，预测劣化点的维修时间和零部件更换周期。

2. 按点检方法分类

（1）解体点检。在设备现场进行分解点检，这种点检一般都属于工程性的项目，也就是由专职点检人员提出工程项目，委托给检修方实施解体维修。

（2）非解体点检。在设备运行现场做外观性的观察检查，这种点检一般都是由点检人员自己完成。

3. 按点检周期分类

（1）日常点检。日常点检主要是依靠点检员日常的五感进行外观检查，在设备运行中由运行人员完成巡检，也称为生产点检或制作点检。日常点检的周期通常在一周以内。

(2) 定期点检。定期点检也就是通常所说的预防检查。按照每台设备（包括组成的零部件）不同的特性，确定一定的检查间隔，依靠人的五感及检测仪器，对其运行的状态定期进行检测，再将检测的数据上传至设备点检管理系统，进行综合性的分析、研究，尽可能在发生故障之前及早发现隐患。对于A类设备点检员每天点检一次，B类设备每周两至三次，C类设备每周或更长时间一次。

(3) 精密点检。精密点检是指用检测仪器、仪表对设备进行综合性测试、检查，或在设备未解体情况下运用诊断技术、特殊仪器、工具或其他特殊方法测定设备的振动、温度、裂纹、变形、绝缘等状态量，并对测得的数据对照标准和历史记录进行分析、比较、判定，以确定设备的状况和劣化程度的一种检测方法。此项工作由点检长组织企业内、外部资源来完成。需要依靠外部资源进行诊断的，由点检长负责联系有能力的技术服务单位进行。

（三）点检管理的五层防护体系

设备的五层防护体系就是将岗位日常点检、专业定期点检、专业精密点检、技术诊断和倾向管理、精度性能测试检查等结合起来，以保证设备安全、稳定、经济运行的防护体系。表7-8为设备点检管理的五层防护体系。

表7-8　　设备点检管理的五层防护体系

名　称	方　式	执行人员	工作手段
岗位日常点检	24h内定时	值班员及巡操员	设备结构知识、感官＋经验
专业定期点检	白班定时	点检员	机械、电气、仪表、水、液压、材料等一般知识，工具、仪器＋经验
专业精密点检	白班计划	点检员与专业技术人员	专业知识、经验＋精密仪器＋理论分析
技术诊断和倾向管理	按项目定期计划	点检员与专业技术人员	机械、电气、仪表、水、液压等全面知识、经验＋诊断仪器＋分析技术
精度性能测试检查	定期测试	点检员与专业技术人员	设备知识、经验＋精密仪器＋分析判断能力

(1) 第一层岗位日常点检。发电厂运行人员实质上也是设备的维护保养人员，通过运行人员负责的日常巡（点）检，发现异常，排除小故障，进行小维修，这是防止设备发生事故的第一层防护线。

(2) 第二层专业定期点检。专业点检员是设备维修管理的责任主体，具有较全面的专业知识和一定的实际经验及协调管理能力。专业点检员依靠经验和仪器对重点设备、重要部位进行详细的外观点检或内部检查，掌握设备的劣化倾向，及时发现设备隐患，排除故障，这是防止设备事故发生的第二层防护线。

(3) 第三层专业精密点检。在岗位日常点检和专业定期点检的基础上，点检员和专业技术人员对设备进行严格精密的检查、测定和分析是防止设备事故发生的第三层防护线。

(4) 第四层技术诊断和倾向管理。与上述“三位一体”（岗位日常点检、专业定期点检、专业精密点检）相协同的技术诊断和倾向管理，无论上述何种点检中发现异常，必要时都可以使用技术诊断的方法探明因果，为决策者提供最佳处理方案或控制缺陷发展的方法，同时对重要部位或系统确定倾向管理项目。技术诊断可不断地记录动态指标，做出曲线，做到一有异常立即发现，为倾向管理提供依据。因此，技术诊断和倾向管理是点检管理的重要组成部分，是确定设备状态的依据，是防止设备事故发生的第四层防护线。

（5）第五层精度性能测试检查。经过上述四层防护，设备能否保持它的基本特性，还要检查设备的综合性精度。要按精度检查周期的要求，每隔半年或一年进行精度检测和性能指标检验，计算其精度良好率，分析劣化点，以考评和控制设备性能和技术经济指标，评价点检效果。对发电设备来说，主要是检测机炉效率、供电煤耗量等经济指标，以及安全性、可靠性、自动化投入率及动作准确率，保护投入率及动作正确率和设备优良率等，这是防止设备事故发生的第五层防护线。点检管理的五层防护体系是设备点检制的精华，是建立完整点检工作体系的依据。按照这一体系，将企业的各类点检工作统一起来，使运行岗位人员、专业点检人员、专业技术人员、检修人员等不同层次、不同专业的全体人员都参加管理；将简易诊断、精密诊断以及设备状态监测和劣化倾向管理、寿命预测、故障分析、精度与性能指标控制等现代化管理方法统一起来，从而使具有现代化管理知识和技能的人、现代化的技术装备手段和现代化的管理方法三者结合起来，形成了现代化的设备管理体系。

（四）点检优化策略

发电厂是一个十分庞大的系统，由锅炉、汽轮机、发电机三大主设备组合而成，每天产生的点检信息量可达数千条以上。这些信息量获得后如何分工，如何在这些信息中及时找到最需要的数据，就像“沙里淘金”，需要耐心、细致地筛选，这就是点检优化策略所要研究的课题。

1. 点检优化概念

点检优化在 DL/Z 870—2004 中是这样表述的：合理安排点检管理的五层防线，既要以点检为核心的精神，又要充分发挥与点检管理有关的运行巡检、技术监督、定期试验等工作的作用，做到五层防护线各有重点，不产生重复点检，设备数据信息流畅通，分工和职责明确，达到点检工作优化的目的。

2. 点检优化策略

对任何工作都要抓住主要矛盾，不能对所有设备采用“一刀切”的管理办法，因此要对发电厂的设备进行分类。对不同类别的设备，采用不同的点检策略。

分类原则采用 DL/Z 870—2004 的有关规定，对设备分成 A、B、C 三类。设备分类工作一般由分管设备的点检人员提出初稿，由设备管理部门审核汇总后提交企业负责人，批准后作为今后各项工作的依据。

（1）A 类设备的点检策略。A 类设备的健康与否，直接影响到机组的正常运行，是点检工作的重点，实际工作中应注意以下几个方面：

1）点检员是 A 类设备的第一点检责任人。A 类设备的点检信息是带有关联性质的，因此点检人员要具备较好的专业素质，既需要有运行方面的知识，又要熟悉设备的结构、性能。因此对 A 类设备的点检，应由点检员亲自主持和参与，不宜外包，同时应按 DL/Z 870—2004 的要求，不断提高点检员的素质。

2）A 类设备的点检方式以倾向点检为主。A 类设备以倾向点检为主，强调对微小变化的跟踪探索，除了点检员要做好倾向管理外，强调运行监盘人员对实时数据的分析和向点检人员发出预警信号（微小倾向趋势）以期尽早得到设备变化的信息。有条件的企业可设置或改造实时数据的计算机监控系统。A类设备的实时数据如果出现了劣化倾向，就会对发电生产构成威胁，这时应树立以保设备为主的理念。监控装置起到了24h不间断点检的作用。任何超越运行技术管理值的故障运行都会对设备健康构成危险，因此，不能因为构成非停或事故等原因而带病运行。

3）A类设备的点检数据分析工作，强调协同作战原则。这是因为A类设备所反映的问题是生产系统中的综合表现。例如，某锅炉设备引风机振动发生变化，可能会有多种原因（电动机的原因、机械本身的原因、运行方式的原因和基础的原因等），因此要适时召开设备管理部门的内部协调会议，这种会议无需由上一级领导到场，可以运用“工序服从”原则，及时解决。

4）加强对A类设备的精密点检、技术监督和定期测试等工作。设备精密点检的目的是定期获得反映设备状态的技术数据，有些数据的获得必须是在设备停运情况下进行。因此，精密点检往往集中在设备年修中进行，而且精密点检多数集中在A类设备上。

（2）B类设备的点检策略。围绕设备受控对B类设备开展点检管理是研究B类设备点检策略的主要内容。点检员对B类设备应采取先易后难、逐步推进、重点攻关等手段，将分管设备中的B类设备运用“解剖麻雀”的办法，彻底搞清楚设备的内在规律，这些规律包括设备的合理检修周期、易损零部件的更换周期、合理的运行技术管理值、合理的检修技术管理值，简单地说是围绕设备受控的有关工作。

1）B类设备受控的滚动规划。表7-9为B类设备受控五年滚动规划。

表7-9　B类设备受控五年滚动规划

序号	项目名称	设备编号	受控年份										备注
			2005		2006		2007		2008		2009		
			初控	受控	初控	受控	初控	受控	初控	受控	初控	受控	
1			5月					5月					
2			7月			7月							
3			12月							6月			
4					11月					11月			
5							3月					3月	
6					6月					12月			

上述滚动计划表说明：

① B类设备在检修策略上要逐步采用状态检修的做法，因此原则上除在年修中安排检修的B类设备以外的B类设备，均需列入滚动规划表内，对全厂的B类设备有一个长远的打算。

② 表中至少要有设备名称、设备编号（计算机管理的需要）、受控的年份和备注栏等栏目。格式和形式可以根据各自情况变动。

③ 初控是指该设备经过一次全面的劣化倾向管理后，点检员已初步掌握了设备的检修周期、易损零部件的更换周期或规律，运行管理值和检修技术管理值已基本确定并在实践中得到应用。

④ 受控是指在经过设备初控以后的第二次倾向管理中，经过一个检修周期的实践证明，

确认初控中认定的检修周期、易损部件的更换周期、运行技术管理值和检修技术管理值都是正确的。

⑤ 本滚动规划要逐年修订，从初控到受控阶段中发现的与原来规划设想有变动时应及时调整规划。

⑥ 备注栏内应说明该设备拟进行的劣化倾向管理的部件名称和项目。重点攻关项目和暂时无条件开展劣化倾向管理的设备也应在备注栏内说明。

制订的滚动规划应一目了然，分管的B类设备将用什么办法在多少年内全部受控均可体现。当然，这些受控数据的获得需要进行有效的精密点检和劣化倾向管理。

2）B类设备的点检分工。同A类设备一样，B类设备也应由点检员担任第一点检责任人。当被点检设备受控以后，可以适当减少点检员的点检频度（即延长两次点检的间隔时间），而将工作重点转向该设备的日常维护标准化上面。

有的发电企业由于人员编制特别紧，可以在点检员（业主）指导下，由承包商按标准进行点检，即实行委托点检。

3）设备管理的最终目的是设备受控，并保持无故障运行。图7-1所示为B类设备最佳管理流程。

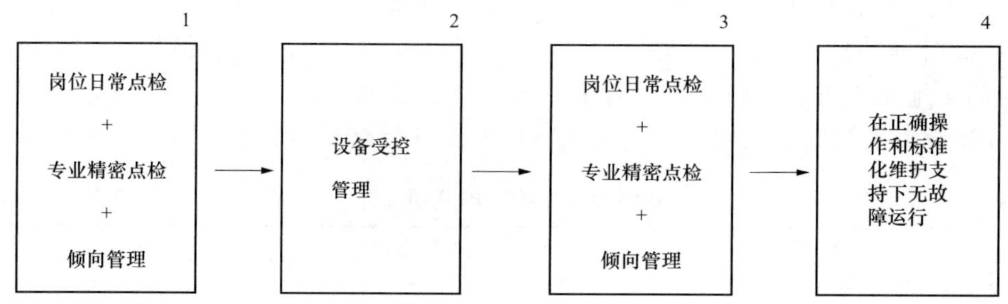

图7-1 B类设备最佳管理流程

设备点检并不是目的，它只是设备管理的一种手段，发电设备管理的最终目标是要求能始终保持无故障运行。

一般来说，设备从基建投产移交生产后，需经过四个阶段才能保持在无故障运行的最佳状态。这四个阶段是：

第一阶段：通过岗位日常点检、专业精密点检和劣化倾向管理，在逐步摸清设备的内在规律基础上，向设备受控管理过渡。

第二阶段：受控管理主要是结合劣化倾向管理进行，制定合理的零部件更换周期和检修周期，验证运行技术管理值、检修技术管理值是否符合实际情况，为状态检修提供依据。

第三阶段：在设备受控基础上，按受控管理确定的检修周期进行预防检修。在检修时又反过来为完善受控标准进行验证。确认按受控标准所进行的检修确实是符合状态检修的原则，否则，还需重新循环，直至达到状态检修的目的。

第四阶段：设备在受控基础上进行状态检修后，还必须保持在无故障运行的水准上。这个水准的获得前提必须是设备的运行操作是正确无误的，同时，又必须获得标准化维护的支持。

(3) C类设备的点检策略。C类设备一般实行良否点检，不实行倾向点检。

在分工上，电厂巡检人员负责C类设备的日常点检，也是设备良否点检的责任人。

因为C类设备一旦损坏且不被发现，时间长了就会对生产造成危害。所以巡检24h值班时间内，每班都有人全面巡视所有设备。

有的企业将维护人员界定为助理点检员，协助点检员全面负责C类设备的日常点检。实践证明这可很好发挥维护人员的积极性，同时也减轻了点检员的工作负担，有利于对A、B类设备加强管理。维护人员参加点检活动，也符合TPM管理的内涵。

对于主厂房内的很多物业管理项目，从其性质上分析不属于A、B类设备范畴，不宜由点检员直接管理，一般可由维护人员负责或单独设置物业管理人员。

（五）对各类人员的点检要求

在全员参与的设备管理体系中，各类人员都要做到尽职尽责，发挥各自的作用，由于各人所处工作岗位的性质不同，其对点检活动的参与和要求也有所不同。

表7-10列出了各类人员在点检体系中的方式、手段和目的、要求。

表7-10 各类人员在点检体系中的方式、手段和目的、要求

参加人员	点检对象	点检方式和手段	点检目的和要求	备注
运行人员	A类设备	良否点检和倾向点检，以倾向点检为主	（1）掌握A类设备微小变化趋势，及时发出预警信号； （2）以保护设备为首要任务，杜绝为了保发电而违章的任何运行方式和操作	主设备一般应每隔1～2h巡视一次，其他A类设备可适当增大间隔
	B类设备（未受控）	日常巡视要加大倾向点检的要求	对实时数据要及时分析，有变化时应及时通知点检人员	重要辅机一般应每隔1h巡视一次
	B类设备（已受控）	以良否点检为主	发现运行实时数据有明显变化时，应及时通知点检人员	重要辅机每2h巡视一次
	C类设备	良否点检	无特殊要求的设备进行一般的巡视，仅做良否点检	每班应全面巡视所有设备一次，白班人员可以不做巡检（要求维护人员在此时间内安排良否点检）
点检员	A类设备	倾向点检	（1）查阅前一晚实时数据的运行记录，发现微小变化，务必跟踪分析，实行倾向管理和趋势分析； （2）按点检标准对当天的点检计划无遗漏地进行认真点检； （3）编制年修中的精密点检计划并亲自参与； （4）编制月度精密点检计划	
	B类设备（未受控）		（1）编制设备劣化倾向管理计划，并安排在定修时做好精密点检； （2）平时有计划地做日常跟踪点检	
	B类设备（已受控）		按点检计划实施点检	编制标准化维护计划和措施，实施无故障运行管理
	C类设备			对外包设备重点放在经济管理上

续表

参加人员	点检对象	点检方式和手段	点检目的和要求	备　注
维护人员	A类设备	良否点检	(1) 平时从“四保持”和“6S”活动出发进行以良否点检为主要形式的巡视； (2) 发现疑点，应立即通知分管设备点检员	发现“四保持”和“6S”有问题时，应主支立项进行处理。平时实行主支维护、随手点检和随手消缺
	B类设备（未受控）	倾向点检为主，良否点检	(1) 平时开展以“四保持”和“6S”管理为中心的点检活动； (2) 发现实时数据有变化时应及时的通知点检员； (3) 参加劣化倾向管理，配合实施精密点检	按劣化倾向管理计划执行
	B类设备（已受控）		(1) 平时开展包括日常巡视、“四保持”和“6S”活动的标准化维护活动； (2) 发现问题及时通知点检人员	
专业化检测人员	A类设备	倾向点检、精密点检、定期试验和技术诊断	(1) 按精密点检计划、定期试验计划和劣化倾向管理计划对设备开展精密点检和测试，做技术诊断的分析，提供试验报告，重点提出被检验设备能否在下一个年修周期内保持可靠运行； (2) 分析劣化倾向，提出预防进一步劣化的措施和意见； (3) 提出试验报告和相应的改进意见	参加人员可以是外委、外协人员，也可是本厂人员，这些人员包括所有参与技术监督、定期试验和状态诊断的人员
	B类设备	倾向点检、精密点检和定期试验	(1) 按有关计划参与做全面技术诊断，提出技术诊断报告，重点分析该被检查设备的寿命周期； (2) 提出辅机试验报告和相应的改进意见	参加人员可以是外委、外协人员，也可是本厂人员，这些人员包括所有参与技术监督、定期试验和状态诊断的人员

二、实践咨询

(一) 点检计划的制订

点检计划是指点检人员实施点检作业的计划、由点检人员在点检作业前根据点检标准进行编制，作为日常点检和定期点检的标准化作业的内容。

1. 点检计划编制

点检计划的编制是专职点检员的重要工作。虽然点检工作的对象设备是不变的，但随着生产的不断进行，设备状态在不断地变化，重点的劣化部位也在变化，所以，点检的项目、周期、方法等也要跟着变化。

点检计划编制的依据是点检标准。

2. 点检作业流程图

点检的作业流程是指点检定修业务进行的程序，也称点检工作模式，即点检员进行计划、实施、检查、反馈的 PDCA 工作循环。

点检作业流程图是点检作业进行的程序语言，它代替了上下、横向之间的业务关系，完全改变了传统管理，即行政指令性管理和指挥模式，按科学的程序进行管理。它的作业流程为：计划（根据标准编制的作业表、计划表）—实施（确认设定点的状态、记录结果、异常苗头的发现及调整处理)—检查（计划表的执行情况、信息传递、研讨、整理分析)—反馈(核对计划、标准)，以提出修正、修改意见，改善点检作业过程中的各种条件，提高点检管理水平和工作效率，如图 7-2 所示。

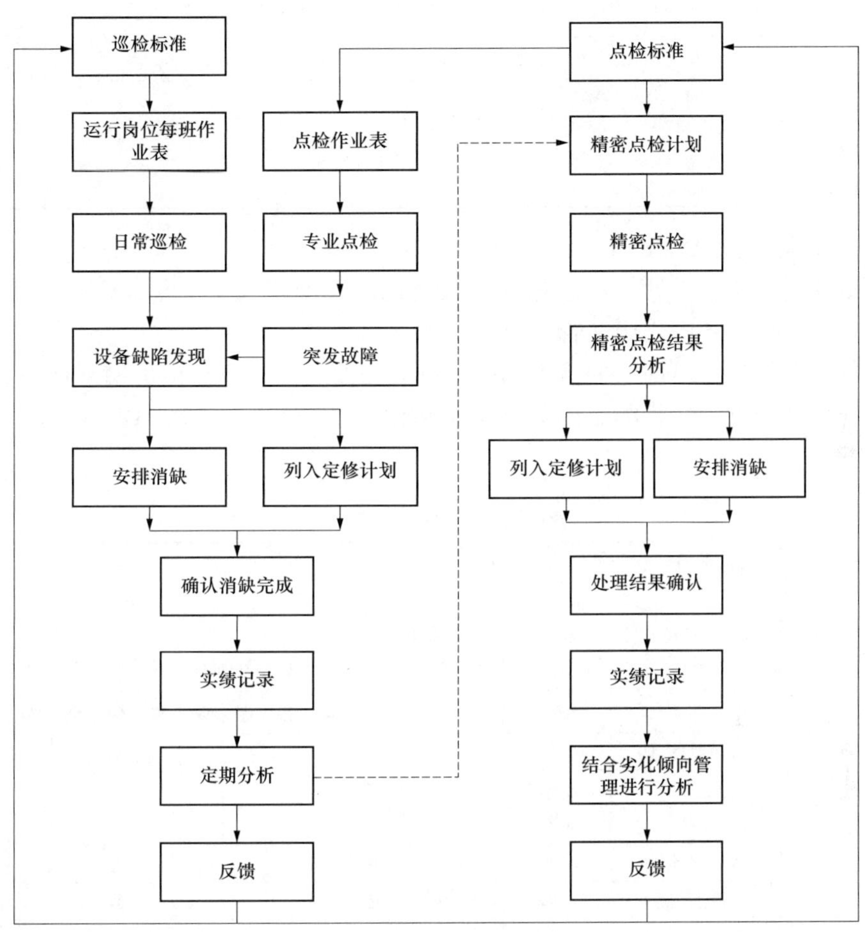

图 7-2 典型点检作业流程图

3. 点检员的日点检计划

点检员要坚持每天上午 2.5～3h 的设备点检作业。点检作业必须严格执行点检计划。点检计划的编制要领如下：

（1）分管 A 类设备中的主设备（指锅炉、汽轮机、发电机、主变压器等）的本体部分要求每天进行点检。

（2）分管 A 类设备中的其他设备要求每周至少检查一次。

（3）分管设备的 B 类设备要求每周至少检查一次。对于重要辅机，每天进行一次良否点检，每周中有一天进行倾向点检。

（4）计划安排时，尽量将靠近的设备安排在同一天检查，以使点检路线最短，达到提高工作效率的目的。

日点检计划编制表见表 7-11。

表 7-11　　日点检计划编制表

点检日期	计划项目
周一计划	(1) A类设备中的主设备（全部项目）； (2) A类设备中的其他设备（全部项目的1/5）； (3) B类设备（全部项目的1/5），重要辅机需每天进行点检
周二计划	同上，(2)、(3) 两项的另外的1/5项目，以下同
周三计划	同上
周四计划	同上
周五计划	同上

4. 点检员的精密点检计划

精密点检计划来源于三处，一是对A类设备的状态诊断（含技术监督）；二是对B类设备的状态诊断；三是设备劣化倾向管理要求做的项目。

根据设备关键部位（零件）的检查和倾向管理需要，由专职点检员编制计划，并委托维修技术部门进行精密点检，将测定的数据书提供给专职点检员。表7-12为磨煤机精密点检计划表。

表 7-12　　磨煤机精密点检计划表

专业	电　气	设备名称	磨煤机电动机													
序号	点检部件	点检部位或项目	点检内容	点检周期	月份											
					1月	2月	3月	4月	5月	6月	7月	8月	9月	10月	11月	12月
1	磨煤机电动机	电动机本体	绝缘	M	●	●	●	●	●	●	●	●	●	●	●	●
2	磨煤机开关	支持绝缘子	绝缘	6M	●						●					
3		绝缘拉杆	绝缘	6M	●						●					
4		本体	绝缘	1Y	●											
5		各部件定销	磨损	6M	●						●					
6		控制回路	绝缘	6M	●						●					
7	开关柜	"五防"装置	测试	1Y	●											
8	磨煤机润滑油泵	控制回路电动机	绝缘	1Y	●											

5. 维护人员的点检计划

维护人员参加点检活动是整个点检体系的重要组成部分，随着机组容量的不断增大，尤其是机组台数较多的发电厂，点检员工作负荷较繁重，适当地将B类设备和C类设备的日常点检工作向维护人员转移，就显得十分必要。

点检员对维护人员下达的点检计划有以下几个特点：

(1) 结合设备的日常维护下达有关点检项目，这种做法称为随手点检。

(2) 建议用维护作业卡片等形式下达，使维护日常工作做到标准化作业。

(3) B类设备和C类设备一般均执行良否点检。

(4) 维护人员的点检计划以总计划形式下达，如果维护是由外部单位承包的，总计划作为承包合同的附件。

（5）分计划及维护卡片的制订应在点检员指导下由维护部门按内部分工编制。

（6）物业管理项目的点检可参照C类设备，由维护单位管理。

6. 运行人员的点检计划

按“五层防护体系”的概念，运行人员的岗位日常点检属于第一道防线，其主要任务是巡视全部设备，并对运行中设备实施趋势管理。它的计划一般由运行管理部门负责，以规程的形式出现。

综合全员设备管理体系的建立和设备管理问责制的建立，运行人员的点检工作应贯彻与点检员的协同作战原则，设备管理和运行管理两个部门应按照点检优化的原则进行必要的整合。这两个部门的点检工作既明确分工又密切合作。

【任务实施】

工作任务	点检计划的制订		学时	4	成绩	
姓名		学号		班级		日期	

1. 计划

（1）岗位划分。

岗位／组别	点检作业长	点检员	点检员	点检员	点检员	点检员	点检员	点检员

（2）资料准备：

1）DL/Z 870—2004；

2）设备维修技术标准。

2. 决策

根据设备运转状态、故障、维修实绩等因素，依据DL/Z 870—2004做出决策。

3. 实施

（1）制订某设备日常点检计划。

（2）制订某设备定期点检计划。

（3）制订某设备精密点检计划。

4. 检查及评价

考评项目		自我评估20%	组长评估20%	教师评估60%	小计100%
素质考评20	劳动纪律5				
	积极主动5				
	协作精神5				
	贡献大小5				
总结分析20					
工单考评60					
总分					

任务3 锅炉设备定修管理

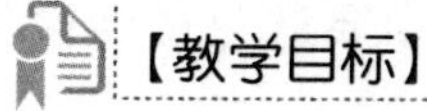【教学目标】

知识目标：

（1）掌握定修项目动态管理的主要特征；

（2）了解定修管理的分类和周期；

（3）掌握定修模型的用途和设定程序。

能力目标：

（1）能针对具体机组的情况，确定不同设备的检修方式；

（2）能根据技术标准和点检管理的结果，编制定修计划。

态度目标：

（1）能主动学习，在完成任务过程中发现问题、分析问题和解决问题；

（2）能与小组成员协商、交流配合完成本次学习任务，养成分工合作的团队意识；

（3）严格遵守安全规范，爱岗敬业、勤奋工作。

【任务描述】

班级学生自由组合为若干个检修学习小组，各检修学习小组自行选出作业组长，并明确各小组成员的角色。在模拟电厂锅炉检修场景下，各检修学习小组按照国家发展和改革委员会发布的DL/Z 870—2004的要求编制定修计划。

【任务准备】

工作任务	编制定修计划		学时	4	成绩	
姓名		学号		班级		日期	

课前预习相关知识部分，独立回答下列问题：
（1）什么是设备定修？它的主要目的是什么？
（2）什么是状态检修？
（3）什么是A、B、C类设备？
（4）定修的业务流程有哪些？
（5）什么是“年修模型”

【相关知识】

一、理论咨询

（一）定修定义

设备定修是指在推行设备点检管理的基础上，根据预防维修的原则，按照设备的状态，确定设备的检修周期和检修项目，在确保检修间隔内的设备能够稳定、可靠运行的基础上，做到使连续生产系统的设备停修时间最短，物流、能源和劳动力消耗最少，使设备的可靠性和经济性得到最佳配合的一种检修方式。

（二）定修特性

（1）设备定修在设备点检、预防检修的条件下进行。设备定修是为了消除设备的劣化，经过一次定修使设备的状态恢复到应有的性能，从而保证设备可连续不间断、稳定、可靠运行，达到预防维修的目的。同时也明确提出，定修项目的确立是在设备点检管理的基础上，要求尽量避免过维修和欠维修，做到该修的设备安排定修，不该修的设备则要避免过度检修，逐步向状态检修过渡。

（2）设备定修推行“计划值”管理方式。

1）对停机修理的时间力求达到100%准确，即实际定修时间不允许超过规定时间，也不希望提前很多时间。

2）定修项目的完成也追求100%准确，减项和增项同样不好。如果每次定修有很多项目不是预先设定的项目，则不是按照设备状态来确定检修。

3）上述计划值的制定是基于各级设备管理人员（包括设备主管、专工、点检员）日常工作的积累，要求计划命中率逐步提高。

点检定修制强调工作的有效性，要求制定的计划值符合客观实际情况，计划命中率的高低反映了各级设备管理人员的综合工作水平，有的企业将计划命中率作为衡量员工工作的一个标准。

（3）定修项目的动态管理是设备定修的主要特征。点检定修制明确将PDCA的工作方法贯穿于设备的全过程管理，对每一个定修过程要认真记录修前、修后的设备状况，对劣化部位及相应的预防劣化的措施记录在案。除在日常点检管理中跟踪检查外，在下一次定修时要进行总结，并在此基础上提出相应意见，不断完善设备的技术标准和作业标准，修改相应的维护标准和点检标准，达到延长检修周期和零部件寿命的目的，也称为设备的持续改造。

（4）设备定修要求所有检修项目的检修质量受控。点检制强调设备在运行期间的受控外，还要求在检修期间的所有检修项目的质量受控，要求每一个点检员参与检修现场的检修质量确认。点检定修管理导则规定了“三方确认”和“两方确认”，即对重大安全、质量问题点检员要到现场进行确认。

目前对检修质量的监控，普遍采用监控质检点，即H、W点的做法，其中，H为不可逾越的停工待检点，W点为见证点。

（5）设备定修要求使设备的可靠性和经济性得到最佳的配合。设备定修除了使设备消除劣化，恢复性能外，还要兼顾经济方面的要求，一般来说应考虑下列问题：

1）通过点检管理和状态诊断，在掌握主设备准确状态的基础上，合理延长主设备检修间隔是设备点检定修追求的主要目标。

2）通过点检管理在掌握设备状态的基础上尽量减少过维修项目。

3）年修中更换下来的可恢复使用的部件的修复。

4）改进工艺和作业标准，降低原材料、备用配件、能源的过度消耗。

5）合理安排人力资源，使日常修理和定期修理的负荷均衡化。

6）减少和降低设备定修在备用配件、原材料、能源库存上的资金占用。

（三）定修分类

实行点检定修制的电厂检修按其分类的依据不同，有两种分类方法。

1. 设备定修按检修时间的长短分类

（1）年修。年修指检修周期较长（一般在一年以上），检修日期较长（一般为几十天）的停机检修。

（2）点检基础上的检修，即定修。对主要生产流程中的设备，按点检结果或轮换检修的计划安排所进行的检修称为定修。定修一般用于不影响连续生产系统停用或出力降低的附属设备系统上，其检修时间也较短（一般从几天到十几天），检修内容包括更换备品配件、解体进行定期精密点检、定期维护、预防性检查和测试、技术诊断和技术监督的需要所安排的解体检修、较大的缺陷转为定修项目等。定修项目一般在月度计划中安排。

（3）日修，即平日小修理。日修是对设备进行小修理的项目，不需要征得电网调度同意，也不会影响发电生产系统的运行方式，这种修理项目有的是月度计划中已列入的项目，其计划一般以周计划的形式下达，其检修内容包括定期维护项目（如加油脂、定期清洗等）、需要检修人员配合的定期点检、需检修人员配合的定期试验、备品配件修复、小缺陷处理等。

2. 设备定修按检修性质分类

在日常发电检修管理中，按检修性质不同而有不同的提法，目前我国电力行业的一些习惯称谓有以下几种：

（1）定期检修（TBM）。定期检修是一种以时间为基础的预防性检修，根据设备磨损和老化的统计规律，事先确定检修等级、检修间隔、检修项目、需用的备件及材料等的检修方式。

（2）改进性检修（PAM）。改进性检修指对设备先天性缺陷或频发故障按照当前设备技术水平和发展趋势进行改造，从根本上消除设备缺陷，以提高设备的技术性能和可用率，并结合检修过程实施的检修方式。

（3）状态检修（CBM）。状态检修指根据状态监测和诊断技术提供的设备状态信息，评估设备的状况，在故障发生前进行检修的方式。

（4）故障检修（RTF）。故障检修指设备在发生故障或其他失效时进行的非计划检修。

（5）节日检修。节日检修指在不影响电网调度和事故备用的前提下，经电网经营企业批准，发电企业利用节假日时间进行设备的D级检修。

（四）定修模型

定修模型是定修制的核心内容，指各生产工序的定修组合，按照能源平衡、物流平衡、生产平衡与检修人员平衡，设定各项定修工程模型。

1. 定修模型的用途

（1）直观地了解企业内部检修形式。由定修模型可以直观地表示日修、定修、年修三种检修形式。这三种检修均为计划检修，这样的计划检修与传统的大、中、小修不同，不是按照主要零部件磨损程度来划分修理的类别，而是按照维修周期的长短及停机时间的不同来划分修理的类别，前者基于事后修理的方式，后者基于预防维修的方式，两者的出发点不同。

1）日修，是对设备机组或备品备件的修理，不需要涉及主要生产作业线停产停机的计划检修，时间可以是几小时或者几天。

2）定修，是对主要生产作业线，直接影响整个企业的停机的计划检修，其维修周期较短。维修的内容不仅包括更换备件，而且包括解体点检、定期调整试验和预防性检查测试。

3）年修，与定修基本相同，只是其维修时间长。

（2）设定企业最低限度的维修力量。在现代维修管理中，只靠本企业技术力量是不够的，还必须借助于外协检修力量，本企业的检修队伍只能保持最低限度维持生产的需要。由于实际维修工作的定量化较困难，而有了定修模型就可以较科学地设定基本人数。

（3）可作为计划值管理的对象进行计划平衡调整。在现代企业中，由于原材料、产品销售、生产规模等条件的变化，需要有较为迅速地调整反应。因此，对各项计划值的管理要求较高，定修模型可对设备时间进行迅速的调整平衡，从而加强计划值的管理，做到按时间组织定修。

(4) 可均衡地使用检修力量，提高检修效率。定修模型本身直观地反映出检修负荷分配、组合情况，因此，可科学地管理检修力量，使之均衡使用，并可有意识地加以组合调整，使检修工作较均衡，提高检修效率，减少检修管理的频率和强度。

2. 定修模型设定程序

(1) 设定依据：①总厂经营方针和生产任务；②维修方针和维修计划值；③生产成本概算。

(2) 设定程序。

1) 各设备单位按设定的内容，提出本单位各主要作业线定修周期、负荷以及可参加每次定修的人数。

2) 各施工部门提出可参与定修人数。

定修模型方案应由总厂计划部门确认，并报总厂厂长批准后，随同总厂生产计划下达。定修模型方案在总厂编制年度生产计划期间设定，每年设定一次，半年调整一次。

(五) 发电厂主设备的年修模型

发电厂的主设备（发电机组）和与其相关联的一些主要附属设备要求在发电生产系统中处于绝对可靠的地位。这些设备的停运均会导致整个生产系统的停运或减少出力。因此，对这些设备的检修就提出了严格的要求，主要有以下两点：

(1) 尽量减少检修次数。主设备减少检修次数的途径包括：①提高发电主设备本身的设计水平，延长一些易损零部件的寿命周期；②加强对这些设备的日常维护和正确操作。

现阶段A级检修间隔为6年1次，B级检修为3年1次，C级检修为1.5年1次。

(2) 缩短检修时间和减少检修项目。缩短检修时间和减少检修项目是相辅相成的，这项任务的达到要依赖于加强精密点检和技术诊断。

为了使发电机组的年修有一个规范，点检定修管理明确了对每台发电设备必须有一个各种不同等级的年修循环周期的排列组合，称为年修模型。

我国行业标准规定发电机组检修分为A、B、C、D级。

A级检修时间最长，是指对机组进行全面的解体检查和修理，以保持、恢复或提高设备性能，它相当过去的大修。

B级检修时间比A级检修短，是针对机组某些设备存在的问题，对机组部分设备进行解体检查和修理，它相当于过去的中修。

C级检修时间比B级检修短，是指根据设备的磨损、老化规律，有重点地对机组进行检查、评估、修理、清扫，它相当于过去的小修。

D级检修时间最短，是指当机组总体运行状况良好，而对主要设备的附属系统和设备进行消缺，一般为1周左右，最多不超过15天。

发电机组各个等级的检修停用时间在行业标准中已有规定可供参考。年修标准项目机组的检修停用时间见表7-13。

表7-13　年修标准项目机组的检修停用时间

机组容量 P（MW）	各种检修等级的停用时间（天）			
	A级检修	B级检修	C级检修	D级检修
$100 \leqslant P < 200$	32～38	14～22	9～12	5～7
$200 \leqslant P < 300$	45～48	25～32	14～16	7～9

续表

机组容量 P（MW）	各种检修等级的停用时间（天）			
	A级检修	B级检修	C级检修	D级检修
$300\leqslant P<500$	50～58	25～34	18～22	9～12
$500\leqslant P<750$	60～68	30～45	20～26	9～12
$750\leqslant P<1000$	70～80	35～50	26～30	9～15

（六）定修的业务流程

图7-3所示为定修工作业务流程图。在这个流程中，点检员起了主导作用，点检员要全过程跟踪参与各方框内的工作。

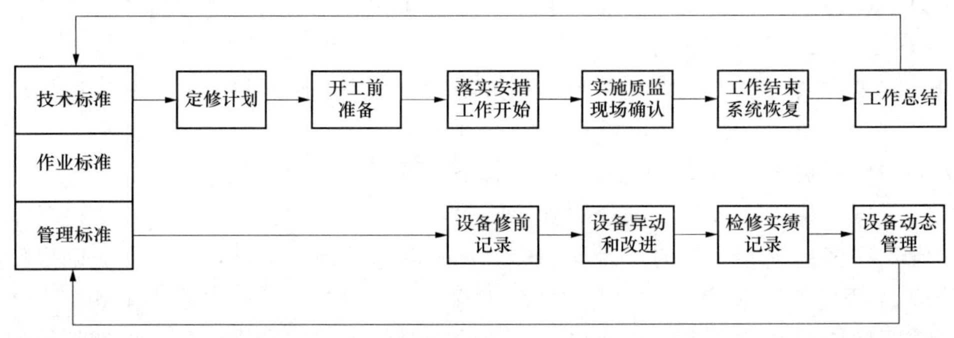

图7-3　定修工作业务流程图

（1）企业的标准化体系是企业一切工作的指南和依据，定修工作的全过程均需按标准执行，点检员应参与制定、修改和完善这些标准。

（2）定修计划的编制应按技术标准和点检管理的结果由点检员负责拟订，经各级领导批准后执行。

（3）开工前的准备工作主要包括以下几点：

1）按管理标准要求，落实施工力量，参与签订合同谈判。

2）落实专用工器具和备品配件、原材料。

3）会同施工单位制定符合本单位的检修作业文件包或向施工单位提供检修作业标准。

4）明确、落实质量监督的有关问题（包括外委监理工作安排、落实）。

（4）落实安全措施，办理有关工作票隔离单，点检员必须亲临现场，在对重大安全措施进行确认和落实以后，才具备开工条件。

（5）在施工过程中，点检员应跟踪定修项目的H、W点，并到现场进行确认（也可委托监理部门完成）。

（6）工作结束时，点检员应会同有关人员对系统恢复进行确认，确信系统安全情况下方可终结工作。

（7）点检员应对定修全过程进行评估，针对管理中存在问题做出工作总结，并反馈到有关企业标准的管理部门，为管理标准的持续改进提供信息。

（8）设备解体后应对照有关技术标准，对设备做出修前的记录，这些记录应反映设备的损坏和磨损以及其他不正常情况，这项工作应由点检员向施工单位提出并督促认真完成。

(9) 根据设备的修前记录，对照技术标准和平时点检管理的积累资料，点检员应提出设备是否需要改进和如何改进的意见，报主管批准后执行。

(10) 检修结束时施工单位应提交详尽的检修实绩记录，为设备的下一轮动态管理提出依据。

(11) 点检员应对定修的修后实绩到下一次定修的修前解体期间设备的运行情况进行分析，对照点检记录和劣化倾向管理提出设备改进或标准改进的意见。

点检员应全程跟踪参与上述 11 项工作，这就是定修工作的全过程管理。通过不断的 PDCA 管理使设备得到持续改进，使设备的标准日趋完善和合理。

上述工作模型的切实执行，应依赖于计算机管理系统的建立和应用。

（七）定修优化

设备优化检修的概念首先是由美国提出来的。发电设备优化检修的基本思路是通过以“管”为主的策略，针对发电设备的特点制定出一套策略，最终形成一套优化检修的模式，使设备的可靠性和经济性得到最佳的配合。

优化检修模式不是针对某一台设备，而是针对整个发电生产的大系统而言，应对其庞大的连续生产系统中的所有设备进行分类。不同类别的设备采用不同的检修方式，其中有的设备应用定期检修；有的设备采用状态检修；而有的设备则采取故障检修。

1. 设备分类

设备分类是设备定修策略的基础工作，一般按 A、B、C 三类进行划分，是对发电生产系统中的每一台设备进行界定，界定的方法是根据该设备的重要性和对生产系统的影响。分类原则如下：

(1) A 类设备是指该设备损坏后，对人员、电力系统、机组或其他重要设备的安全造成严重威胁或直接导致环境严重污染的设备。

(2) B 类设备是指该设备损坏或在自身和备用设备均失去作用的情况下，会直接导致机组的可用性、安全性、可靠性、经济性降低或导致环境污染的设备，以及本身价值昂贵且故障检修周期或备件采购（或制造）周期较长的设备。

(3) C 类设备是指发电生产系统中不属于 A、B 类的设备。

2. 定修策略

(1) A 类设备以预防性检修为主要检修方式，并结合日常点检管理、劣化倾向管理和状态检测的结果制定设备的检修周期，并严格执行。A 类设备一般均在年修计划中安排检修。

表 7-14 是年修模型为…A-C-C-B-C-C-A…机组的年修项目安排表。

表 7-14 年修模型为…A-C-C-B-C-C-A…机组年修项目安排表

序号	项目名称	设备编码	安排检修的年度（根据年修模型）					
			第 1 年 A 级	第 2 年 C 级	第 3 年 C 级	第 4 年 B 级	第 5 年 C 级	第 6 年 C 级
1	××××		√	√	√	√	√	√
2	××××		√		√		√	
3	××××		√			√		
4	××××		√			√		
5	××××		√	√	√	√	√	√

续表

序号	项目名称	设备编码	安排检修的年度（根据年修模型）					
			第1年A级	第2年C级	第3年C级	第4年B级	第5年C级	第6年C级
6	××××		√				√	
7	××××		√					

从表7-14可以看出：

1）序号为1和5的检修项目在年修模型中每年都要参加年修。

2）序号为2的检修项目每两年安排一次检修。

3）序号为3和4的检修项目在A、B级检修的年份参加检修。

4）序号为6的检修项目每四年安排一次检修。

5）序号为7的检修项目只在大修年份才安排检修。

（2）B类设备采用预防性检修和状态检修相结合的检修方式，检修周期应根据日常点检管理、劣化倾向管理和状态监测结果及时调整。B类设备一般既可以安排在年度检修计划中，又可安排在平时采用轮换检修的方法进行修理。但考虑到使检修负荷均衡化，可不降出力进行检修的B类设备建议尽可能不进行年修。

（3）C类设备以事后（故障）检修为主要检修方式。

二、实践咨询

（一）定修计划的编制

计划编制的初稿来源是分管设备的点检员，经各级审核后，最终形成计划。

1. 年修计划编制

（1）年修项目的确定和编制（A类设备）。

1）对A级检修项目新建发电企业可按规定先执行行业标准推荐的项目，以后再按动态管理结果完善自己的标准。

2）上述A级检修项目的标准项目执行时应全面进行检查，如发现有明显过维修项目，应立项研究，并以点检定修的理念做出必要调整。

3）DL/T 838—2003《发电设备检修导则》中提到的年修滚动计划就是这里所提的年修设备检修项目表。不同的是这里所提的项目均需在点检基础上随时进行动态管理和修正，使确定的项目基本与状态检修要求相吻合。

4）B级、C级检修的检修项目比A级检修大幅减少，可以表7-14中所列项目为基础，结合日常点检管理结果决定，同时，可适当安排一些精密点检项目。

5）DL/T 838—2003中提到的特殊项目实际上是指在点检的基础上根据设备状态而确定的项目。其中多数项目就是在动态管理基础上，通过可行性论证，所确定的设备技术改进和安全措施等项目。

6）DL/T 838—2003在理念上与DL/Z 870—2004《火力发电企业设备点检定修管理导则》是一脉相承的，要求逐步走向状态检修。因此，要加强劣化倾向管理和趋势管理，将设备的状态诊断工作做好。

（2）B类设备一般不参加年修，如需在年修中列入，则可单独编制一个B类设备年修计划表，表式见表7-14。

（3）年度检修中的精密点检（含各项技术监督、定期试验和检测）项目可单独编制年度精密点检计划。

（4）每年8月以前，应完成次年度的年修计划。

2. 月修计划的编制

月修计划除为了技术改造、安全措施、反事故措施等特殊项目外，绝大多数为标准化项目，在"四大标准"（检修技术标准点检标准、检修作业标准、设备维修保养标准）中已经有了明确的规定，即周期性点检、维护和轮换检修。月修计划一般包括以下内容：

（1）精密点检项目。这里所指的精密点检，是指设备需要停役，并要有检修、维护人员配合的检测项目。如果无需停役的精密点检项目，则不必列在定修计划中。

（2）因劣化倾向管理需要，需定期停役进行全面检查（解体）的项目。

（3）较大的设备维护项目（包括所有列在维护标准中的定期工作）。

（4）检修周期已到的轮流检修项目（即B类设备的轮修）。

（5）安全措施、反事故措施、技术改造等特殊项目。

3. 周计划的编制

周计划一般根据月修计划分解到每周，每周五上午下达到维修班组，此项工作也可由基层维护队伍自行编制。

（二）定修实施注意事项

点检员是设备管理的责任主体，因而理所当然要对定修的全过程参与跟踪管理。

1. 经济评估贯穿于整个设备管理体系

点检定修强调可靠性和经济性的最佳配合，在划定设备A、B、C分类时就提出了设备分类要应用经济评估的方法。在实际工作中，经济评估贯穿于整个设备管理体系，反映在定修策划中。

下面举几个定修策划中的例子。

示例1：某设备的检修周期是8个月，零件A是易损件，在整台设备中，该零件寿命要大于检修周期，不会对整台设备构成任何影响，经过上次动态管理结果获得的数据是如果用普通钢其寿命为10个月，而用合金钢则寿命为20个月，后者价格是前者的2.5倍，那么从经济评估的观点，应该采用什么零件呢？

经济评估的意见如下：

（1）可靠性评估两者都不会影响已经决定了的检修周期。

（2）从每次检修的零配件消耗费用分析，后者要大于前者。

（3）该零配件拆装很容易，装配费用可忽略不计。

（4）从资金占用的财务费用分析，后者比前者要多消耗资金占用的费用。

因此，从经济性和可靠性最佳配合的观点，应该采用普通钢材料的零配件。

示例2：某台设备属于B类，经过一段时期的动态管理形成了两个比较方案。方案一：对该设备加强维护，可以连续运行半年，每隔半年检修一次。方案二：经过研究表明，制造厂提供的设备在零部件设计上未采用等寿命的指导思想，如果对部分核心部件进行改造，可将寿命至少延长原有的3倍，并且维护工作量减少。表7-15是检修费用对比表。

表 7-15 检修费用对比表

方案	检修周期	每次检修更换零件费用/年	年检修费用	维护费/年	财务费/年	合计（折算到年度费用）
一	半年	1000 元×2=2000 元	1000×2=2000 元	600 元	200 元	4800 元/年
二	1 年半	4000 元/1.5=2667 元	1000/1.5=667 元	300 元	600 元	4234 元/年

表 7-15 中方案一每次检修时更换零件费用为 1000 元，方案二每次需 4000 元。

表 7-15 说明该设备采用好的零部件，虽然其每次使用的材料费是平时的四倍，但由于减少检修次数和维护工作量，其总的年度检修费用可以下降。

示例 3：上面的经济评估示例，均是 B 类设备，对 A 类设备的经济评估则将可靠性放在首位。只有在同等可靠性的基础上，才进行经济比较。

假如在连续不间断生产系统中，有某一设备部件 A，其年修周期是一年，在实际工作中有下列几种情况：

（1）第一种情况，该部件 A 的使用寿命少于一年，则毫无疑问要首先使它的寿命大于年修周期一年。否则，可能会产生非计划停运来进行消缺。停机是最不经济的，因此，只有在其寿命周期不会产生停机的情况下才进行比较。

（2）第二种情况，该部件 A 的使用寿命大于一年，如果对部件 A 的检修有几种可供选择的方案，此时就需进行经济评估，方法也是列出经济评估表，见表 7-16。

表 7-16 A 类设备经济评估表

采用方案	寿命周期系数 m	检修费用 n（含人工费/年）	由于后期磨损引起的经济下降（F）/年	总费用 H
方案之一（列出主要内容）				
方案之一（列出主要内容）				
方案之一（列出主要内容）				

表 7-16 说明：

1）寿命周期系数在评估时，以一个年修周期为基准，即大于 1 小于 2 的寿命，在评估时均算作 1，大于 2 小于 3 的算作 2，依次类推。

2）评估公式：$H=\frac{n}{m}+F$。

3）在部件 A 的使用过程中，不断产生的磨损和老化可能会对经济性产生影响，这项工作计算比较复杂，首先要通过精密点检测出实际磨损规律，然后邀请有关专家或与制造厂合作获得 F 的数值。

4）以最低 H 值作为采纳的方法。

示例 4：技术改造的投入产出：技术改造项目一般是基于设备可靠性和经济性的提高，对于设备管理人员来说，要在该项目（一般列在年修的特殊项目中，除大项目外）成立前进行投入和产出的经济分析，表 7-17 特殊项目的投入产出分析。

表 7-17 特殊项目的投入产出分析

项目	设备总投入 F_1（元）	设备折旧 F_2（元/年）	财务费用 F_3（元/年）	由于可靠性提高的收益 G_1（元/年）	由于经济性提高的收益 G_2（元/年）	设备维护费用（差额）F_4（元/年）	备注
投入	√	√	√			√	
产出				√	√	√	

其中：

（1）F_1 表示设备总投入，它包括设备到厂的总金额（含运费和安装调试费用）。

（2）$F_2=\frac{F_1}{\text{设备折旧年数}}$，设备折旧年数一般可取 10，也可与财务部门取得联系后决定。

（3）F_3 是指投入资金占用的贷款利息，可与财务部门协商选定。

（4）G_1 是指减少非计划停运所获得的回报。

（5）G_2 的计算比较复杂，它要依赖于精密点检、热力试验、电气试验等工作，必要时还需会同制造厂共同确认。

（6）F_4 是指设备在进行技术改造前、后的设备维护、检修费用的比较所得出的差额。

差额＝技术改造前的维护、检修费－技术改造后的维护检修费，当差额为“正值”时，该 F_4 列在产出项，反之，则列在投入项。

（7）当 $G_1+G_2+F_4>F_2+F_3$ 时，本项目是有效益的，可以成立。

2. 做好定修项目的动态管理

定义。设备的动态管理是指贯彻设备管理全过程管理的理念，对设备进行全程、反复［投产→运行→定修→(维护＋检修)→运行］的跟踪管理。在管理过程中，不断验证和修改该设备的技术标准（运行技术管理值和检修技术管理值），最终达到设备受控的目的。

（1）A 类设备的动态管理。对 A 类设备实行动态管理的策略是：

1）抓住可靠性不放。A 类设备的损坏将会导致停机和安全、环保事故，动态管理的首要任务是确保其年修周期内不会构成非计划停运。

2）不断提高经济性。对部分与经济性有密切关系的设备部件，则要通过动态管理掌握这些部件的磨损与经济性的关系。有时适度的过维修，其经济性评估反而比较好。有时采用适度过修原则有利于设备的经济性能。尤其是从能源消耗减少和温室气体排放减少的角度出发，要对这种性质的设备部件在全面的经济性能评估基础上采用新材料、新工艺，使其减少磨损，确保有关经济性能不降低。

（2）C 类设备多数电厂以事后故障检修为主要形式，对这类设备的动态管理，以经济管理为主要内容，其主要工作是及时掌握供货商的信息，用价格性能比最佳的设备来替代陈旧、落后的产品，使设备使用的综合成本最低。

（3）定修的技术记录及其管理是设备动态管理的基础工作。

1）设备的安装和修后记录要求完整全面，不能简单化，必要时应配有附图。这些记录反映了设备投入运行前属于一个动态管理开始前的原始记录，是观察（或检测）设备磨损速度的依据。

2）设备的解体（或称为修前）记录其要求应当与上述修后记录相对应。这些记录反映了设备经过一个周期的运行后，对应于原始记录的磨损、老化，是修改和完善技术标准对设备进行动态管理的依据。

3）设备的异动和改进记录。这是动态管理的基本内容，设备在定修中解体，经过分析比较有关的上述记录后，可能会做出一些改进，以期设备在下一个检修周期的运行中有所改善和提高。

4）检修技术标准和有关管理的改进记录。这些记录包括管理方面的改进和技术标准的改进（包括检修作业文件包），也就是动态管理的结果。

（4）同行业有关管理信息、同类设备有关案例，是进行动态管理有用的参考，可以避免重蹈覆辙。因此在管理上，宜与外界进行沟通和交流。

3. 设备的日常维护工作

设备的日常维护工作是定修管理的重要组成部分，好的日常维护是设备长期无故障运行的有力保证，故要对设备进行主动的、科学的维护，而这项工作又与日常设备管理有着密切关系，要克服实际工作中以包代管的做法，着力做好日常维护的管理工作。

【任务实施】

工作任务	编制定修计划			学时	4	成绩	
姓名		学号		班级		日期	

1. 计划

（1）岗位划分。

岗位 组别	检修负责人	检修员	检修员	检修员	检修员	检修员	检修员	检修员

（2）资料准备。

1）DL/Z 870—2004；

2）设备维修技术标准。

2. 决策

根据设备运转状态、故障等因素进行分析，依据 DL/Z 870—2004 确定检修项目。

3. 实施

（1）制订某设备年修计划。

（2）制订某设备月修计划。

4. 检查及评价

考评项目		自我评估 20%	组长评估 20%	教师评估 60%	小计 100%
素质考评 20	劳动纪律 5				
	积极主动 5				
	协作精神 5				
	贡献大小 5				
总结分析 20					
工单考评 60					
总分					

项目 8

锅 炉 运 行 管 理

【项目描述】

通过对火力发电厂锅炉设备运行、安全方面的现场管理进行阐述，并结合具体事例介绍，进行场景分析，从锅炉运行人员安全管理素质入手，使学生初步掌握锅炉运行机组异常状态参数的分析和“两票三制”的执行。

【教学目标】

(1) 能说出运行人员安全管理素质要求；
(2) 能掌握锅炉运行机组异常状态参数的分析方法；
(3) 能执行“两票三制”。

【教学环境】

锅炉运行仿真室、锅炉设备模型室、多媒体课件、锅炉教学视频、锅炉设备系统图纸。

任务 1　运行人员角色认知

【教学目标】

知识目标：
(1) 熟悉值长的安全管理素质；
(2) 熟悉班组长的安全管理素质；
(3) 熟悉运行值班员的安全管理素质。
能力目标：能讲述运行人员安全管理素质要求。
态度目标：
(1) 能主动学习，在完成任务过程中发现问题、分析问题和解决问题；
(2) 能与小组成员协商、交流配合完成本次学习任务，养成分工合作的团队意识；
(3) 严格遵守安全规范，爱岗敬业、勤奋工作。

【任务描述】

班级学生自由组合为若干个运行学习小组，各运行学习小组自行选出运行组长，并明确各小组成员的角色。在模拟电厂锅炉运行场景下，各运行学习小组按照 GB 26164.1—2010、《300MW 级火力发电机组集控运行典型规程》、DL/T 611—1996、国家电网总〔2003〕407 号《安全生产工作规定》的要求，能对运行人员安全管理素质要求进行描述。

【任务准备】

工作任务	运行人员角色认知		学时	2	成绩	
姓名		学号	班级		日期	
课前预习相关知识部分，独立回答下列问题： (1) 值长的安全管理素质有哪些？ (2) 班组长的安全管理素质有哪些？ (3) 运行值班员的安全管理素质有哪些						

【相关知识】

正确认识自我，进行准确的角色定位，明晰自己的岗位职责，清楚自己的素质要求，是运行人员首先要做的事，即运行人员先要搞清楚“我是谁”。

一、值长角色定位

值长是当值发电运行生产的直接指挥者与安全第一责任人，负责当值期间全厂的设备安全运行与可靠备用，领导运行值班人员改变运行方式及处理事故，联系检修值班人员进行设备抢修与系统调度联系等。值长必须具备以下安全管理素质。

（一）安全意识

对运行安全生产有深刻的认识，牢固树立“时时刻刻有安全、分分秒秒要安全”，“安全是第一责任、安全是第一工作、安全是第一效益”的思想，注重将安全生产工作摆到先于一切、高于一切、重于一切的位置上。对本职工作忠于职守，遵章贯彻执行电力安全方针、政策、法规，落实执行企业的各项制度，坚持原则，有章必循，严格管理。

（二）安全素质

熟悉电力安全规程、制度和技术法规、规定，掌握调度规程、运行规程、岗位安全职责，具备良好的四种能力：

(1) 理解判断能力：有敏锐的安全分析判断能力，能准确及时地分析出生产异常和事故的原因，迅速判断故障性质，能正确判断和领会规章制度和领导指示，正确调度执行。

(2) 决策能力：能够根据上级调度的要求和本值生产实际，对运行工作中重大问题正确决策，能分析判断运行设备的各种故障和预防可能发生的问题；当异常情况发生时有果断采取正确措施的应变能力，并能合理改变设备运行方式。

(3) 组织协调能力：有较强的组织指挥能力，能正确组织运行人员进行电气倒闸操作和热力系统的切换操作，能熟练指挥运行事故处理，能迅速组织有关人员进行事故抢险工作；全面协调解决运行各专业之间、运行与检修之间、电厂与电网之间生产过程中发生的问题。

(4) 业务实施能力：熟悉本职业务、办事效率高、处事果断、具体问题能具体分析、能独立解决当值生产中出现的生产技术与安全问题，制订并组织实施切合实际的防范措施。

（三）安全职责

(1) 熟悉并带头执行有关生产和安全方面的规程、制度、上级指示及命令，检查督促本值人员严格执行“两票三制”与现场规章制度，严格遵守劳动纪律；坚持当班期间到主要车间巡视不少于两次，随时掌握设备运行方式和健康状况。在当值时间内发生事故或发现紧急设备缺陷，而运行人员无法消除的，及时汇报有关领导，并联系各有关部门进行抢修，对不执行或延误时间而扩大事故或增加损失的，向厂部提出考核意见以追究责任。

（2）根据气候变化、设备健康状况、电网及本厂设备特殊运行方式做好事故预想和制订防范措施，针对当值期间设备出现异常情况或存在缺陷，系统运行方式变化等特殊情况，相应调整所管辖范围内设备合理的运行方式和备用，布置相关的安全事项并做好事故预想，防范事故发生。

（3）全面掌握设备实际运行状况，组织运行有关人员对出现的设备异常情况进行分析，查找原因，并制定落实防止异常扩大的对策。当发生事故时，立即指挥本值人员迅速、果断、正确地进行事故处理，并设法汇报有关领导（包括省调或地调）。

（4）认真审核电气主要操作票和电气第一种工作票，并对其正确性负责；认真做好热力检修工作票的审批，对其检修工作必要性和工作期限的控制负责；对于跨专业分管设备的重大和复杂操作，由值长亲自监护，因故无法进行时，通知有关班长落实好安全措施；对于影响安全生产、经济运行和环境污染的三类设备缺陷，负责一抓到底，以确保机组安全连续运行。

二、班组长角色定位

班组是企业安全生产最关键、最重要的基层单位，是事故、异常易发地。班组长作为班组安全的第一责任者，是班组的核心，班组长安全管理素质的高低直接影响班组与企业的生产安全，因此运行班组长应具备以下安全管理素质。

（一）安全意识

班组长要有高度的责任心，爱岗敬业，安全意识强，工作以身作则、率先垂范，时时事事关心班组人身安全与所辖设备安全。全面了解与掌握所辖设备的运行状况与不安全因素以及员工思想动态，依据运行状况合理调整最佳运行方式，有计划地处理设备隐患与技术改造，针对员工思想动态，个别谈心、解决实际困难，消除思想矛盾，保持运行设备完好与员工思想稳定。

（二）安全素质

班组长身为领头雁，在安全技术方面需要勇于承担重担，要求对本班的设备、各种设施存在的危险点十分熟悉，对操作十分熟练，原则上对班组各岗位均能顶班。应珍惜时间，强化安全知识、安全技术的学习培训和安全分析，在不断提高自身素质的基础上，带领班组员工用“挤”和“钻”的劲头来自学、帮学、培训。以师徒合同、以老带新、上仿真机、专题讲座、岗位练兵、事故预想、反事故演习等培训形式，努力学习并掌握专业安全技术与业务技能，提高应变处理与排难能力，攻克技术难关。

（三）安全职责

（1）牢固树立“安全第一”、“安全无小事”的思想，对安全情况要有“如临深渊，如履薄冰”的危机感与忧患意识。让班组员工充分认识到：安全工作关系重大、责任重大；安全搞不好，企业无宁日、班组无宁日、家庭无宁日、员工无宁日；安全生产是企业生存和发展的基础，它不仅是经济问题，也是严肃的社会和政治问题，安全工作是各项工作的基础和龙头；当安全与生产发生矛盾时，即使生产“绕道走”也要保安全。

（2）班组长敢抓敢管，有章必循，从工作前的着装、劳动纪律的遵守、规章制度的执行，到现场安全技术、组织措施的落实以及防护措施的标准化、规范化，凡是不合格的，除及时纠正或整改外，还将严格考核。对安全监督检查抓苗头、抓异常、抓未遂，将违章行为严格控制在发生之前。纠正违章现象要事事认真、毫不含糊，整改项目件件落实抓到底，按照“四不放过”（事故原因未查清不放过，事故负责人未受到处理不放过；事故责任人和周围群众未受到教育不放过，事故未制订切实可行的整改措施不放过）原则分析事故，采取有效措施防范事故再发生。

（3）班组长对安全整改和“两措”（反事故措施和安全技术劳动保护措施）项目应计划详细，认真考虑结合机组大、小修安排整改及利用设备停役整改；准备工作详细，针对现场异常情况与特殊运行方式做好事故预想，对复杂操作、试验要制订周密的安全组织、技术措施，编写危险点预控卡、试验方案；分析工作详细，不忽视一处疑点，不放过一次纰漏，及时发现问题并进行处理。

（4）班组长安全职责到位，狠抓落实，在执行两票中，落实操作票执行、监护、检查到位，落实工作票签发、许可、交底到位。在操作工作中，操作前有预测，操作中有预防，操作后有检查，并能及时有效控制安全。在施工工作中，一是建立严密的组织；二是精心编制施工技术方案及危险点预控措施；三是抓好施工前的安全教育；四是落实各种安全防范措施；五是边实践边总结。

（5）一是班组长要为班组配齐安全员，并发挥班组五大员的作用，履行各岗位安全职责，落实组织保证；二是带领班组员工严格执行“两票三制”，实施危险点预控、二十五项“反事故措施”重点要求、安全性评价等，落实安全措施保证；三是在人力、物力、财力等方面通过新工艺、新技术、新方法加大安全技术改造投入，完善安全设施、安全工器具，力促设备本质安全化、安全管理现代化，落实物资保证。

三、运行值班员角色定位

运行值班员是企业最基层的一线员工，是运行部门中重要的一员，其安全素质的高低直接影响部门与企业的安全生产，因此运行值班员应具备以下安全素质。

（一）安全意识

牢固树立“安全第一，预防为主”的方针，严格执行“两票三制”，自觉遵守安全生产相关规程、制度，不违章作业，杜绝习惯性违章。通过自身努力与参加安全教育培训，逐步形成我要安全、我懂安全、我会安全的自觉行动，做到不伤害自己、不伤害他人、不被他人伤害。

（二）安全素质

认真学习规程、制度，积极参加技术培训、安全教育、岗位练兵、技术竞赛，努力提高自我防护能力和安全分析、安全认识、解决安全问题的能力；坚持事故预想与反事故演习活动，熟悉和掌握设备的参数、性能，钻研业务知识，努力提高运行维护和处理事故的能力。每位运行人员力争做到熟悉设备、系统及其运行的基本原理；熟悉操作、事故处理；熟悉本岗位的规章制度；能分析运行状况；能及时发现异常、故障和排除异常、故障；能掌握一般维修技艺，即“三熟三能”。

（三）安全职责

（1）认真参加安全活动和班前、班后会，积极提出改进安全工作的意见或建议，严格执行“两票三制”。

（2）坚持执行操作监护制度，落实执行操作票唱票、复诵、再操作，落实执行工作票许可制度，落实做好安全技术、组织措施。

(3) 正确使用、保管好安全工器具，用前要检查，用后及时归位。

(4) 加强对设备的巡视检查，提高值班巡视质量，看到、听到、闻到或测到设备缺陷或异常时，及时联系检修部门，将事故消灭在萌芽状态；做好防止小动物破坏的防范工作，对控制室、开关室、电缆室、发电机小室等可能进入老鼠等小动物的窗、门、沟、孔洞进行彻底检查和封堵；精心操作、精心调整、认真监盘，设备参数控制在压红线运行；勤巡视、勤分析，及时发现不安全苗头并向上汇报，或紧急处理后立即向上汇报。

(5) 正确处理运行异常，发生事故时不慌乱，未经慎重考虑的处理不执行，准确判断事故，处理正确迅速。

(6) 力争机组负荷“尖峰顶得上，低谷降得下，平时稳得住”，连续不间断地安全发供电。

【任务实施】

工作任务	运行人员角色认知		学时	2	成绩	
姓名		学号	班级		日期	

1. 资料准备

(1) 查阅火力发电机组集控运行相关规程；

(2) 查阅 GB 26164.1—2010 和《安全生产工作规定》。

2. 任务实施

描述运行人员安全管理素质要求。

3. 评价

考评项目		自我评估 20%	组长评估 20%	教师评估 60%	小计 100%
素质考评 20	劳动纪律 5				
	积极主动 5				
	协作精神 5				
	贡献大小 5				
总结分析 20					
工单考评 60					
总分					

任务2 锅炉异常运行分析

【教学目标】

知识目标：

(1) 熟悉异常运行分析的分类；

(2) 掌握异常运行分析的流程和要求。

能力目标：能填写机组异常状态参数分析卡。

态度目标：

(1) 能主动学习，在完成任务过程中发现问题、分析问题和解决问题；

(2) 能与小组成员协商、交流配合完成本次学习任务，养成分工合作的团队意识；

(3) 严格遵守安全规范，爱岗敬业、勤奋工作。

【任务描述】

班级学生自由组合为若干个运行学习小组，各运行学习小组自行选出运行组长，并明确各小组成员的角色。在模拟电厂锅炉运行场景下，各运行学习小组按照GB 26164.1—2010、《300MW级火力发电机组集控运行典型规程》、DL/T 611—1996、DL/T 852—2004、《600MW级火力发电机组集控运行典型规程范本》、DL/T 332.1—2010、《防止电力生产重大事故的二十五项重点要求》的要求，正确填写机组异常状态参数分析卡。

【任务准备】

<table>
<tr><td>工作任务</td><td colspan="2">锅炉异常运行分析</td><td>学时</td><td>2</td><td>成绩</td><td></td></tr>
<tr><td>姓名</td><td>学号</td><td></td><td>班级</td><td></td><td>日期</td><td></td></tr>
<tr><td colspan="7">课前预习相关知识部分，独立回答下列问题：
（1）异常运行分析的分类有哪些？
（2）异常运行分析的流程是什么？
（3）异常运行分析有什么要求？
（4）机组异常状态参数分析卡有哪些要素</td></tr>
</table>

【相关知识】

状态参数是系统或设备运行状况的反映。对于发电厂来说，机组的安全、经济运行问题即是机组状态参数的最优控制问题。机组在不同的方式和状态下相对应的最优控制参数的范围，即机组的正常状态参数。一旦机组的某个（或某些）状态参数偏离了最优控制参数的范围，就说明机组不是运行在最佳的安全、经济状态下，这个（或这些）参数即视为机组异常状态参数。通过对机组异常状态参数的分析，找出它们产生的原因，以便及时采取措施，消除缺陷或提出预防事故发生的对策，并为设备改进、运行操作和系统运行方式的优化提供依据，从而不断提高机组的安全、经济运行水平和运行人员的技术水平。

一、理论咨询

（一）异常运行分析的分类

异常运行分析是指设备运行参数偏离正常值、保护不能正常启动及设备或系统不能正常运行、隔离等，在未达到安全考核条件或未造成严重后果时，运行人员按照“四不放过”原则进行处置的方法。异常运行分析分为岗位分析、定期分析、专题分析。

1. 岗位分析

岗位分析是指运行岗位人员在值班期间，依据监盘、巡回检查时观察的异常现象进行的综合分析，通过进行负荷参数调整、改变运行方式操作，严格控制设备的各参数，使之不超过规程中规定的允许值，保证机组在安全、经济的工况下运行。特别是当班值长、班长，应根据各运行岗位的汇报和设备存在的薄弱环节，指挥有关人员及时采取措施，保证设备正常运行，发挥最大的安全与经济效益。

2. 定期分析

定期分析是指每隔一定的时间（一个月、一个季度等）定期进行的运行分析，有班组定期分析、运行管理车间定期分析、厂部定期分析，分析的重点是本期各种指标完成情况、设备运行状况，找出薄弱环节，提出改进意见，并安排实施。其内容一般包括以下几方面：

（1）机组在分析间隔内安全、经济情况以及经济指标完成情况，节能措施执行情况、效果，存在问题的分析。

（2）影响机组安全、经济、稳定的各种因素的分析。

（3）设备大、小修前、后和重大改进前、后机组安全、经济性能的比较分析。

（4）根据国内外资料及兄弟厂的经验教训，结合本厂情况，提出有预见性、针对性的改进措施的分析。

3. 专题分析

专题分析是在生产厂长、总工程师或运行主任组织下，主要由相关的技术管理人员参加的，针对机组运行过程中出现的难以解决的问题或重大改进项目而进行的分析，它所涉及的问题技术性很强，范围较宽。专题分析一般有以下几项内容：

（1）对主要运行参数的超标及其他重大安全技术问题的分析。

（2）对机组大修前/后、设备系统的薄弱环节和运行工况的分析。

（3）对机组的老大难缺陷及影响机组安全、经济、满发的薄弱环节的分析。

（4）对安全检查中发现的有代表性的安全问题分析。

（5）对频发性设备缺陷和不安全情况的分析。

（二）异常运行分析的程序

（1）岗位分析：发生异常情况→岗位采取措施→异常运行分析→专业技术人员监督评价→月度定期收集→内部资源共享。

（2）定期分析：在岗位分析的基础上结合运行方式、值班记录等综合分析→总结存在的倾向性问题或指出薄弱环节→提出改进措施→成果应用与反馈。

（3）专题分析：专业技术人员提出课题→组织分析→部门（专业）审核→成果应用与反馈。

（三）异常运行分析的要求

（1）运行人员除正常的精心操作、认真监盘、按时抄表、随时记录监盘或巡检的异常情况外，以及各运行岗位人员在认真写好各种值班记录和运行日志之后，还要从运行角度搞好异常运行分析。

（2）异常运行分析要求及时，运行人员尽可能在当班完成，对于特殊复杂的分析最多只能延迟到次日；异常运行分析要求到位，分析时应列出导致异常的所有可能原因，并检查判断确定主要原因，以便检修人员及时做出正确的处置。

（3）对于异常运行分析及时到位，防范措施应有力可行，确实起到了未雨绸缪、防患于未然的作用的人员，参照安全生产奖惩规定实施奖励；对于不重视异常运行分析工作，分析应付了事、不及时，甚至没有按规定进行异常运行分析者，实施月度经济责任制考核。

二、实践咨询

1. 机组异常状态参数分析卡的填写

当机组出现异常状态参数时，单元长应立即组织人员进行分析、调整，并填写机组异常状态参数分析卡。在题目栏填写异常状态参数的名称或设备名称。在情况简述栏填写异常状态参数的主要象征、发生的时间及对应的机组运行方式以及对其他参数和设备的影响。在原因分析栏填写对异常状态参数发生的原因的分析，以及造成异常状态参数的各项因素。在解决方案和措施栏填写通过对异常状态参数的分析，提出解决方法，采取此方法后效果如何等。机组异常状态参数分析卡见表 8-1。

表 8-1　　机组异常状态参数分析卡

题　目	
情况简述	
原因分析	
解决方案和措施	
审核意见	专工（主任）

2. 机组异常状态参数分析卡实例分析

表 8-2 为某电厂 1 号机组异常状态参数分析卡。

表 8-2　　某电厂 1 号机组异常状态参数分析卡

题　目	某厂闭式泵电流摆动及炉水循环泵电动机腔室温度异常升高的情况分析
情况简述	（1）2001 年 8 月 5 日 9：10 某厂机组监盘人员发现闭式泵电流波动，几分钟后电流恢复正常，此后每隔一段时间就出现类似情况，就地检查闭式泵无特殊情况，但随后几天都出现类似情况。 （2）2001 年 8 月 9 日 5：55 1 号机组监盘人员发现 1 号炉 1A、1B 炉水循环泵电动机腔室温度分别由 40、38℃升至 43、41℃，检查炉水循环泵电流无变化、无异常声音、闭式水温正常；7：20，1 号炉 1A、1B 炉水循环泵电动机腔室温度逐渐升至 59、51℃，就地检查温度确实高，停运 1A 炉水循环泵；7：45 将 1A、1B 炉水循环泵水冷却器放空气门开启后，1B 炉水循环泵电动机腔室温度逐渐下降至正常。 （3）9 月 18 日，1 号机组停运小修，将空气压缩机冷却水切为 2 号机组闭式水供；9 月 23 日，2 号机组闭式泵电流出现波动，现象与 1 号机组闭式泵一样
原因分析	（1）因闭式泵就地检查无特殊异常，因此造成闭式泵电流摆动的原因有三种可能：一是系统流量有较大变化（开关放水门等）；二是系统中有空气；三是闭式水系统膨胀箱水位不稳定。经核实，电流摆动时没有开关放水门或其他操作；经观察，闭式水系统膨胀箱水位也很稳定，由此认定闭式水系统中有空气，打开系统放空气门后，电流恢复正常，但关闭系统放空气门几个小时后，闭式泵电流又出现摆动，分析系统中有进空气的地方，主厂房内能进入气体的设备一是发电机的氢气冷却器，二是励磁机的空气冷却器，而这两个设备运行中是不允许停冷却水的，所以只能先如此维持运行。 （2）1A、1B 炉水循环泵电动机腔室温度同时出现升高，分析其原因应有两方面：内部高压水泄漏或外部低压冷却水中断（或冷却效果不好）。两台炉水循环泵同时发生高压水泄漏到低压侧的可能性极小，若其双连隔绝门均未关严则早应发生泄漏，因此初步判断故障在低压冷却水侧。 （3）查温度变化曲线，呈波浪状阶梯上升，又联系到闭式泵运行中出现电流摆动，闭式水系统中有空气的现象，而炉水循环泵低压冷却器又是闭式水用户中位置最高的，进一步分析判断原因就是炉水循环泵冷却器内部积存空气，造成冷却水流量低且不稳定，冷却效果不好，致使炉水循环泵电动机腔室温度呈波浪状阶梯上升。炉水循环泵低压冷却水系统设置有放空气门，开启后发现冷却器内积存大量空气，放尽后炉水循环泵电动机腔室温度恢复正常，但由于闭式水系统含有空气的原因未查明，只好将该放空气门保持打开状态，直到 9 月 23 日找到闭式水系统进气点
解决方案和措施	（1）查找闭式水系统进气点，检查主厂房内设备的同时，还要检查空气压缩机。 （2）在设备、系统出现异常时，无论大小都要认真对待，进行分析时要对涉及的系统、设备进行全面、综合的考虑、分析，问题往往就出在平时大家都不注意且最不起眼的地方
审核意见	专工（主任）

【任务实施】

工作任务	锅炉异常运行分析			学时	2	成绩	
姓名		学号		班级		日期	

1. 资料准备
(1) 查阅火力发电机组集控运行相关规程;
(2) 查阅 GB 26164.1—2010 和《安全生产工作规定》。
2. 任务实施
填写机组异常状态参数分析卡。
3. 评价

考评项目		自我评估 20%	组长评估 20%	教师评估 60%	小计 100%
素质考评 20	劳动纪律 5				
	积极主动 5				
	协作精神 5				
	贡献大小 5				
总结分析 20					
工单考评 60					
总分					

任务3 "两票三制"的执行

【教学目标】

知识目标:
(1) 熟悉操作票的内容;
(2) 熟悉工作票的内容;
(3) 熟悉交接班制的内容;
(4) 熟悉巡回检查制的内容;
(5) 熟悉定期试验与轮换制的内容。
能力目标:
(1) 能正确填写锅炉运行操作票;
(2) 能正确填写热力机械工作票;
(3) 能讲述巡回检查制执行要求;
(4) 能讲述锅炉定期试验与轮换项目。
态度目标:
(1) 能主动学习,在完成任务过程中发现问题、分析问题和解决问题;
(2) 能与小组成员协商、交流配合完成本次学习任务,养成分工合作的团队意识;
(3) 严格遵守安全规范,爱岗敬业、勤奋工作。

【任务描述】

班级学生自由组合为若干个运行学习小组,各运行学习小组自行选出运行组长,并明确各小组成员的角色。在模拟电厂锅炉运行场景下，各运行学习小组按照GB 26164.1—2010、《300MW级火力发电机组集控运行典型规程》、DL/T 611—1996、DL/T 852—2004、《600MW级火力发电机组集控运行典型规程范本》、DL/T 332.1—2010、《防止电力生产重大事故的二十五项重点要求》的要求，执行"两票三制"。

【任务准备】

工作任务	"两票三制"的执行		学时	4	成绩	
姓名		学号		班级		日期	

课前预习相关知识部分，独立回答下列问题：
(1) 讲述"两票三制"内容。
(2) 填写操作票的步骤有哪些?
(3) 办理工作票应注意哪些问题?
(4) 交接班注意事项有哪些?
(5) 设备巡回检查的要求有哪些?
(6) 锅炉运行定期试验与轮换项目有哪些

【相关知识】

一、理论咨询

发电企业的"两票三制"是一项重要的安全组织措施与技术措施，是运行安全生产的法宝与精髓，"两票三制"执行的好坏，是衡量和考核发电企业运行班组安全基础工作的重要内容。"两票三制"是指：操作票、工作票，交接班制、设备巡回检查制、设备定期试验与轮换制。

1. 操作票

操作票是运行人员将所属设备由一种运行方式转换为另一种运行方式的操作依据。操作票中的操作步骤具体体现了设备转换过程中合理的先后操作顺序和需要注意的安全事项，认真执行操作票制度是防止运行人员误操作事故的重要措施。一般要求对已执行的操作票保存一年。

2. 工作票

工作票是工作人员对电力设备进行检修维护、缺陷处理、调试试验等作业的依据。工作票不仅对当次工作任务、人员组成、工作中的注意事项做出了明确规定，同时，也对检修设备的状态和具备的安全措施提出了具体要求，认真执行工作票制度是保证工作任务完成、确保人身和设备安全的重要措施。一般要求对已执行的工作票保存一年。

3. 交接班制

交接班制是规定明确运行岗位交班与接班双方在运行值班的职责，双方履行交接班手续，即按规定交接清楚，双方签字后方可离开。认真执行交接班制要求交班者做到"完好彻底"，接班者做到"胸中有数"，坚持高标准、严要求、一丝不苟。

4. 设备巡回检查制

设备巡回检查制是运行岗位人员按照定岗、定时、定路线进行巡视检查，以保证设备正常、安全运行的有效措施。巡回检查时要携带必要的用具（如电筒、听针、红外测温仪、振动仪、手套、镜、破布等)，检查中结合季节性特点仔细听、摸、嗅、看，及时发现设备缺陷并联系处理或输入微机设备缺陷双联单。巡回检查强调不断改进检查方法和内容，提高值班巡检质量。

5. 设备定期试验与轮换制

设备定期试验与轮换制是指对备用设备、电气和热工自动装置、信号装置及危急保安装置等，定期进行试验和切换使用，保证设备能随时投运并正常发挥效用。

二、实践咨询

（一）操作票的执行

操作票又分为电气操作票、热力机械操作票和热控操作票，是按照设备系统操作程序的技术要求，将操作项目填写在专用的操作票内作为操作中的书面依据，是保证设备和运行人员安全的重要安全组织措施，落实操作票的执行应做好以下工作（以热力机械操作票为例）。

1. 按规范步骤填写操作票和执行操作任务

(1) 根据预先下达的操作任务或工作票安全措施要求正确填写操作票。

1) 填写操作票要求操作术语规范，字迹清楚，不得任意涂改（包括刮、擦、改），个别错、漏字修改时，应在错字上划两道横线，漏字可在填补处上、下方做“∧”或“∨”记号，然后在相应位置补上正确或遗漏的字，字迹应清楚，并在错、漏处盖上值班负责人扁形红色印章，以示负责。错、漏字修改每项不应超过一个字（连续数码按一个字计)，每页不得超过三个字，但操作顺序号和操作打“√”记号等不得作为个别错、漏字进行修改。设备名称、编号、动词不得涂改。当一个操作任务需续页填写时，在续页的前一页备注栏中应注明下页的操作票编号，如“接下页×××××”，续页上操作任务栏应写出所承接上页的操作票编号，如“承上页×××××”。所有各页上操作人、监护人、值班负责人都应签名。

2) 热力机械系统操作必须填写热力机械操作票。机组启动和停运，系统操作十分复杂繁多，为防止出现漏开或漏关等操作错误而损坏设备，一般都有典型操作票。由操作人从标准票库调出任务对应的标准操作票，检查核对无误后签名。如果该操作任务在标准票库中无对应的标准操作票，由操作人根据操作任务、运行日志、工作票内容、查对模拟系统图板，逐项清晰地填写操作票。

(2) 审票并经防误系统模拟预演正确。写好操作票后，监护人、班长或值长应到模拟图板前核对误，审核签上姓名，并由班长或值长正式向监护人、操作人发令，监护人复诵。如审票中发现有错误，向操作人指出，并盖“作废”章，由操作人重新填票，审票过关后，在模拟图板上预演无误。

(3) 组织开展危险点分析，制订控制措施。操作票填写完毕，由值班负责人组织该项操作的操作人、监护人根据操作任务、设备系统运行方式、操作环境、操作程序、工具、操作方法、操作人员身体状况、不安全行为、技术水平等具体情况进行危险点分析，并填写危险点控制措施票，交值班负责人审核。正式执行操作前先由监护人向操作人宣读危险点控制措施票内容并签名，操作者明白操作危险点与预控措施，知险避险，方可到现场执操作。

(4) 正式发布操作指令。在得到值班负责人下达的开始操作指令后，监护人携带操作票，操作人携带操作工具等，操作人在前，监护人在后，走向操作地点。

（5）操作人检查核对设备名称、编号和状态。操作人核对设备名称、编号和位置及实际运行状态后，做好实际操作前准备工作。

（6）按操作票逐项唱票、复诵、监护、操作。操作人和监护人面向操作设备的名称编号牌，由监护人按照操作票操作顺序高声唱票，操作人应注视设备名称编号牌，必须手指设备名称标示牌，高声复诵。监护人确认标示牌与复诵内容相符后，下达“正确，执行”令，操作人实施操作，操作完毕后，操作人回答“操作完毕”。监护人在操作人回令，检查确认后，在“执行情况栏”打“√”。在“时间”栏记录重要操作的操作时间。

（7）向发令人汇报操作结束及结束时间。操作结束，由操作人将动用的安全用具及标示牌等对号放置整齐，填上操作结束时间。

（8）做好记录并签销操作票。全部操作项目完成后，应全面复查被操作设备的状态，表计及信号指示等是否正常、有无漏项等，并由监护人向值班负责人汇报操作任务执行情况，且负责在每页操作票上盖“已执行”章。

2. 执行操作应注意的事项

（1）进行锅炉燃油系统操作时应防止油污染；蒸汽吹灰时，应保持锅炉燃烧稳定，并适当增大燃烧室负压，防止向外喷烟；冲洗水位计时，应站在水位计的侧面，打开阀门时应缓慢小心，以保证人身安全；执行制粉系统启动操作时，灰渣斗的闸板应关闭严密，禁止进行锅炉吹灰、除灰、打焦等工作。

（3）对汽、水、风、烟系统及公用排污系统、疏水系统进行检修前，必须将关闭的阀门、闸门、挡板关严加锁，并挂警告牌。如阀门不严，必须关严前一道门，并加锁挂牌。串联阀门操作时，如果管道发生振动，应立即中断操作，待故障排除后进行。

3. 操作票填写范例

表 8-3 和表 8-4 分别为热力机械操作票和危险点控制措施票。

表 8-3 热力机械操作票

单位：＿＿＿＿＿＿ 编号：FRC＿＿＿＿＿＿

操作开始时间： 年 月 日 时 分，终结时间： 年 月 日 时 分		
1.1.1 操作任务 号机组除焦、放渣		执行情况
序号	操作项目	√或×
1	接班长令：3 号机组除焦、放渣	
2	监盘人员确认 3 号机组燃烧稳定，并调整到位，适当提高炉膛负压（维持在－100～－50Pa）	
3	停止 3 号机组吹灰并严禁在打焦、放渣过程中进行锅炉吹灰	
4	检查 3 号机组定排操作结束或中止，严禁在打焦、放渣过程中进行定期排污	
5	检查 3 号机组启停磨煤机操作结束或中止，严禁在打焦、放渣过程中进行启停磨煤机操作	
6	检查 3 号机组燃油（或燃气）系统良好备用	
7	确认 3 号机组负荷稳定，无大幅度加减负荷操作，且提前联系好 001	
8	在 3 号机组 DCS 操作台上设置明显的“正在打焦”标志牌	
9	确认 3 号机组运行状况允许打焦，通知单元长（或值长）：现在机组运行状况具备打焦、放渣条件	
10	使用对讲机或其他通信工具和现场打焦作业人员随时保持联系，根据实际运行状况满足现场打焦、放渣作业负责人的操作要求	

续表

序号	操作项目	√或×
11	视打焦情况投入________油枪（或气枪）(6.3m处人孔门需打开或炉底水封可能破坏时应投油)	
12	发现燃烧状况恶化、有大幅度加减负荷操作或需进行启停磨煤机操作，以及其他可能影响现场打焦作业的工况时，应及时通知现场打焦、放渣作业负责人________暂停打焦，重新具备打焦条件后再另行通知	
13	接打焦完毕通知后，视情况退出油枪（或气枪），相关运行工况调整至正常	
14	操作完毕，汇报班长	
15	以下空白	
备注		

（注：√表示已执行，×表示未执行。若有未执行项，在备注栏说明原因）

操作人：________________监护人：________________运行值班负责人：________________

第1页　　共1页

表8-4　　危险点控制措施票

操作项目		号机组除焦、放渣	
操作票编号		值班负责人	年　月　日
序号	危险点	控制措施	
1	锅炉燃烧不稳	（1）合理调整风、粉配比，保持合适氧量燃烧。 （2）避免大幅度操作，维持燃烧稳定。 （3）维持炉膛负压，严禁冒正压。 （4）严禁大幅度加减负荷、启停磨煤机、定期排污等操作。 （5）发现燃烧恶化，提前投入油枪（或气枪）。 （6）有燃烧不稳情况，及时通知现场打焦作业人员暂停打焦。 （7）发生锅炉灭火，按事故处理规程进行处理	
2	排烟温度异常升高	（1）要求现场打焦作业人员不允许同时打开两个及以上人孔门、打焦孔或检查孔打焦。 （2）要求现场打焦作业人员打焦前调整好捞渣船水封，保持足够的溢水量，尽可能维持正常水封。 （3）发现排烟温度异常升高，应采取措施进行控制，不得已时可降低机组负荷运行。 （4）排烟温度异常升高，无法控制时，应通知现场打焦作业人员暂停打焦，紧闭各打焦孔、看火孔，恢复炉底水封。 （5）排烟温度继续升高，按事故处理规程处理	
3			
4			
5			
6			
7			
8			
9			
作业成员声明：我已经学习了上述危险点分析与控制措施，没有补充意见，一定在作业中遵照执行。 作业成员签字：			

第1页　　共　1页

（二）工作票的执行

工作票分为电气工作票与热力机械工作票。工作票是允许在设备上进行工作的书面命令，是明确各类人员安全职责，向工作人员明确工作任务、布置安全措施、进行安全交底、履行工作许可与监护以及工作间断、转移及终结手续的书面依据，它是保证工作安全，防止设备与人身伤害的一项重要的安全组织措施，落实工作票的执行应做好以下工作。

1. 工作票的正确填写

（1）“工作班人员”栏的填写。填写参加该项工作的工作班人员的姓名，不足 10 人的每个工作人员的姓名均填写上；超过 10 人的，应填写 10 个工作人员的姓名，最后一个姓名后添加“等”；使用民工或属外委施工项目的，应填写民工或外委施工作业人员人数，并填明总人数（含工作负责人）。

（2）“工作任务”栏的填写。填写具体检修（处理或消缺、抢修）工作任务及工作地点，要求完整、清楚，使用术语应符合规定，由工作票签发人或工作负责人填写。

（3）“计划工作时间”的填写。填写该项检修工作的计划期限，由工作票签发人或工作负责人填写。

（4）“安全措施”栏的填写。

1）热力机械第一种工作票“安全措施”栏的填写。该栏有 5 项安全措施，均要求运行人员在运行方式、操作调整上采取保障人身、设备安全的措施。安全措施的第 1 项为防止转动机械（或动力设备）检修中突然转动的安全措施，分为必须断开检修该项设备系统中的相关转动机械（或动力设备）的电动机电源和取下对应开关（或刀闸）的操作保险，并在相对应的操作把手上设置“禁止合闸，有人工作”的警告牌。安全措施的第 2 项为开启检修该项设备系统中的相关阀门（或风门、闸板、挡板），使设备系统管道、容器内的余水、余油、余压排放尽，并将温度降至规程的规定值。安全措施的第 3 项为关闭检修该项设备系统中的相关阀门（或风门、闸板、挡板），使其与其相关的设备系统隔开，切断风源、水源、气源等，并在相对应的阀门（或风门、闸板、挡板）处挂上“禁止操作”的警告牌。安全措施的第 4 项为第 2 项和第 3 项中所列开启、关闭阀门（或风门、闸板、挡板）属于远方电动操作的，将相对应的阀门（或风门、闸板、挡板）停电、加锁，或将相对应的阀门（或风门、闸板、挡板）在 DCS 等操作系统中打“禁操”。安全措施的第 5 项为其他安全措施项，即工作票签发人或工作负责人根据该项作业的需要，还需运行人员采取其他安全措施的，在此项中填写应采取的其他安全措施。

2）热力机械第二种工作票“安全措施”栏的填写。该栏是由检修（或外委施工）作业人员根据作业内容的危险分析，填写检修（或外委施工）作业人员自己必须采取的安全措施。

（5）“工作人员和工作负责人变动”栏的填写。工作票签发后，开工前如果发生工作班人员变更，工作负责人应在工作班人员栏内补充填写新增加的班员姓名。当出现个别人员缺勤或不能上岗时，工作负责人应在工作票备注栏内说明。如因人员缺勤将影响到施工安全或可能造成检修延期时，工作负责人应及时向工作票签发人汇报。开工后工作班人员变动，须经工作负责人同意，由工作负责人将班员变动情况填写在工作人员变动栏内，并通知工作许可人。新增添的人员必须由工作负责人重新交待安全措施后才能参与工作。变更工作负责人应经工作票签发人同意，变动情况记录在工作负责人变动栏内，并通知值班负责人。

(6)“工作票延期”栏的填写。要求工作票的有效期以批准的检修期为限,工作票因故(如在检修中发现重要缺陷、天气突变等特殊情况)需延期时,工作负责人应提前征得工作许可人同意。

(7)“备注”栏的填写。该栏主要是由值长、工作许可人填写工作票执行中的其他情况,填写人填写后,应签署姓名和日期。

(8)“交任务、交安全措施确认”栏的填写。要求开工前工作负责人向工作班成员详细交待工作任务和安全措施后,工作班成员在此栏确认签名。变动后新工作班成员也应在该栏签名。

2. 签发工作票

工作票必须由分场主任或副主任签发,或由分场主任提出经企业领导批准的人员签发,其他人员签发的工作票无效。工作票签发人根据工作任务的需要和计划工作期限确定工作负责人。工作票签发人只能签发本部门或本班组所管辖的设备系统进行检修(处理或消缺、抢修)或外委施工作业时的工作票。

3. 接受工作票

计划检修的工作,工作票应在计划开工前一天由工作负责人送交工作许可人。当日可消除(或处理好)的设备缺陷,工作票应在计划开工前一小时由工作负责人将送交工作许可人。如果设备系统发生故障,危急安全生产,急需对设备系统进行抢修,或当日不能处理完的设备故障,而又影响设备系统安全运行的,由工作负责人将签发好的工作票立即送交工作许可人。工作许可人接票后,必须对工作票全部内容进行审查,必要时补充好安全措施,确认无问题后,在接票人处签署姓名,记上收到工作票的日期和时间。属于设备系统报修的工作票,由值长或工作许可人在备注栏注明相关抢修的原因和签署意见,并签署姓名和日期。

审查工作票发现问题时,应向工作负责人询问清楚,如安全措施有错误或存在重要遗漏,应将工作票退回,重新签发工作票。

4. 落实好安全措施

根据工作票计划开工时间、安全措施内容、机组开停计划和值长(或单元长)意见,由工作许可人适时布置运行人员执行工作票所列安全措施。安全措施中如需由电气值班人员执行断开电源措施时,工作许可人应填写“设备停送电联系单”(两联单),以布置和执行断开电源的措施。工作许可人和工作负责人共同检查确认工作票中所列安全措施完全、正确执行后,由工作票许可人填写好许可开工时间,工作认可人和工作负责人签名,工作负责人方可带工作人员进入检修(或施工)作业现场。

5. 办理工作票结束手续

工作结束后,工作负责人应全面检查并组织清扫整理工作现场,确认无问题后,带领工作人员撤离现场;工作许可人和工作负责人共同到现场进行清点验收,清点人数、工具等无误后,由工作负责人和工作许可人签名办理工作票终结手续。办理工作终结签名手续后,由工作票许可人在工作票的右上角盖“已执行”章。

6. 办理工作票应注意的问题

(1)所有隔绝的阀门、挡板应挂安全警告牌,与运行系统隔绝的阀门要有链条加锁防止有人误开;在电动机按钮(操作把手)、辅机的厂用电开关上挂警告牌;如同一系统设备检修时,热机、电气、热控专业分别有工作,则应分别开各自工作票,并实行重复挂牌,以防一个专业工作完毕需要运行人员送电试转而导致别的工作班成员发生事故。

(2) 运行人员在接到检修人员要求试验转动设备通知后，必须先到现场检查设备，确认转动设备里面没有人员和杂物，人孔门已关闭，安全防护装置已装复后方准启动。对凡能钻进人的风机、回转式空气预热器、碎煤机、磨煤机等设备的检修要特别重视，并加强监护，做好送电试转前的检查工作。

7. 工作票文本范例

表 8-5 和表 8-6 分别为热力机械第一种和第二种工作票。

表 8-5　热力机械第一种工作票（票样 A3 纸）

No　　　　　　　　　　　　　　　　　　　　　　　　编号：

1. 工作负责人：________班组：________　　附页：________张

2. 工作班成员：________________共____人

3. 工作地点：________________

4. 工作内容________________

5. 计划工作期限自____年____月____日____时____分至____年____日____时____分

6. 必须采取的安全措施：　　　　　　　　7. 措施执行情况：(√)

必须采取的安全措施	措施执行情况
(1) 应断开下列开关、刀闸和保险等，并在操作把手（按钮）上设置"禁止合闸，有人工作"警告牌：	(1)
(2) 应关闭下列截门、挡板（闸板），并挂"禁止操作，有人工作"警告牌：	(2)
(3) 应开启下列阀门、挡板（闸板），使燃烧室、管道、容器内余汽、水、油、灰、烟排放尽，并将温度降至规程规定值：	(3)
(4) 应将下列截门停电、加锁，并挂"禁止操作，有人工作"警告牌：	(4)
(5) 其他安全措施：	(5)

工作票签发人：________ ________年________月________日________时________分

点检签发人：________ ________年________月________日________时________分

工作票接收人：________ ________年________月________日________时________分

8. 运行值班人员补充的安全措施：　　　　　　　　9. 补充措施执行情况：(√)

运行值班人员补充的安全措施	补充措施执行情况

10. 批准工作结束时间：____年____月____日____时____分　值长（或单元长）：________

11. 上述安全措施已全部执行，核对无误，从____月____日____时____分许可开始工作。
工作许可人：________工作负责人：________
12. 工作负责人变更：自________年________月________日________时________分原工作负责人离去，变更为________担任工作负责人。
工作票签发人：________工作许可人：________
13. 工作票延期：有效期延长到________年________月________日________时________分。

值长（或单元长）：________运行值班负责人：________工作负责人：________

14. 检修设备需试运（工作票交回，所列安全措施已拆除可以试运）：			15. 检修设备试运后，工作票所列安全措施已全部执行，可以重新工作：		
允许试运时间	工作许可人	工作负责人	允许恢复工作时间	工作许可人	工作负责人
月 日 时 分			月 日 时 分		
月 日 时 分			月 日 时 分		
月 日 时 分			月 日 时 分		

16. 工作终结：工作人员已全部撤离，现场已清理完毕。全部工作于________年________月________日________时________分结束。
工作负责人：____________ 点检验收人：____________工作许可人：____________
17. 备注：____

表 8-6　　热力机械第二种工作票（票样 A4 纸）

No　　　　　　　　　　　　　　　　　　　　　　　　编号：
1. 工作负责人：________　　　　　　　　　　　　班组：____________
2. 工作班成员：____共________人
3. 工作地点：____
4. 工作内容：____
5. 计划工作时间：自____年____月____日____时____分 至____年____月____日____时____分
6. 危险点分析及控制措施：

序号	危险点	控制措施
作业成员声明：我已经学习了上述危险点分析与控制措施，没有补充意见，在作业中遵照执行。 工作班成员签名： 年 月 日		
工作许可人补充的危险点分析：		
序号	危险点	控制措施

7. 工作票签发人：____________ ________年________月________日________时________分
点检签发人：________ ________年________月________日________时________分
8. 工作票接收人：________ ________年________月________日________时________分
9. 许可开始工作时间：________年________月________日________时________分

工作许可人签字：________工作负责人签字：________

10. 工作结束时间：________年________月________日________时________分

工作负责人签字：________点检验收人：________工作许可人签字：________

11. 备注：____

（三）交接班制的执行

运行交接班工作是保证生产连续进行的一项重要工作，也是运行安全生产管理的重要组成部分。落实交接班制的执行应做好以下几点：

（1）班（值）长提前30min，其他运行岗位人员提前20min进入现场，认真按照交接班检查规定进行全面检查和了解设备状况及有关情况，坚持按岗位对口接班，凡未经运行专业领导与值班长事先同意，不得自行变动岗位和班次，凡神志不清或酗酒等违反有关规定者不得值班。

（2）接班前班（值）长召开班前碰头会，检查到班人数、人员精神状态和服装情况，各岗位进行汇报检查情况，之后班（值）长简要交待当班运行方式、传达有关工作要求、布置当班工作任务及提出必要的安全注意事项、作业危险点和事故预想，具备接班条件后，班（值）长准点下令正式接班。

（3）各交班岗位在交班前必须完成以下工作：按规定做好现场文明卫生工作；整理现场安全用具、公用具、锁匙、备品配件以及各种表簿等，做到对位对号放置整齐；校核模拟图，保持与实际相符；检查运行设备，并做好各种记录交待；对口向接班者交待有关工作事项；完成当班必须做好的各项工作任务。

（4）当临接班时发生事故和异常并有扩大恶化威胁安全趋向时、重要操作告一段落时、当班必须完成的工作无故拖延未做时、交班记录不清不全时，不得进行交接班。

（5）各交班岗位严格履行对口交接和签名手续后方可离开现场，之后召开简短班后会。一是总结当班各项工作完成情况，初步分析当班所发生的设备事故异常原因以及处理过程中存在的问题，提出整改措施；二是指出当班人员在工作态度、遵章守纪等方面所存在的不足之处，同时表扬好人好事。

（四）设备巡回检查制的执行

巡回检查工作是掌握设备运行规律、及时发现设备缺陷与设备异常情况的有效手段，是确保运行安全生产必不可少的管理措施。落实巡回检查制的执行应做好以下几方面工作。

（1）设备巡回检查要到位。运行值班人员要按各岗位规定的路线和内容，定时、定点、定路线进行认真的设备巡回检查，做到眼看、耳听、鼻闻、手摸，不放过细小的异常现象。如热力机械运行人员要随身携带电筒听针、破布，对转动机械和汽水管道阀门倾听有无异常声音，触摸轴承振动和温度有无异常，观察是否有不正常漏泄、冒汽、冒烟，凡有滴油、挂油渍等用破布擦净，并做仔细检查。如发现振动异常使用振动仪测量振动值，温度异常使用红外线测温仪测量证实是否温度超标，以便及时联系检修部门处理。

（2）认真检查设备及设施。对巡视中已有的安全设施和工作票的安全措施发生变化或破损等情况，及时汇报和记录，对巡视中生产场所的物件未按定置管理放置或损坏等，及时发现并进行登记、反馈或恢复，巡视的结果由巡视者进行记录。

（3）加强巡回检查管理。当班巡视时间、巡视人员安排严格按制度规定执行，由当班值班负责人合理安排，保证控制室随时有一定人员。巡视严格按巡视路线图进行，并结合季节性特点、设备状况对重点部位进行全面巡视。巡视中发现的设备异常和缺陷依重要程度及时汇报或直接输入微机缺陷双联单，值班负责人对运行主要设备和异常运行的设备做重点抽查，如果有缺岗，指定他人替代，由被指定人履行职责，不管是何原因，运行设备不能存在无人巡视检查的现象。

（五）设备定期试验与轮换制的执行

良好的设备是安全运行必要的物质基础，对设备进行定期试验与轮换试切是防止设备长期停用后发生绝缘受潮、锈蚀、卡涩而无法随时投入运行的最有效措施。定期试验与轮换项目在运行规程中都必须有明确规定，如每隔多少时间进行一次何种试验，每隔多少时间进行何种备用设备试转。如锅炉修后要做超水压与定砣试验。

定期试验与轮换项目要严格按运行规程规定进行，执行时运行操作必须严格控制标准，做好预防事故措施，定期试验情况填写定试记录表，发现异常及时联系专业人员处理。锅炉运行主要的定期试验与轮换项目见表8-7。

表8-7　锅炉运行主要的定期试验与轮换项目

序号	项　目	定试日期	要　求	备　注
1	热工信号事故喇叭试验	接班前	喇叭响信号灯亮	
2	给水自动扰动试验	每日白班	调节及时正确，投入正常	
3	油枪试投吹扫	每日白班	每日白班程控试验好用、吹扫畅通；每周一白班接班后实际试投	每周一白班下午检查角油阀内漏
4	磨煤机低油压油泵切换试验	每月1、11、21日白班	动作正确，油泵正常	
5	主蒸汽安全门试验	每月5日白班	解列脉冲门，电磁铁动作正常	热工参加
6	再热器安全门试验	每月6日白班	解列脉冲门，电磁铁动作正确	热工参加
7	水位报警试验	每月7、17、27日白班	高低Ⅰ、Ⅱ值报警	7日做高Ⅱ值实际动作
8	事故放水试验	每月10、25日白班	一、二次门开关好用	
9	对空排汽试验	每月10、25日白班	一、二次门开关好用	
10	锅炉吹灰	每周二、四白班分别进行2号、4炉长杆吹灰器	全部投入正常	
11	2号粉仓降粉	每月1、15日前夜班	粉位0.5m以下、温度70℃以下，敲仓	根据粉仓温度增加次数
12	2号粉仓降粉	每月2、16日前夜班	粉位0.5m以下、温度70℃以下，敲仓	根据粉仓温度增加次数
13	定期排污	每周一后夜班	定排管畅通。特殊情况按化学要求进行	化学人员到场
14	给水门漏流试验	A、B级检修后锅炉第一次启动	小于调节门最大流量的10%	锅炉热工参加

续表

序号	项　目	定试日期	要　求	备　注
15	水位保护试验	A、B级检修后	动作信号正确	热工
16	安全门放汽试验	一年一次利用A、B级检修停炉前	安全门启回座正常	热工及锅炉检修参加
17	2号炉探头冷却见机切换	每月1日白班	切换正常	热工参加
18	冷灰头关断门试验	每月1日白班	各关断门开关灵活，关闭严密	水工参加
19	下降管排污	每月5、15、25日白班	管路畅通	化学人员到场
20	等离子风机切换	每月5、25日白班	运行正常	
21	等离子给粉机运行	每周一白班	运行正常	

【任务实施】

工作任务	“两票三制”的执行		学时	4	成绩	
姓名		学号		班级		日期

1. 资料准备
(1) 查阅火力发电机组集控运行相关规程；
(2) 查阅GB 26164.1—2010和《安全生产工作规定》。
2. 任务实施
(1) 填写锅炉运行操作票；
(2) 填写热力机械工作票。
3. 评价

考评项目		自我评估20%	组长评估20%	教师评估60%	小计100%
素质考评20	劳动纪律5				
	积极主动5				
	协作精神5				
	贡献大小5				
总结分析20					
工单考评60					
总分					

参 考 文 献

[1] 范丛振．锅炉原理．北京：水利电力出版社，1986.
[2] 容銮恩．电站锅炉原理．北京：中国电力出版社，1997.
[3] 周菊华．电厂锅炉．2版．北京：中国电力出版社，2009.
[4] 郭延秋．大型火电机组检修实用技术丛书（锅炉分册）．北京：中国电力出版社，2003.
[5] 李润林，孙为民．热力设备安装与检修．北京：中国电力出版社，2006.
[6] 倪瑞龙．点检定修管理工作手册．北京：中国电力出版社，2008.
[7] 大唐国际发电股份有限公司．点检定修理论与实践．北京：中国电力出版社，2010.
[8] 姜锡伦．锅炉设备及运行．2版．北京：中国电力出版社，2010.
[9] 高丕俭．运行安全管理．北京：中国电力出版社，2007.
[10] 张磊，廉根宽．大型热电机组运行与管理．北京：中国水利水电出版社，2010.
[11] 金维强．大型锅炉运行．北京：中国电力出版社，1998.
[12] 万振家．锅炉辅机检修．北京：中国电力出版社，2008.